CATIA를 이용한 국가직무능력표준 기계요소설계 직무분야

# 3D 형상모델링작업
# 　 형상모델링검토

박한주 저

# ✅ PREFACE 머리말

CATIA(Computer Aided Tree-dimensional Interface Application)는 자동차분야나 우주항공분야 등의 산업현장에서 설계부터 생산에 이르기까지 폭넓게 활용되고 있는 대표적인 CAD/CAM/CAE 소프트웨어이다.

국가직무능력표준(NCS ; National Competency Standards)은 능력중심사회 실현을 위해 정부에서 추진하고 있는 정책으로, 국가 차원에서 산업현장의 직무를 수행하기 위해 필요한 능력(지식, 기술, 태도)을 산업부분 및 수준별로 체계화한 것이다.

현재 대학교를 비롯하여 전문계 고등학교, 직업훈련기관 등 대부분이 NCS를 기초 교육훈련과정의 지침으로 삼고 있으며 국가기술자격, 재직자훈련과정, 채용과정에 이르기까지 사회 전반에 걸쳐 확산되어 적용되고 있다.

이와 같은 추세에 맞춰 기계분야에서 폭넓게 활용되고 있는 3D모델링을 위한 기계설계직무분야의 3D형상모델링작업과 3D형상모델링검토 능력단위의 내용을 CATIA를 활용하여 익힐 수 있도록 구성하였으며 특성화고등학교, 직업훈련과정, 대학 등 NCS를 적용하는 과정에서 활용할 수 있도록 구성하였다.

■ 이 책의 구성

[3D형상모델링작업]
- 제1장 3D형상모델링 작업 준비하기 : CATIA 환경설정 및 부가명령어, 도면형식을 설정하는 능력 배양
- 제2장 3D형상모델링 작업하기 : 2D에서 스케치하고 치수 및 형상 구속을 적용한 후 3D모델링을 완성하고 오류발생 시 수정할 수 있는 능력 배양

[3D형상모델링검토]
- 제3장 3D형상모델링 검토하기 : 조립품을 생성하여 간섭이 발생하면 수정할 수 있는 능력 배양
- 제4장 3D형상모델링 출력 관리하기 : 2D도면을 생성하고 치수, 기하공차 및 표면거칠기를 표현한 후 출력하는 능력을 배양

본 교재를 통해 CATIA를 활용하여 3D형상모델링작업과 3D형상모델링검토 능력단위를 수행할 수 있는 능력을 기르는 데 도움이 되길 바라며, 출간하는 데 도움을 주신 도서출판 예문사에 감사의 말을 전합니다.

저자 박 한 주

# ✓ INFORMATION  NCS(국가직무능력표준) 이해

## 01 3D형상모델링작업(1501020113_16v3) 능력단위

① **분류체제** : 기계(15) – 기계설계(01) – 기계설계(02) – 기계요소설계(01)
② **능력단위 명칭** : 3D형상모델링작업
③ **능력단위 정의** : 3D형상모델링작업이란 CAD 프로그램을 사용자 작업 환경에 맞도록 설정하고, 모델링하는 능력이다.
④ **능력단위**

| 능력단위 요소 | 수 행 준 거 |
|---|---|
| 1501020113_16v3.1<br>3D형상모델링작업<br>준비하기 | 1.1 명령어를 이용하여 3D CAD 프로그램을 사용자 환경에 맞도록 설정할 수 있다.<br>1.2 3D형상모델링에 필요한 부가 명령을 설정할 수 있다.<br>1.3 작업 환경에 적합한 템플릿을 제작하여 도면의 형식을 균일화 시킬 수 있다.<br>【지 식】<br>• 3D형상모델링에 관한 기초지식<br>【기 술】<br>• 3D CAD 프로그램 환경설정 능력<br>• 3D CAD 프로그램 활용 능력<br>• 3D 투상능력<br>【태 도】<br>• 도면 형식에 관한 자료요청 및 수집을 위한 분석적 태도<br>• 단순화, 균일화, 규격화에 관한 책임감 |
| 1501020113_16v3.2<br>3D형상모델링<br>작업하기 | 2.1 KS 및 ISO 관련 규격을 준수하여 형상을 모델링할 수 있다.<br>2.2 스케치 도구를 이용하여 디자인을 형상화할 수 있다.<br>2.3 디자인에 치수를 기입하여 치수에 맞게 형상을 수정할 수 있다.<br>2.4 기하학적 형상을 구속하여 원하는 형상을 유지시키거나 선택되는 요소에 다양한 구속 조건을 설정할 수 있다.<br>2.5 특징형상 설계를 이용하여 요구되어지는 3D형상모델링을 완성할 수 있다.<br>2.6 연관복사 기능을 이용하여 원하는 형상으로 편집하고 변환할 수 있다.<br>2.7 요구되어지는 형상과 비교, 검토하여 오류를 확인하고 발견되는 오류를 즉시 수정할 수 있다.<br>【지 식】<br>• KS 및 ISO 규격 등 산업규격의 이해와 활용방법<br>• 제도 규격에 관한 지식<br>【기 술】<br>• 3D CAD 프로그램 활용 능력<br>【태 도】<br>• 도면 및 요구되는 형상에 대하여 세밀하고 다양하게 분석할 수 있는 적극적 태도 |

※ 출처 : 국가직무능력(NCS) 사이트(www.ncs.go.kr)

## 02  자기평가서 활용

❶ **성취수준** : 평가문항에 따라 성취수준을 확인하는 것으로 각각의 문항별로 학습자 스스로 성취수준을 체크해보고 "미흡"으로 체크되는 영역이 있다면 해당 분야가 취약한 분야로 교수자와 상담하여 부가활동을 통해 해당 분야의 능력을 함양할 수 있다.

❷ **성취수준 기준**
- 미흡 : 타인의 도움 없이 수행 불가
- 보통 : 타인의 도움을 받아 수행 가능
- 우수 : 자기 주도적으로 해당 영역을 수행 가능

❸ **평가영역**

| 평가영역<br>(단원명) | 문 항 | 미흡 | 보통 | 우수 |
|---|---|---|---|---|
| 1. 3D형상모델링작업 준비하기 | 1.1 명령어를 이용하여 3D CAD 프로그램을 사용자 환경에 맞도록 설정할 수 있다. | ① | ② | ③ |
| | 1.2 3D형상모델링에 필요한 부가 명령을 설정할 수 있다. | ① | ② | ③ |
| | 1.3 작업 환경에 적합한 템플릿을 제작하여 도면의 형식을 균일화시킬 수 있다. | ① | ② | ③ |
| 2. 3D형상모델링 작업하기 | 2.1 KS 및 ISO 관련 규격을 준수하여 형상을 모델링할 수 있다. | ① | ② | ③ |
| | 2.2 스케치 도구를 이용하여 디자인을 형상화할 수 있다. | ① | ② | ③ |
| | 2.3 디자인에 치수를 기입하여 치수에 맞게 형상을 수정할 수 있다. | ① | ② | ③ |
| | 2.4 기하학적 형상을 구속하여 원하는 형상을 유지시키거나 선택되는 요소에 다양한 구속 조건을 설정할 수 있다. | ① | ② | ③ |
| | 2.5 특징형상 설계를 이용하여 요구되어지는 3D형상모델링을 완성할 수 있다. | ① | ② | ③ |
| | 2.6 연관복사 기능을 이용하여 원하는 형상으로 편집하고 변환할 수 있다. | ① | ② | ③ |
| | 2.7 요구되어지는 형상과 비교, 검토하여 오류를 확인하고 발견되는 오류를 즉시 수정할 수 있다. | ① | ② | ③ |

※ 출처 : 국가직무능력(NCS) 기반의 훈련과정 편성 매뉴얼

# INFORMATION   NCS(국가직무능력표준) 이해

## 03  3D형상모델링검토(1501020114_19v4) 능력단위

❶ **분류체제** : 기계(15) – 기계설계(01) – 기계설계(02) – 기계요소설계(01)
❷ **능력단위 명칭** : 3D형상모델링검토
❸ **능력단위 정의** : 3D형상모델링 검토란 형상 설계 오류를 사전에 검증하고 수정하여, 가공 및 제작에 필요한 형상에 관한 정보를 도출하는 능력이다.
❹ **능력단위**

| 능력단위 요소 | 수 행 준 거 |
|---|---|
| 1501020113_19v4.1<br>3D형상모델링작업<br>검토하기 | 1.1 3D형상모델링의 관련 정보를 도출하고 수정할 수 있다.<br>1.2 각각의 단품으로 조립형상 제작 시 적절한 조립 구속조건을 사용하여 조립품을 생성할 수 있다.<br>1.3 조립품의 간섭 및 조립 여부를 점검하고 수정할 수 있다.<br>1.4 편집기능을 활용하여 모델링을 하고 수정할 수 있다. |
| | 【지 식】<br>• 상향식 설계 및 하향식 설계에 관한 지식<br>• 조립구속조건에 관한 지식 |
| | 【기 술】<br>• 조립 형상의 구속 형태 판단 능력 |
| | 【태 도】<br>• 다양한 각도에서 조립 형상을 파악하는 적극적인 태도<br>• 오류에 대해 사전 점검하는 능동적 태도 |
| 1501020114_19v4.2<br>3D형상모델링<br>출력 관리하기 | 2.1 KS 및 ISO 국내외 규격 또는 사내 규정에 맞는 2D 도면 유형을 설정하여 투상 및 치수 등 관련 정보를 생성할 수 있다.<br>2.2 도면에 대상물의 치수에 관련된 공차를 표현할 수 있다.<br>2.3 대상물의 모양, 자세, 위치 및 흔들림에 관한 기하공차를 도면에 표현할 수 있다.<br>2.4 대상물의 표면거칠기를 고려하여 다듬질 공차 기호를 표현할 수 있다.<br>2.5 요구되는 데이터 형식에 맞도록 저장하거나 출력할 수 있다.<br>2.6 프린터, 플로터 등 인쇄 장치를 설치하고 출력 도면 영역을 설정하여 실척 및 축(배)척으로 출력할 수 있다.<br>2.7 3D CAD 데이터 형식에 대한 각각의 용도 및 특성을 파악하고 이를 변환할 수 있다.<br>2.8 작업된 도면의 용도 및 활용성을 파악하고 분류하여 저장할 수 있다. |
| | 【지 식】<br>• 제도규격에 관한 지식<br>• 2D 도면작성에 관한 기초지식<br>• 치수공차, 표면거칠기, 형상공차에 관한 지식<br>• CAD 프로그램의 출력 형식에 관한 지식<br>• CAD 파일 형식에 관한 지식 |
| | 【기 술】<br>• 치수기입 환경의 설정 능력<br>• 공차 파악 능력<br>• 다양한 데이터 형식으로의 변환 기술 |

| 능력단위 요소 | 수 행 준 거 |
|---|---|
| 1501020114_19v4.2<br>3D형상모델링<br>출력 관리하기 | 【태 도】<br>• 요구되는 데이터 형식으로의 변환을 위한 세심한 파악<br>• 호환성, 규격화에 관한 이해 |

※ 출처 : 국가직무능력(NCS) 사이트(www.ncs.go.kr)

## 04 자기평가서 활용

❶ **성취수준** : 평가문항에 따라 성취수준을 확인하는 것으로 각각의 문항별로 학습자 스스로 성취수준을 체크해보고 "미흡"으로 체크되는 영역이 있다면 해당 분야가 취약한 분야로 교수자와 상담하여 부가활동을 통해 해당 분야의 능력을 함양할 수 있다.

❷ **성취수준 기준**
- 미흡 : 타인의 도움 없이 수행 불가
- 보통 : 타인의 도움을 받아 수행 가능
- 우수 : 자기 주도적으로 해당 영역을 수행 가능

❸ **평가영역**

| 평가영역<br>(단원명) | 문 항 | 미흡 | 보통 | 우수 |
|---|---|---|---|---|
| 1. 3D형상모델링<br>검토하기 | 1.1 3D형상모델링의 관련 정보를 도출하고 수정할 수 있다. | ① | ② | ③ |
| | 1.2 각각의 단품으로 조립형상 제작 시 적절한 조립 구속조건을 사용하여 조립품을 생성 할 수 있다. | ① | ② | ③ |
| | 1.3 조립품의 간섭 및 조립여부를 점검하고 수정할 수 있다. | ① | ② | ③ |
| | 1.4 편집기능을 활용하여 모델링을 하고 수정할 수 있다. | ① | ② | ③ |
| 2. 3D형상모델링<br>출력관리하기 | 2.1 KS 및 ISO 국내외 규격 또는 사내 규정에 맞는 2D 도면 유형을 설정하여 투상 및 치수 등 관련정보를 생성할 수 있다. | ① | ② | ③ |
| | 2.2 도면에 대상물의 치수에 관련된 공차를 표현할 수 있다. | ① | ② | ③ |
| | 2.3 대상물의 모양, 자세, 위치 및 흔들림에 관한 기하공차를 도면에 표현할 수 있다. | ① | ② | ③ |
| | 2.4 대상물의 표면거칠기를 고려하여 다듬질공차 기호를 표현할 수 있다. | ① | ② | ③ |
| | 2.5 요구되는 데이터 형식에 맞도록 저장하거나 출력할 수 있다. | ① | ② | ③ |
| | 2.6 프린터, 플로터 등 인쇄 장치를 설치하고 출력 도면 영역을 설정하여 실척 및 축(배)척으로 출력할 수 있다. | ① | ② | ③ |
| | 2.7 3D CAD 데이터 형식에 대한 각각의 용도 및 특성을 파악하고 이를 변환할 수 있다. | ① | ② | ③ |
| | 2.8 작업된 도면의 용도 및 활용성을 파악하고 분류하여 저장할 수 있다. | ① | ② | ③ |

※ 출처 : 국가직무능력(NCS) 기반의 훈련과정 편성 매뉴얼

# ✅ CONTENTS 목차

## 1편 > 3D형상모델링작업 준비하기

**CHAPTER 01 환경 설정하기 · 14**

    01 CATIA 실행 ·················································································· 14
    02 환경 설정 ··················································································· 15

**CHAPTER 02 부가명령어 설정하기 · 28**

    01 Start Menu 설정 ········································································· 28
    02 Toolbar 설정 ·············································································· 30
    03 Commands 설정 ········································································· 34
    04 Options 설정 ·············································································· 35
    05 View 도구막대 활용하기 ······························································ 39

**CHAPTER 03 도면형식 설정하기 · 45**

    01 Drafting 실행 ·············································································· 45

## 2편 3D형상모델링작업하기

**CHAPTER 01 스케치도구로 형상화하기 • 52**
      01 Sketcher 실행 ································································52
      02 Sketcher 기능 익히기 ························································54

**CHAPTER 02 도면치수로 형상 수정하기 • 74**
      01 치수구속 적용 ···································································74
      02 치수 수정하기 ···································································78

**CHAPTER 03 구속조건 설정하기 • 79**
      01 형상구속 적용 ···································································79

**CHAPTER 04 3D형상모델링 완성하기 • 82**
      01 Solid 모델링 ····································································82
      02 Surface 모델링 ······························································101

**CHAPTER 05 3D형상모델링 편집하기 • 130**
      01 3D모델링 편집 ································································130

**CHAPTER 06 3D형상모델링 수정하기 • 152**
      01 3D모델링하기 ·································································152
      02 3D모델링 수정하기 ··························································162

**CHAPTER 07 모델링 작업 도면 • 167**
      01 2D작업 도면 ···································································167
      02 3D작업 도면 ···································································170

## ☑ CONTENTS 목차

### 3편 ▶ 3D형상모델링검토하기

**CHAPTER 01 조립품 생성하기 • 174**

    01 Assembly 시작하기 ·········································································· 174
    02 Assembly 환경설정 ·········································································· 175
    03 조립부품 구성하기 ············································································ 176
    04 조립부품 이동하기 ············································································ 183
    05 조립부품 구속조건 적용하기 ······························································· 191

**CHAPTER 02 간섭 확인 및 수정하기 • 202**

    01 조립품 간섭 확인하기 ········································································ 202
    02 조립품 간섭 수정하기 ········································································ 213

**CHAPTER 03 조립예제 • 219**

    01 조립실습 예제(1) ·············································································· 219
    02 조립실습 예제(2) ·············································································· 221

## 4편 3D형상모델링 출력 관리하기

**CHAPTER 01 2D 도면 생성하기 • 226**

  01 Drafting 실행하기 ················································································ 226
  02 Drafting 환경설정 ················································································ 228
  03 View 생성하기 ····················································································· 230

**CHAPTER 02 치수 표현하기 • 243**

  01 치수 적용 ······························································································ 243

**CHAPTER 03 기하공차와 표면거칠기 표현하기 • 252**

  01 데이텀 적용 ··························································································· 252
  02 기하공차 적용 ······················································································· 253
  03 표면거칠기 적용 ··················································································· 257
  04 표제란 적용 ··························································································· 268

**CHAPTER 04 저장 및 출력하기 • 277**

  01 저장하기 ································································································ 277
  02 출력하기 ································································································ 279

**CHAPTER 05 도면실습 예제 • 281**

박한주 저자의 유튜브 채널, '**폴리텍 나노**(Polytech Nano)'
왼쪽 QR 코드를 찍으면 CATIA 환경설정, Sketcher, Part Design, Surface Design에 대한 참고 강좌를 수강하실 수 있습니다.

3D 형상 모델링 작업

# PART 01

CATIA를 이용한 국가직무능력표준 기계요소설계 직무분야

# 3D형상모델링 작업 준비하기

CHAPTER 01  환경 설정하기
CHAPTER 02  부가명령어 설정하기
CHAPTER 03  도면형식 설정하기

CHAPTER

# 01 환경 설정하기

CATIA를 이용한 국가직무능력표준 기계요소설계 직무분야

## 01 CATIA 실행

❶ 바탕화면 → 윈도 로고 → 모든 프로그램 → CATIA P3 → CATIA P3 V5 – 6R2014를 클릭하거나 바탕화면의 바로가기 아이콘을 더블클릭한다.

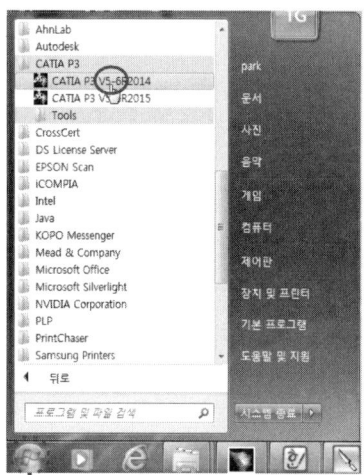

❷ CATIA가 실행된 화면이다.(CATIA는 처음에 부품을 조립할 수 있는 Assembly Mode로 설정된다.)

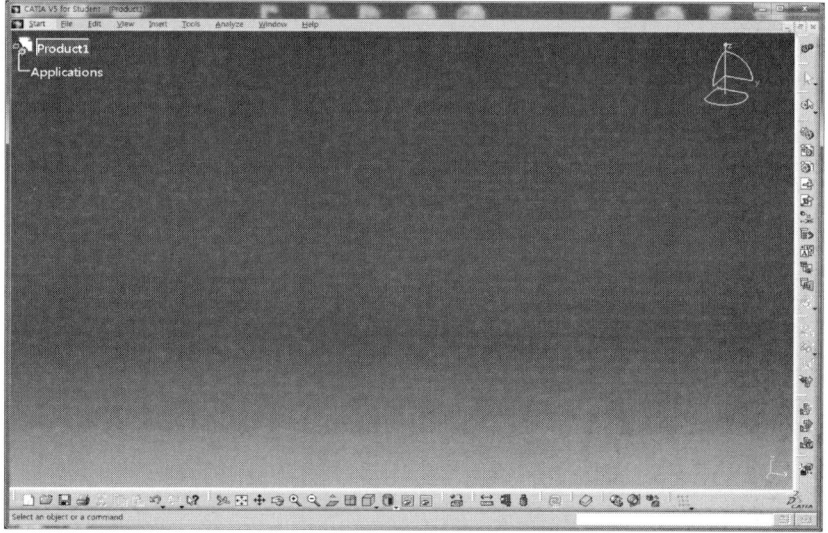

## 02 환경 설정

❶ Tools → Options...을 클릭한다.

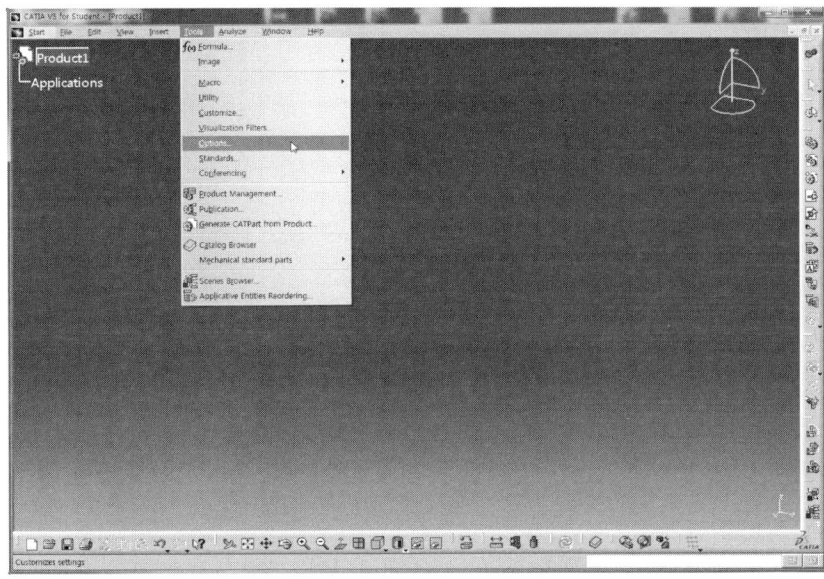

❷ Options 대화상자가 열린다. 대화상자의 왼쪽에는 CATIA에서 제공하는 Mode가, 오른쪽에는 각 Mode별 세부 항목 탭이 나타난다. 모델링에 필요한 주요 환경을 설정해 본다.

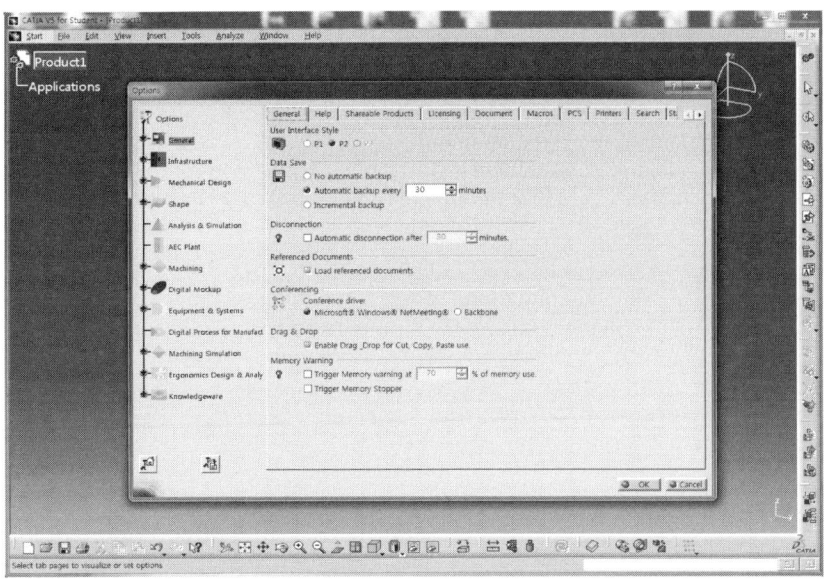

❸ General Option에 대해 알아본다. (공통적으로 적용되는 환경 설정)

ⓐ [General] 탭

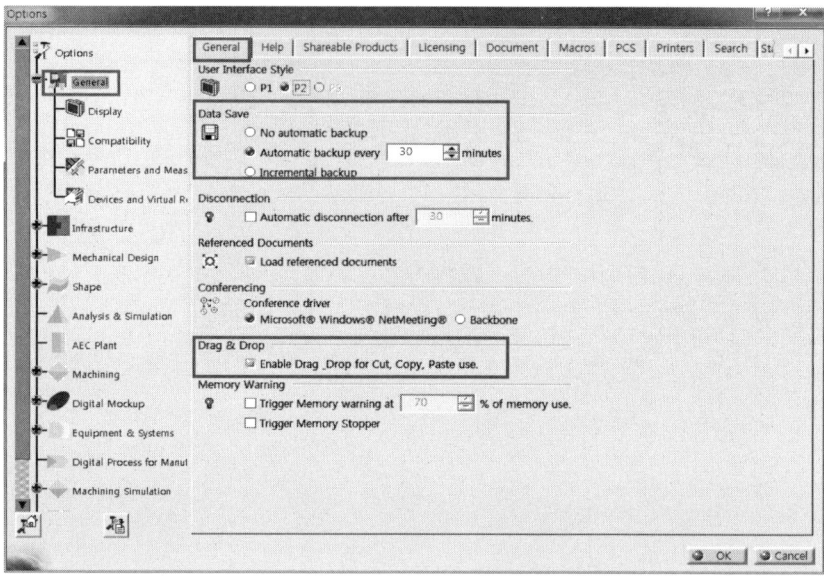

- Data Save : 모델링 중 자동 저장 여부를 지정할 수 있다. 자동 저장할 경우 몇 분 간격으로 저장할 것인지 설정할 수 있다.
- Drag & Drop : 자르기, 복사, 붙여넣기 등의 기능을 드래그하여 사용할 수 있다.

ⓑ [PCS] 탭

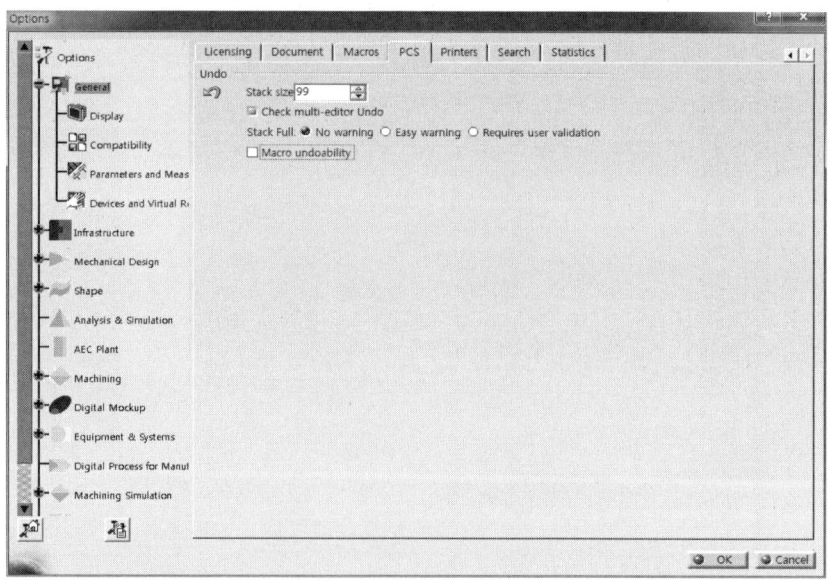

- 작업 중에 실행취소(Ctrl + Z) 횟수를 지정할 수 있으며 99회까지 입력이 가능하다.

❹ General – Display Option

ⓐ [Tree Appearance] 탭

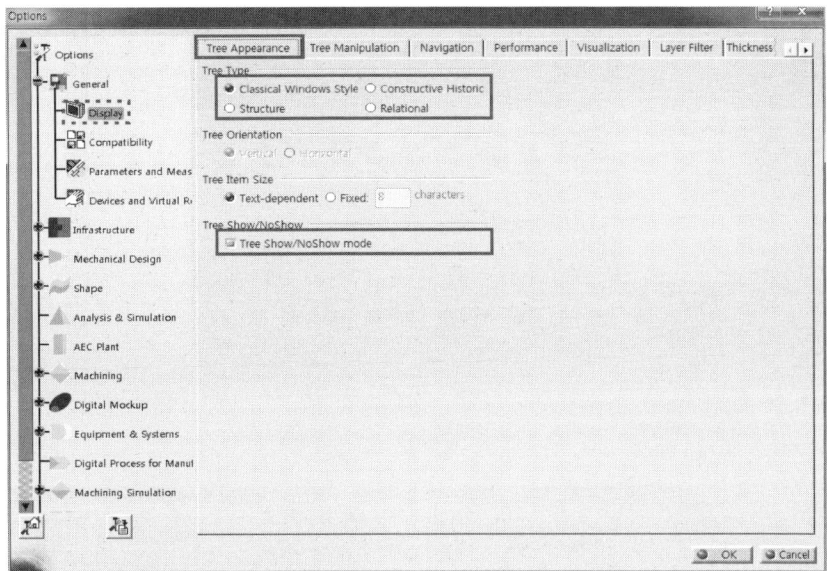

- Tree Type : 작업영역에서 Specification Tree의 형태를 지정한다.

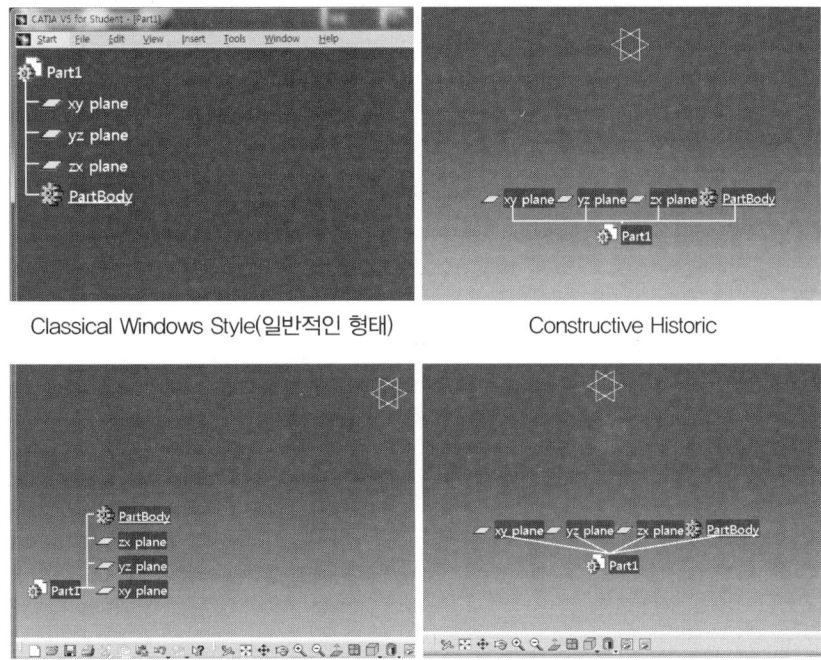

- Tree Show/NOShow mode : 모델링 중 Tree에서 Hide시켰을 때 Tree에 Hide를 표현할지를 지정한다.
- 모델링 중 Tree에서 선택한 후 마우스 오른쪽 버튼을 클릭하고 Hide/Show를 선택한다.
- 위의 Option 선택에 따라 Hide가 표시(선택한 부분이 투명)되기도 표시되지 않기도 한다.

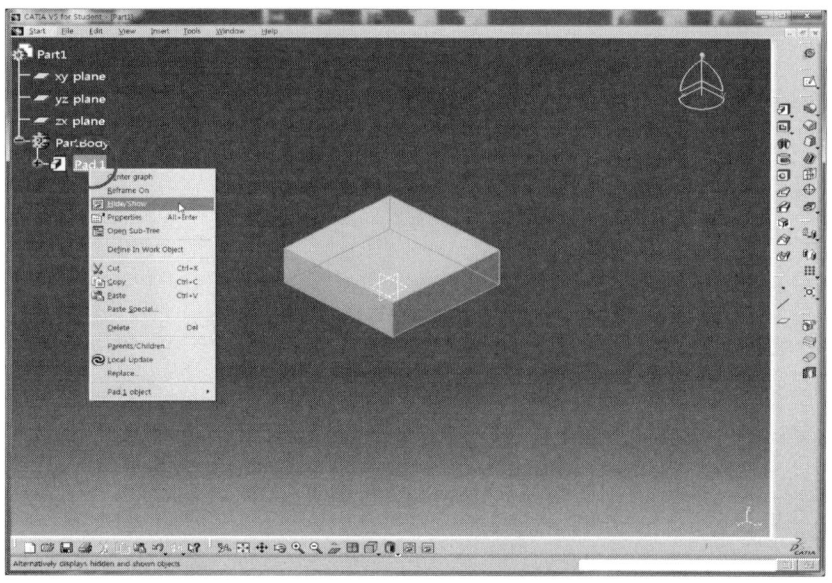

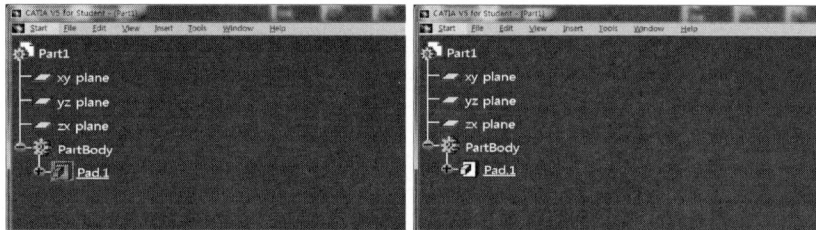

Tree Show/NOShow 체크 시      Tree Show/NOShow 체크 해제 시

ⓑ [Performance] 탭

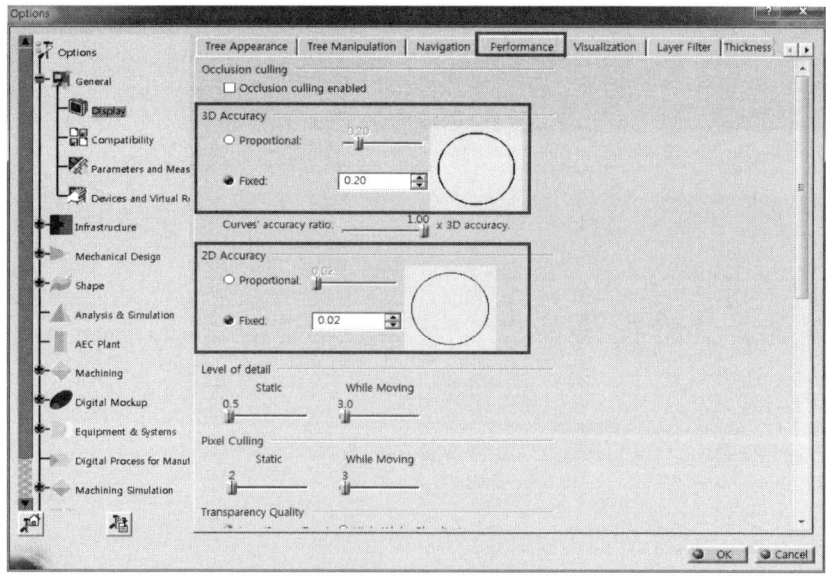

- 3D Accuracy : 3D 공간에서 모델 표현 정도를 지정할 수 있다. 값이 작을수록 매끄럽게 표현되며 0.01까지 지정 가능하다.

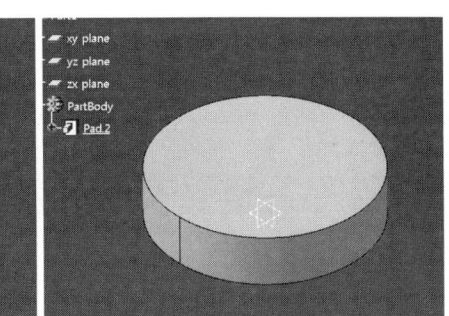

3D Accuracy(2일 경우)  3D Accuracy(0.01일 경우)

- 2D Accuracy : 2D 공간에서 Sketch 요소의 표현 정도를 지정할 수 있다. 값이 작을수록 매끄럽게 표현되며 0.01까지 지정 가능하다.

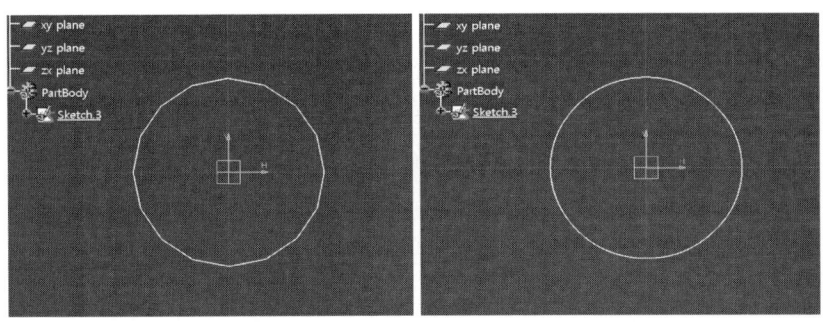

2D Accuracy(2일 경우)  2D Accuracy(0.01일 경우)

ⓒ [Visualization] 탭

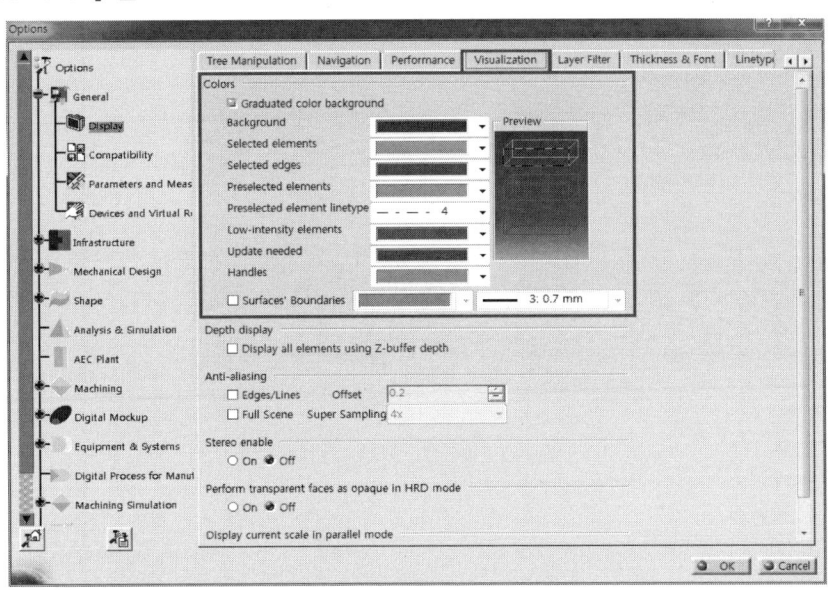

- Colors : 작업공간의 색상과 선택요소 및 모서리 등의 색상을 지정할 수 있다.(초기 상태로 사용할 것을 권장한다)

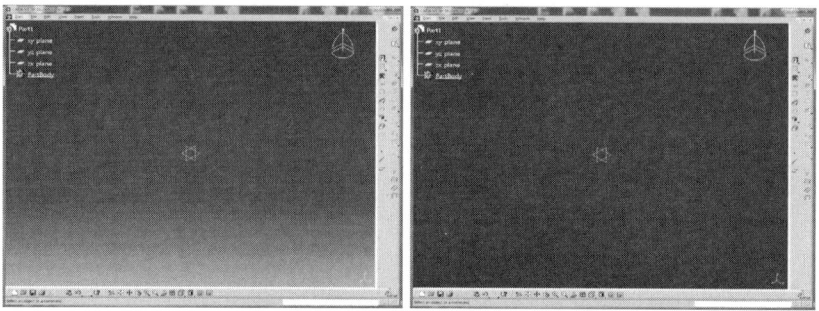

Graduated color background 체크 시    Graduated color background 체크 해제 시

❺ General – Parameters and Measure Option

ⓐ [Units] 탭

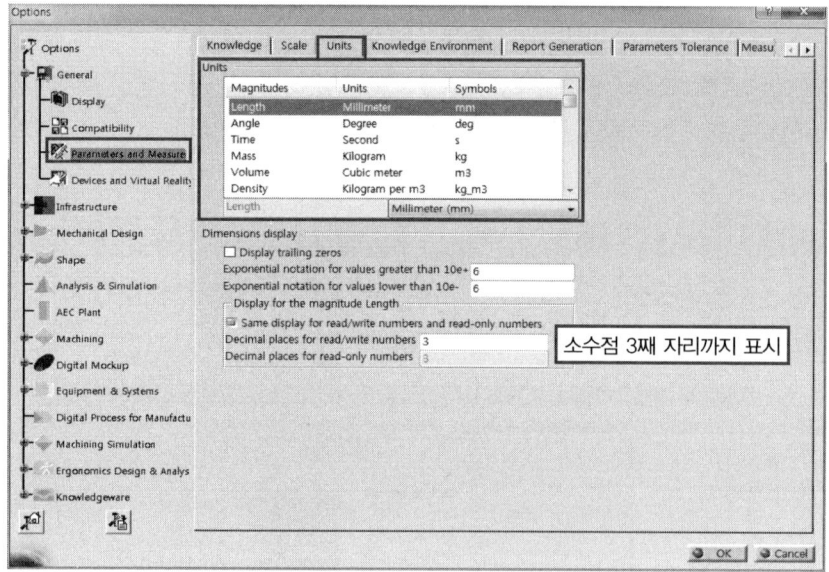

- Units : 길이, 각도 등의 단위를 설정한다.(Magnitudes 항목을 선택한 후 각 항목의 단위를 선택하여 바꿔줄 수 있다. 기본값을 사용할 것을 권장한다.)
- Dimensions display : 크기가 큰 수나 작은 수를 표시하는 방법을 지정한다.

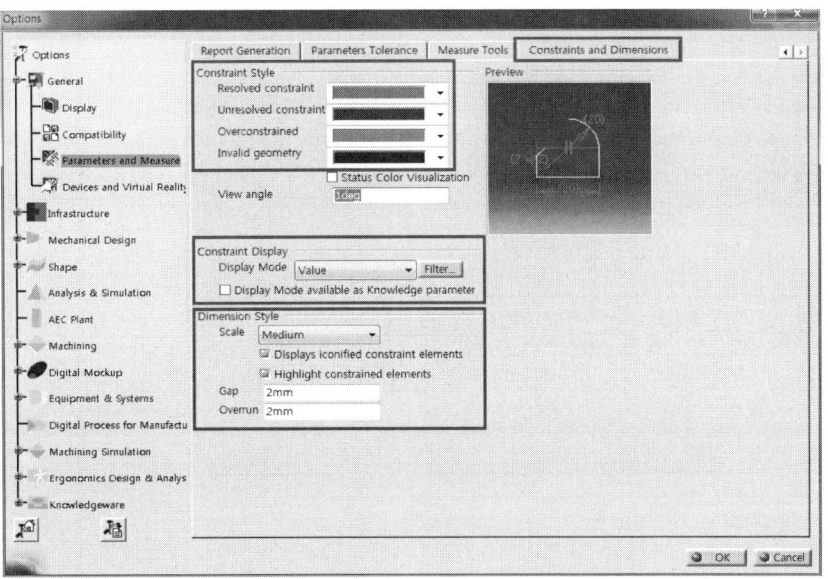

- Constraints and Dimensions : Sketch Mode에서 Sketch한 후 요소에 치수 및 형상구속을 적용할 때 적용되는 색상을 선택할 수 있다.(기본 옵션을 활용하고, 구속이 잘 적용되었으면 녹색으로 표시된다.)

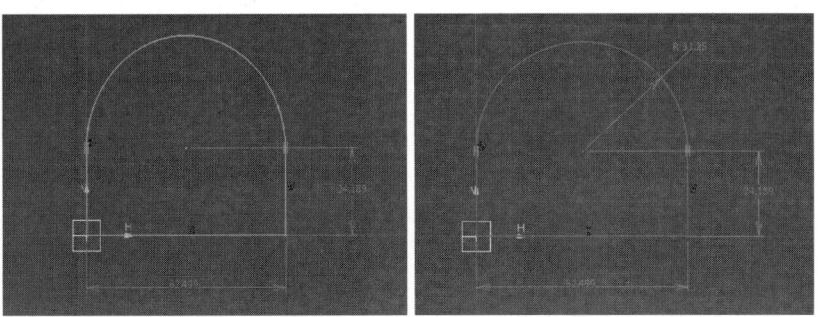

Resolved constraint(구속 적용)            Overconstrainted(중복 적용)

- Constraint Display : Sketch Mode에서 Sketch 요소에 구속을 적용할 때 표시하는 방법을 지정한다.

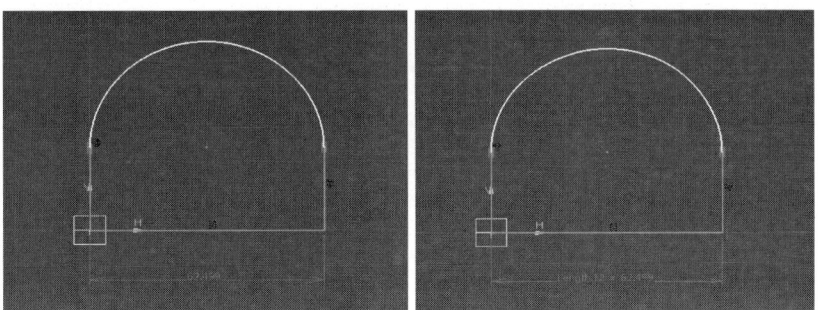

Value(치수만 표시)            Name + Value(치수와 이름 표시)

- Dimension Style : Sketch Mode에서 Sketch 요소에 구속을 적용할 때 치수선 화살표의 크기와 외형선과 치수선 간 거리, 치수보조선이 치수선에서 연장된 길이 등을 지정할 수 있다.

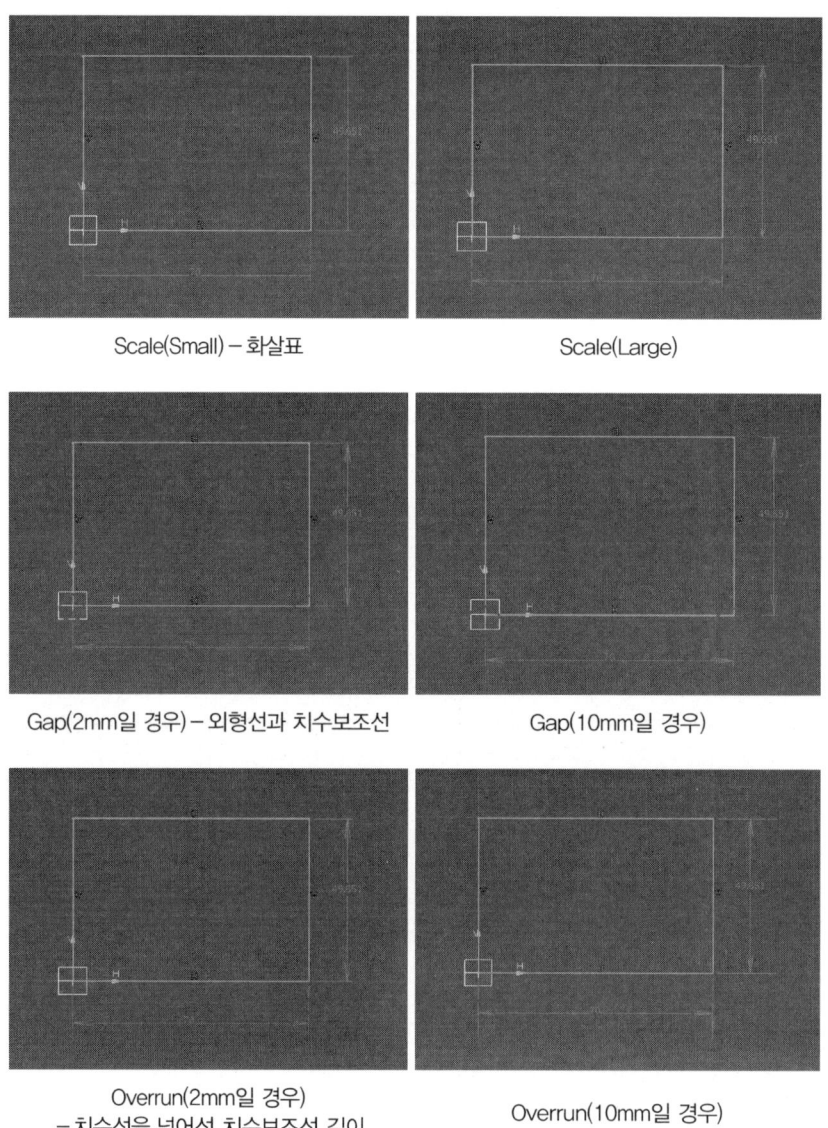

Scale(Small) – 화살표

Scale(Large)

Gap(2mm일 경우) – 외형선과 치수보조선

Gap(10mm일 경우)

Overrun(2mm일 경우)
– 치수선을 넘어선 치수보조선 길이

Overrun(10mm일 경우)

❻ Infrastructure – Part Infrastructure Option

ⓐ [Part Document] 탭

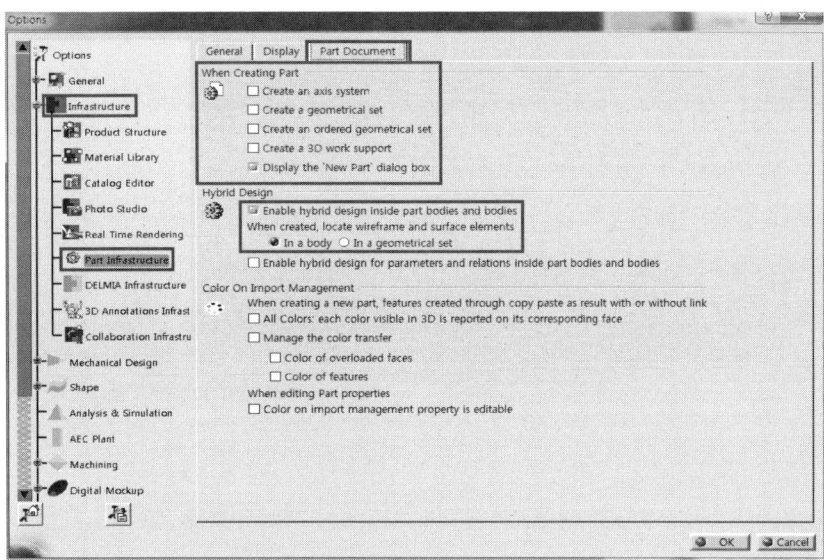

• When Creating Part : 새로운 문서를 실행할 때 Tree에 axis, geometrical set의 생성 여부와 'New Part' 대화상자의 실행 여부를 결정할 수 있다.

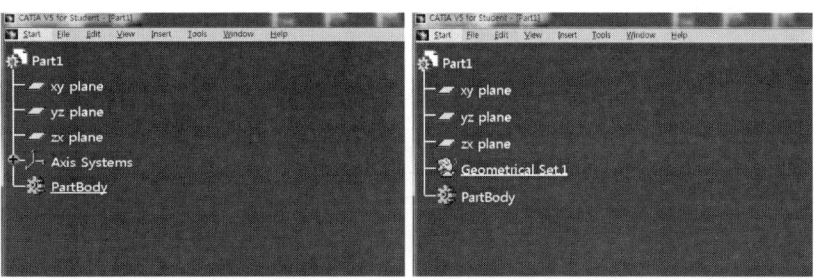

Create an axis system 체크 시      Create a geometrical set 체크 시

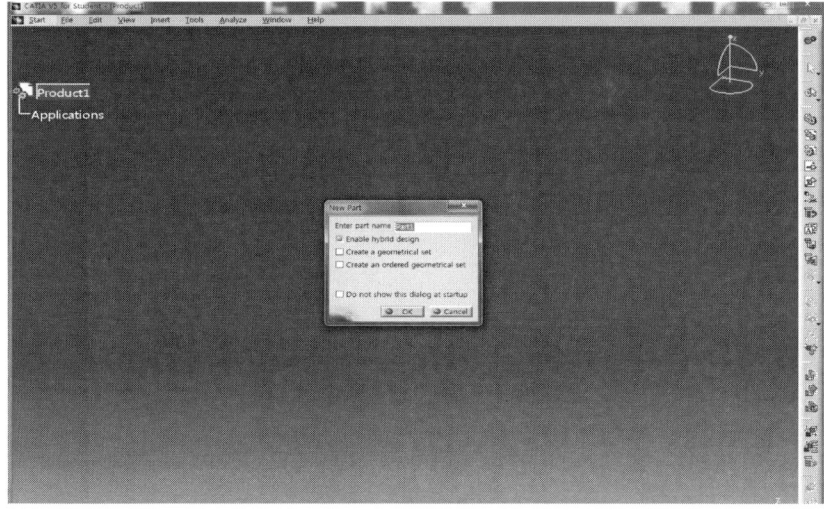

Display the 'New Part' dialog box 체크 시

- Hybrid Design : Wireframe과 Surface 요소를 Tree의 어느 곳에 둘지 지정한다. (In a geometrical set를 선택하면 Tree에 Geometrical Set.1이 생성되고 그 아래에 Point, Line, Plane 등이 위치하게 된다. 단순한 모델링의 경우에는 무관하지만, 복잡한 형상의 모델링을 할 때는 Point, Line, Plane 이 분리되어 저장되면 관리하는 데 훨씬 수월하다.)

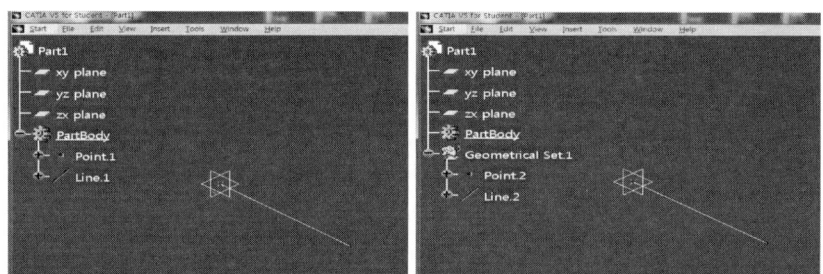

In a body에 체크한 경우     In a geometrical set에 체크한 경우

❼ Mechanical Design – Sketcher Option : Sketch Mode 환경을 설정한다.

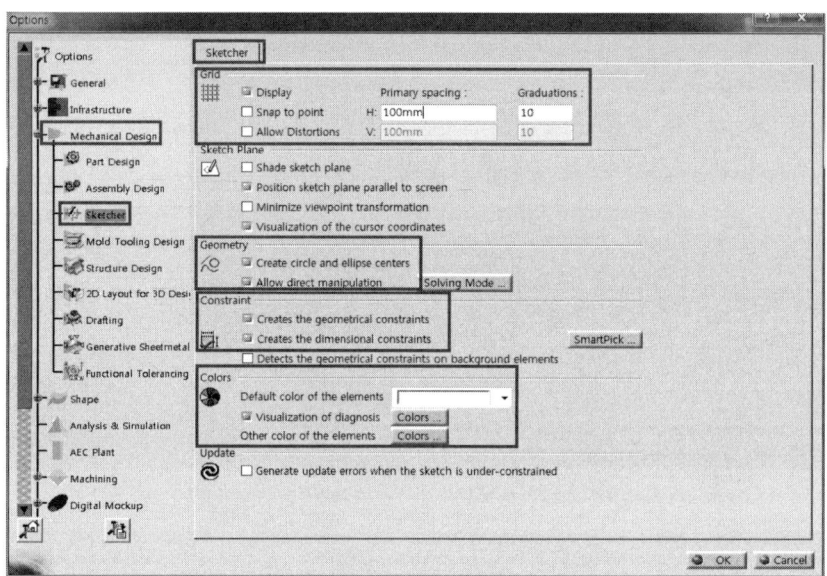

- Grid : Sketch Mode의 화면 상에 일정한 간격의 Grid를 보이게 하거나 숨길 수 있으며, Grid점에 Snap을 지정할 수 있다.

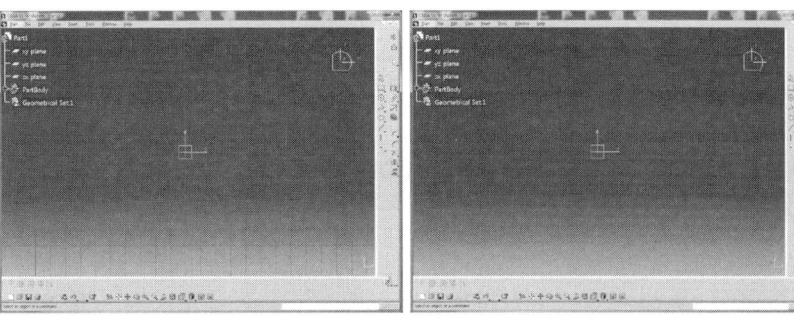

Display 체크 시(화면에 점선이 보임)   Display 체크 해제 시(화면에 점선이 보이지 않음)

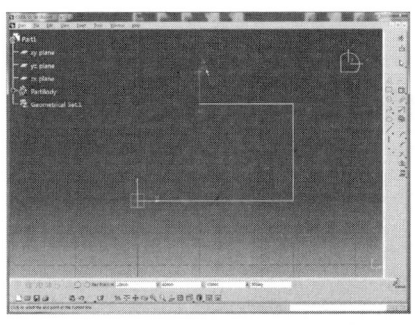
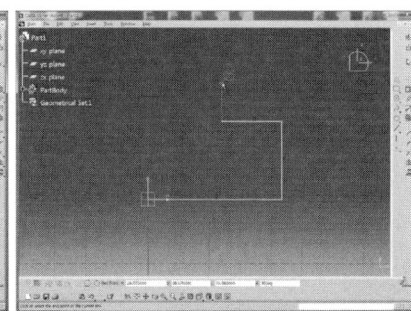

Snap to Point 체크 시
(지정한 거리 위치에서만 Sketch 가능)   Display 체크 해제 시
(임의의 점에 Sketch 가능)

- Geometry : 원과 타원의 중심점 생성 여부와 Sketch 요소를 드래그하여 변경하도록 설정한다.

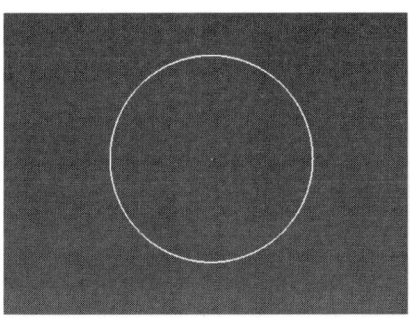
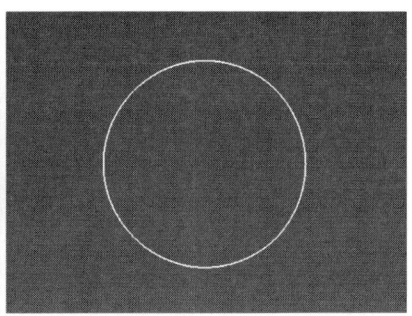

Create circle and ellipse centers 체크 시
(Circle의 중심점 생성)   Create circle and ellipse centers 체크 해제 시
(Circle의 중심점이 생성되지 않음)

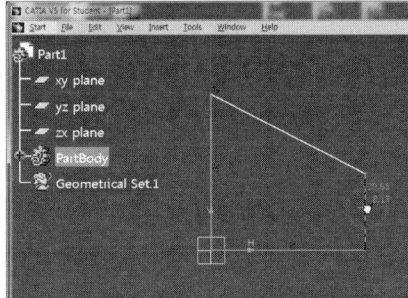
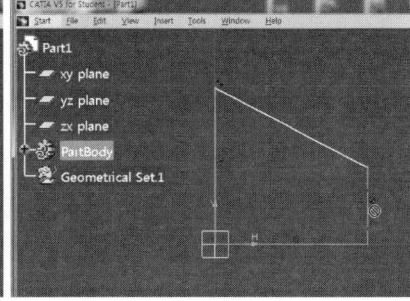

Allow direct manipulation 체크 시
(드래그하여 수정할 수 있음)   Allow direct manipulation 체크 해제 시
(드래그하여 수정하고자 하면 선택되지 않음)

* Constraint : Sketch할 때 치수 및 형상구속의 적용 여부를 설정할 수 있다.

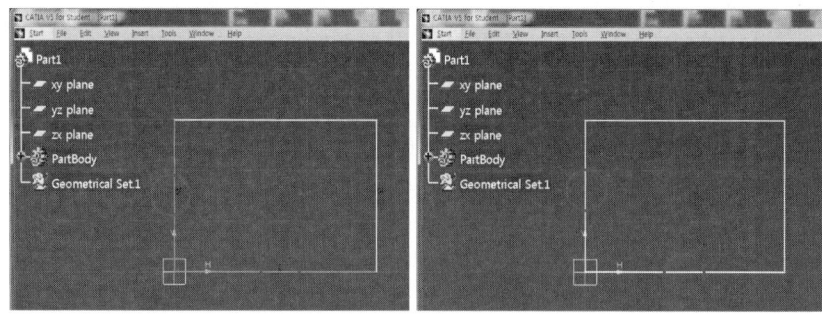

Create the geometrical constraints 체크 시     Create the geometrical constraints
(형상구속이 표시됨)     체크 해제 시(형상구속이 표시되지 않음)

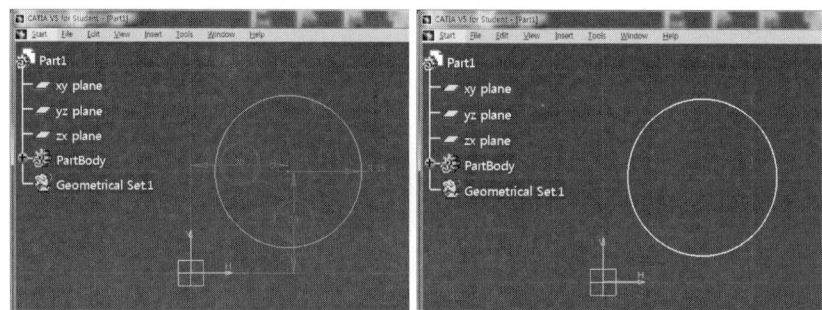

☞ Circle Using Coordinates 명령어를 이용하여 Sketch한 예제
Create the dimension constraints 체크 시    Create the dimension constraints 체크 해제 시
(치수구속이 표시됨)     (치수구속이 표시되지 않음)

* Colors : Sketch할 때 요소의 기본색상과 구속조건에 따른 요소의 색상을 지정할 수 있다.

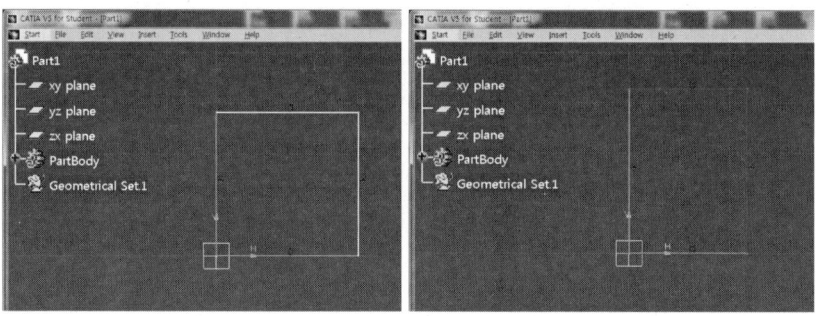

Default color of the elements(흰색)     Default color of the elements(빨간색)

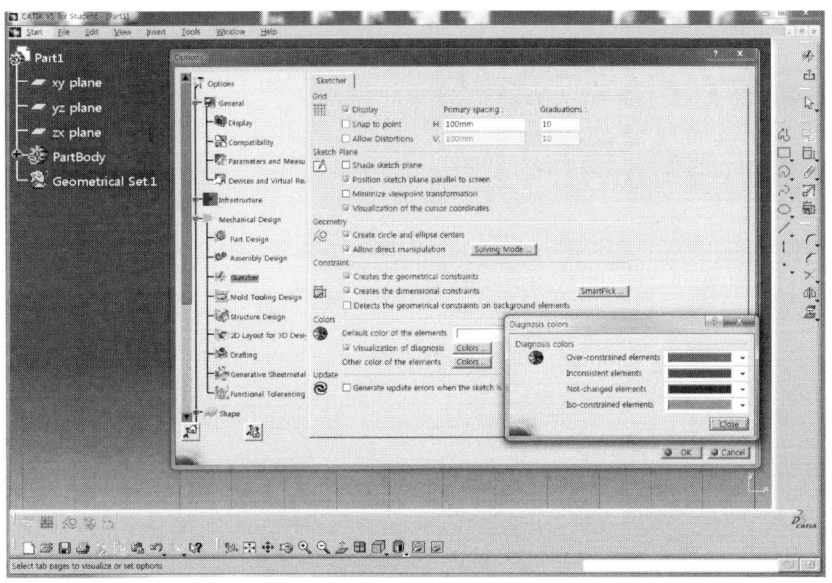

Visualization of diagnosis – Colors... 버튼 클릭(기본 색상 권장)

CHAPTER

# 02 부가명령어 설정하기

CATIA를 이용한 국가직무능력표준 기계요소설계 직무분야

## 01 Start Menu 설정

❶ Tools → Customize...를 선택한다.

❷ Start Menu 탭의 왼쪽에 CATIA에서 제공하는 모든 Mode가 보이는데, 자주 사용하고자 하는 Mode를 선택하고 ➡를 체크하여 오른쪽으로 이동시키고 Close 버튼을 클릭한다.

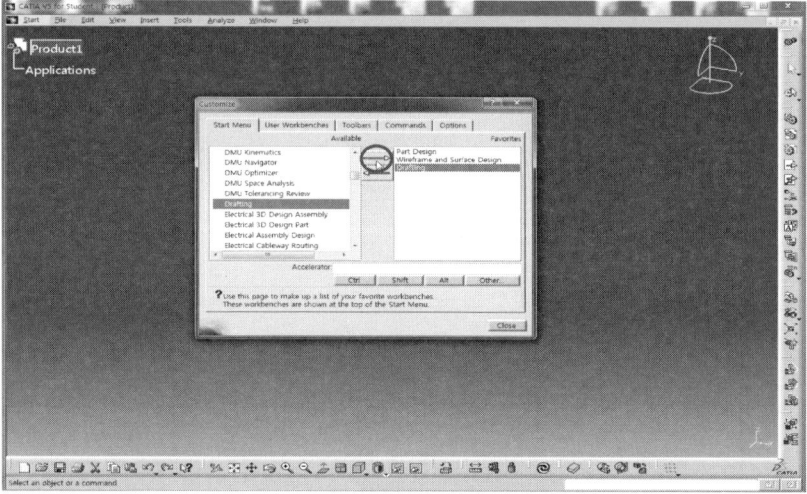

❸ 화면 오른쪽 상단의 Workbench 아이콘 을 클릭하여 원하는 Mode의 아이콘을 선택하면 해당 Mode가 실행된다. 이처럼 CATIA에서 자주 활용하는 Mode를 한곳에 모아두고 쉽게 해당 Mode를 실행할 수 있다.

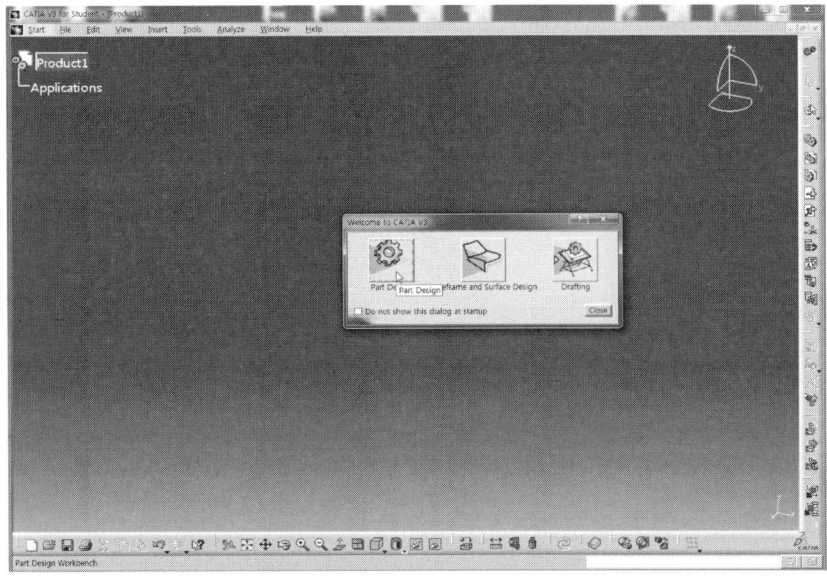

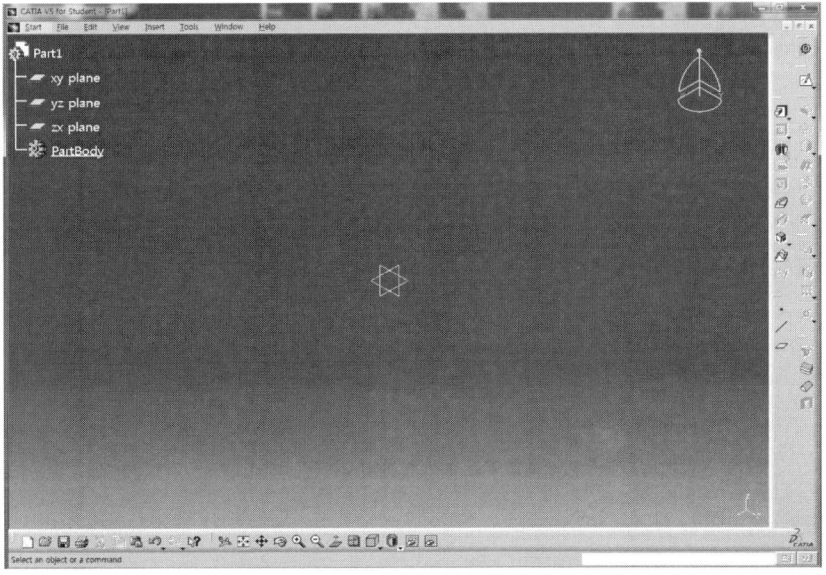

## 02 Toolbar 설정

❶ Tools → Customize...를 선택한다.

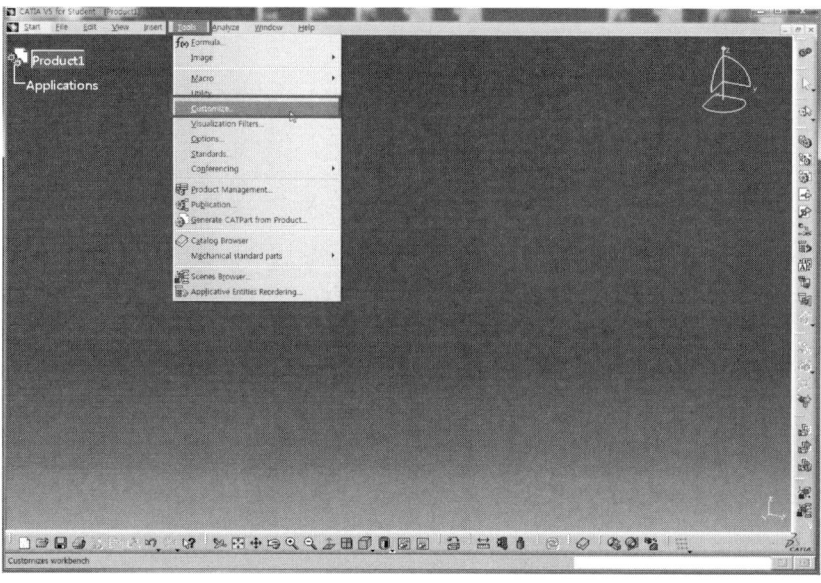

❷ Toolbars 탭을 선택하면 현재 실행 Mode의 모든 도구막대 모음들이 나타난다. 새로운 도구막대를 생성하려면 New... 버튼을 클릭한다.

❸ Toolbar Name에 Exam이라고 입력하고 OK 버튼을 클릭하면 Exam 도구막대가 생성된다.

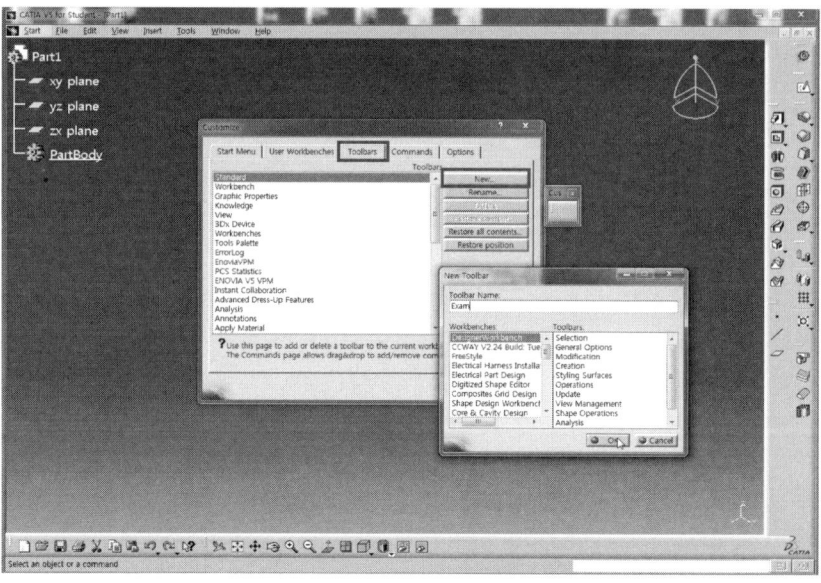

❹ 생성한 Exam 도구막대에 삽입할 아이콘을 Ctrl 키를 누른 상태에서 드래그하여 놓으면 새로 생성한 도구막대에 해당 아이콘이 삽입된다.

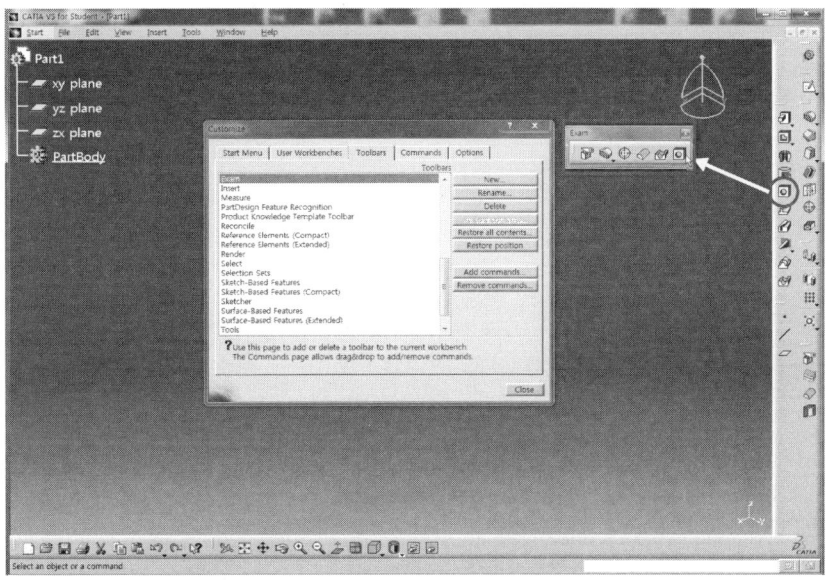

❺ 도구막대의 이름을 바꾸고자 할 때는 해당 도구막대를 선택한 후 Rename... 버튼을 클릭한다. Exam 도구막대를 선택하고 Rename 버튼을 클릭하면 Rename Toolbar 대화상자가 뜨는데, New Name 영역에 변경할 이름 User_exam을 입력한다.

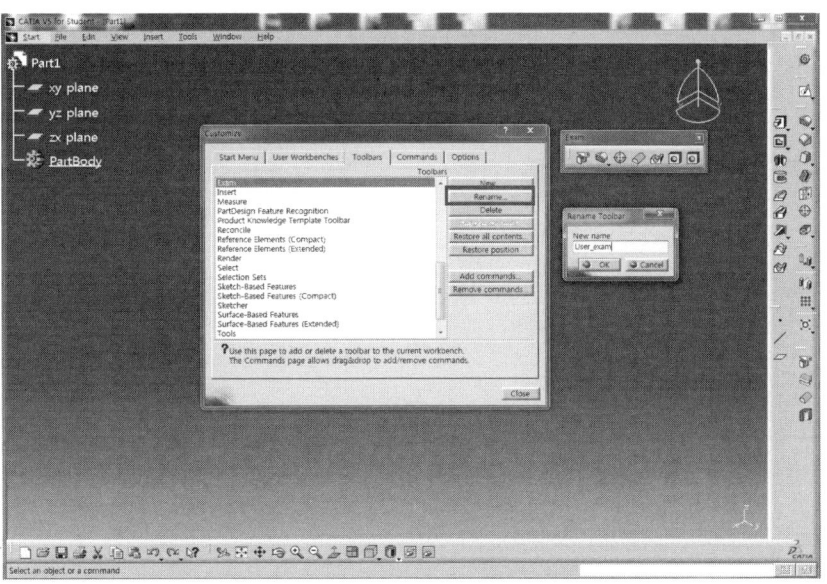

❻ OK 버튼을 클릭하면 도구막대 이름이 바뀐 것을 확인할 수 있다.

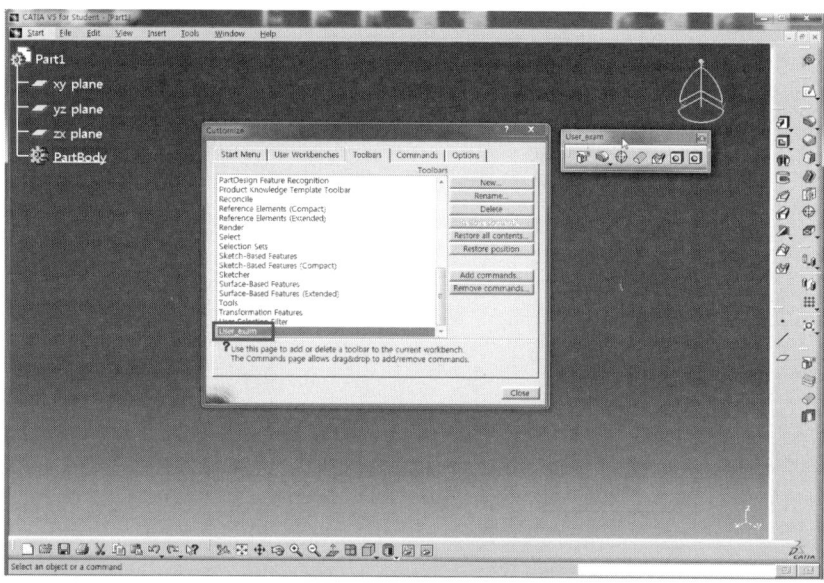

❼ 도구막대를 삭제할 경우에는 해당 도구막대를 선택하고 Delete 버튼을 누른 후 Delete Toolbar 대화 상자에서 확인 버튼을 클릭하면 된다.

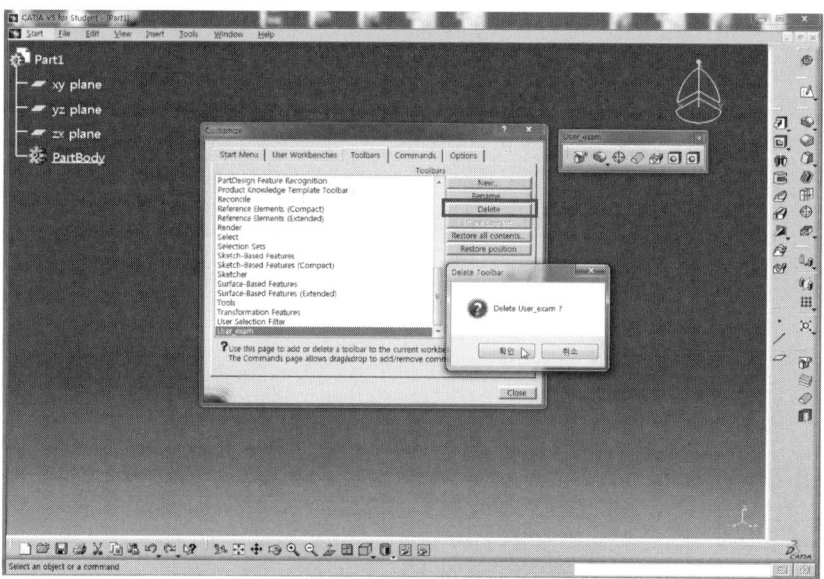

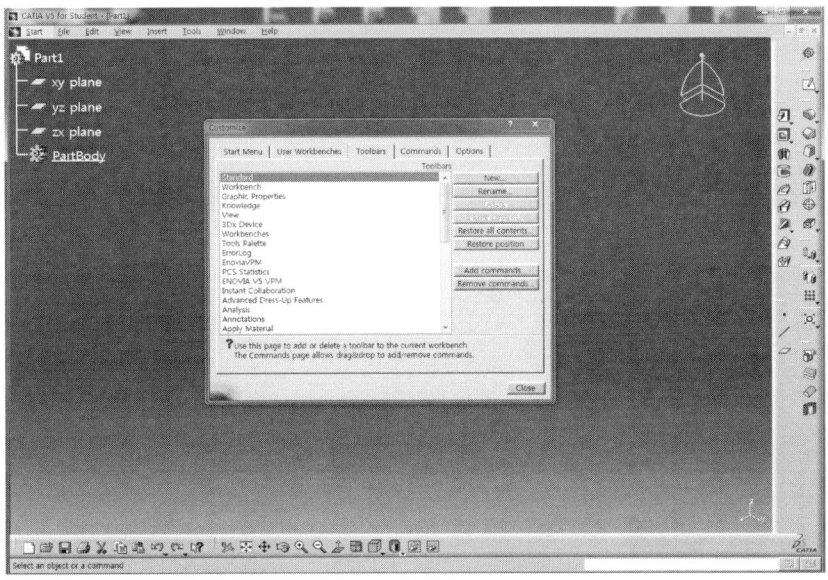

❽ 도구막대를 초기상태로 전환하고자 할 때는 Restore position 버튼을 클릭한 후 확인 버튼을 누르면 아래와 같이 CATIA 초기상태로 도구막대가 변경된다.

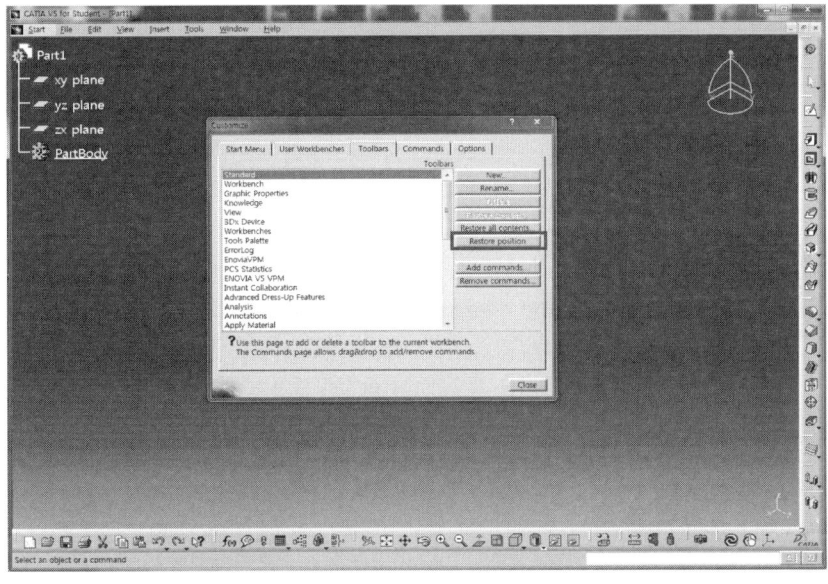

## 03 Commands 설정

❶ Tools → Customize…를 선택하고 Commands 탭을 선택한다.

❷ 왼쪽 Categories를 클릭한 후 Commands란에서 하부 명령어를 선택한다.

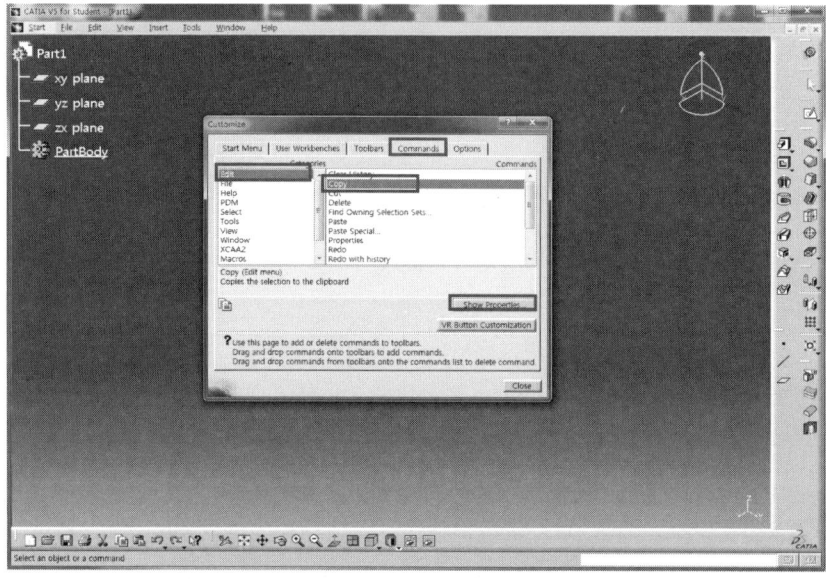

❸ Show Properties… 버튼 클릭 후 Title과 Accelerator란에 원하는 단축키를 설정하고 Close 버튼을 누른다.

❹ 모델링할 때 해당 단축키를 활용하여 명령어를 실행할 수 있다.

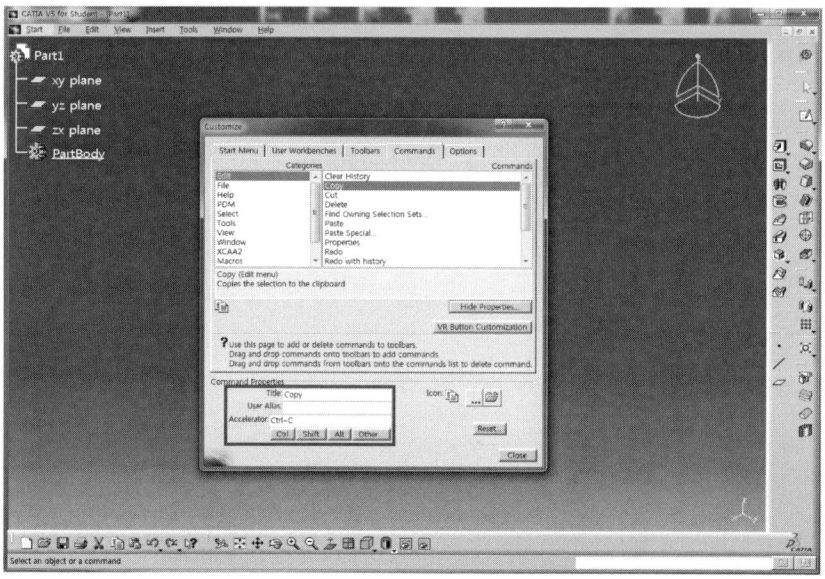

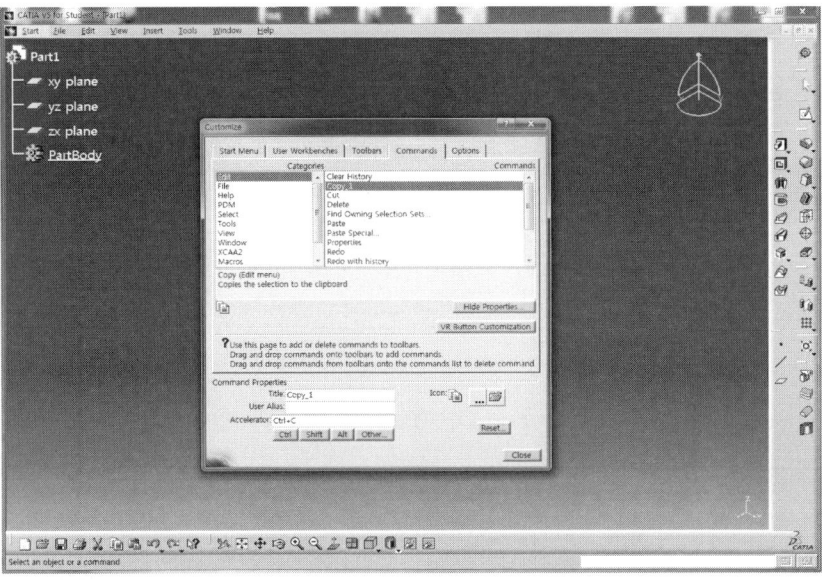

## 04  Options 설정

❶ Tools → Customize…를 선택하고 Options 탭을 선택한다.

❷ Large는 명령어와 아이콘을 크게 한다. Large를 체크하고 CATIA를 재실행하면 아이콘과 명령어가 크게 바뀐다. (아이콘의 크기를 비교해보기 바란다.)

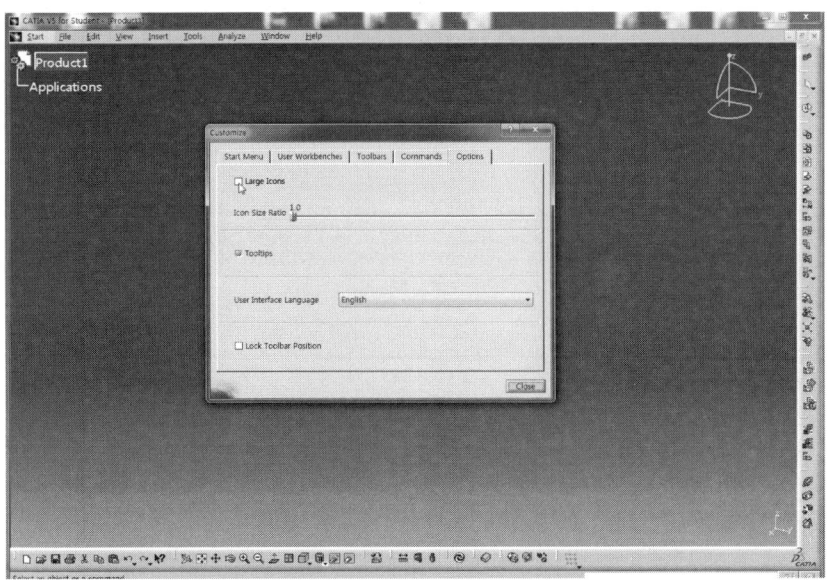

PART 01 3D형상모델링작업 준비하기

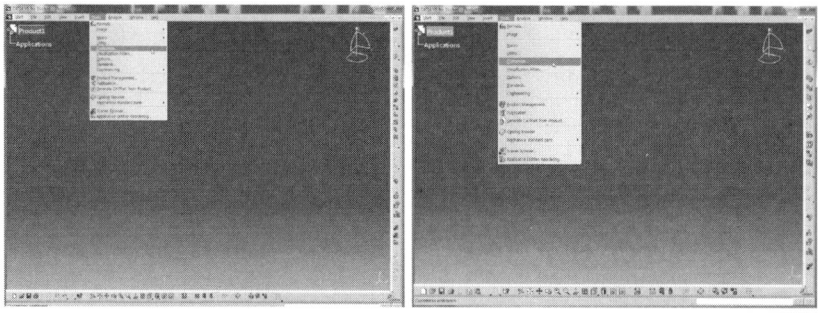

Large 체크 해제 시          Large 체크 시

❸ Tooltips는 아이콘에 마우스 포인트를 놓았을 때 아이콘에 대한 설명 표시 여부를 결정한다.

❹ Tooltips를 체크하고 CATIA를 재실행하면 아이콘에 대한 설명이 표시된다.

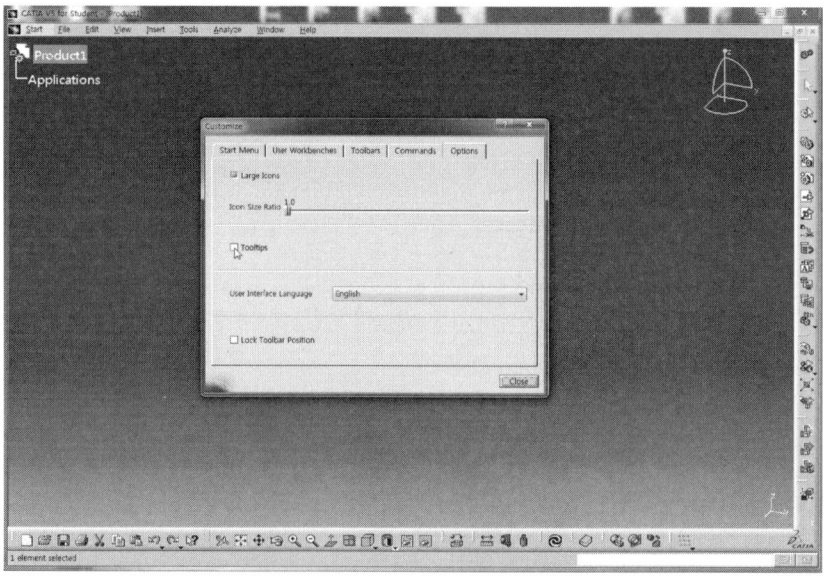

Tooltips 체크 해제 시          Tooltips 체크 시

❺ User Interface Language는 사용 언어를 설정할 수 있다.

❻ Korean을 선택하고 대화상자가 나타나면 OK 버튼을 클릭한 후 Close 버튼을 누른다.

❼ CATIA를 재실행하면 선택한 언어로 변경된다.

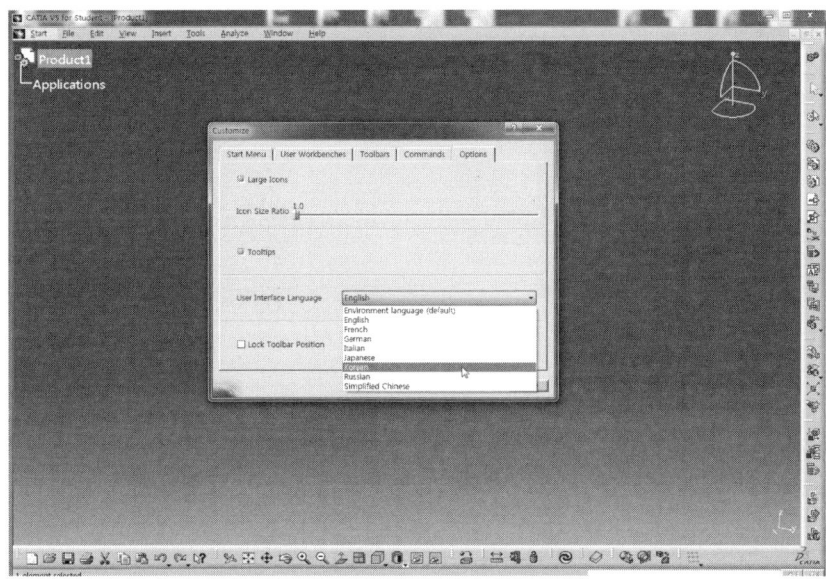

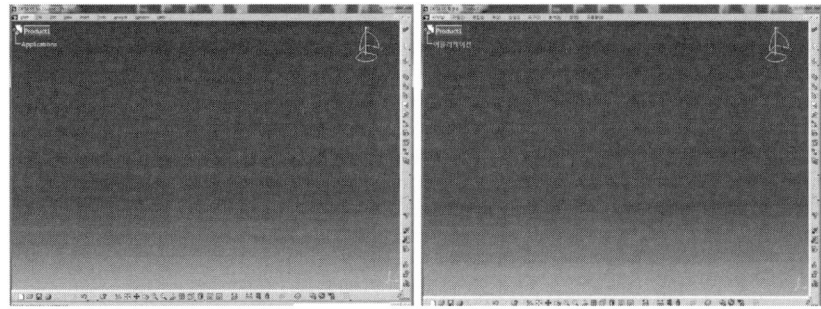

English 선택 시            Korean 체크 시

❽ Lock Toolbar Position은 도구막대의 위치를 변경하거나 억제시킬 수 있다.

❾ Lock Toolbar Position을 체크하면 도구막대 위에 마우스 포인터를 놓고 드래그하더라도 도구막대의 위치를 변경시킬 수 없다.

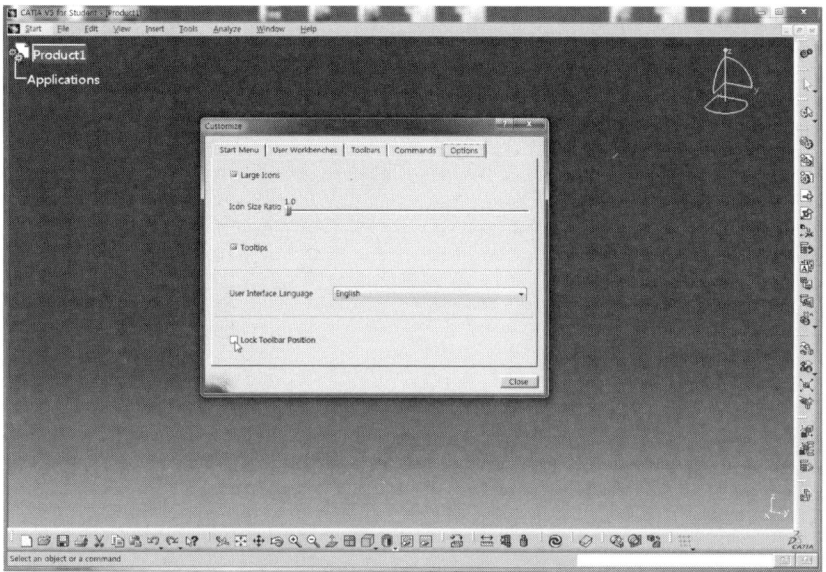

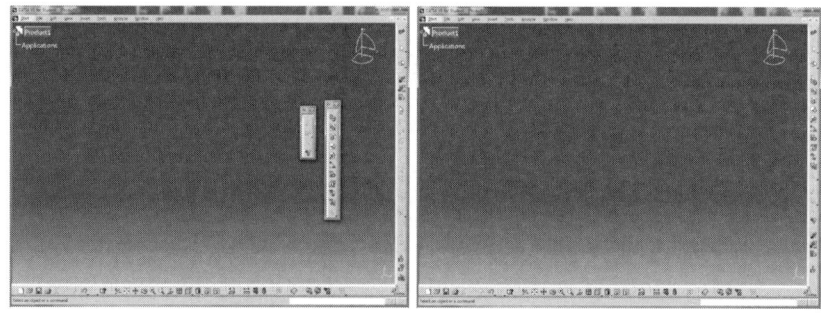

Lock Toolbar Position 체크 해제 시        Lock Toolbar Position 체크 시

## 05 View 도구막대 활용하기

**❶ Fit All In** : Model의 크기를 화면에 최적화시켜 준다.(예제는 2편에서 기능을 습득한 후 모델링해 보기로 한다.)

- Modeling 중 확대 또는 축소된 상태에서 Fit All In 아이콘을 클릭한다.
- 확대되어 있는 모델은 축소되고, 축소되었던 모델은 확대되어 화면에 최적화되도록 크기가 변경된다.(모델링이 완료된 후에 Isometric View 와 함께 클릭하여 화면을 정리한다.)

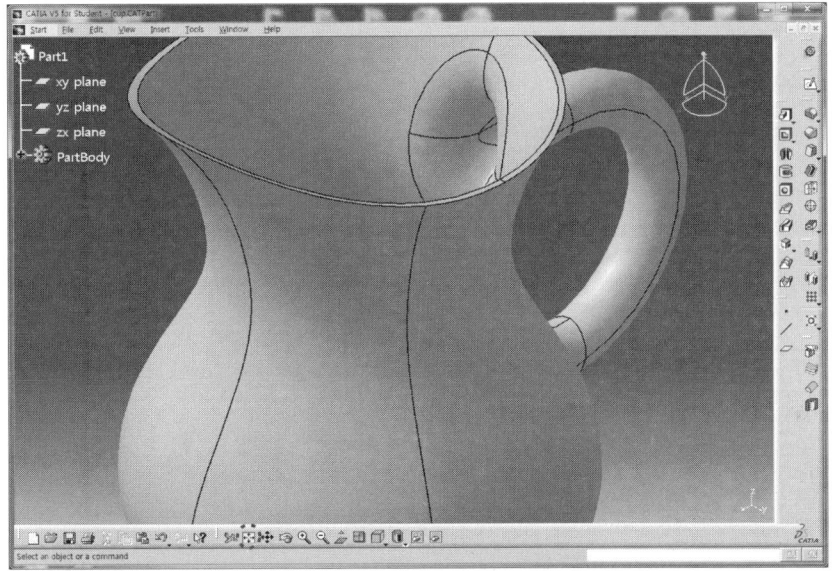

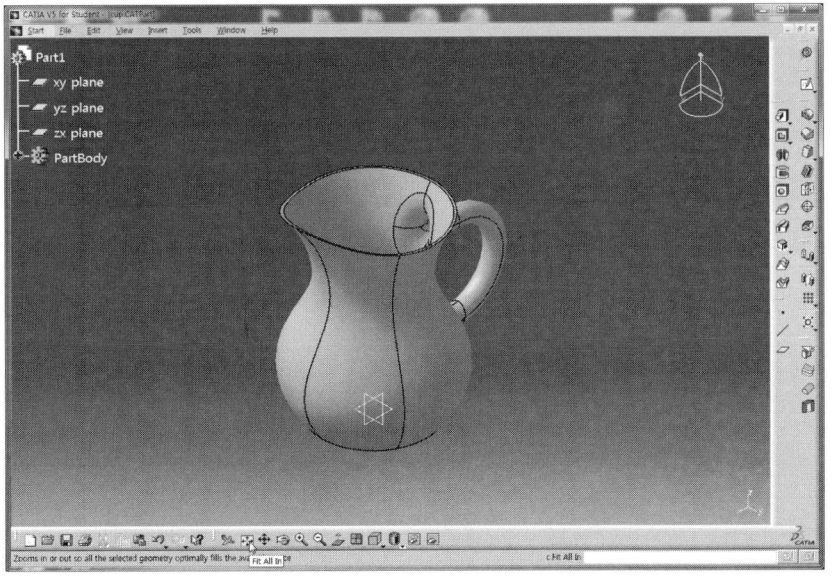

❷ Pan ✥ : Model을 화면 임의의 위치로 이동시킨다.

- Model 위에 마우스 포인터를 위치(1)시키고 마우스의 휠 버튼을 누른다.
- 마우스를 드래그하여 이동하고자 하는 위치(2)에서 휠 버튼을 떼면 Model이 화면의 1위치에서 2위치로 이동된 것을 확인할 수 있다.

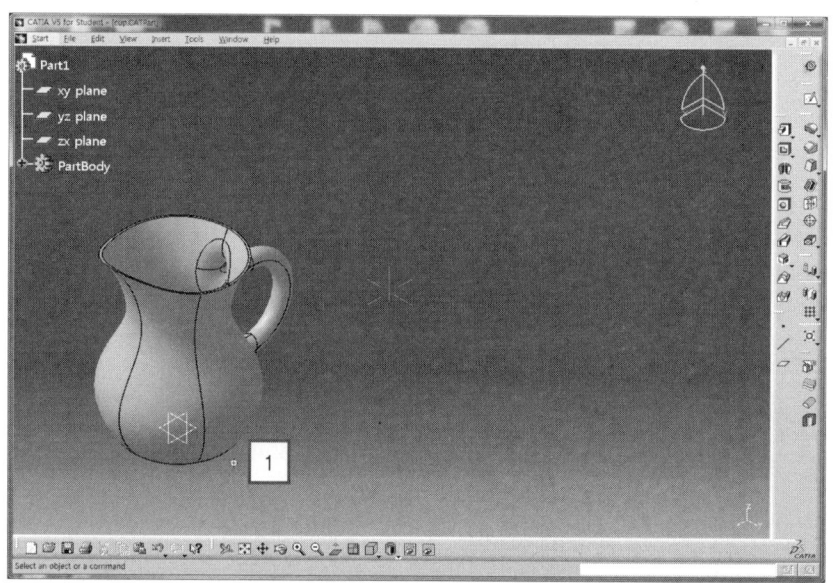

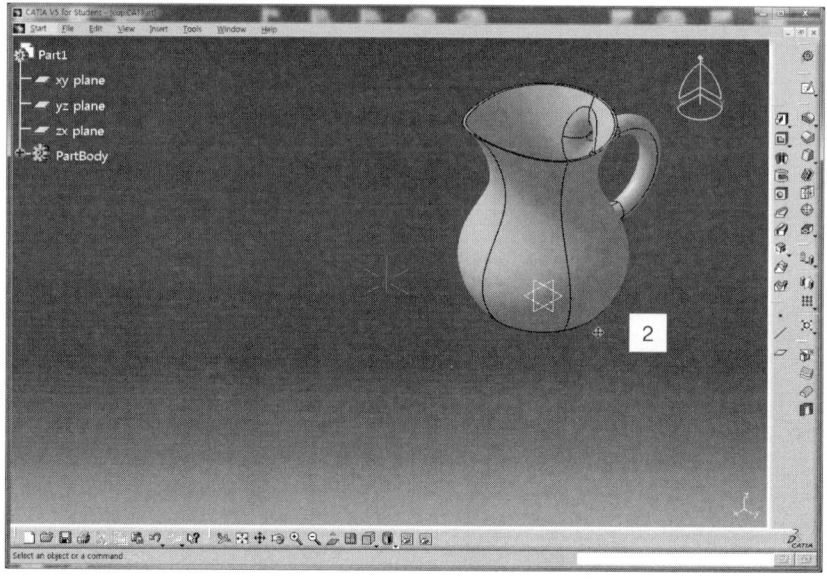

❸ Rotate : Model을 회전시킨다.
- 마우스의 휠 버튼과 오른쪽 버튼을 동시에 누른다.
- 마우스를 드래그하여 회전하고자 하는 형상이 되도록 위치시키고 마우스 버튼을 떼면 Model이 1형상에서 2형상으로 바뀐다.

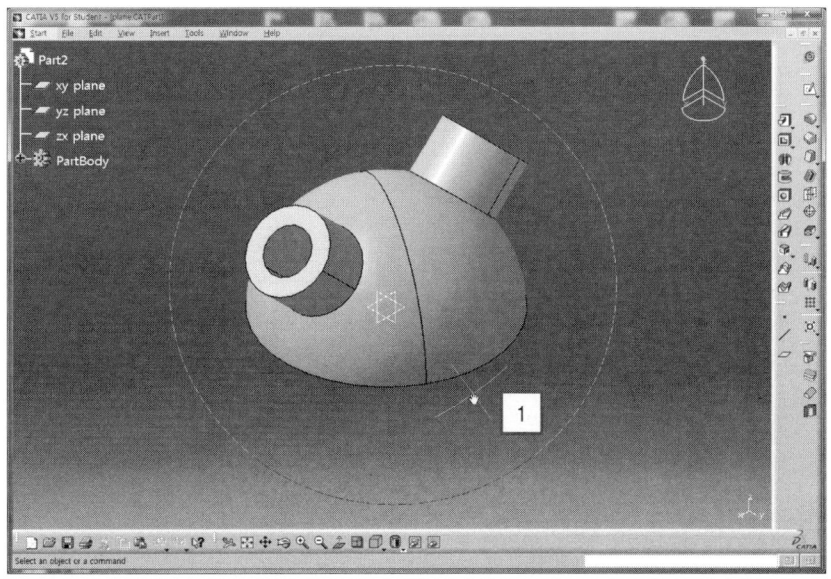

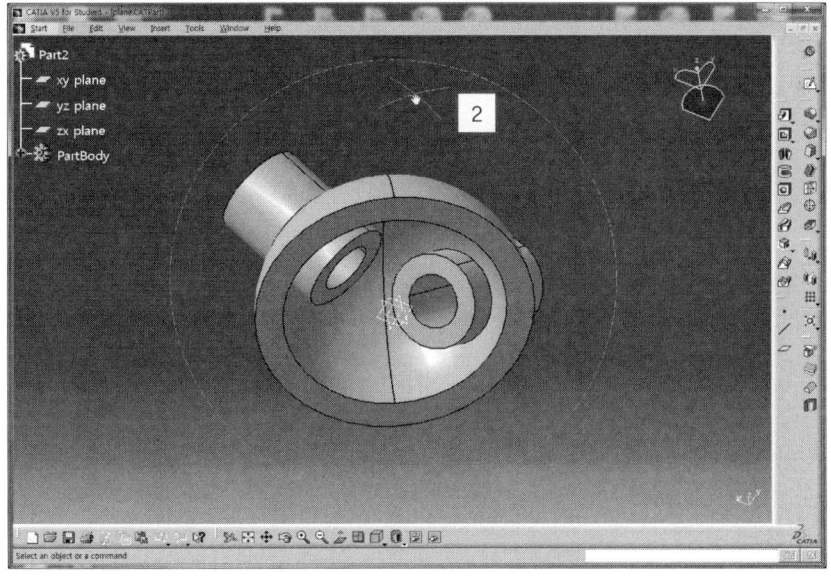

❹ Zoom In ⊕/Zoom Out ⊖ : Model을 확대 또는 축소시킨다.
- 마우스의 휠 버튼을 계속 누르고 있는 상태에서 오른쪽 버튼을 한 번 클릭하고 뗀다(1).
- 마우스를 앞으로 드래그(2)하면 확대되고 뒤로 드래그(3)하면 축소된다.

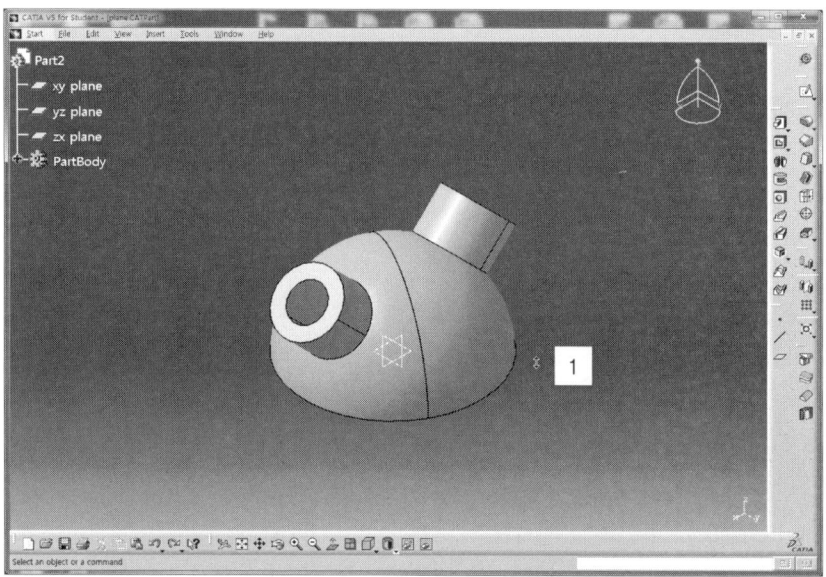

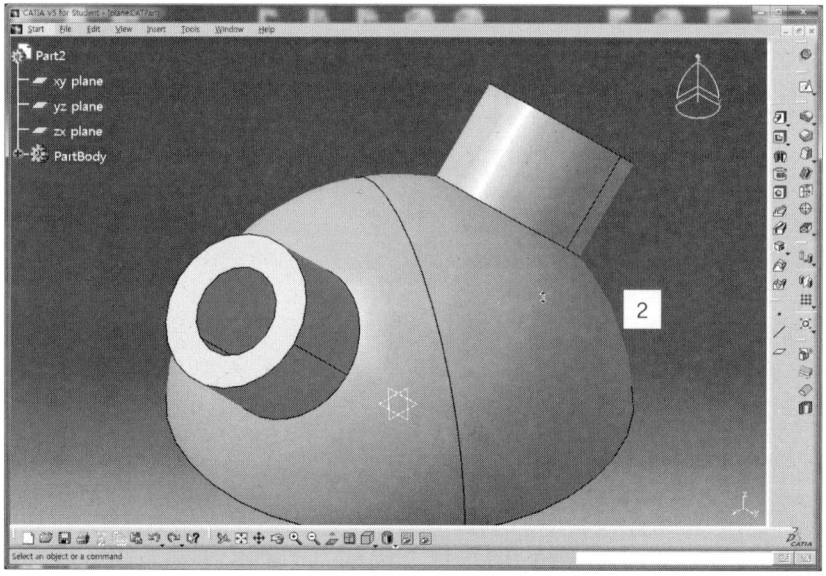

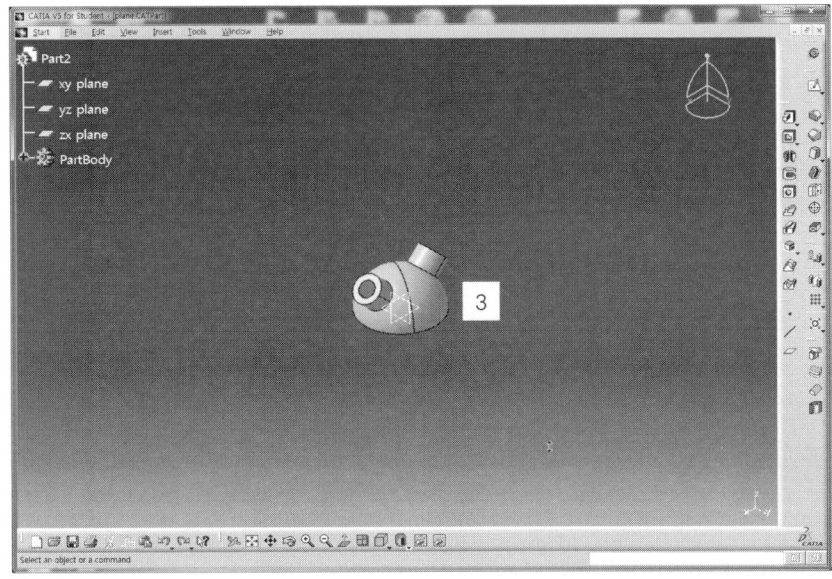

❺ Isometric View ▢ : Model을 등각뷰로 정렬한다.

* 모델링 중 회전된 Solid 상태에서 ▢를 클릭하면 등각뷰로 전환된다.

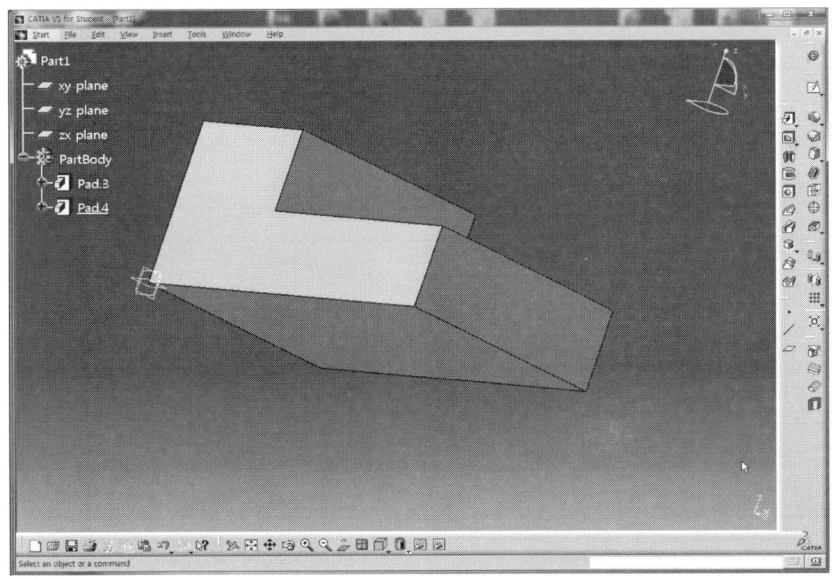

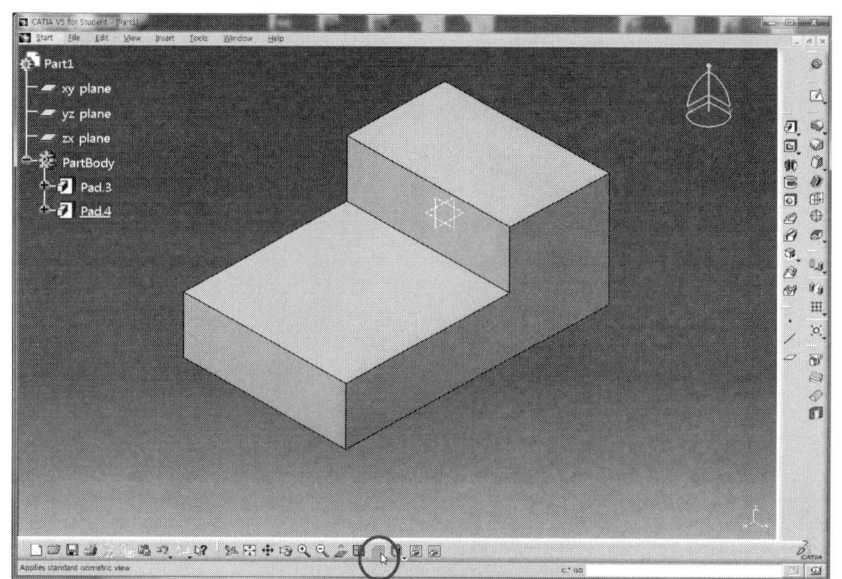

# CHAPTER 03 도면형식 설정하기

CATIA를 이용한 국가직무능력표준 기계요소설계 직무분야

## 01 Drafting 실행

❶ CATIA를 실행시키고 Workbench 아이콘 을 클릭한 후 Drafting을 클릭한다.

❷ New Drafting Creation 대화상자에서 Modify…를 클릭하여 원하는 용지를 선택하고 OK 버튼을 클릭한다.

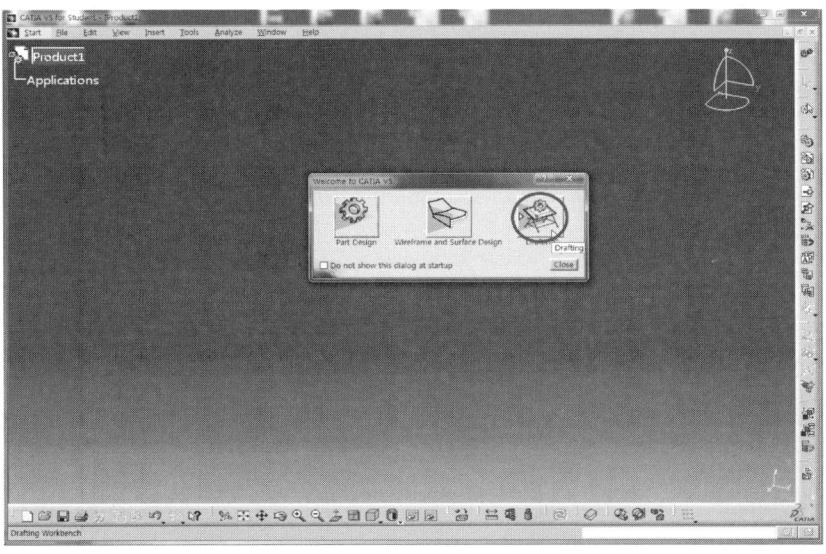

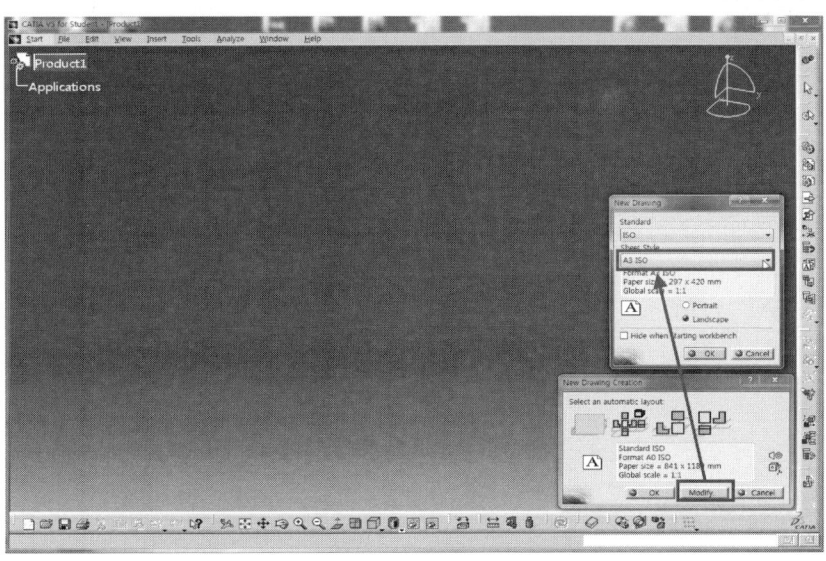

PART 01 3D형상모델링작업 준비하기

❸ Edit → Sheet Background를 선택하면 도면 영역이 반투명하게 변경되어 Background 영역으로 전환된다.

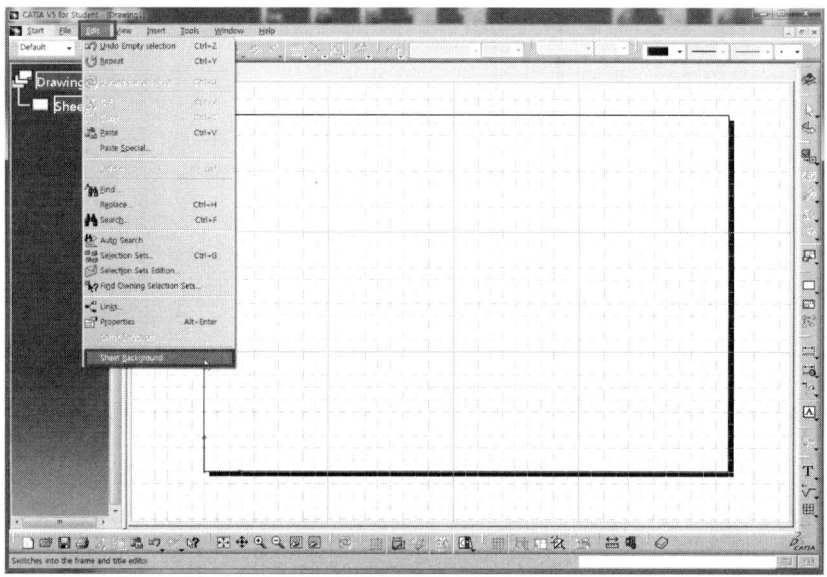

❹ Drawing 도구막대의 Frame and Title Black 아이콘을 클릭한다.

❺ Manage Frame And Title Block 대화상자에서 Create를 선택하고 OK 버튼을 클릭한다.

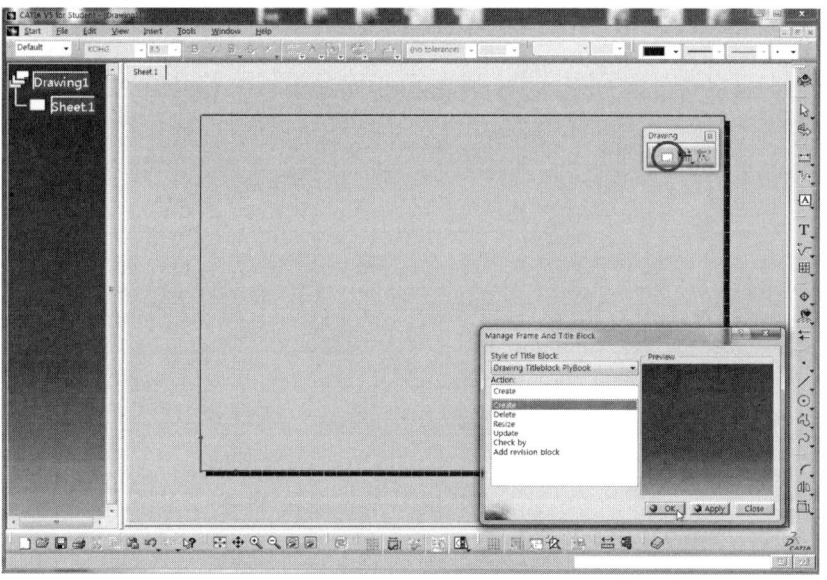

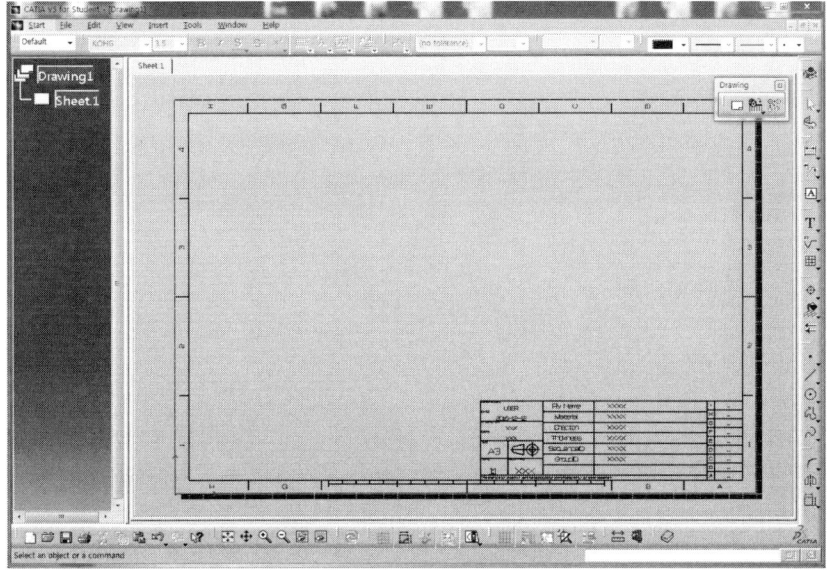

❻ 기본 도면형식에서 도구막대의 아이콘을 이용하여 원하는 형태로 변경한다.

❼ 도면형식을 완료했으면 Edit → Working Views를 선택한다.

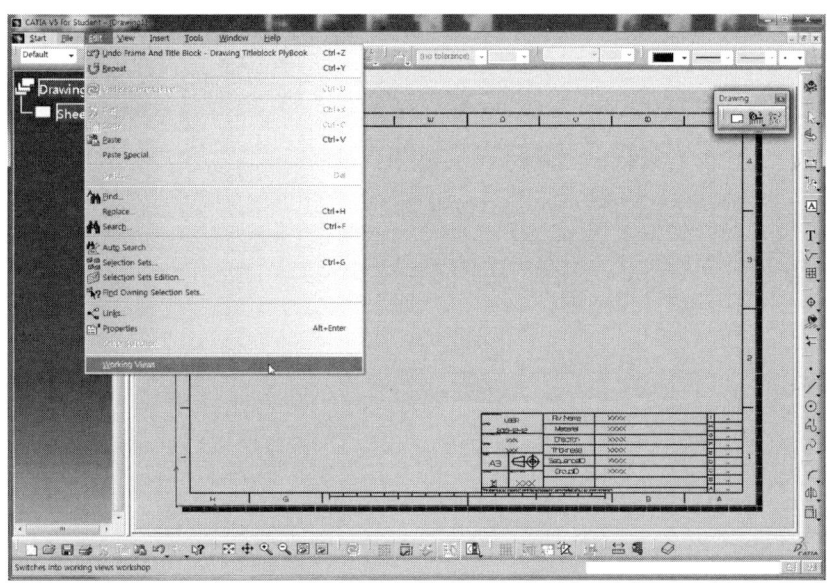

❽ 도면작성 환경으로 전환되고 앞에서 작성한 도면의 틀은 선택되지 않아 변경되지 않는다.(도면의 틀을 변경하고자 할 경우에는 Edit → Sheet Background를 선택하여 Background로 전환한다.)

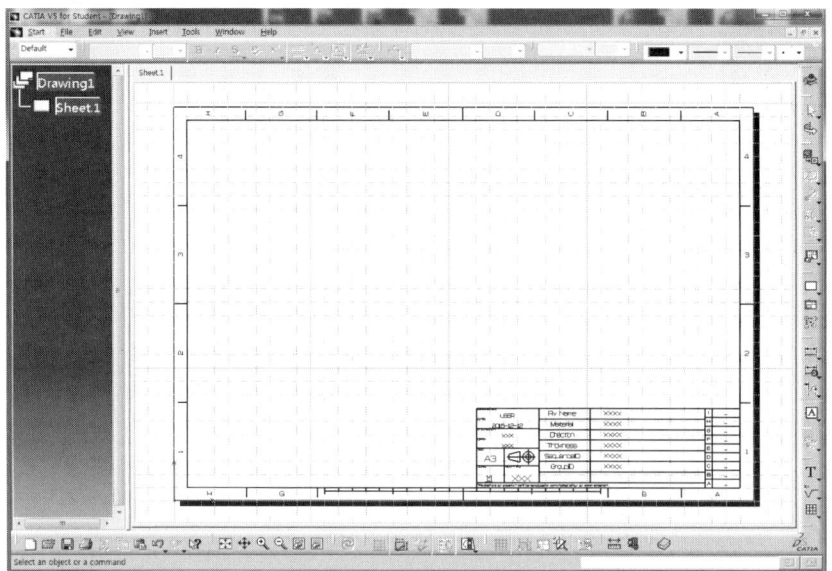

MEMO

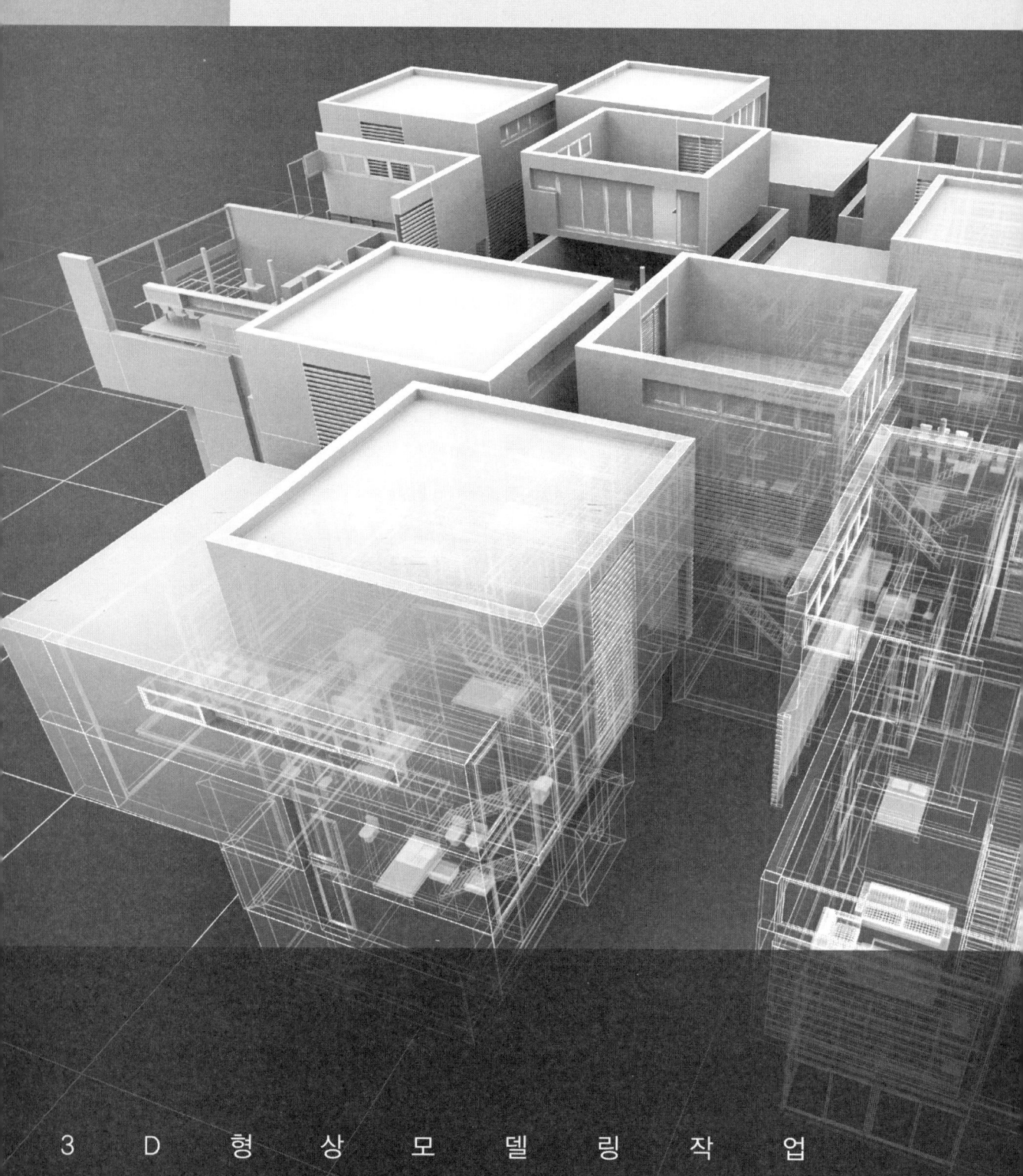

3D 형상 모델링 작업

# PART 02

CATIA를 이용한 국가직무능력표준 기계요소설계 직무분야

# 3D형상모델링 작업하기

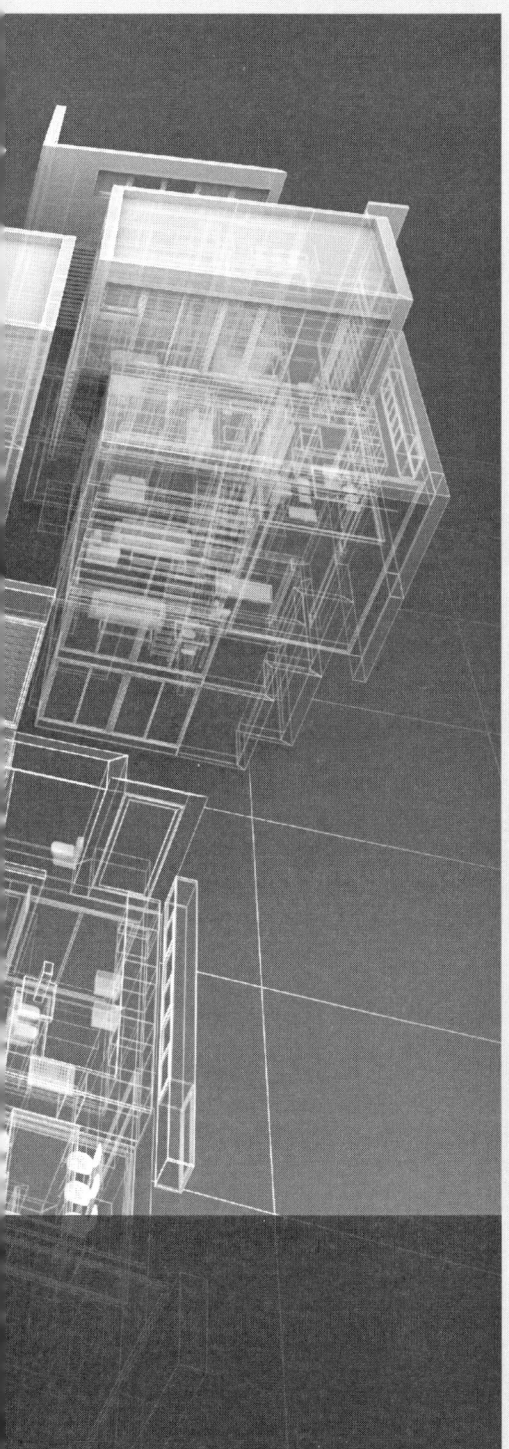

CHAPTER 01  스케치도구로 형상화하기
CHAPTER 02  도면치수로 형상 수정하기
CHAPTER 03  구속조건 설정하기
CHAPTER 04  3D형상모델링 완성하기
CHAPTER 05  3D형상모델링 편집하기
CHAPTER 06  3D형상모델링 수정하기
CHAPTER 07  모델링 작업 도면

CHAPTER

# 01 스케치도구로 형상화하기

CATIA를 이용한 국가직무능력표준 기계요소설계 직무분야

## 01 Sketcher 실행

❶ CATIA를 실행한 후 닫기 버튼 ☒을 클릭하여 초기화 상태로 전환한다.

❷ All General Options 아이콘 ■을 클릭한 후 Part Design 아이콘 ◎을 클릭하여 Solid Mode로 전환한다.

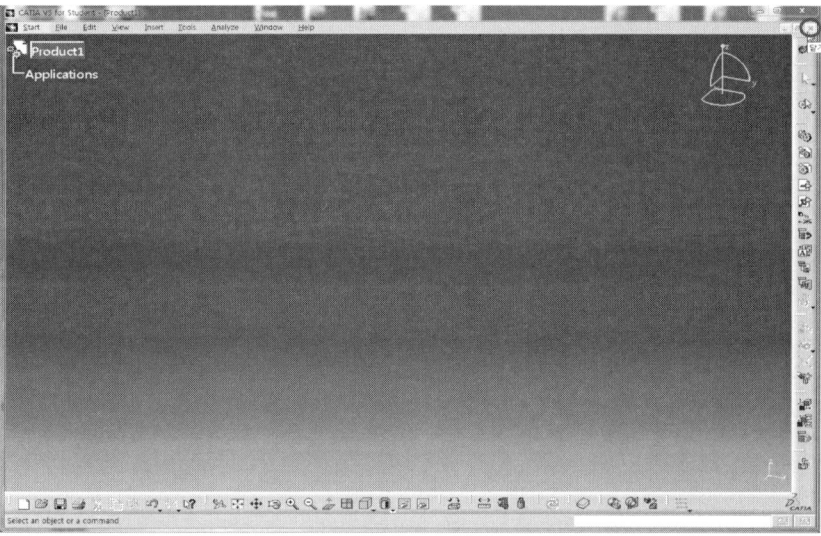

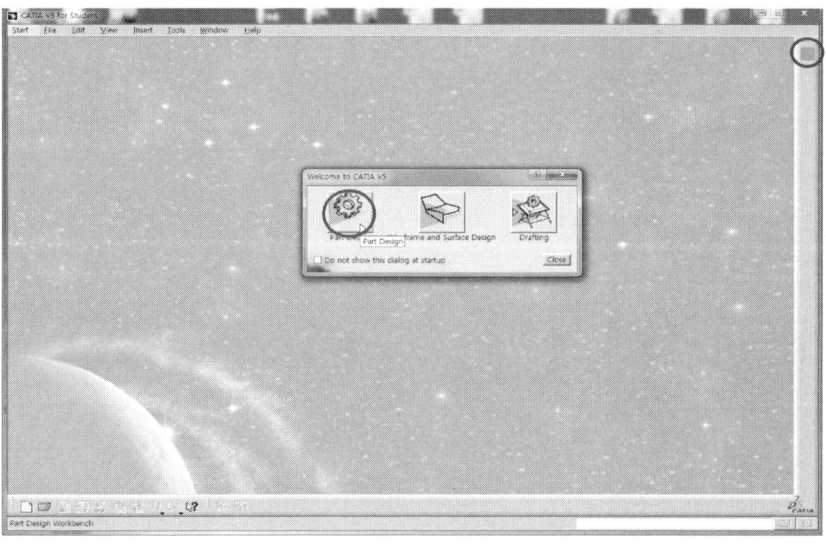

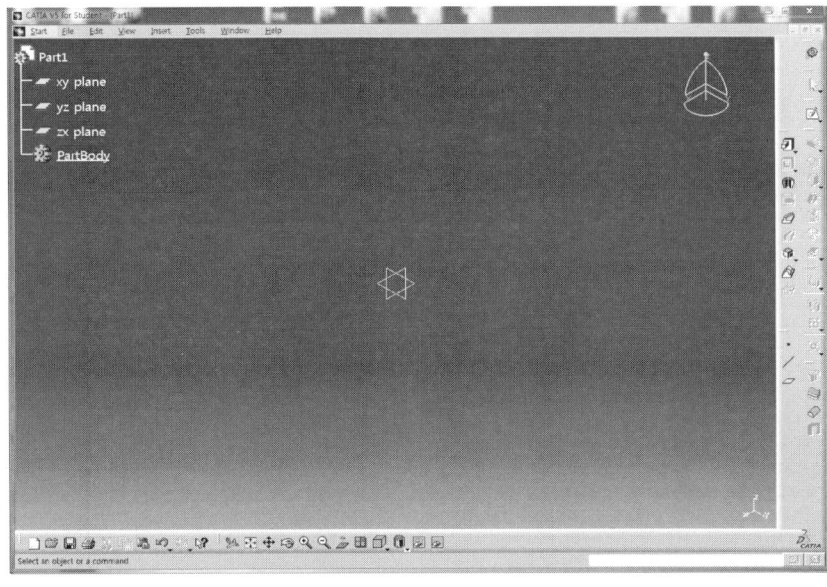

❸ Sketch Mode로 전환하기 위해 Sketch 아이콘 을 클릭한 후 Tree의 xy plane를 선택한다.

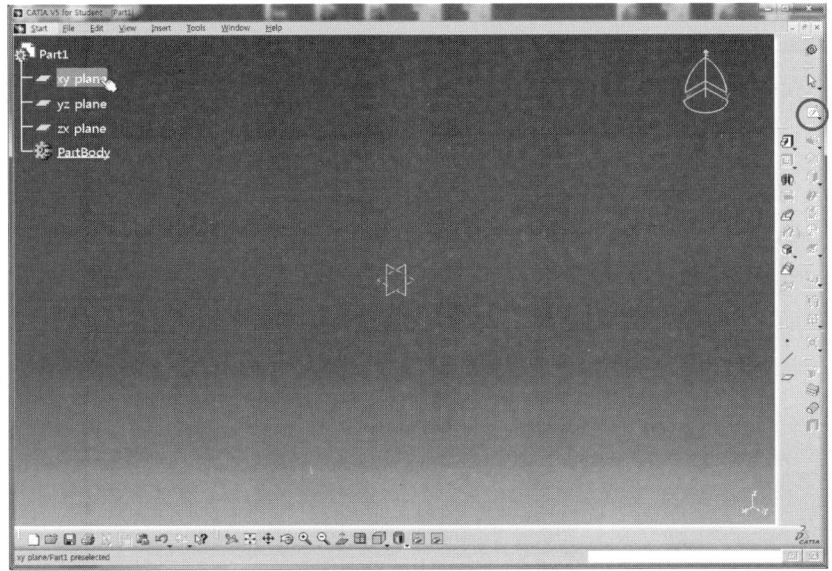

❹ 도구막대의 빈 공간에 마우스 포인터를 두고, 마우스 오른쪽 버튼을 클릭하여 아래와 같이 도구막대를 선택하고 화면을 정렬시킨다.

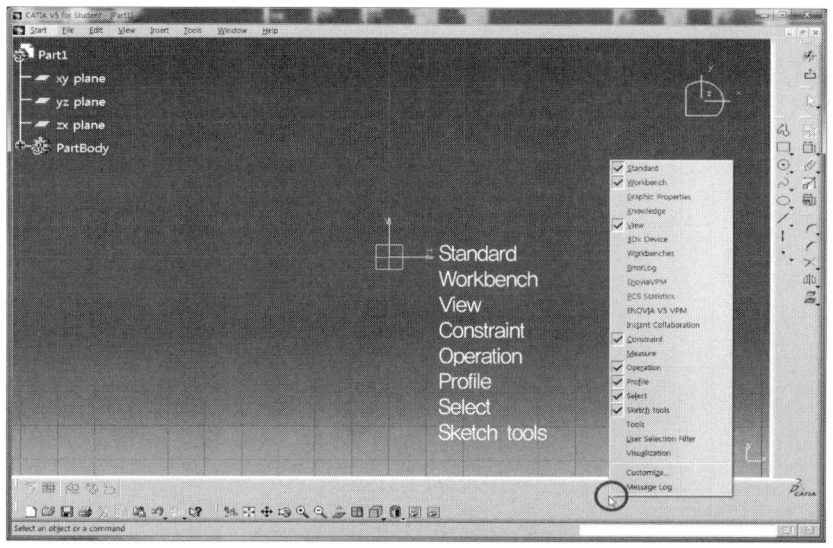

## 02 Sketcher 기능 익히기

❶ [Profile Toolbar] – Profile : 직선과 호를 생성한다.

- Profile 아이콘을 클릭한다.
- 임의 위치(1~6)를 클릭하면 각 점을 연결하는 도형이 생성된다.
- 도형을 Sketch하는 중에 Arc(호)를 생성하고자 할 경우에는 Sketch tools 도구막대의 옵션을 이용한다.

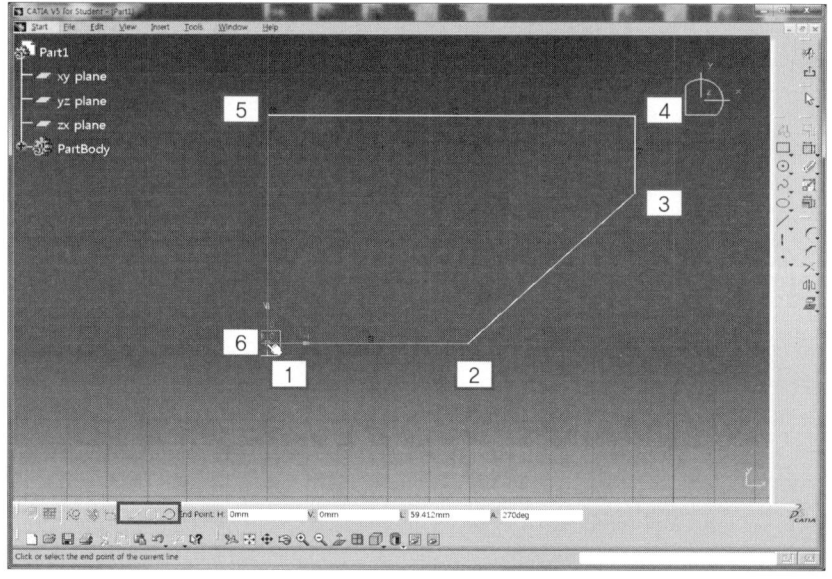

❷ [Profile Toolbar] – Rectangle ▢ : 직사각형을 생성한다.

- Rectangle ▢ 아이콘을 클릭한다.
- 두 점(1, 2)을 클릭하면 두 점을 지나는 직사각형이 생성된다.

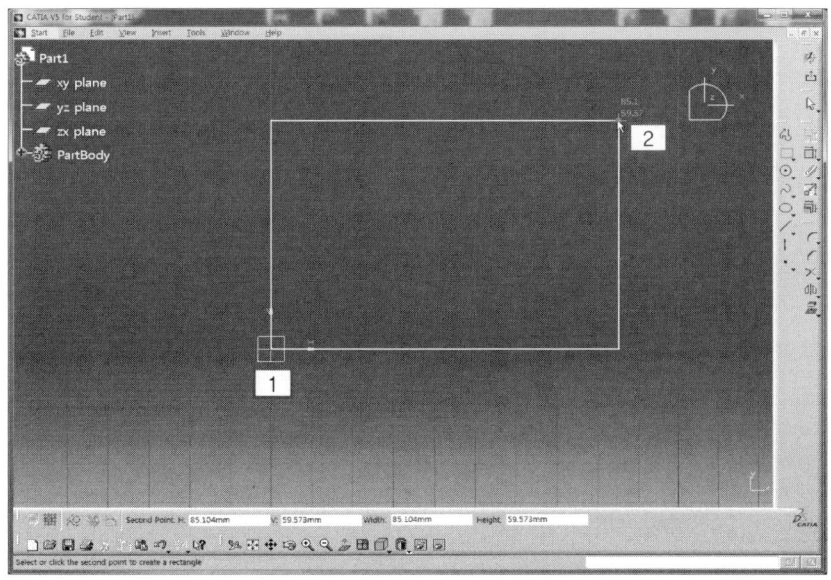

❸ [Profile Toolbar] – Centered Rectangle ▣ : 한 점에 대칭인 직사각형을 생성한다.

- Centered Rectangle ▣ 아이콘을 클릭한다.
- 대칭 기준점으로 원점(1)을 클릭한 후 직사각형의 모서리 점(2)을 클릭한다.
- 원점을 기준으로 좌우, 상하 대칭인 직사각형이 생성된다.

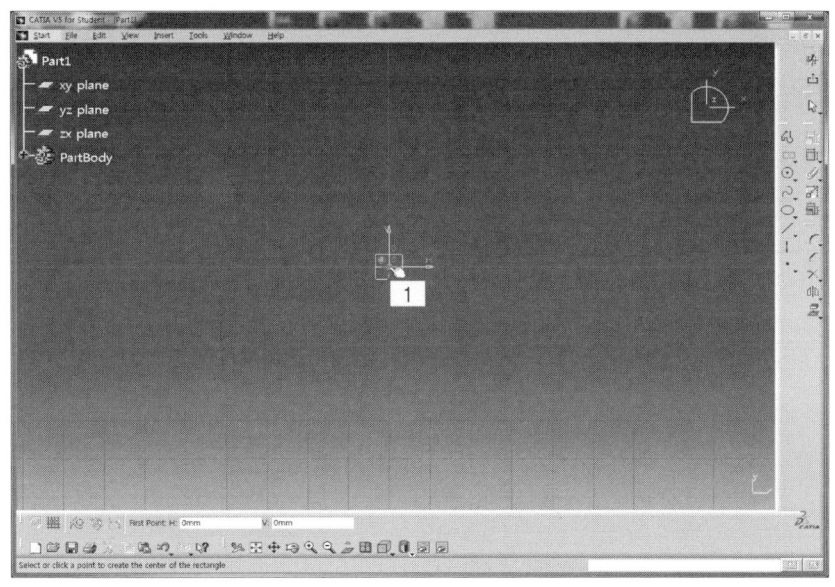

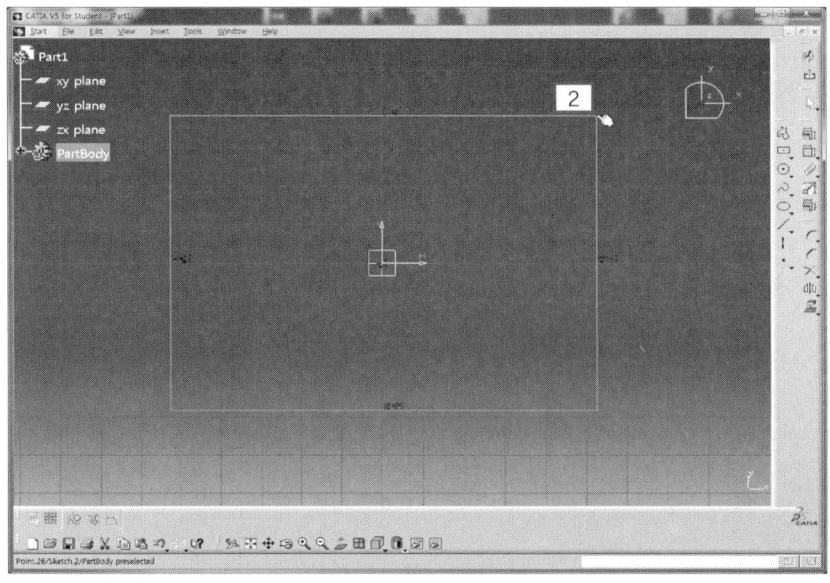

❹ [Profile Toolbar] – Circle ⊙ : 원을 생성한다.

- Circle ⊙ 아이콘을 클릭한다.
- 임의 점에 중심점(1)을 클릭하고 반경 위치(2)를 클릭하면 원이 생성된다.

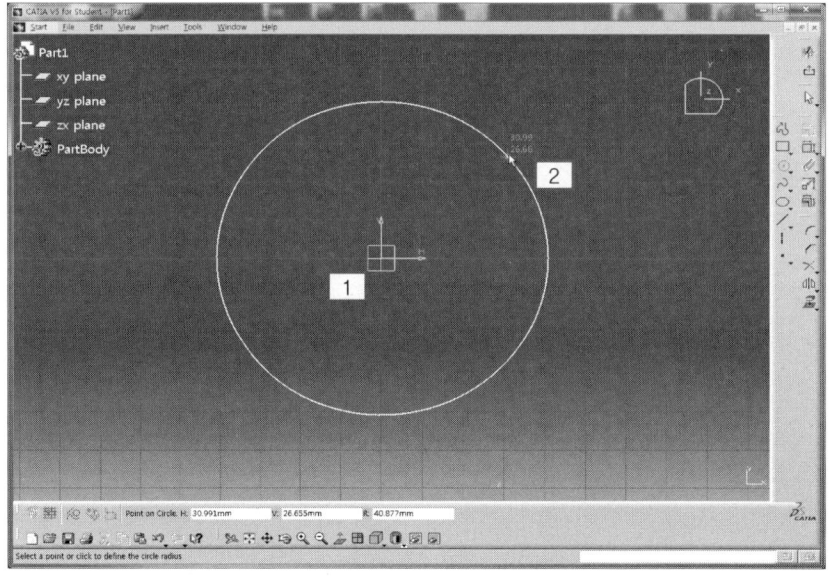

❺ [Profile Toolbar] – Ellipse ◯ : 타원을 생성한다.

- Ellipse ◯ 아이콘을 클릭한다.
- 타원의 중심점으로 원점(1)을 클릭한다.
- 장축의 직경위치(2)를 클릭한 후 단축의 직경위치(3)를 클릭한다.

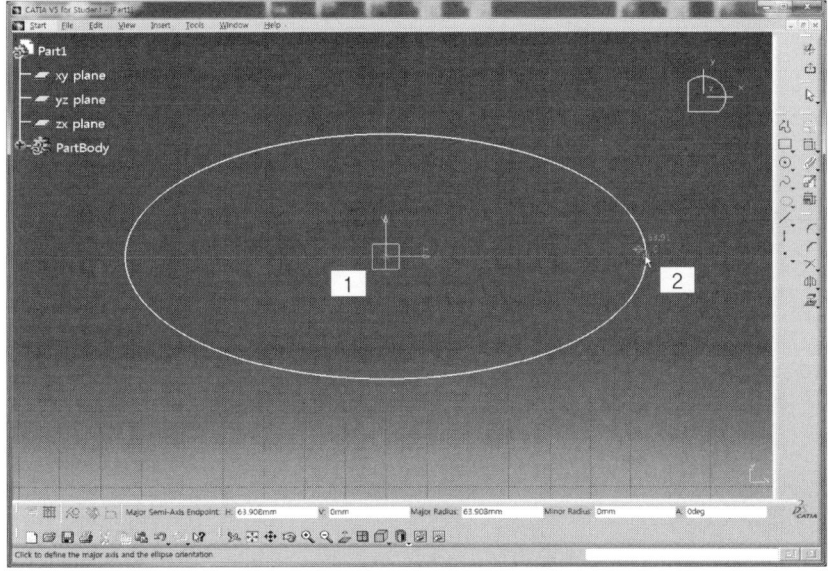

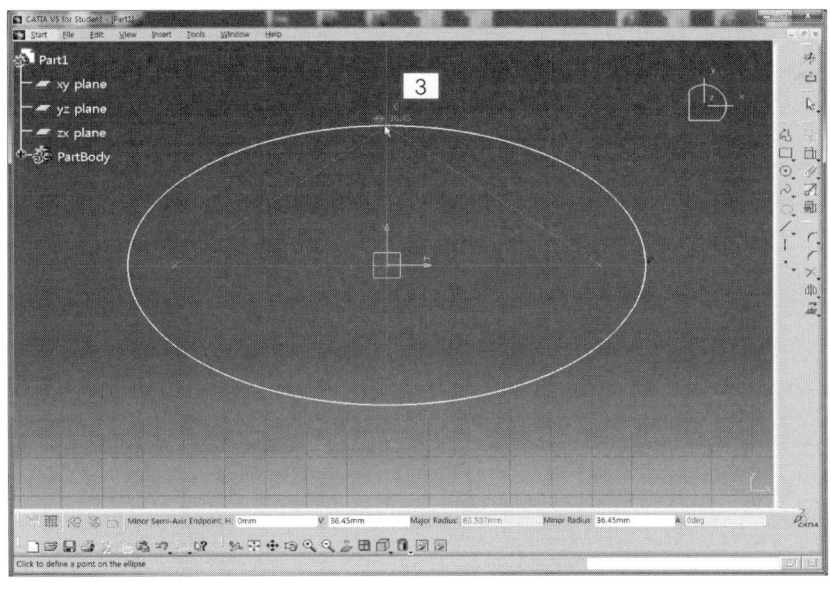

❻ [Operation Toolbar] – Corner  : 라운드를 생성한다.

- Rectangle 아이콘 을 클릭하여 직사각형을 Sketch한 후 Corner  아이콘을 클릭한다.
- 라운드를 생성시킬 직선을 차례(1, 2)로 선택하고 라운드를 생성할 위치(3)에서 마우스 버튼을 클릭한다.
- Sketch Tools에서 선택한 옵션에 따라 다양한 형태의 라운드를 생성한다.

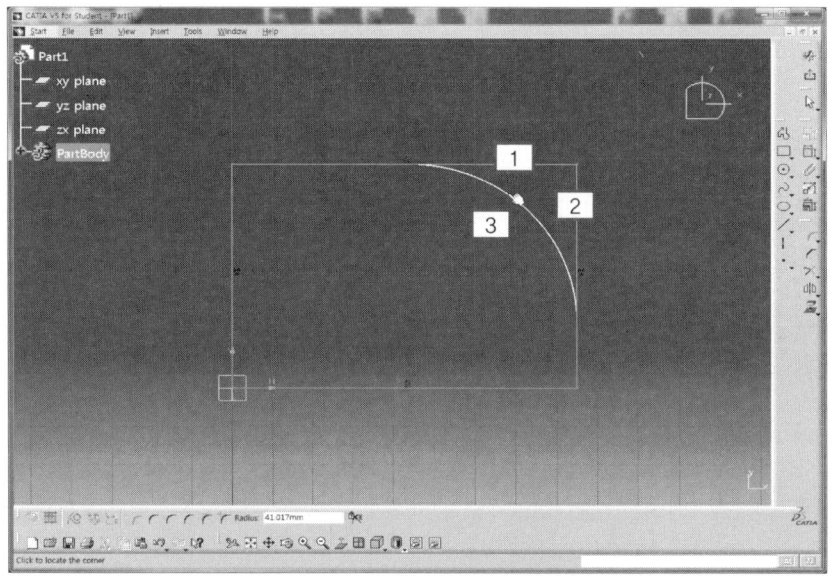

- Sketch Tools 옵션 선택에 따른 결과

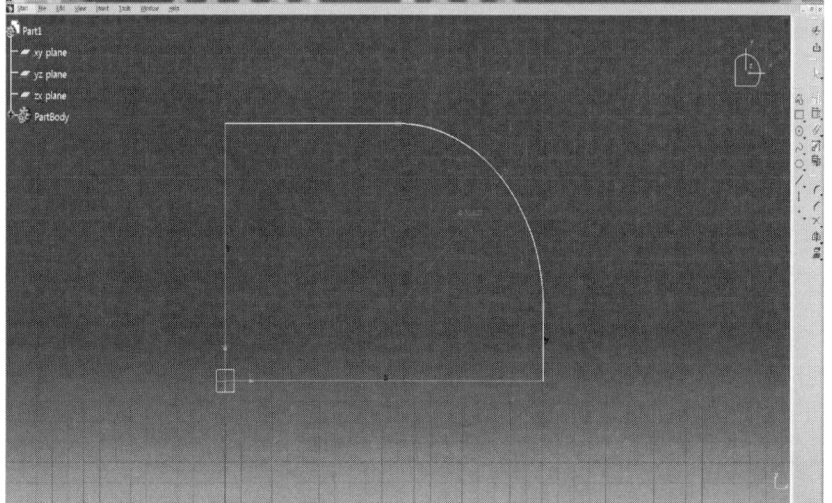

Trim All Elements

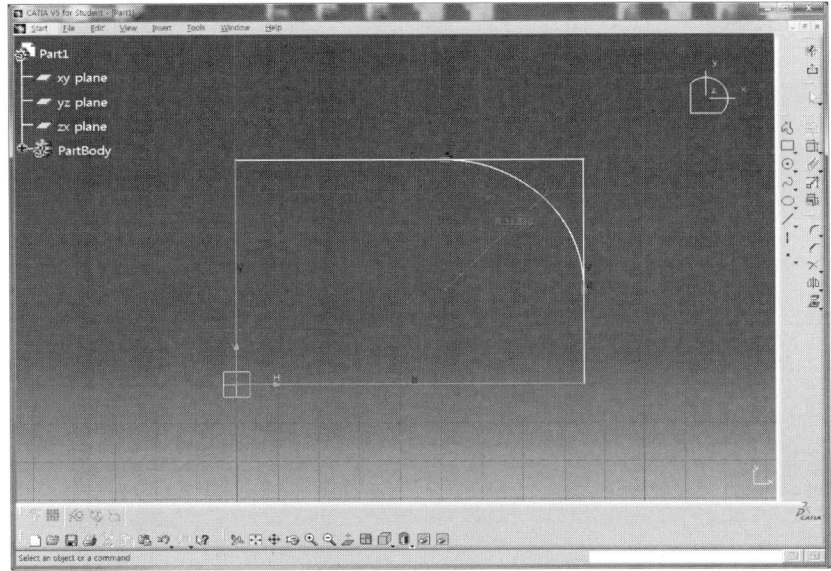

No Trim

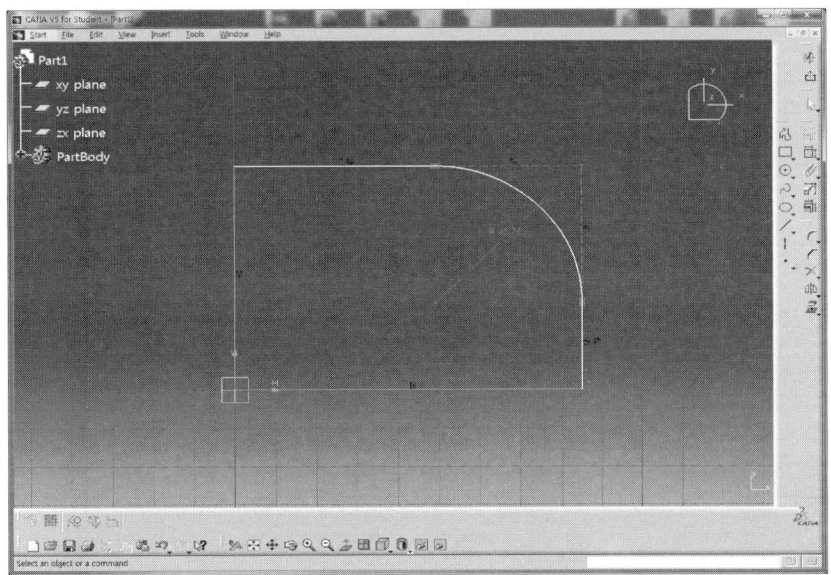

Construction Lines Trim

❼ [Operation Toolbar] – Quick Trim : 교차하는 요소의 일부분을 제거한다.

- Line 아이콘 을 클릭하여 아래와 같이 교차하는 Line을 Sketch한다.
- Quick Trim 아이콘을 클릭하고 아래와 같이 요소(1)를 선택한다.
- Sketch Tools에서 선택한 옵션에 따라 제거되는 영역이 다르다.

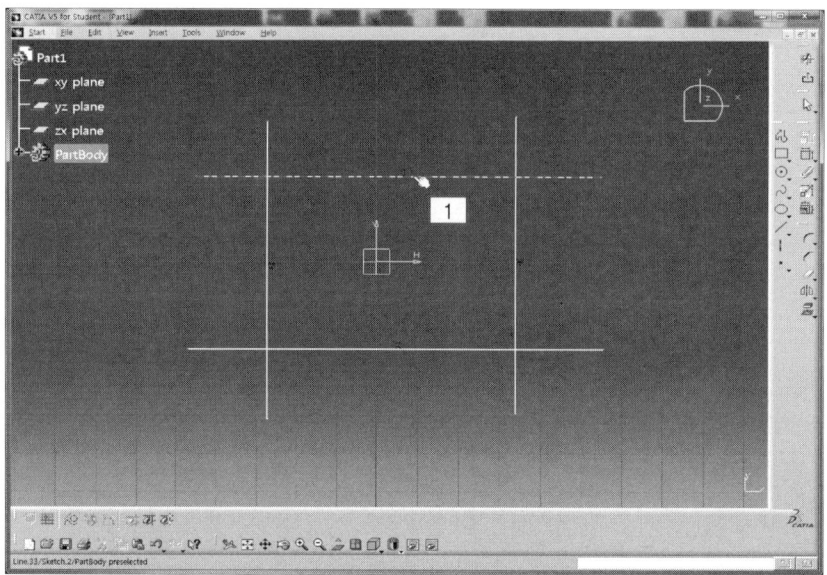

- Sketch Tools 옵션 선택에 따른 결과

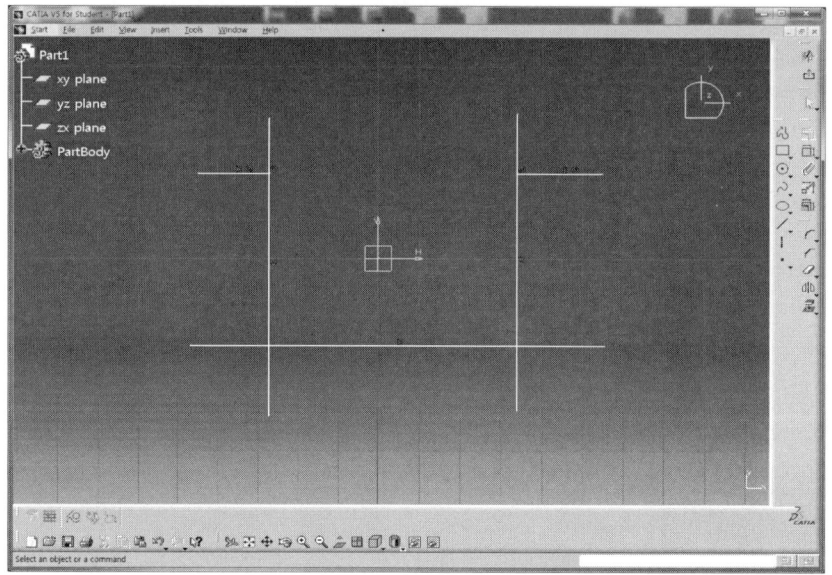

Break And Rubber In : 선택 영역 제거

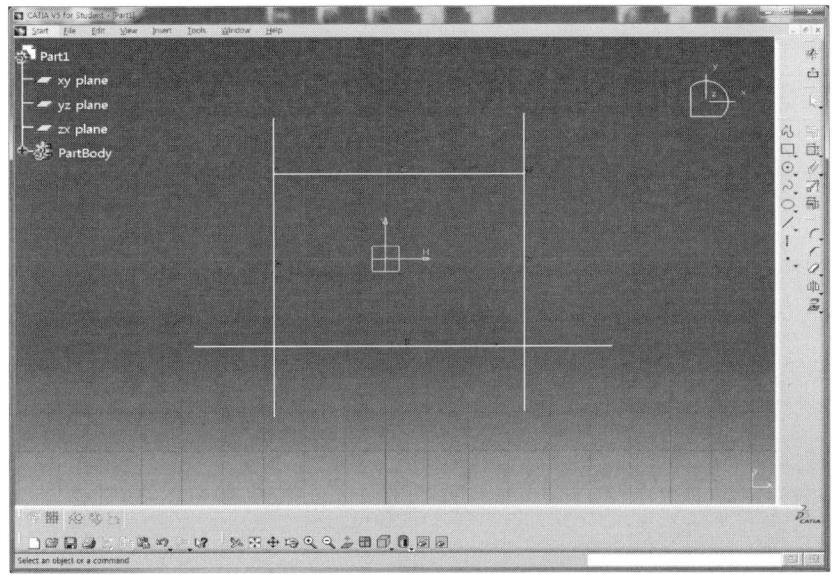

Break And Rubber Out : 선택한 영역 외 부분 제거

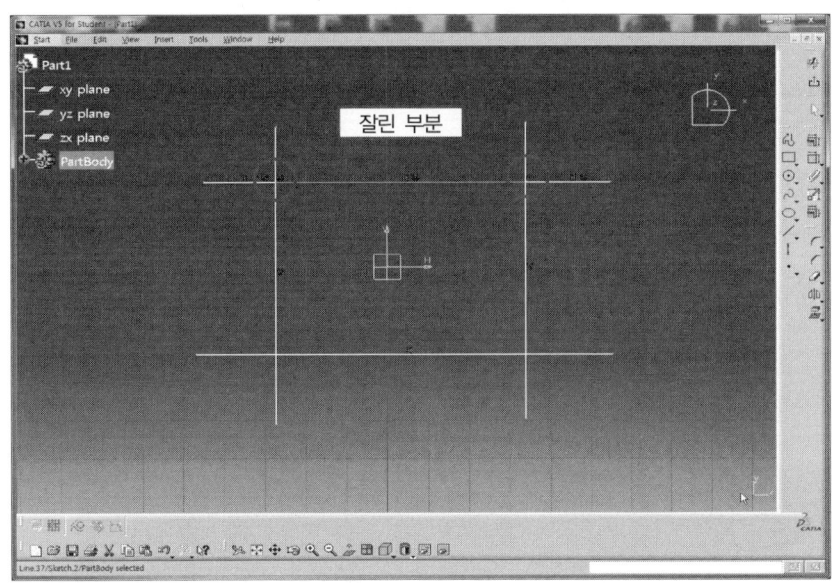

Break And Keep : 교차점에서 선택한 영역 자르기

❽ [Operation Toolbar] – Mirror  : 객체를 대칭 복사한다.

- Profile 아이콘 을 클릭하여 Sketch(1)하고 선택한 후 Mirror아이콘 을 클릭한다.
- V축(2)을 선택하면 객체가 V축에 대칭 복사된다.

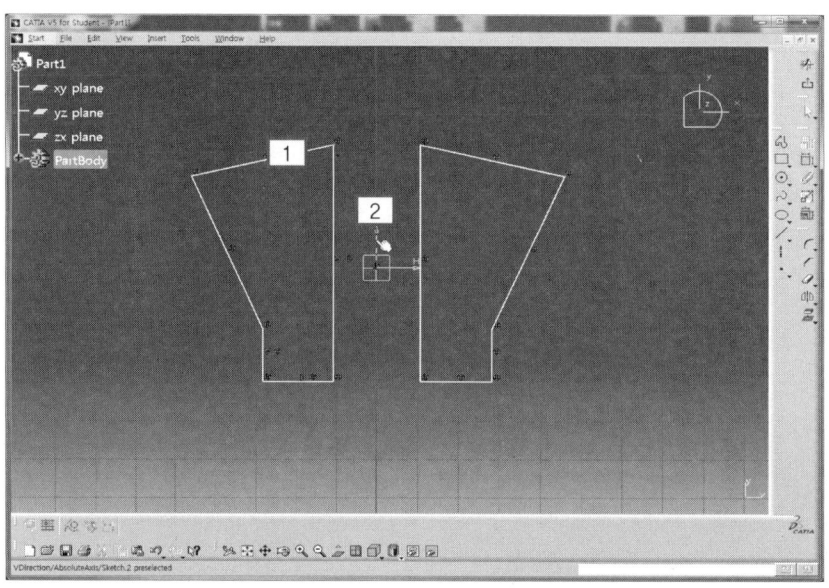

❾ [Operation Toolbar] – Projection 3D Elements  : Sketch 평면과 떨어져 있는 Solid의 선택부분을 Sketch 평면에 투영시킨다.

- Sketch 아이콘 을 선택하고 xy plane을 선택하여 Sketch Mode로 전환한다.
- Profile 아이콘 을 클릭하여 아래와 같이 Sketch하고 Exit workbench 아이콘 을 클릭하여 3D Mode로 전환한다.

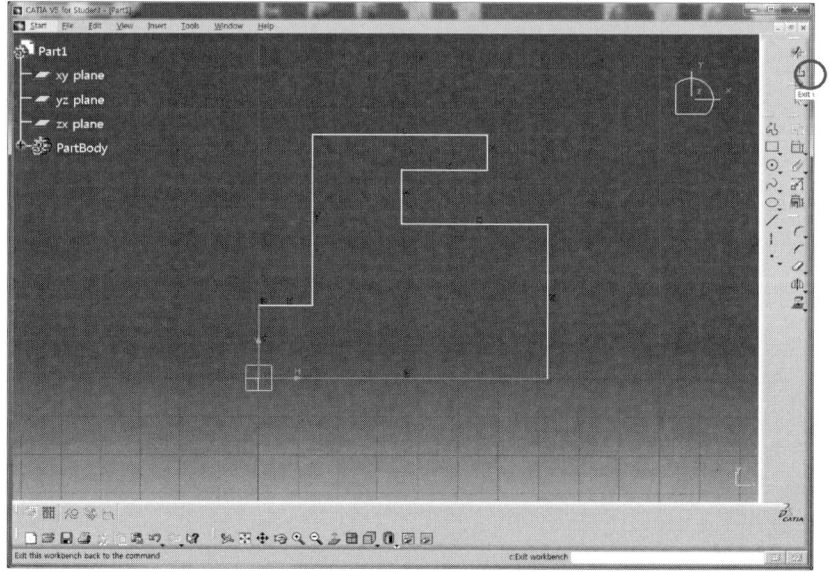

- Pad 아이콘 을 클릭한 후 Pad Definition 대화상자의 Preview 버튼을 눌러 미리보기 한다.
- OK 버튼을 클릭하여 Solid를 생성한다.

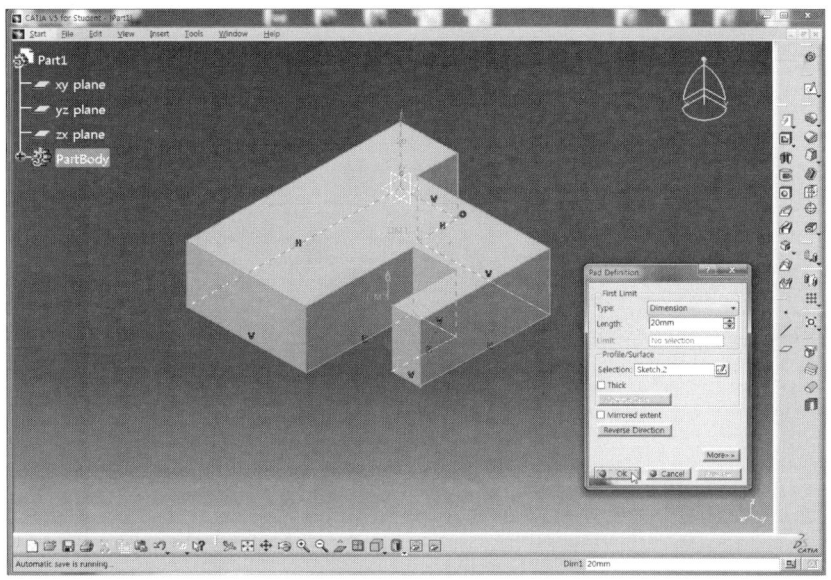

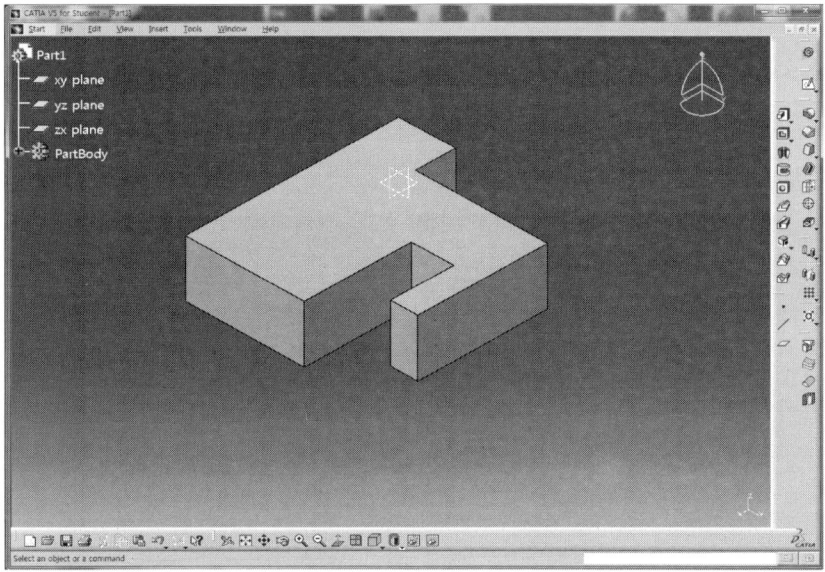

- Sketch 아이콘 을 선택하고 Solid의 앞면(1)을 선택하여 Sketch Mode로 전환한다.

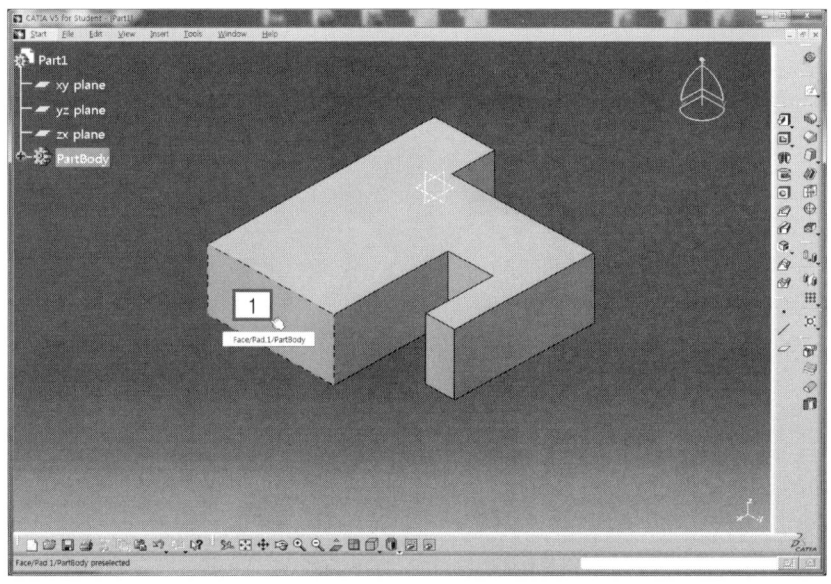

- Model을 회전시키고 Project 3D Elements 아이콘 을 클릭한다.
- Element(s) to Project 영역을 선택하고 Solid의 윗면(2)을 클릭한다.
- Projection 대화상자에서 OK 버튼을 클릭하면, Sketch 평면에 투영되어 노란색 직선(3)이 Sketch 평면에 생성된다.
- 추출된 요소는 Solid 모델이 수정되어 치수가 변경되면 Solid와 연결되어 크기가 함께 변경된다.

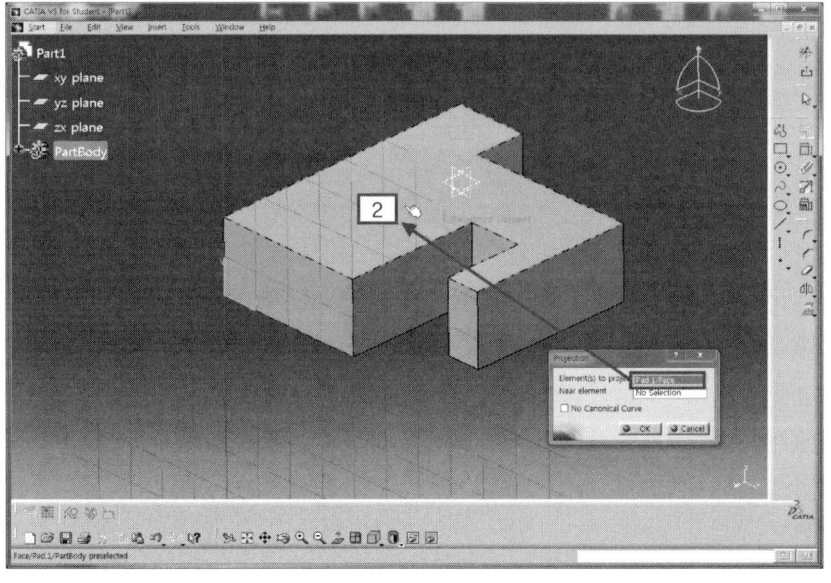

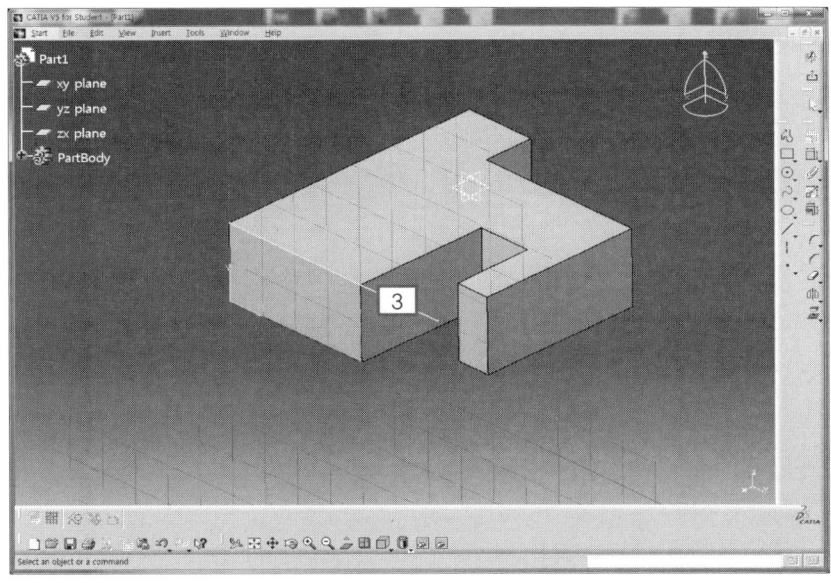

- Solid 모델의 수정 여부와 관계없이 추출된 요소의 크기를 유지하고자 할 경우에는 추출된 요소를 선택하고 오른쪽 마우스 버튼을 클릭한다.
- Mark.1 object ▶ Isolate를 선택하면 직선(4)이 흰색으로 변경된다.

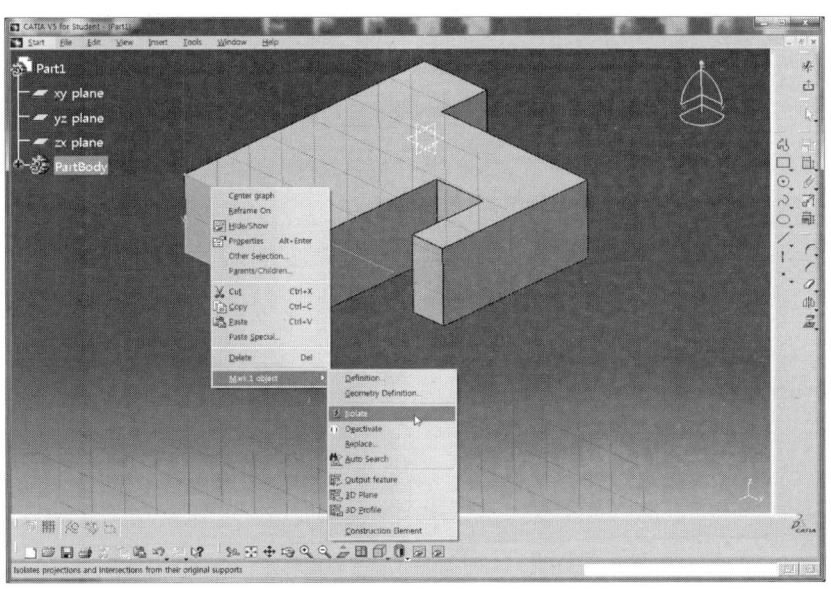

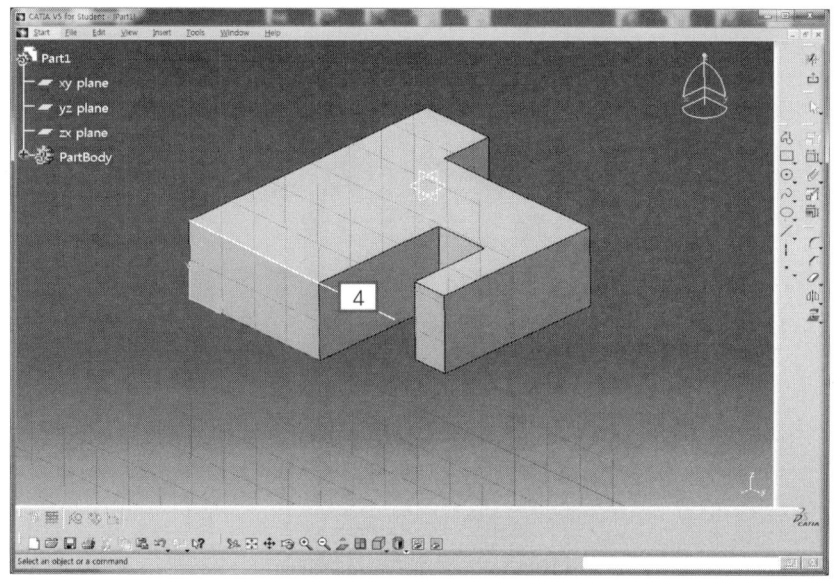

- 추출된 요소의 크기가 고정되는지 확인해보기 위해 먼저 Tree의 PartBody 앞에 있는 +버튼을 클릭하고 Pad.1 아래의 Sketch를 더블클릭한다.

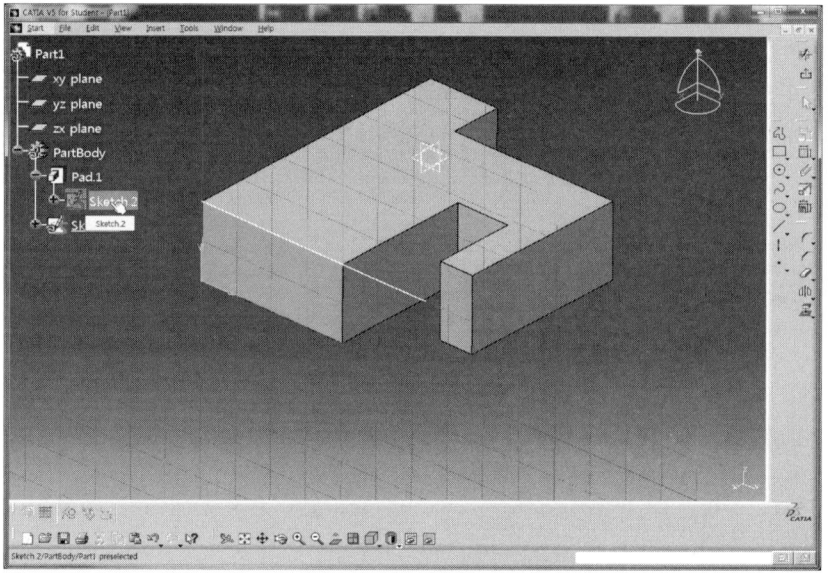

- Sketch 크기를 임의로 조정해 보고 Exit Workbench 아이콘 을 클릭하여 3D로 빠져나간다.

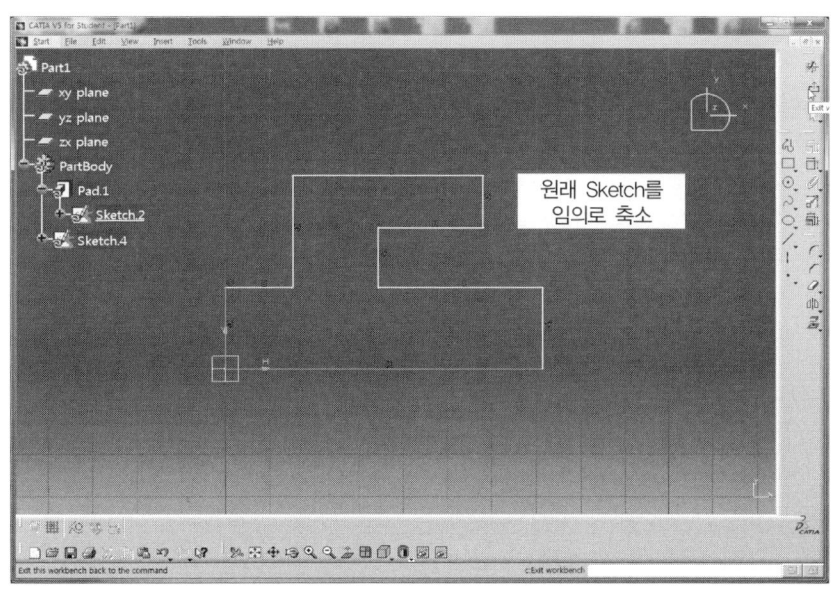

- Solid가 수정되어 치수가 변경되었지만, 추출된 요소의 크기는 변경되지 않고 Solid의 치수가 수정되기 전의 크기를 그대로 유지한다. (5)

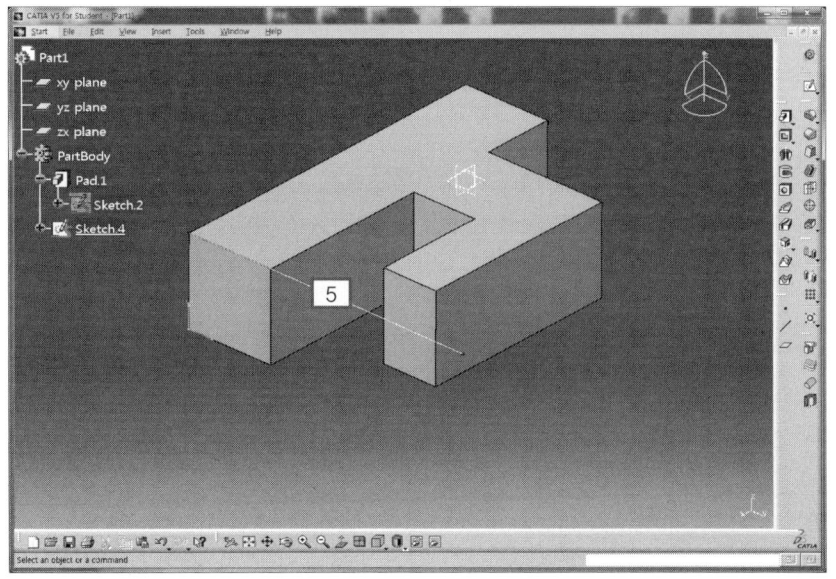

* Isolate시키지 않았다면, Solid의 치수가 수정될 경우 아래와 같이 수정된 크기로 추출된 요소의 크기가 함께 변경된다.(6)

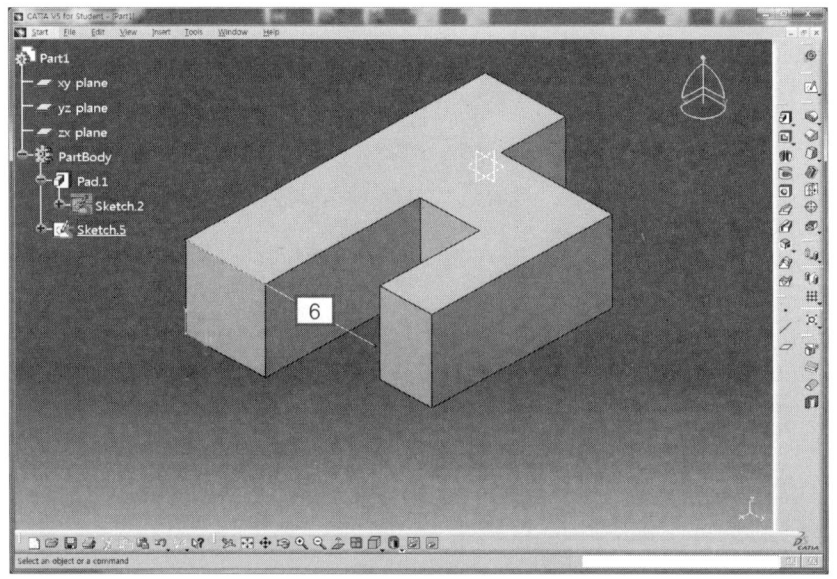

❿ [Operation Toolbar] - Intersect 3D Elements ![icon] : Solid의 선택부분과 Sketch 평면이 교차하는 요소를 Sketch 평면에 투영시킨다.

* Projection 3D Elements 기능의 예제를 활용하여 Solid의 앞면(1)을 Sketch Plane으로 선택한다.

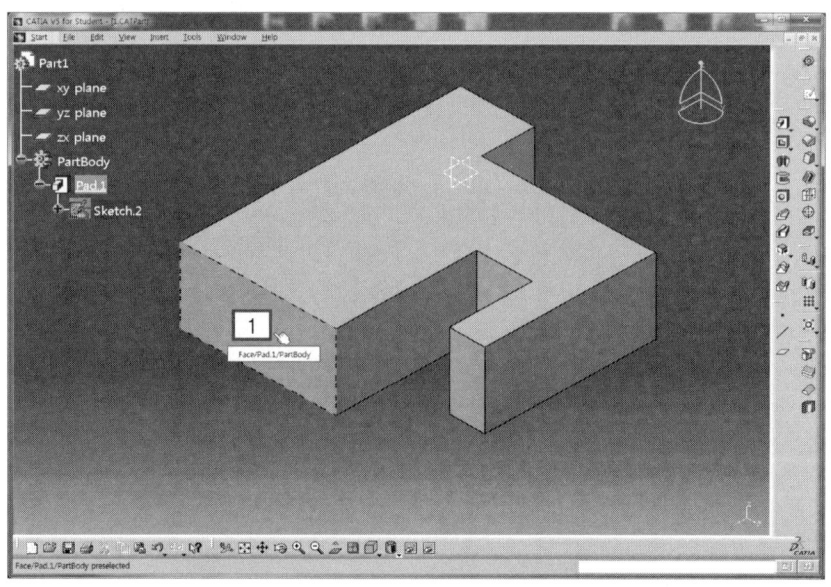

- Model을 회전시키고 Intersect 3D Elements 아이콘을 클릭한다.
- Solid의 윗면(2)을 클릭한다.
- Projection 대화상자에서 OK 버튼을 클릭하면, 선택한 면과 Sketch 평면이 교차하는 직선(3)이 Sketch 평면에 투영된다.

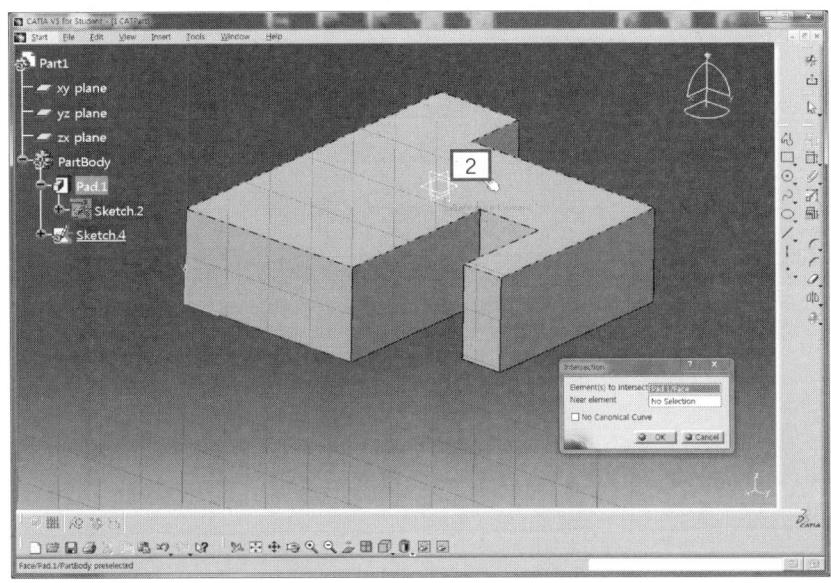

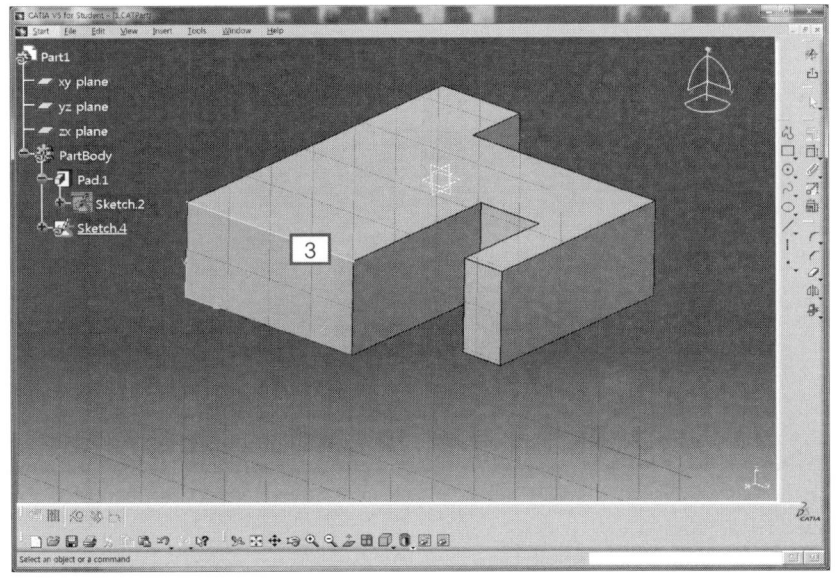

⑪ [Sketch tools Toolbar]-Snap to Point ▦ : Sketch할 때 일정한 점에 요소의 점을 위치시킬 수 있다.

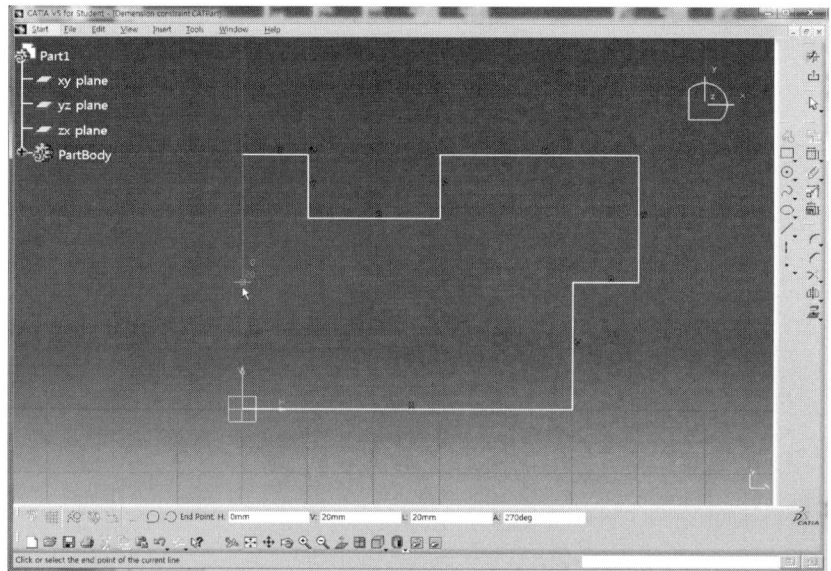

* Snap to Point가 체크 해제되었을 경우에는 임의의 점에 요소의 점을 위치시켜 Sketch할 수 있다.

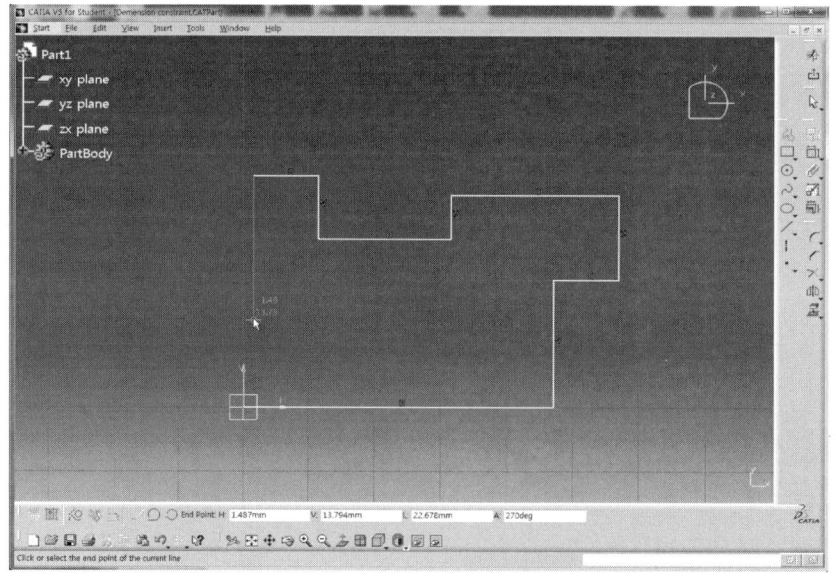

⓬ [Sketch tools Toolbar] – Construction/Standard Element  : Sketch할 때 Sketch를 완성하기 위하여 보조적으로 활용되는 보조선을 생성하며 3D에서는 감춰진다.

- Cylindrical Elongated Hole 아이콘 을 선택하고 차례로 네 점(1~4)을 클릭하여 Sketch한다.
- Construction/Standard Element 아이콘 을 선택한 후 Profile 아이콘 을 클릭한다.
- 원점(5)과 끝점(6)을 클릭으로 연결하여 점선으로 된 직선을 생성하고 Esc를 눌러 명령어를 종료한다.

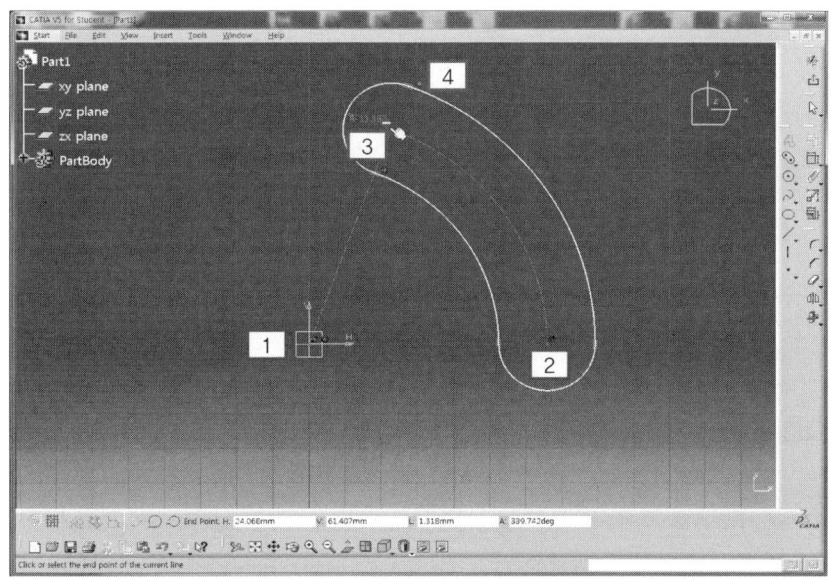

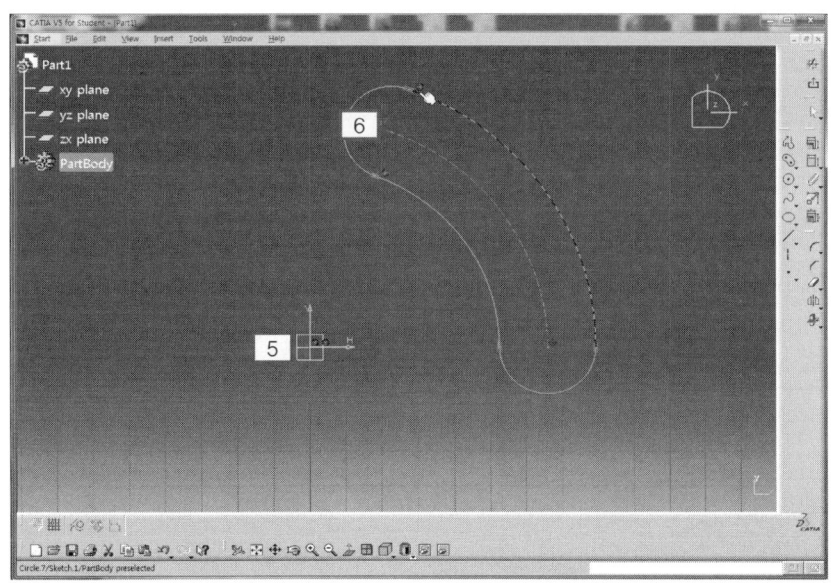

- Constraint 아이콘 ▫️을 클릭하여 H축(7)과 위에서 생성한 Construction/Standard Element(8)을 연속 선택하여 각도(60deg)를 적용한다.
- 각도를 더블클릭하여 정확한 값을 입력하고 OK 버튼을 클릭한다.

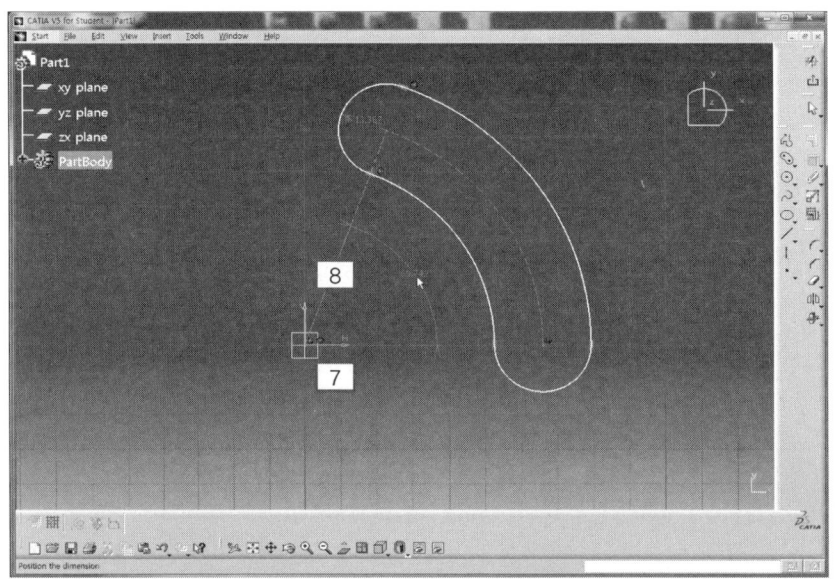

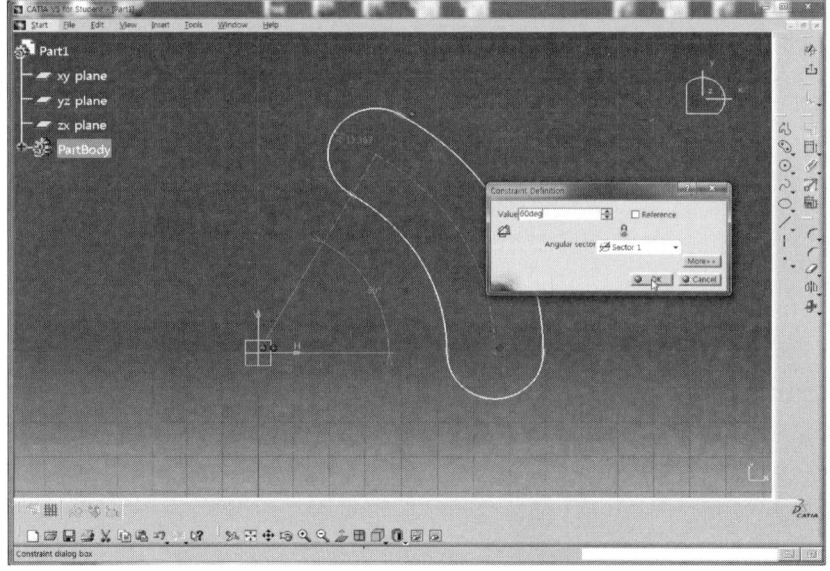

- Exit workbench 아이콘 ▫️을 클릭하여 3D Mode로 전환하면 각도를 적용하기 위해 생성시킨 Profile(Construction/Standard Element 적용)이 보이지 않는다.
- 따라서 Construction/Standard Element는 Sketch에서 구속을 적용시키기 위해 필요한 요소지만 3D Mode에서는 불필요한 요소를 Sketch할 때 이용한다.

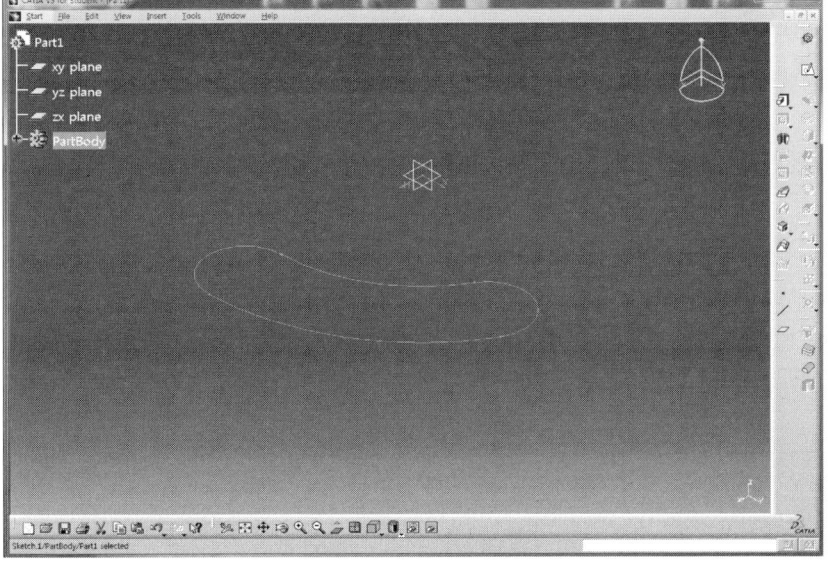

# CHAPTER 02 도면치수로 형상 수정하기

CATIA를 이용한 국가직무능력표준 기계요소설계 직무분야

## 01 치수구속 적용

❶ [Constraint Toolbar] – Constraint : Sketch 요소에 치수를 적용하여 크기를 수정한다.

- Profile 아이콘 을 클릭하고 원점에서 시작하여 아래와 같이 Sketch한다.
- Constraint 아이콘 을 클릭한다.(연속하여 치수를 적용할 경우에는 아이콘 을 더블클릭)

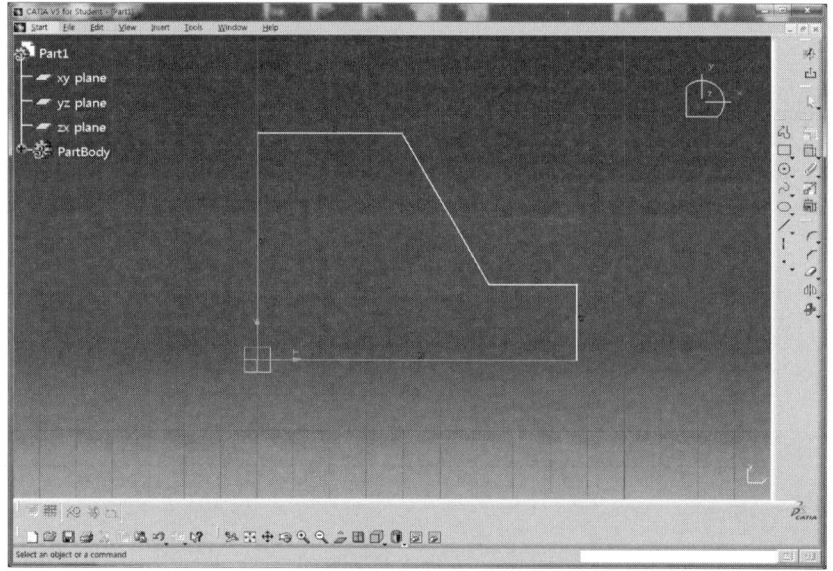

- 가로 직선(1)을 클릭하고 치수가 위치할 지점(2)을 클릭하여 치수를 생성한다.
- 두 가로 직선(3, 4)을 클릭하고 치수가 위치할 지점(5)을 클릭하여 치수를 적용한다.

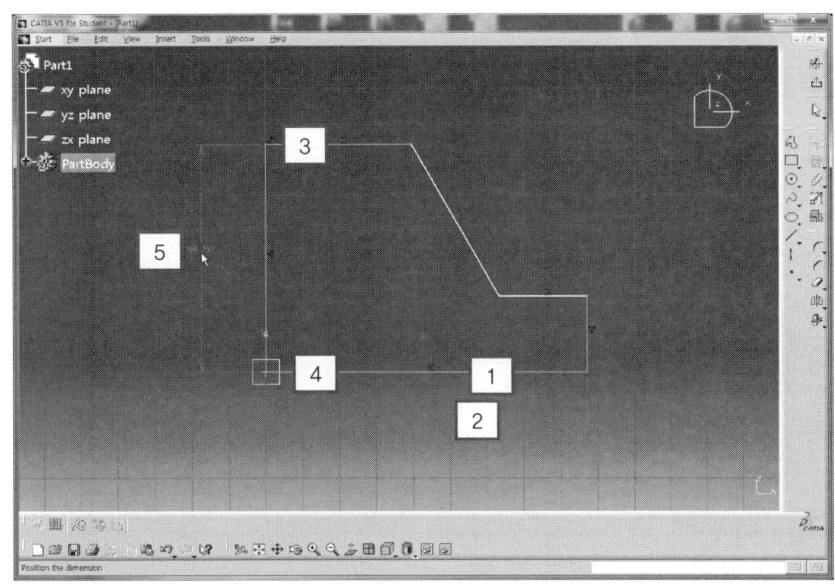

- 경사진 직선의 수직 또는 수평치수를 적용하기 위해 아이콘을 클릭한다.
- 경사진 직선의 양 끝점(6, 7)을 선택하고 마우스 오른쪽 버튼을 클릭한다.

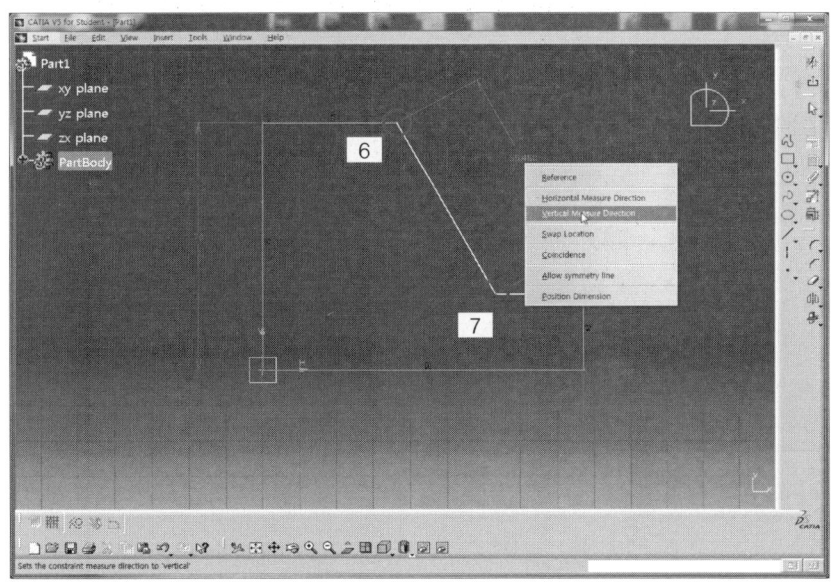

- Vertical Measure Direction을 선택하면 수직 치수가 적용된다.(8)

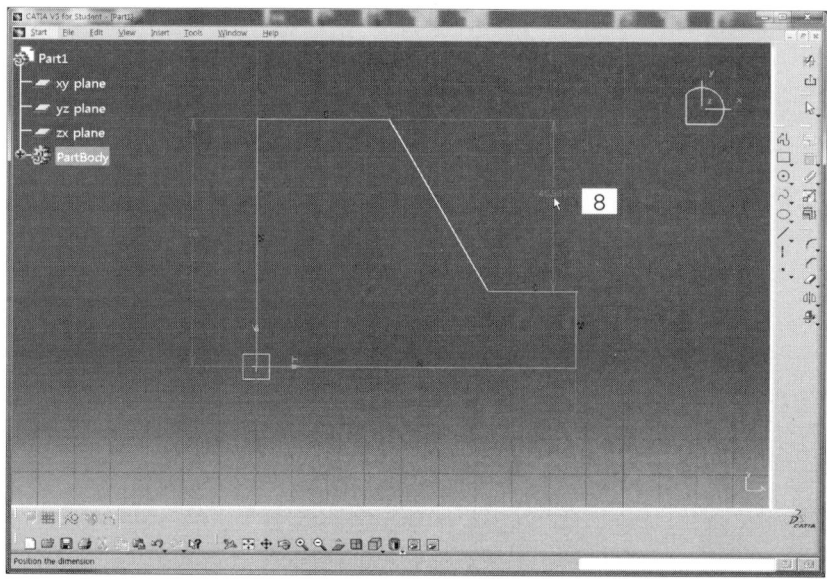

- 수평치수를 적용하기 위해서는 경사진 직선의 양 끝점(9, 10)을 선택하고 마우스 오른쪽 버튼을 클릭한 상태에서 Horizontal Measure Direction을 선택한다.(11)

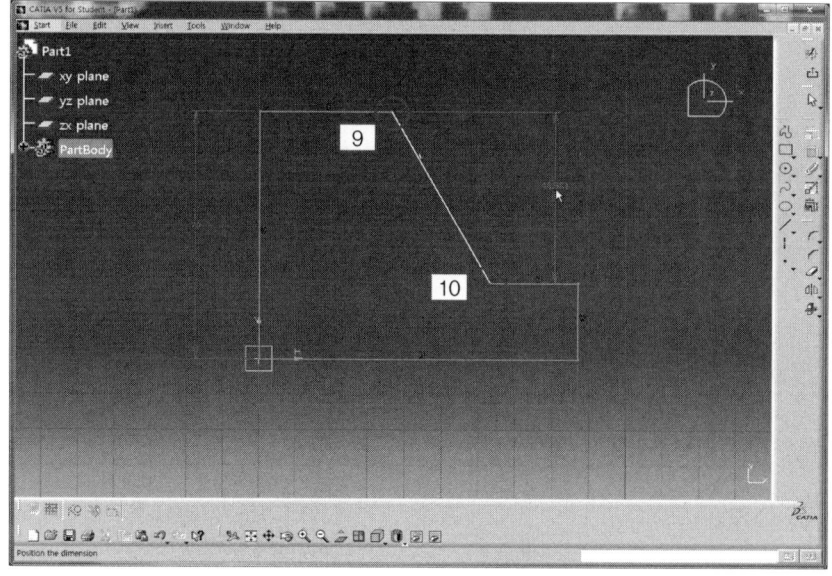

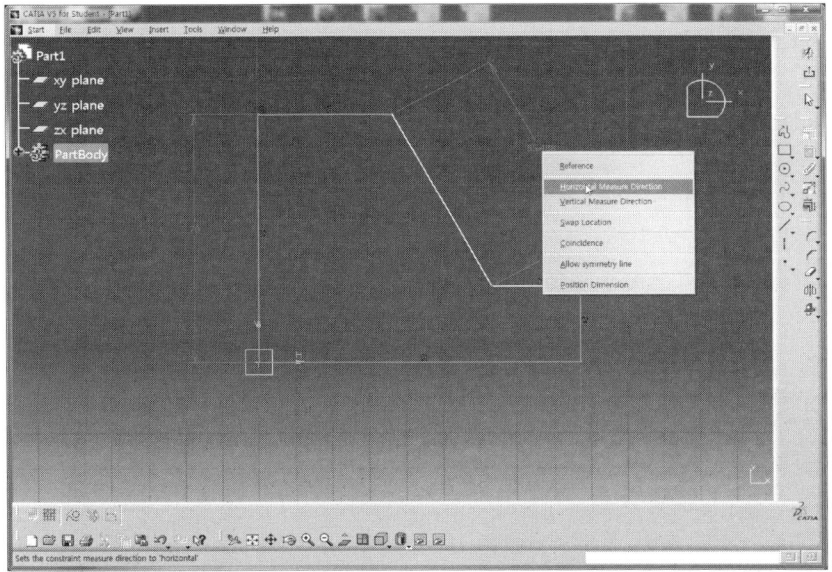

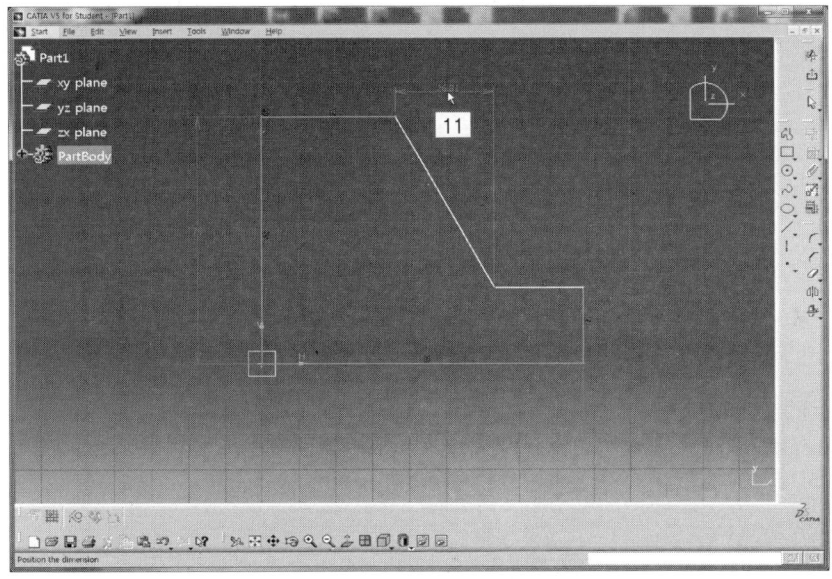

## 02 치수 수정하기

**❶ 치수 수정**

- 치수를 수정하기 위해 앞에서 생성한 치수(5)를 더블클릭한다.
- Value 영역에 원하는 정확한 치수를 입력(간단한 사칙연산이 가능)하고 OK 버튼을 클릭한다.
- 치수가 변경되면서 Sketch의 형상이 변경된다.

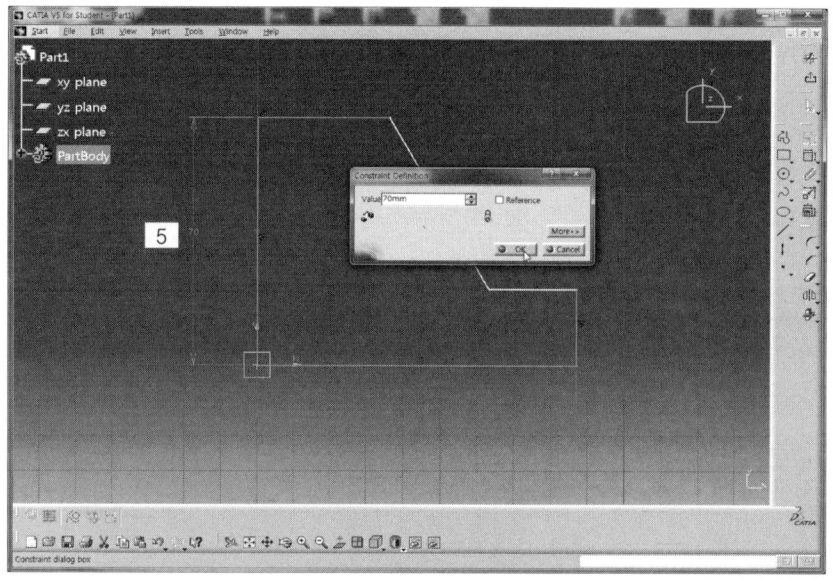

- 다른 요소도 치수를 구속한 후 치수를 더블클릭하여 정확한 치수를 적용한다.
- 치수가 정확하기 적용되면 아래와 같이 Sketch가 녹색으로 바뀌며, 치수가 중첩 및 잘못 적용되면 다른 색으로 변경되는데, 치수는 정확하게 녹색이 되도록 적용한다.

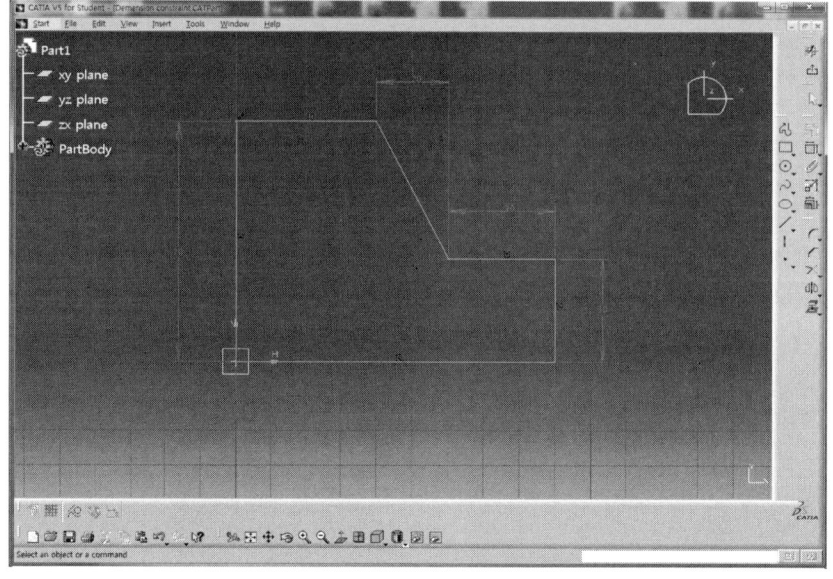

# CHAPTER 03 구속조건 설정하기

CATIA를 이용한 국가직무능력표준 기계요소설계 직무분야

## 01 형상구속 적용

❶ [Constraint Toolbar] – Constraints in Defined Dialog Box : Sketch 요소에 형상구속을 적용한다.

* Profile 도구막대의 아이콘을 클릭하여 아래와 같이 대략적으로 Sketch한다.

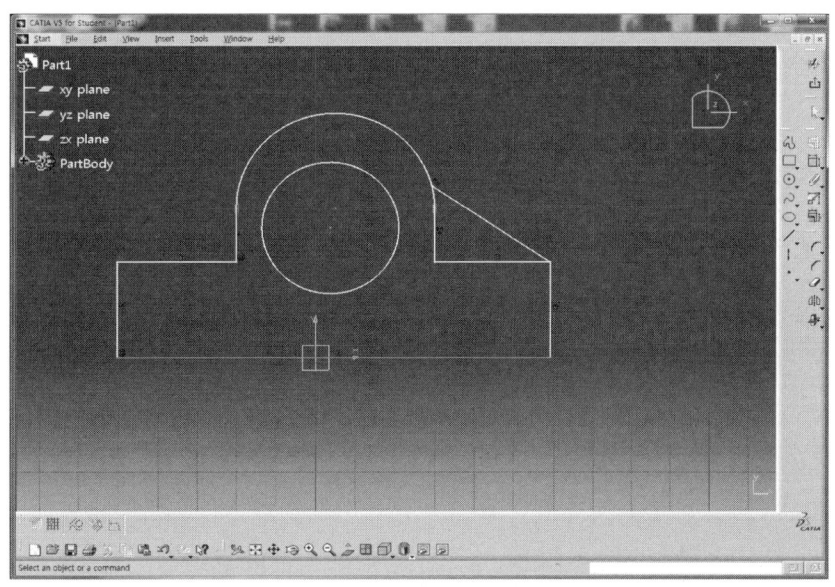

* Ctrl 키를 누른 상태에서 형상구속을 적용시킬 요소를 차례(1, 3)로 선택하고 Constraints in Defined Dialog Box 아이콘 을 클릭한다.
* Constraints Definition 대화상자에서 적용시킬 구속조건을 체크하고 OK 버튼을 클릭하면 형상구속 조건이 적용된다.

❷ Symmetry(대칭) : 선택한 두 요소가 기준 선을 중심으로 서로 대칭이 되도록 구속한다.

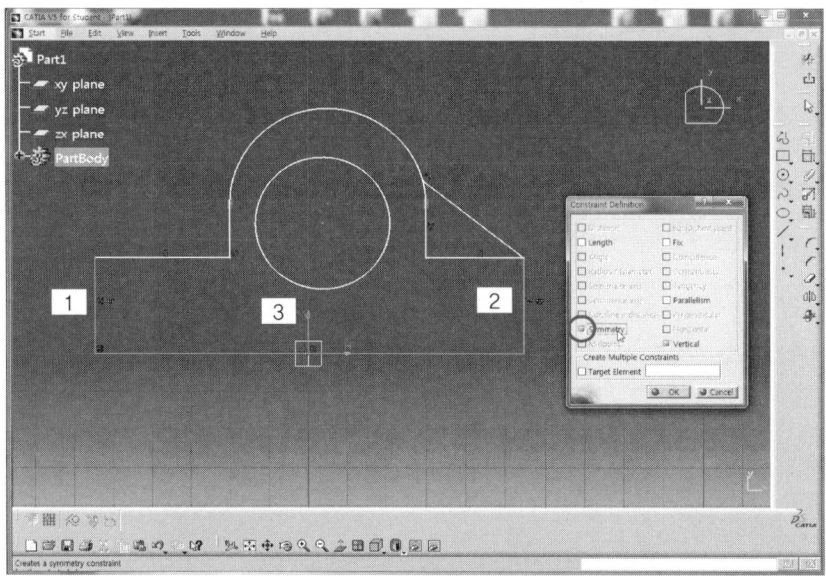

❸ Tangency(접선) : 선택한 요소를 서로 접하도록 구속한다.

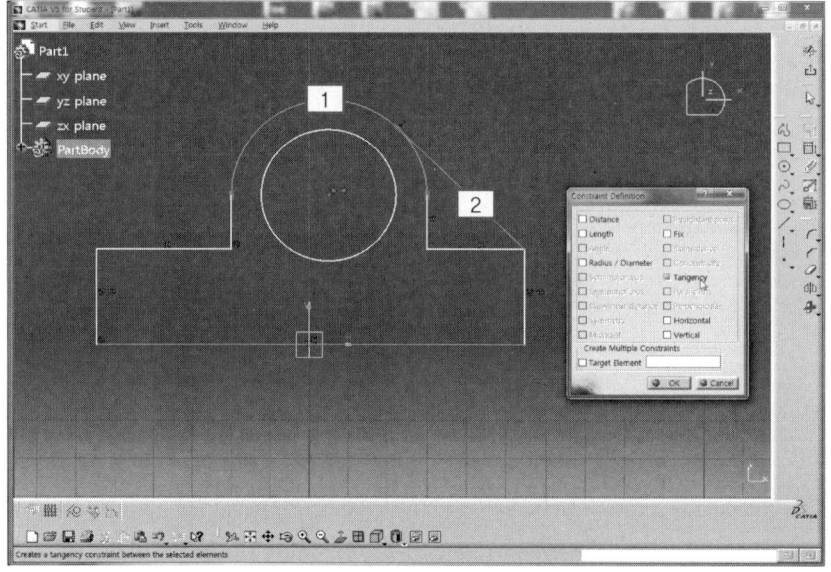

❹ Concentricity(중심 일치) : 선택한 두 호나 원의 중심을 일치시킨다.

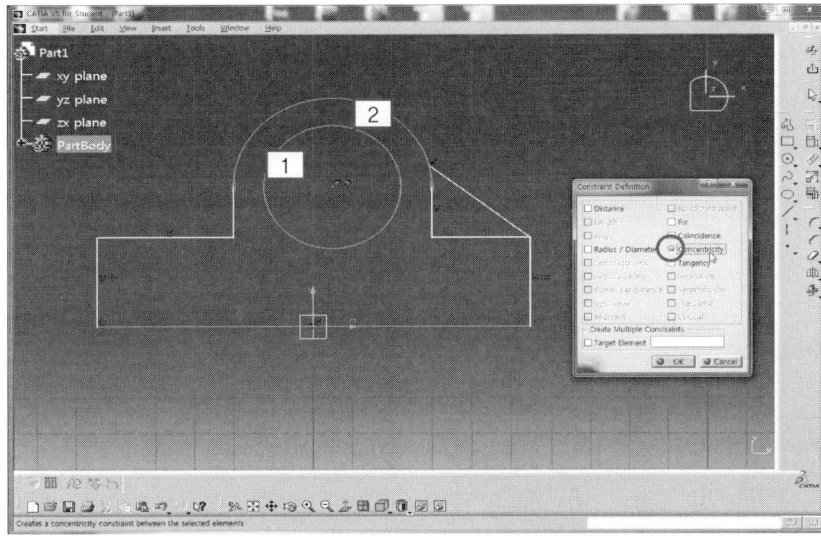

❺ Coincidence(일치) : 선택한 두 요소를 하나로 일치시킨다.

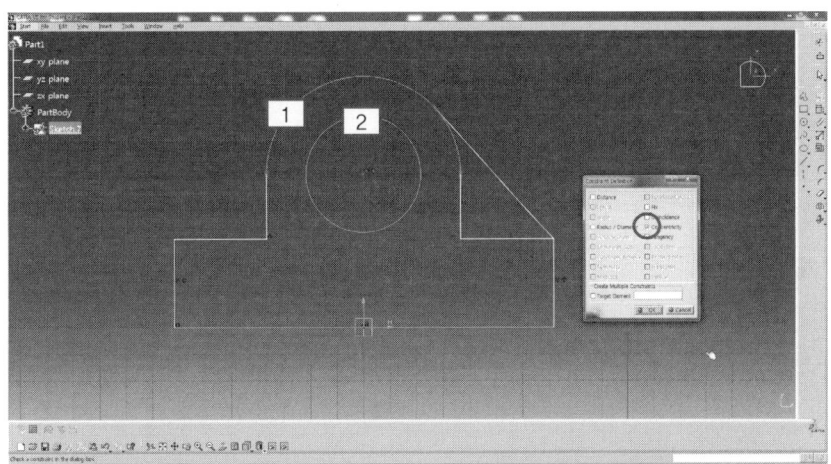

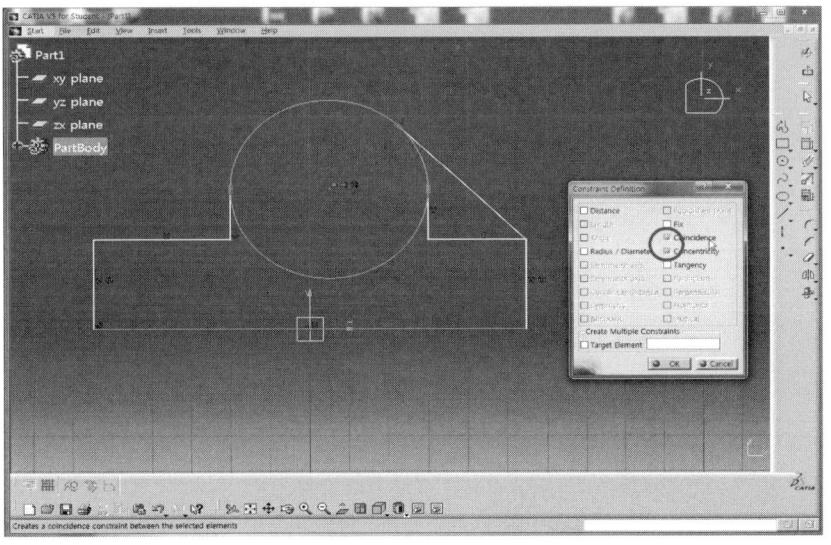

CHAPTER

# 04 3D형상모델링 완성하기

CATIA를 이용한 국가직무능력표준 기계요소설계 직무분야

## 01 Solid 모델링

❶ Part Design 실행하기

- CATIA의 초기화 Mode에서 Workbench 도구막대의 All general Options 아이콘 ■을 클릭한다.
- Welcome to CATIA V5대화상자에서 Part Design 아이콘을 클릭한다.
- 도구막대의 빈 공간에 마우스 포인터를 두고 마우스 오른쪽 버튼을 눌러 아래와 같이 배열한다.

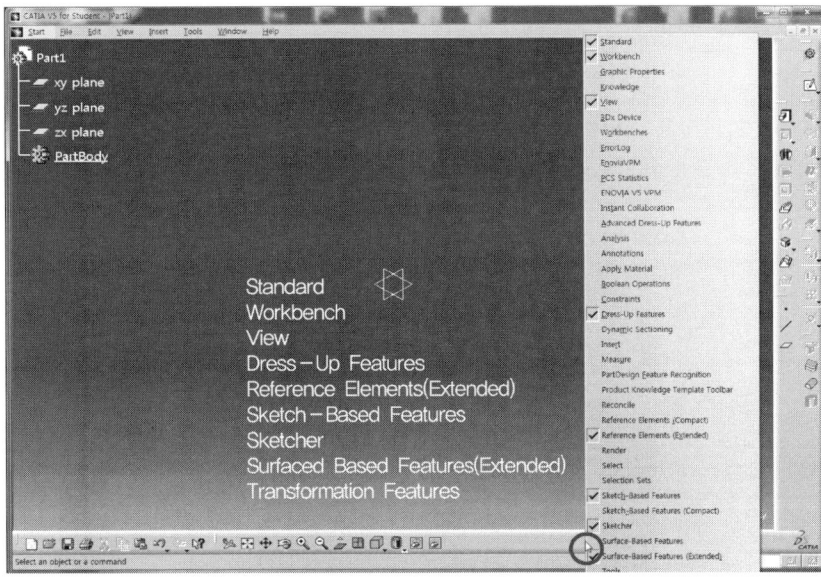

❷ [Sketch-Based Features Toolbar]-Pad : 일정한 두께를 갖는 Solid를 생성한다.

• Sketch 아이콘 을 클릭하고 xy plane을 선택하여 Sketch Mode로 전환한다.

• Profile 아이콘 을 클릭하여 아래와 같이 Sketch하고 Exit Workbench 아이콘 을 클릭하여 3D Mode로 전환한다.

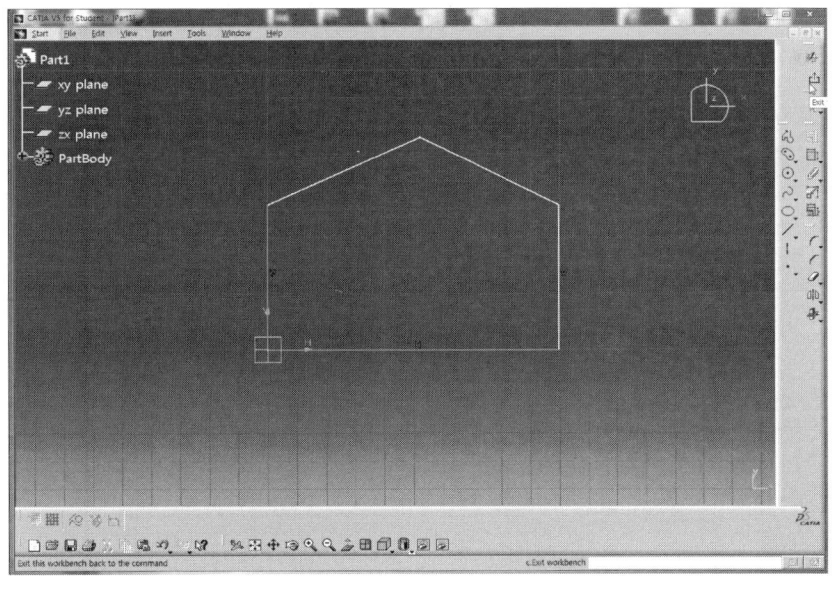

* Sketch.1을 선택하고 Pad 아이콘 을 클릭한다.
* Pad Definition 대화상자에서 Type을 Dimension으로 선택하고 Length 영역에 20mm를 입력한 후 Preview 버튼을 클릭하여 미리 보고 OK 버튼을 클릭한다.
* Sketch 평면에 수직한 방향으로 두께 20mm인 Solid가 생성된다.

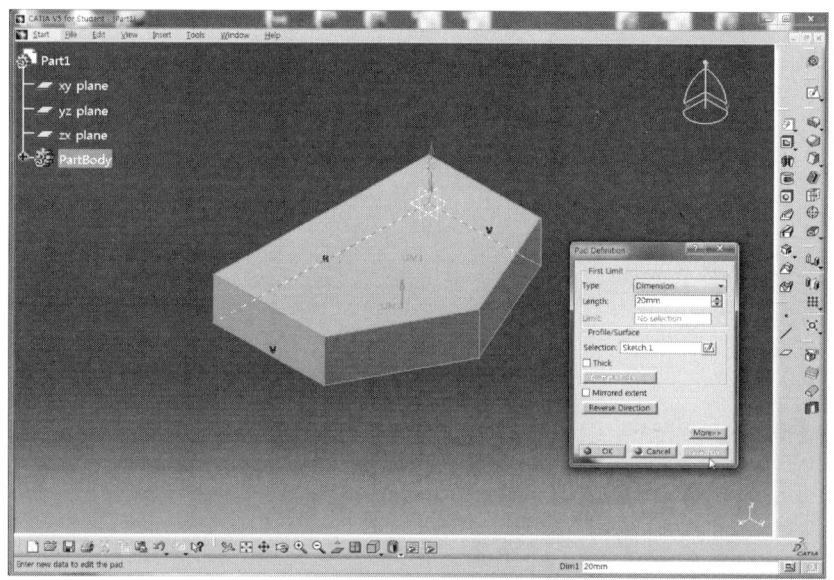

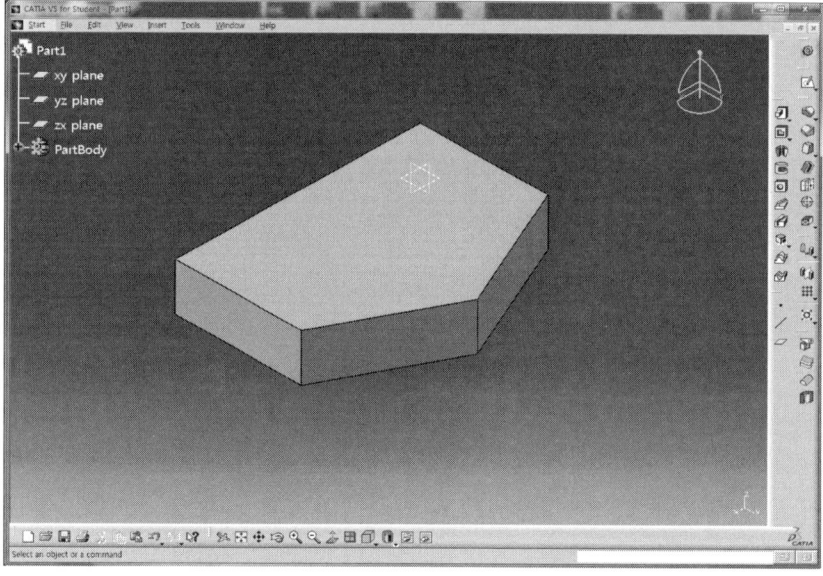

- 생성한 Solid 위에 마우스 포인트를 놓고 더블클릭한다.
- Pad Definition 대화상자에서 Type을 Dimension으로 선택하고 Length 영역에 30mm를 입력한다.
- More>> 을 클릭하여 Second Limits의 Length 영역에 −10mm를 입력한 후 Preview 버튼을 클릭하여 미리 보고 OK 버튼을 클릭한다.
- Sketch 평면에서 10mm 떨어진 곳에 수직한 방향으로 두께 20mm의 직육면체 Solid가 생성된다.

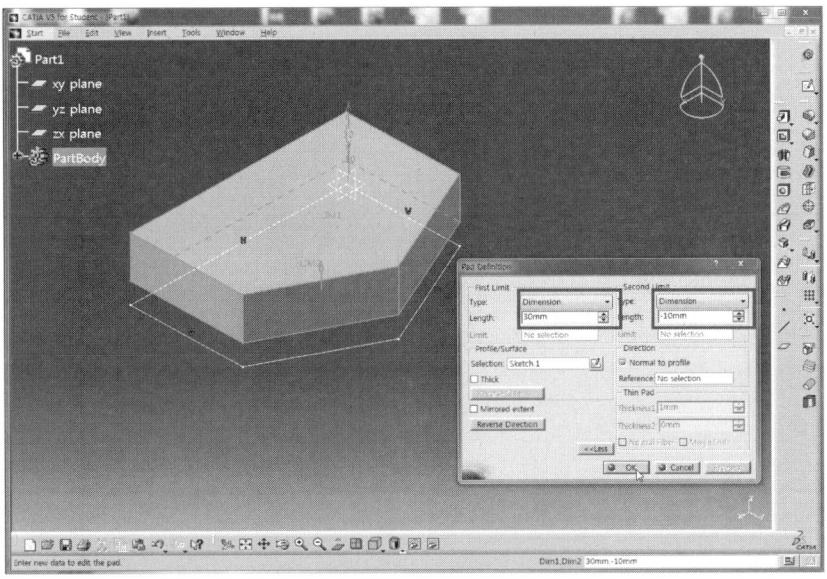

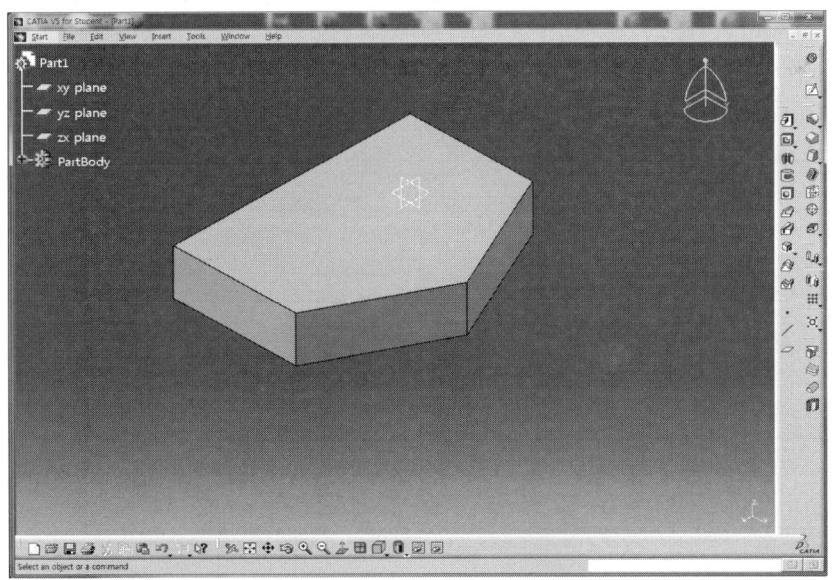

- Pad 명령어의 Type에 대해 알아보기로 한다.
- 새로운 Sketcher을 열고 xy plane에 Profile 아이콘 을 클릭하여 V축과 겹치지 않도록 왼쪽에 아래와 같이 Sketch한다.
- Exit Workbench 아이콘 을 클릭하여 3D Mode로 전환한다.

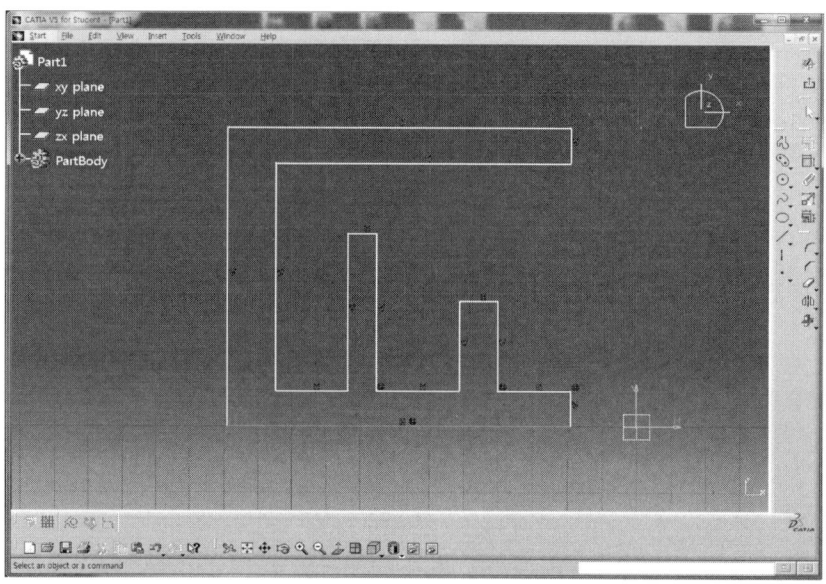

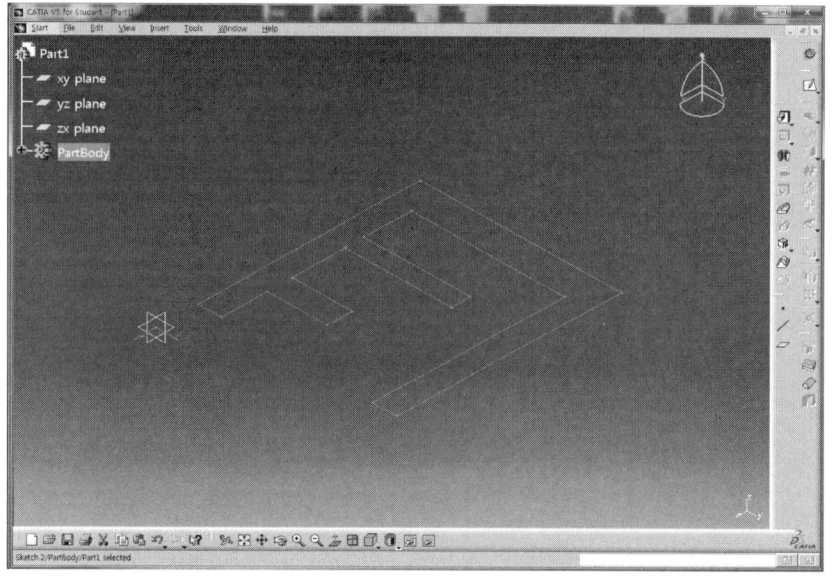

- Sketch를 선택하고 ![icon] 아이콘을 클릭한다.
- Pad Definition 대화상자에서 Type을 Dimension으로 선택하고 Length 영역에 20mm를 입력한 후 Preview 버튼을 누르고 OK 버튼을 클릭하여 Solid를 생성한다.

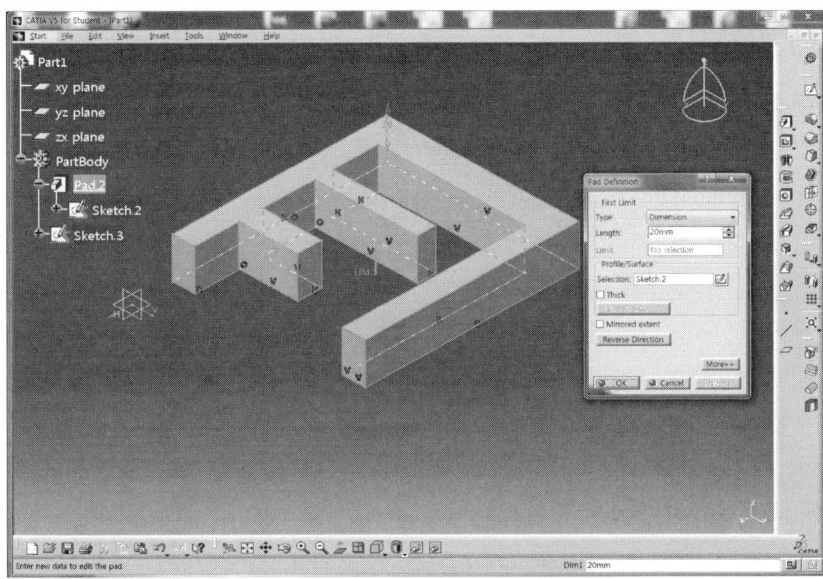

- Sketch 아이콘 ![icon] 을 클릭하고 yz plane을 선택하여 Sketch Mode로 전환한다.

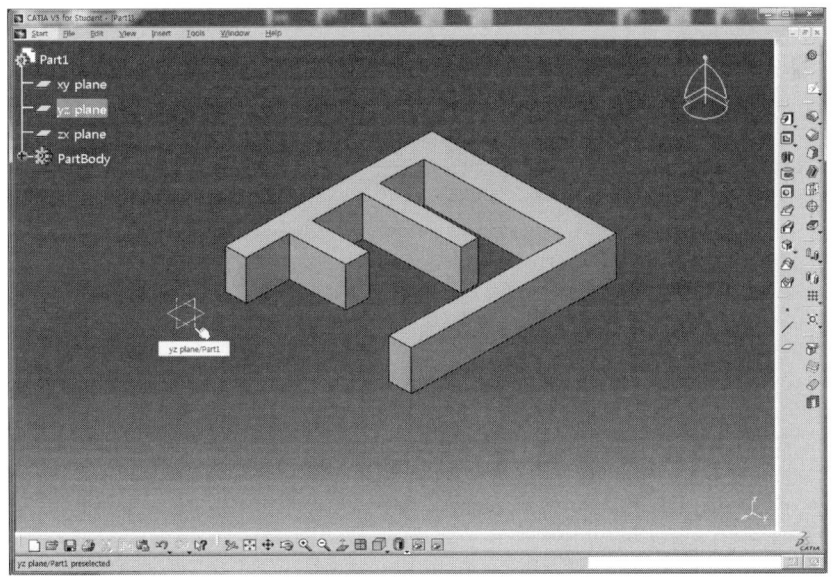

- Circle 아이콘 ⊙을 클릭하여 원을 Sketch한다.
- Exit Workbench 아이콘 ⬆을 클릭하여 3D Mode로 전환하고 🗗 아이콘을 클릭한다.
- Pad Definition 대화상자에서 Type을 선택(Type에 따른 결과 참조)하고 OK 버튼을 클릭한다.

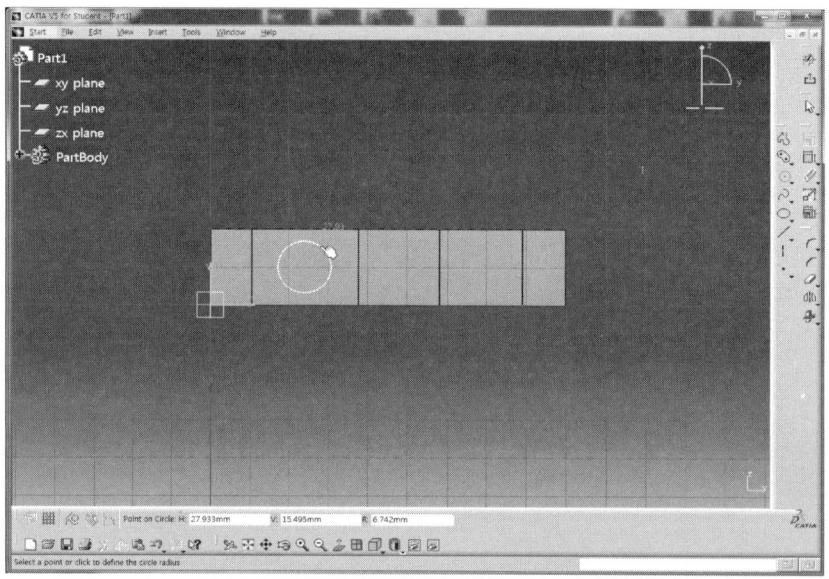

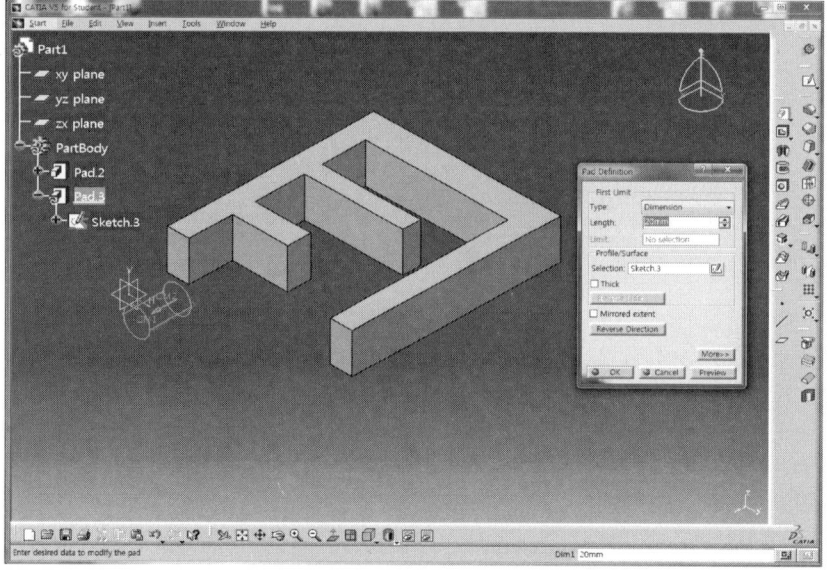

* Type에 따른 결과

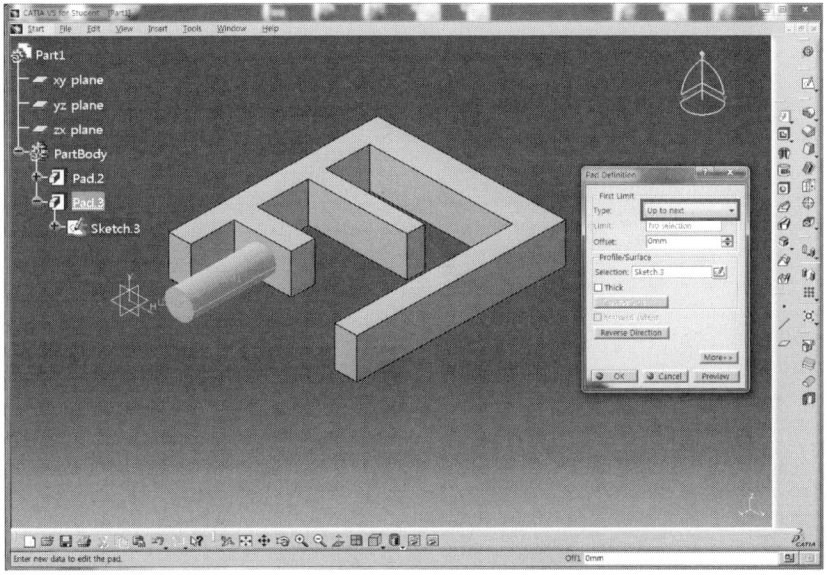

Up To Next : 생성된 Solid의 다음 면까지 돌출

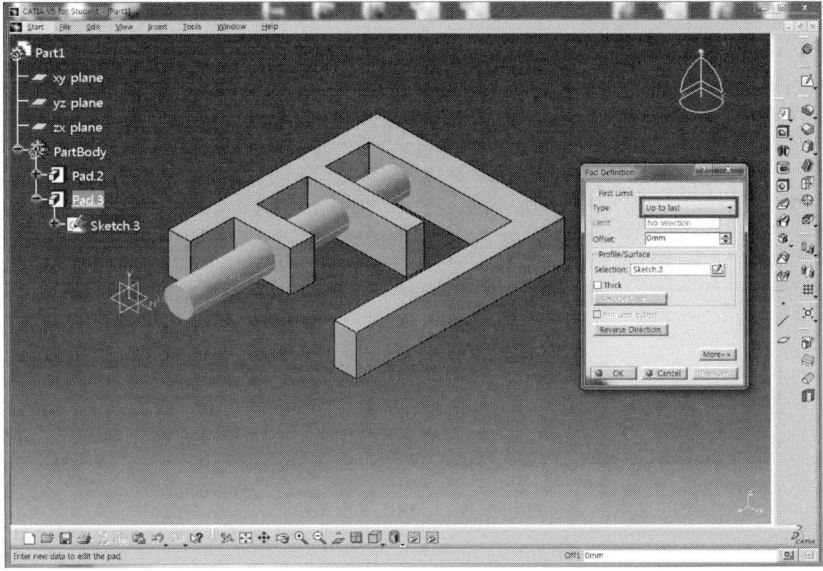

Up To Last : 생성된 Solid의 끝 면까지 돌출

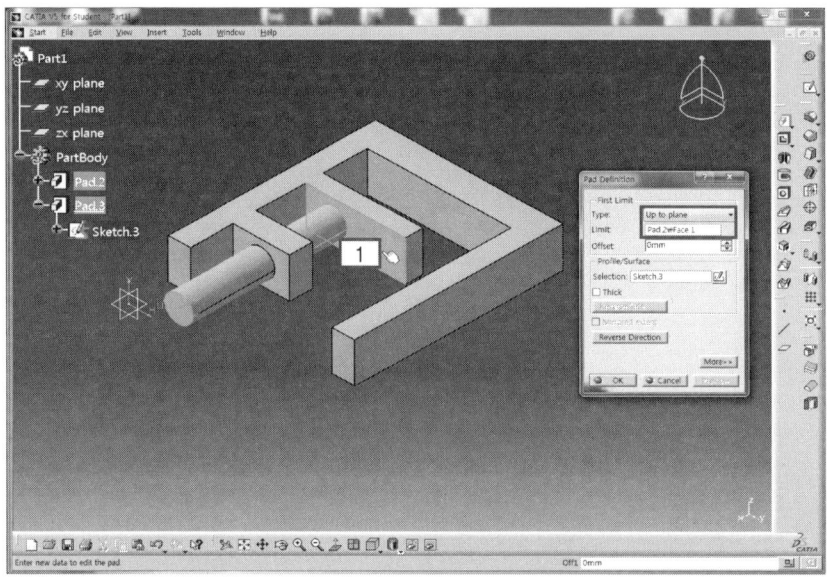

Up To Plane(1) : 생성된 Solid의 선택 면까지 돌출

❸ [Sketch-Based Features Toolbar]-Pocket : Solid의 일부를 제거한다.

• 앞에서 활용한 Pad의 예제를 활용한다.

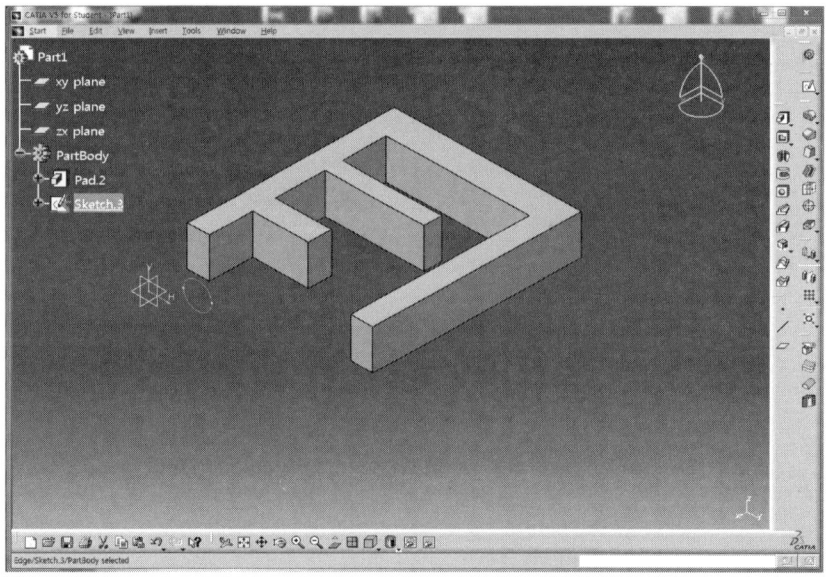

- Sketch를 선택하고 Pocket 아이콘 을 클릭한다.
- Pocket Definition 대화상자에서 Type을 Dimension으로 선택하고 Depth 영역에 50mm를 입력한 후 OK 버튼을 클릭한다.
- Sketch 평면에 수직한 방향으로 50mm를 제거한다.

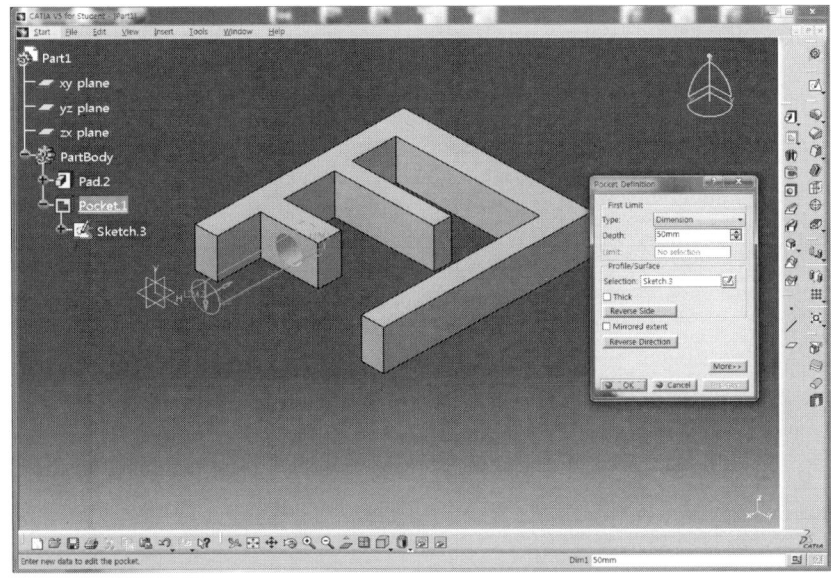

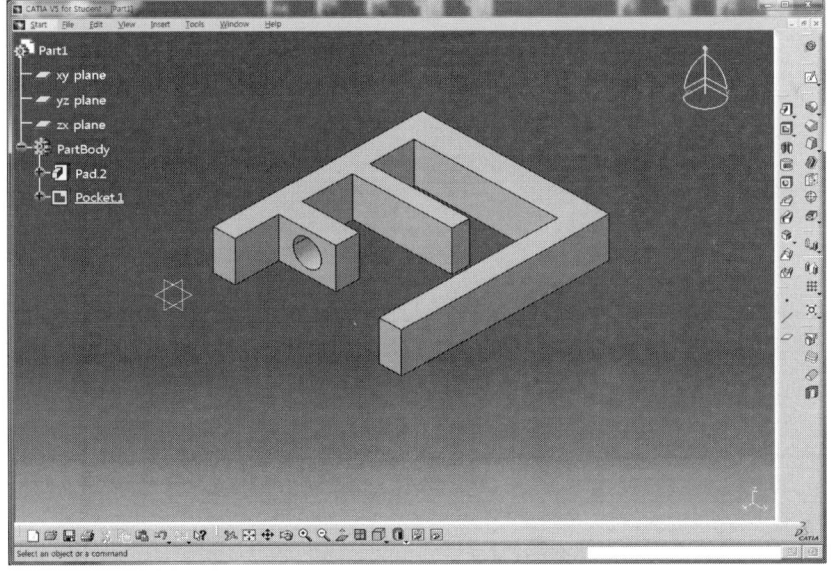

* Type은 Pad와 동일하며 제거한다. (다음은 Up To Last의 적용 예)

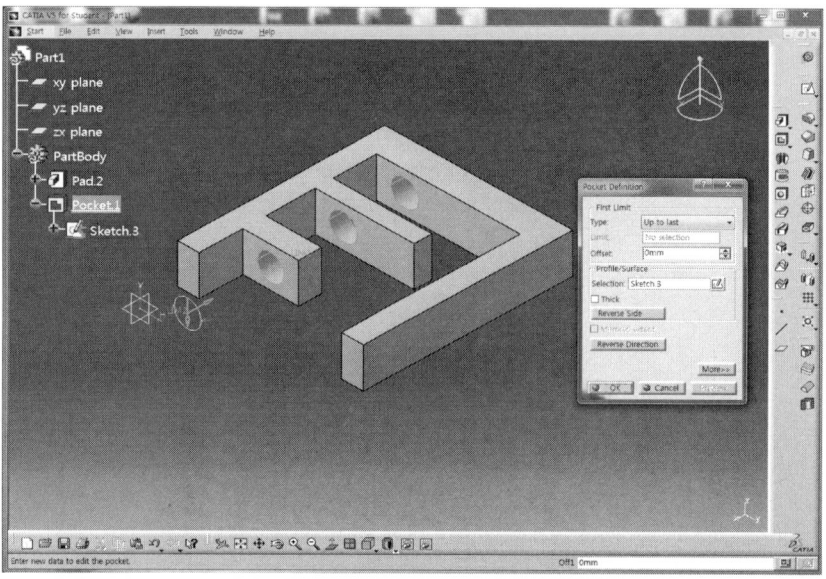

Up To Last : Solid의 끝 면까지 제거

❹ [Sketch-Based Features Toolbar]-Shaft   : 회전체를 생성한다.

* Sketch 아이콘  을 클릭하고 yz plane을 선택하여 Sketch Mode로 전환한다.
* Profile 아이콘  을 클릭하여 Sketch(1)한 후 Axis 아이콘  을 클릭하여 Profile의 양 끝점을 연결하도록 Sketch(2)한다.

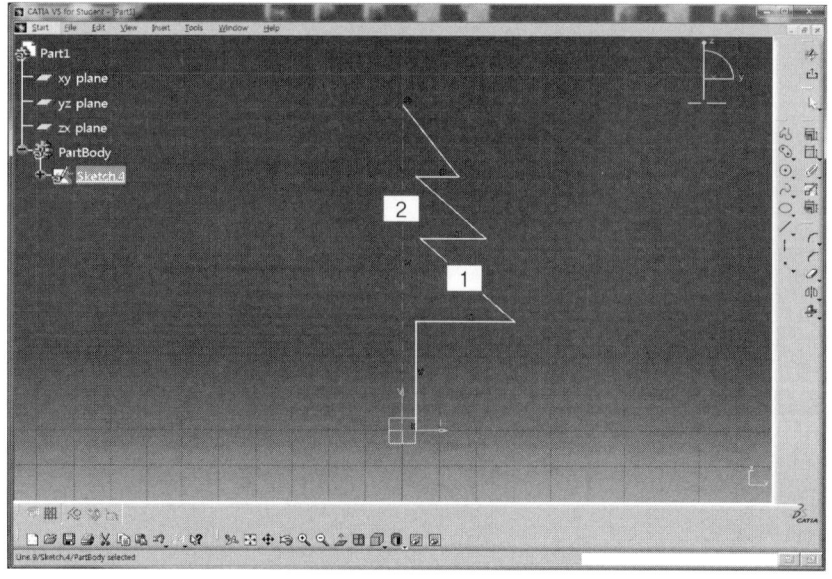

- Exit Workbench 아이콘 을 클릭하여 3D Mode로 전환한 후 Shaft 아이콘 을 클릭한다.
- Shaft Definition 대화상자에서 First Angle 영역에 360deg를 입력한 후 Preview 버튼을 클릭하여 미리 보고 OK 버튼을 누른다.

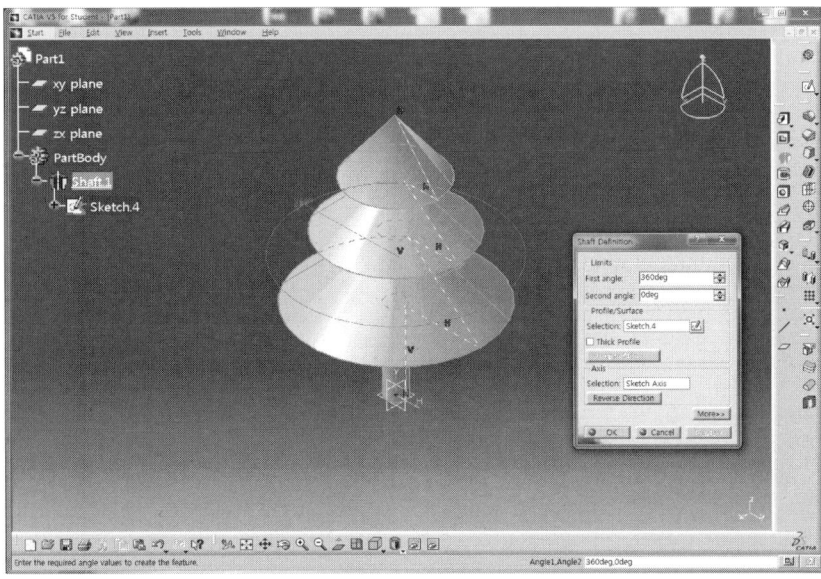

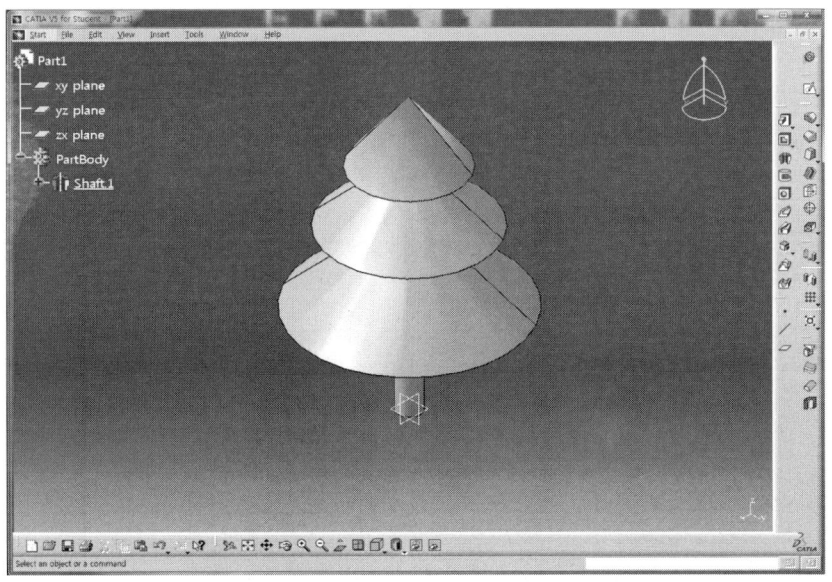

❺ [Sketch-Based Features Toolbar] - Hole ⬚ : 구멍을 생성한다.

- Sketch 아이콘 ⬚ 을 클릭하고 xy plane을 선택하여 Sketch Mode로 전환한다.
- Rectangle 아이콘 ⬚ 을 클릭하여 Sketch한 후 Exit Workbench 아이콘 ⬚ 을 클릭하여 3D Mode로 전환한다.

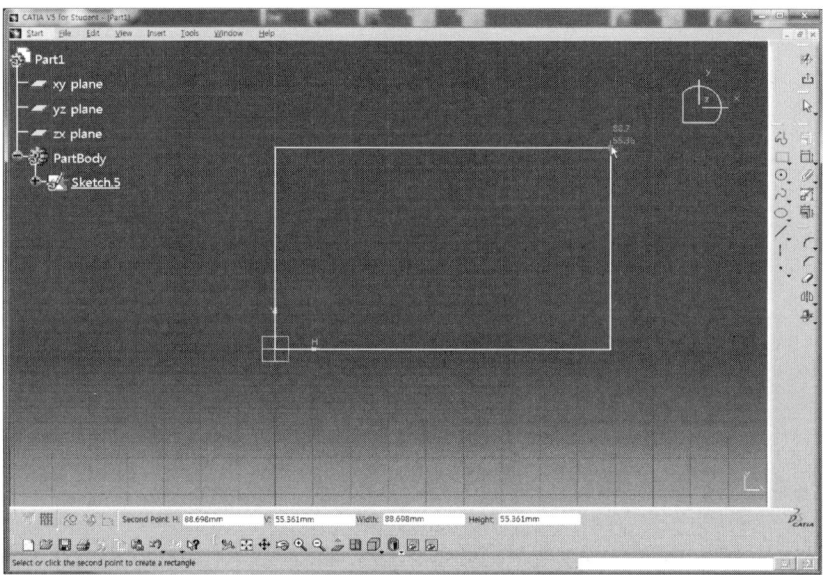

- Pad 아이콘 ⬚ 을 클릭하고 Pad Definition 대화상자에서 Length 영역에 20mm를 입력한 후 Preview 버튼을 클릭하여 미리 보고 OK 버튼을 클릭하여 Solid를 생성한다.

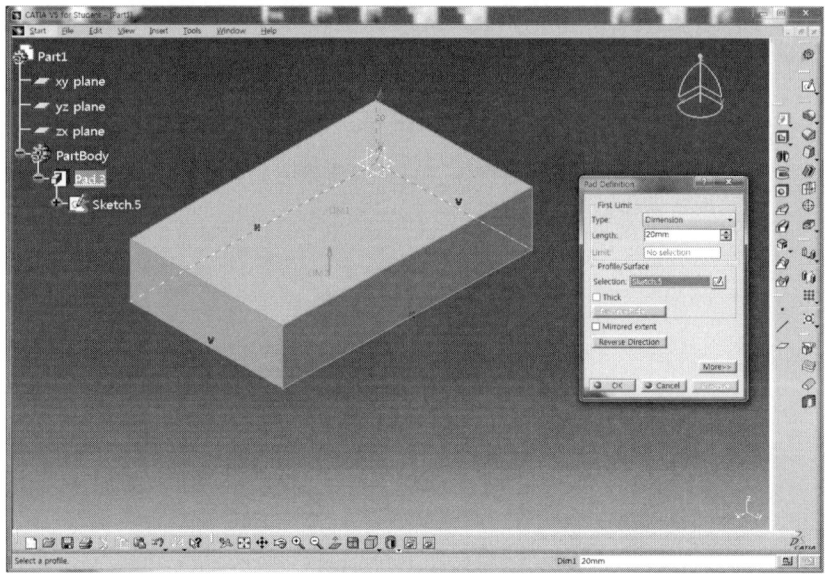

- Ctrl 키를 누른 상태에서 Hole이 위치할 면의 모서리(1, 2)를 선택한 후 Hole 아이콘 을 클릭한다.
- Hole을 생성할 면(3)을 클릭한다.

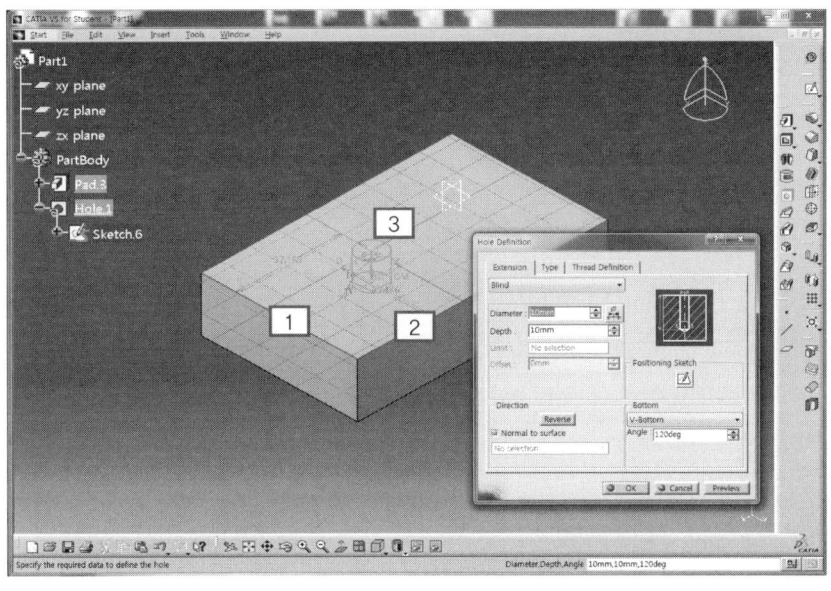

- 선택한 Solid의 양쪽 모서리에서 Hole 중심까지의 거리 치수를 더블클릭하여 정확한 치수를 입력하고 OK 버튼을 클릭한다.
- Hole Definition 대화상자에서 Diameter, Depth 영역에 생성할 Hole의 직경과 깊이를 입력하고 Preview 버튼을 눌러 미리 보고 OK 버튼을 클릭하면 Hole이 생성된다.

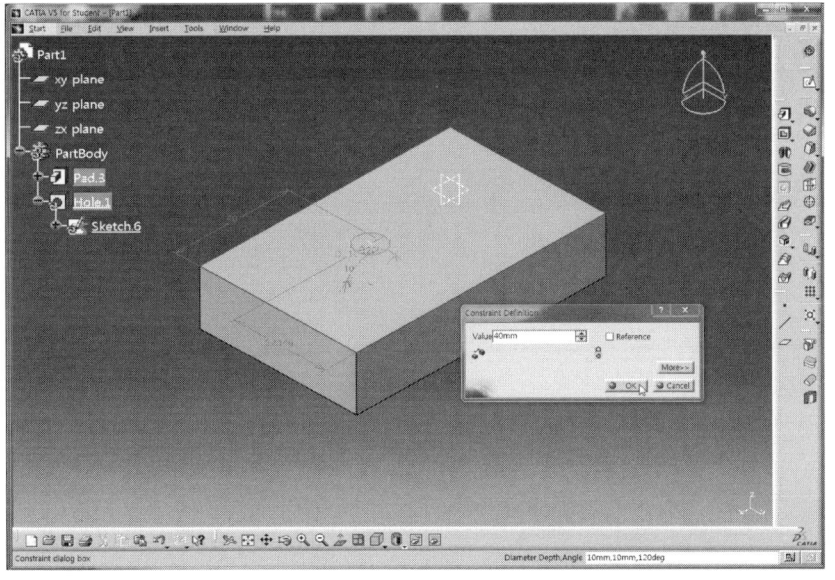

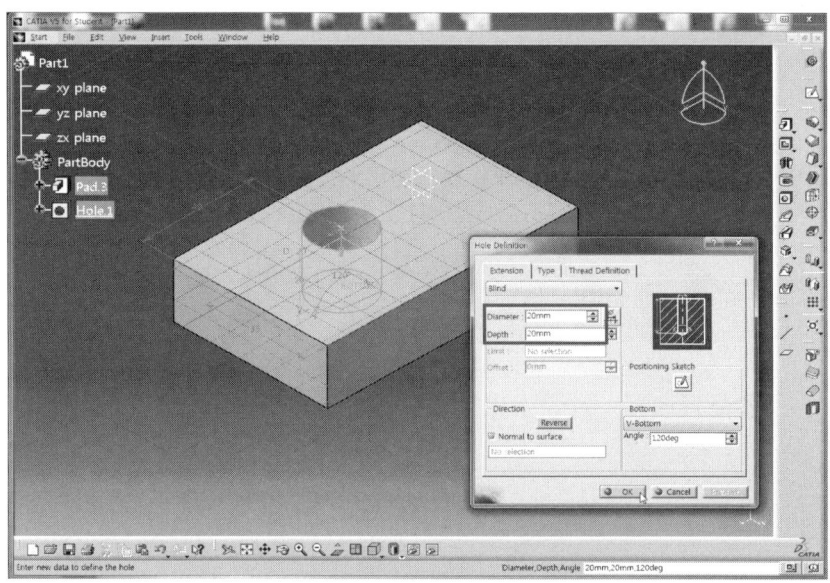

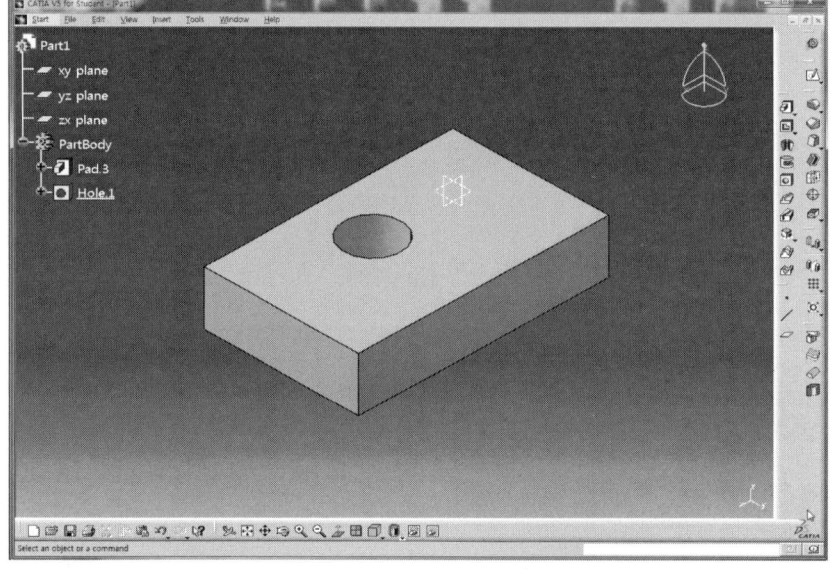

❻ [Sketch-Based Features Toolbar]-Multi-sections Solid  : 서로 다른 크기나 형태의 Sketch를 연결하여 Solid를 생성한다.

- yz plane을 선택한 후 Plane 아이콘  을 클릭한다.
- Plane type에서 offset from plane을 선택한 후 offset 영역에 50mm를 입력한다.
- Reverse Direction을 클릭하여 방향을 뒤쪽으로 향하도록 하고 OK 버튼을 클릭하여 평면을 생성한다.

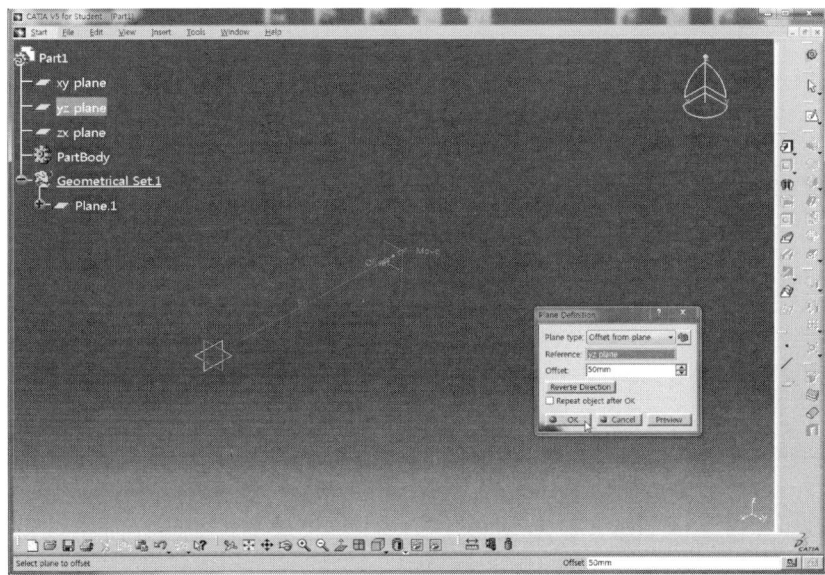

- 위와 같은 방법으로 yz plane에서 100mm 떨어진 위치에 새로운 plane을 생성한다.

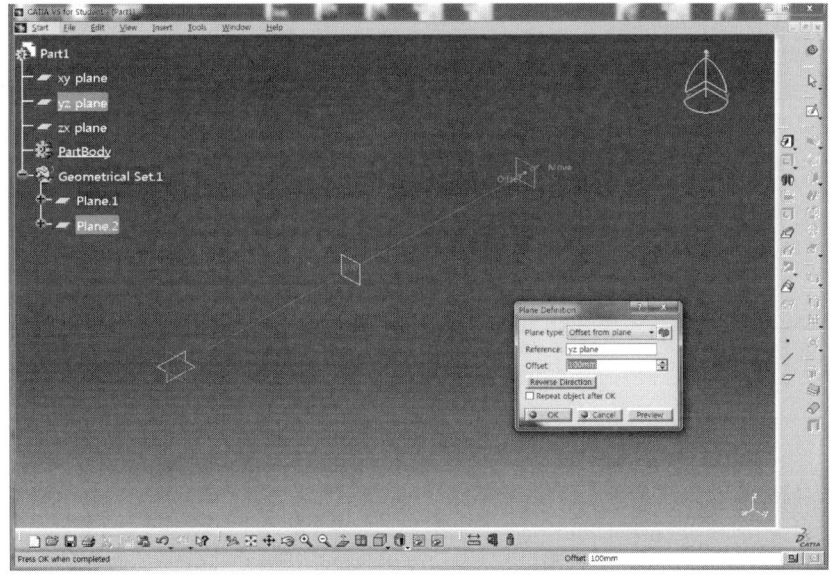

- Sketch 아이콘 을 클릭하고 yz plane을 선택하여 Sketch Mode로 전환한다.
- Circle의 중심점을 원점에 위치시키고 직경이 100mm인 원을 Sketch한 후 Exit Workbench 아이콘 을 클릭하여 3D Mode로 전환한다.

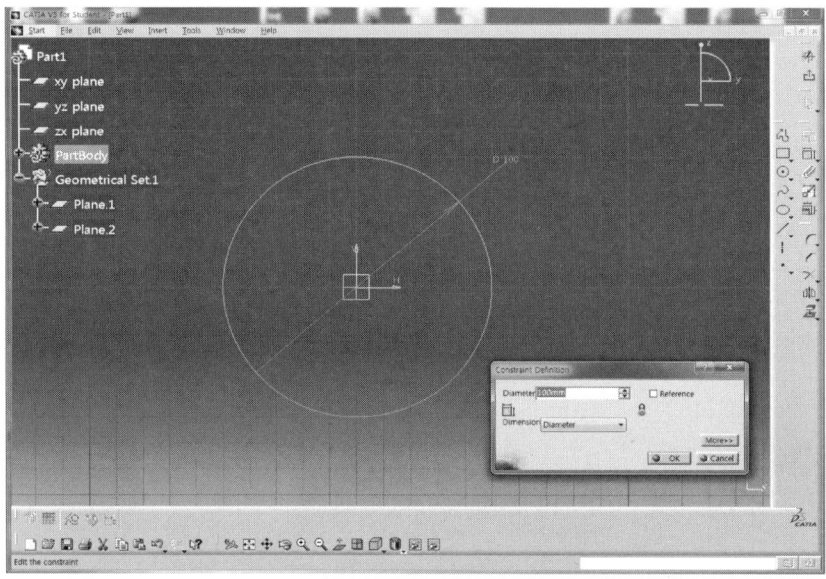

- Sketch 아이콘 을 클릭하고 yz plane에서 50mm 떨어진 위치에 생성한 plane을 선택하여 Sketch Mode로 전환한다.

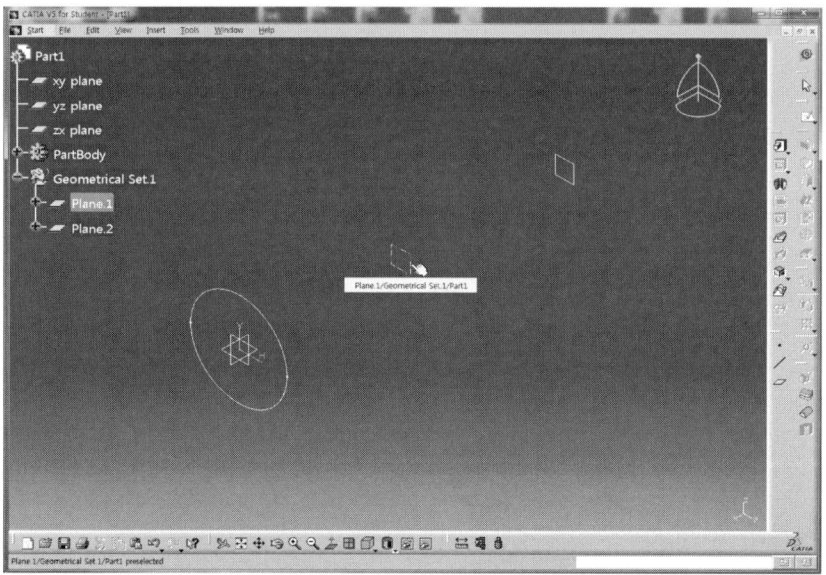

- Circle의 중심점을 원점에 위치시키고 직경이 50mm인 원을 Sketch한 후 Exit Workbench 아이콘 을 클릭하여 3D Mode로 전환한다.

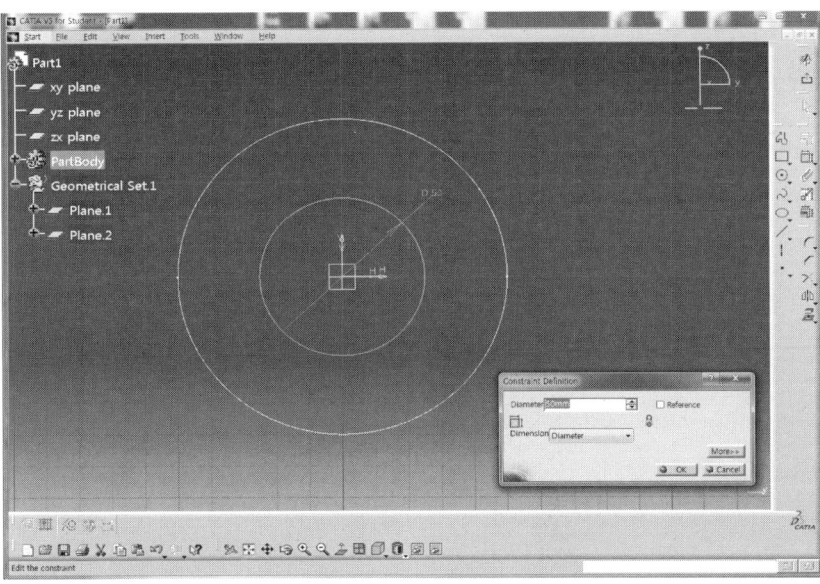

- 위와 같은 방법으로 yz plane에서 100mm 떨어진 위치에 생성한 plane에는 직경이 50mm인 Circle을 생성한다.

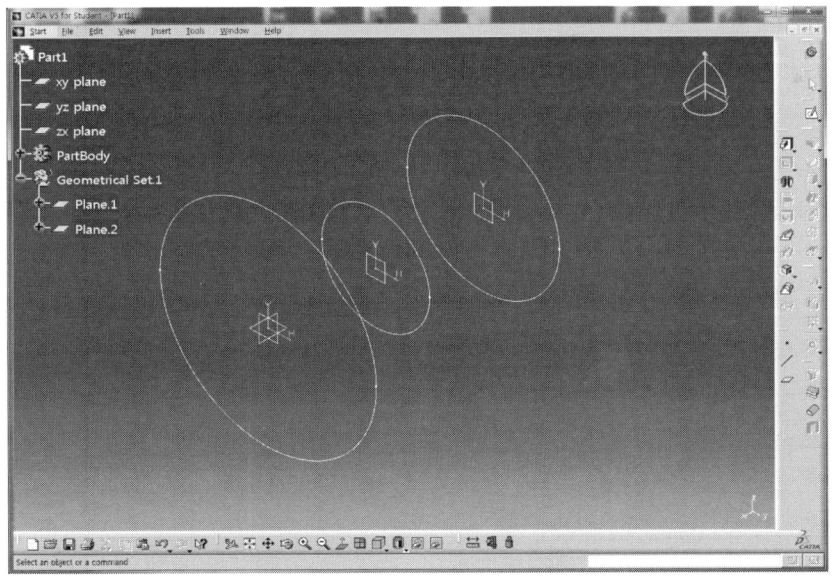

- Multi-sections Solid 아이콘 을 클릭한다.
- 대화상자에서 Section 영역을 클릭한 후 앞에서 생성한 Circle을 차례로 선택한다.

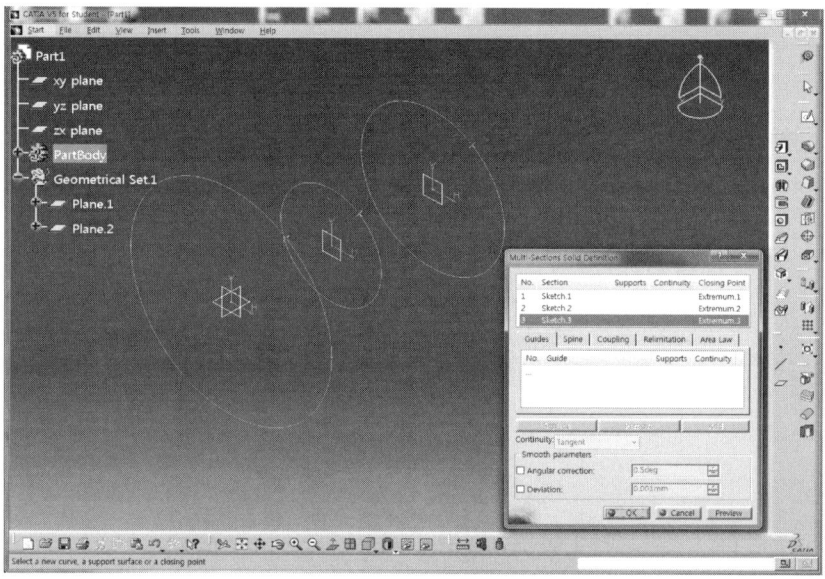

- Preview 버튼을 클릭하여 미리 보기한 후 OK 버튼을 클릭하면 서로 다른 크기의 Circle을 연결하는 Solid가 생성된다.

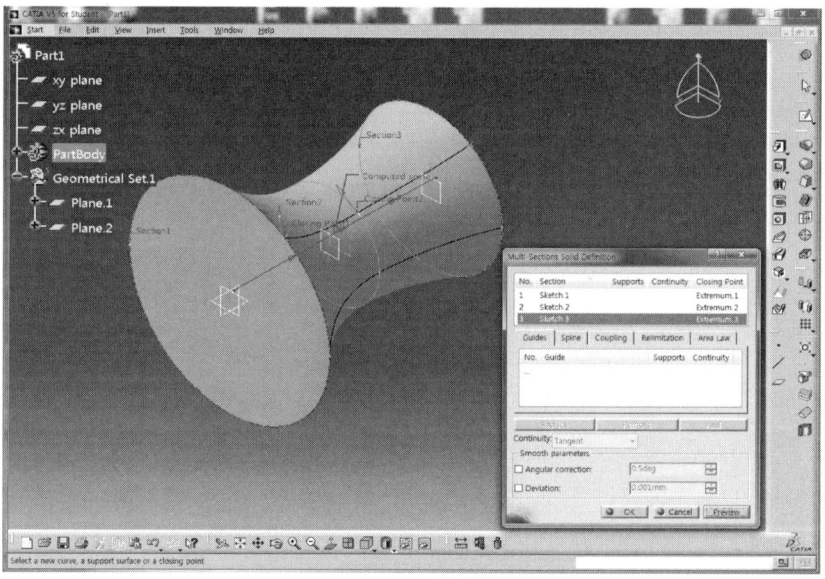

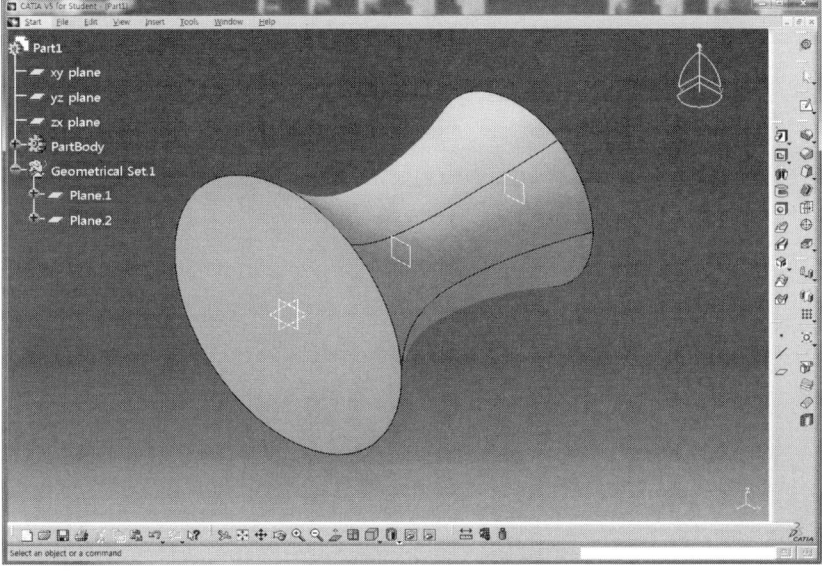

## 02 Surface 모델링

**❶ Wireframe and Surface Design 실행하기**

- CATIA를 실행하면 처음에 Assembly Design Mode가 열린다.
- Assembly Design Mode를 종료시키고 초기화 Mode에서 Workbench 도구막대의 All general Options 아이콘 ■을 클릭한다.
- Welcome to CATIA V5 대화상자에서 Wireframe and Surface Design 아이콘 ◈을 클릭한다.

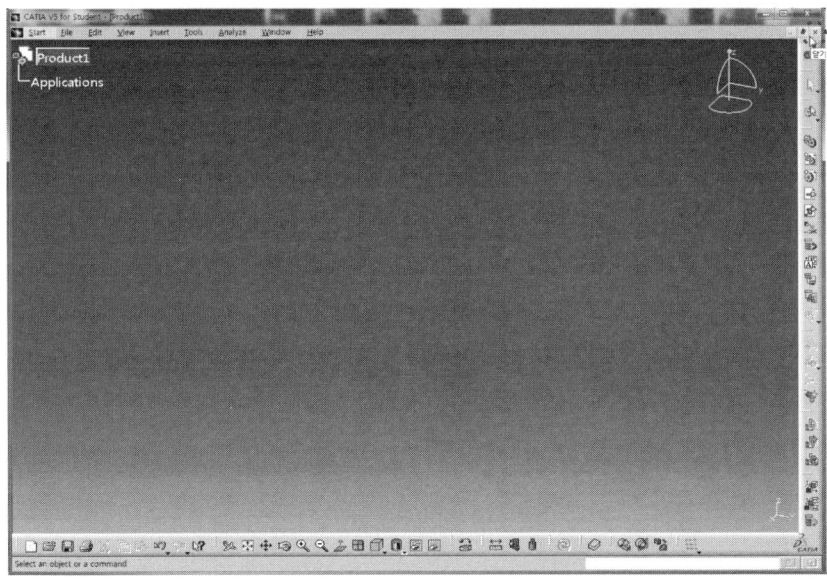

- 도구막대의 빈 공간에 마우스 포인터를 두고, 마우스 오른쪽 버튼을 눌러 아래와 같이 도구막대를 선택한 후 위치를 배치한다.

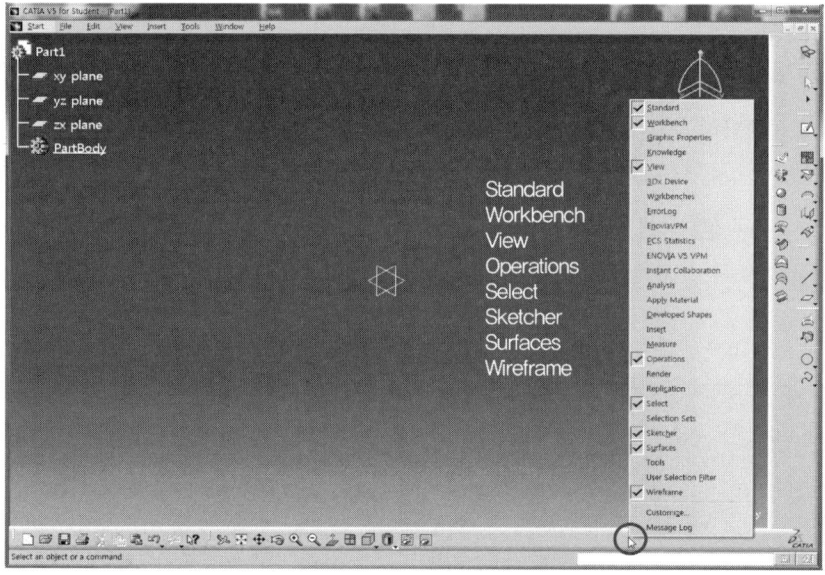

❷ [Surfaces Toolbar] – Extrude : Sketch 요소를 돌출시켜 Surface를 생성한다.

- Sketch 아이콘 을 클릭하고 yz plane을 클릭하여 Sketch Mode로 전환한다.

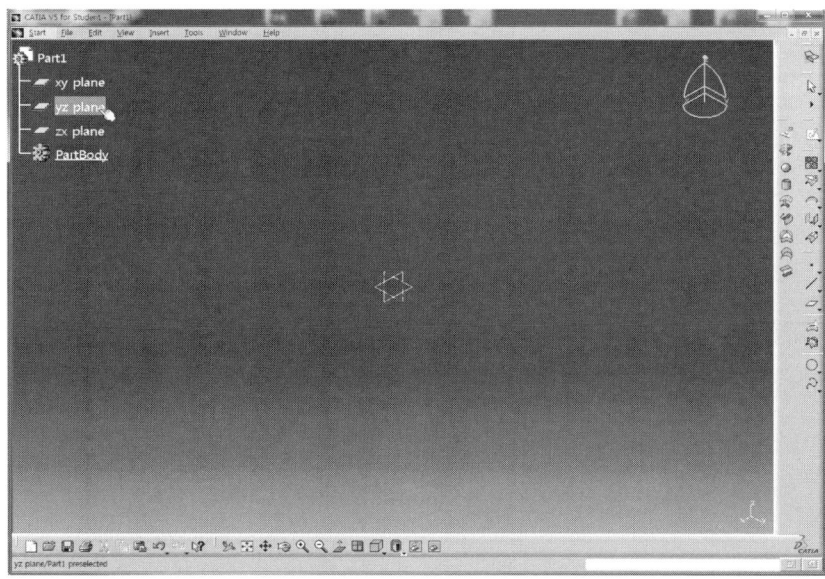

- Spline 아이콘 을 클릭하여 Sketch한 후 Exit Workbench 아이콘 을 클릭하여 3D Mode로 전환한다.

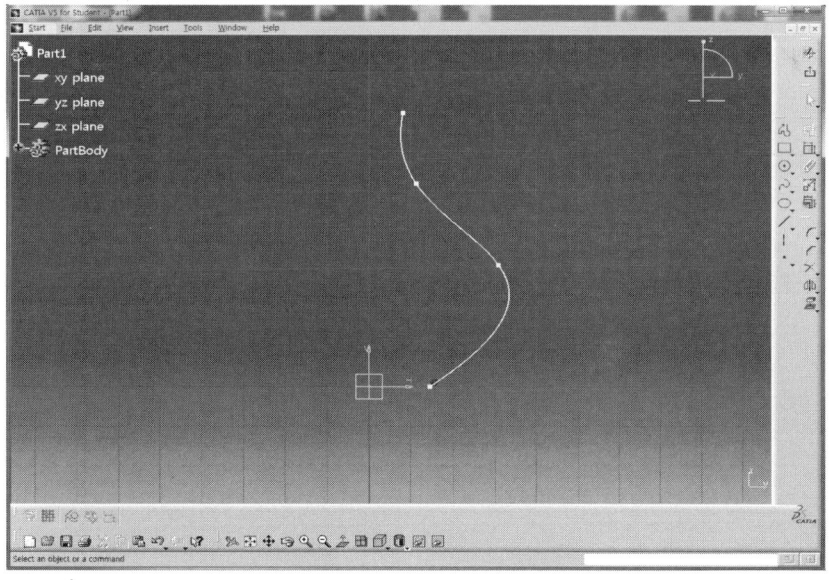

- Extrude 아이콘 을 클릭한다.
- Extruded Surface Definition 대화상자에서 Extrusion Limits의 Limit 1 Type을 Dimension(20mm), Limit 2 Type을 Dimension(30mm)을 입력하고 OK 버튼을 클릭하여 Surface를 생성한다.

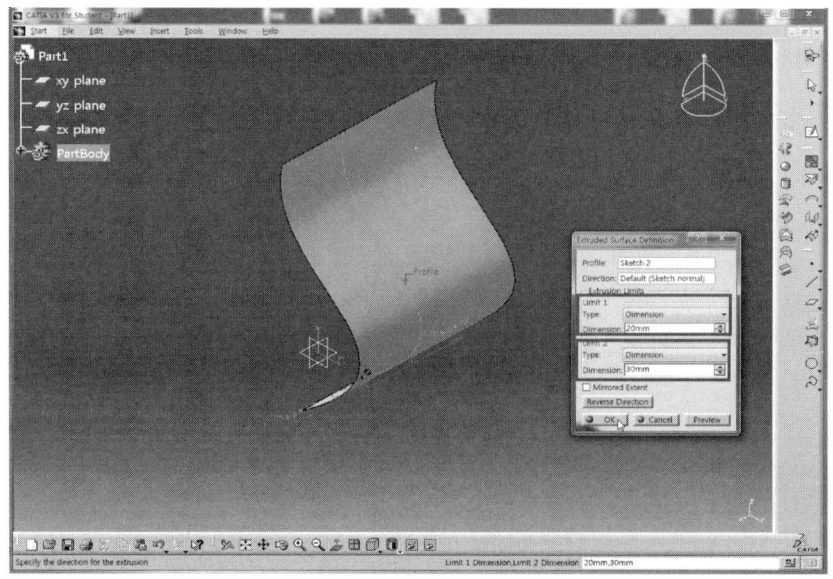

- Extruded Surface Definition 대화상자의 Extrusion Limits 항목에 있는 Limit Type에 대해 알아보기로 한다.
- 위에서 생성한 Surface의 예제를 이용하여 Sketch 아이콘 을 클릭하고 yz plane을 클릭하여 Sketch Mode로 전환한다.
- Line 아이콘 을 클릭하여 아래와 같이 Sketch(Line의 길이는 Spline을 벗어나지 않도록 Sketch)한 후 Exit Workbench 아이콘 을 클릭하여 3D Mode로 전환한다.
- Spline 곡선을 선택하고 마우스 오른쪽 버튼을 눌러 Hide/Show를 선택하여 숨기기 한다.

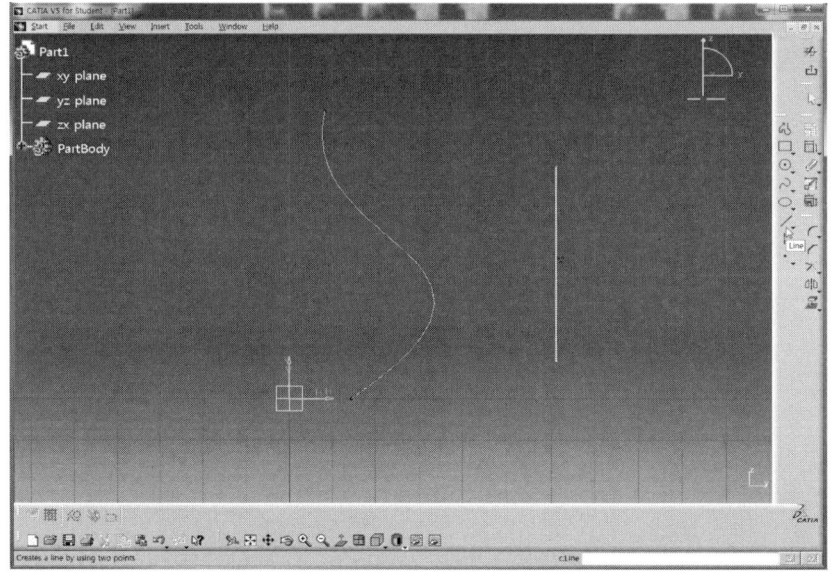

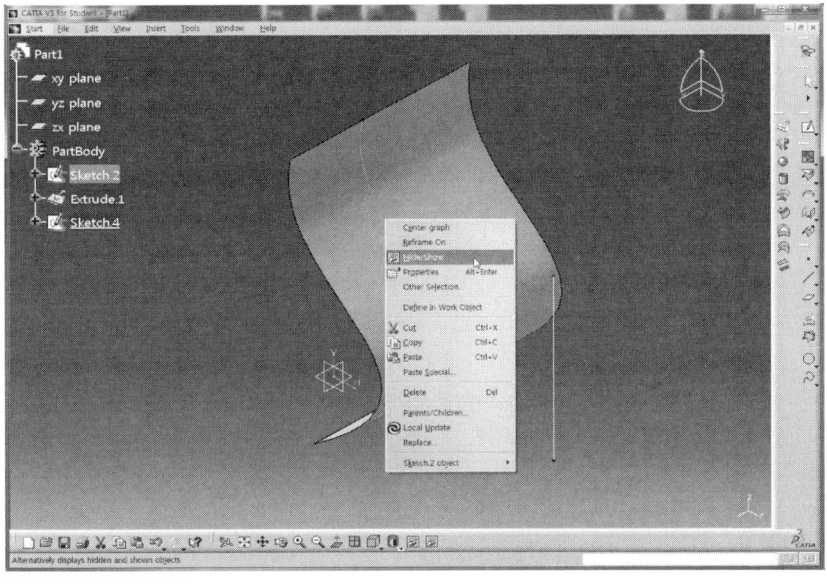

- Line을 선택하고 아이콘을 클릭한다.
- Extruded Surface Definition 대화상자의 Direction 영역을 클릭한 후 zx plane(선택한 평면과 수직한 방향으로 Surface가 생성되기 때문에 Direction을 선택할 때 주의해야 함)을 선택하고 Limit 1 Type을 Up to element로 설정한다.
- Up to element 영역 클릭 후 Extrude된 Surface(1)를 선택하고 Limit 2 Dimension 영역의 치수는 0mm를 입력하고 OK 버튼을 클릭한다.
- zx plane에 수직하면서 선택한 Surface까지 연결한 Surface가 생성된다.
- Dimension과 Up to Element Type에 따른 결과를 보고 차이점을 비교하여 확인하기 바란다.

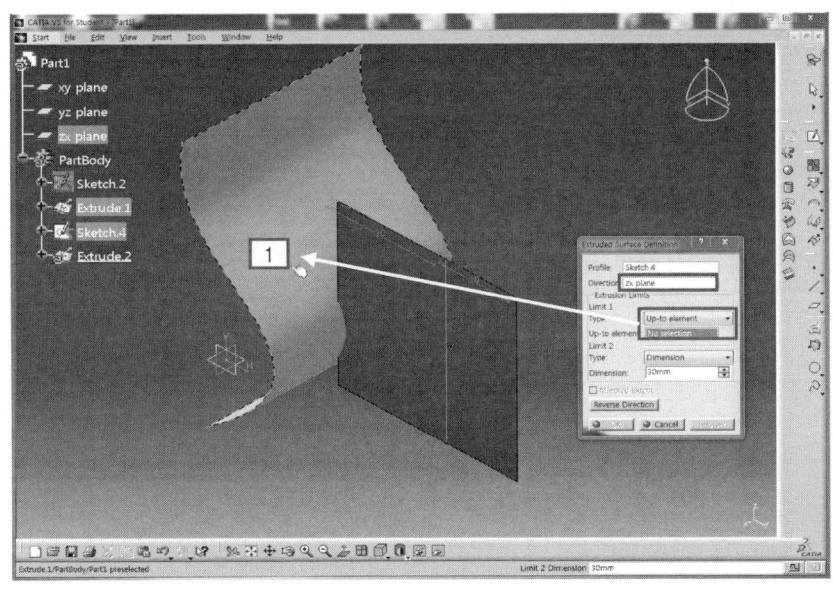

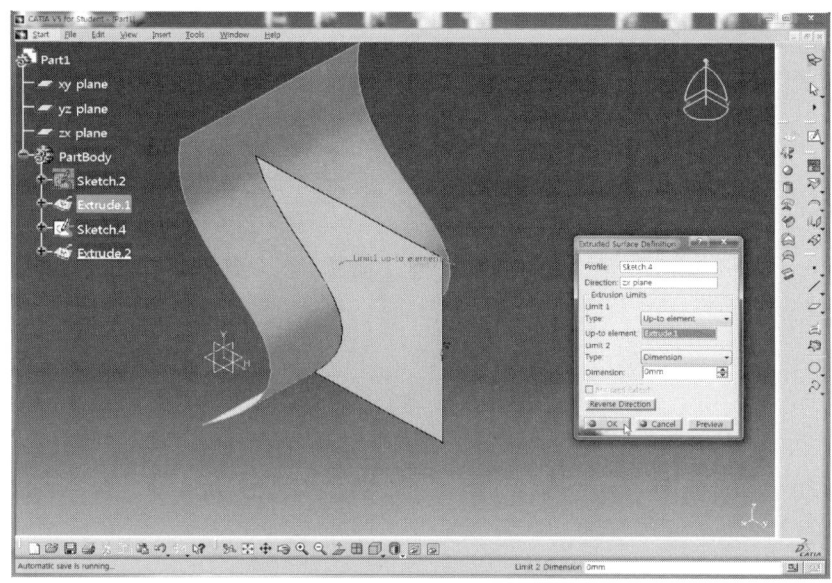

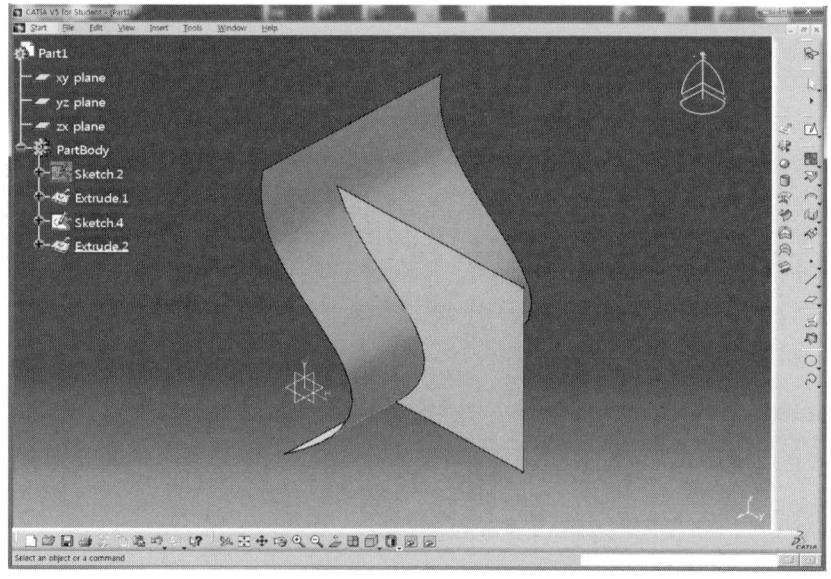

❸ [Surfaces Toolbar] – Revolve : 회전체의 Surface를 생성한다.

- Sketch 아이콘 을 클릭하고 yz plane을 클릭하여 Sketch Mode로 전환한다.
- Three point Arc 와 Line 아이콘 을 이용하여 아래와 같이 Sketch(양 끝점은 V축 위에 위치)한 후 Axis 아이콘 을 클릭하여 V축 위에 Sketch(1)한다.

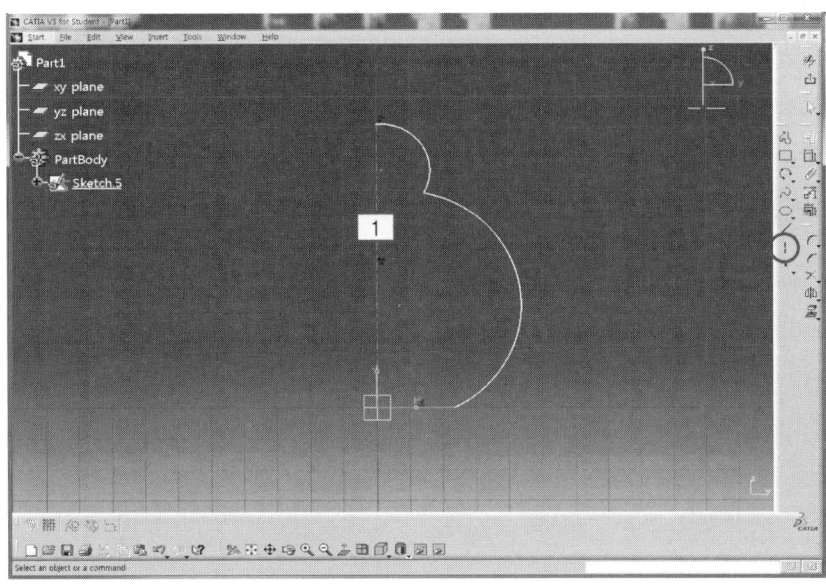

- Exit Workbench 아이콘 을 클릭하여 3D Mode로 전환한다.
- Revolve 아이콘 을 클릭한 후 Angle 1영역에 360deg(Angle 1과 2영역의 각도 합이 360을 초과하지 않도록 입력)를 입력하고 OK 버튼을 클릭하면 회전체의 Surface가 생성된다.

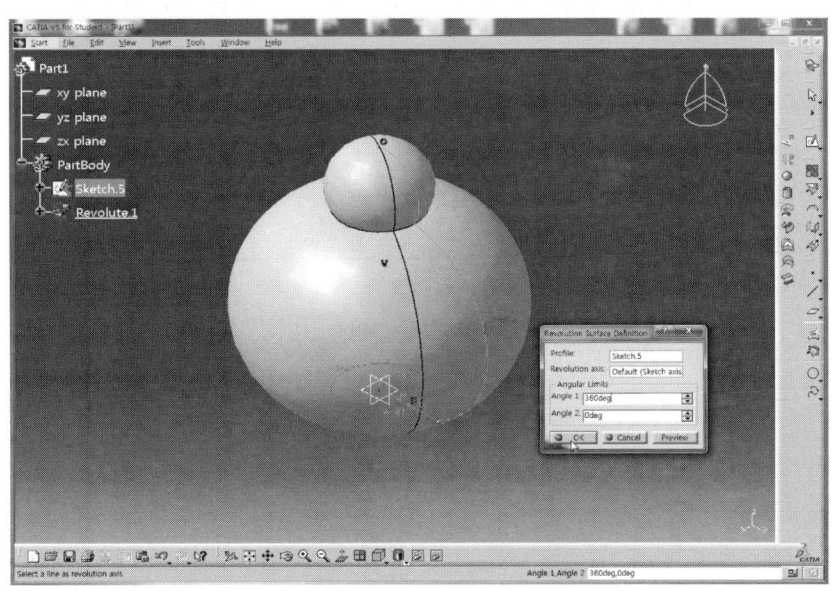

❹ [Surfaces Toolbar] – Offset : Surface를 일정거리 사이띄우기하여 생성한다.

- Sketch 아이콘 선택 후 yz plane을 클릭하여 Sketch Mode로 전환한다.
- Profile 아이콘 을 클릭하여 아래와 같이 Sketch한 후 Exit Workbench 아이콘 을 클릭하여 3D Mode로 전환한다.

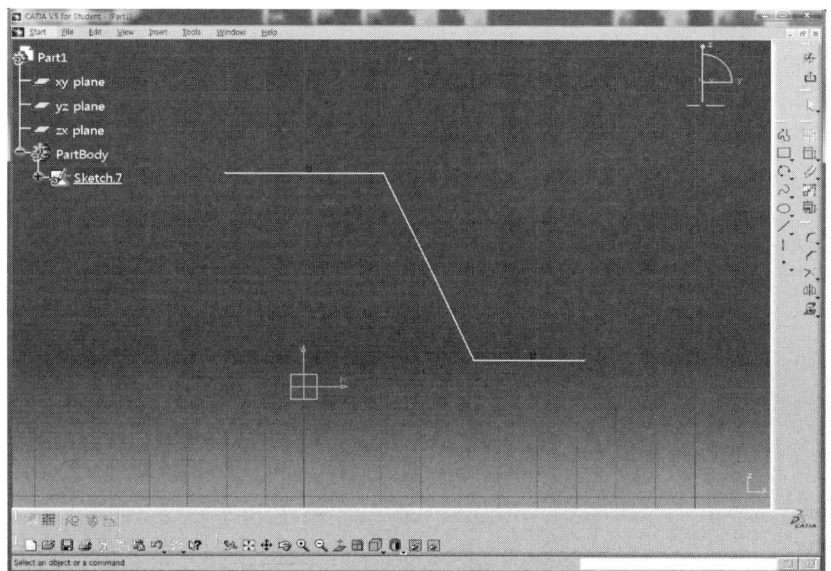

- Extrude 아이콘 을 클릭하고 Limit 1의 Dimension을 영역에 30mm를 입력한 후 Mirrored Extent 를 체크하고 OK 버튼을 클릭하여 Surface를 생성한다.

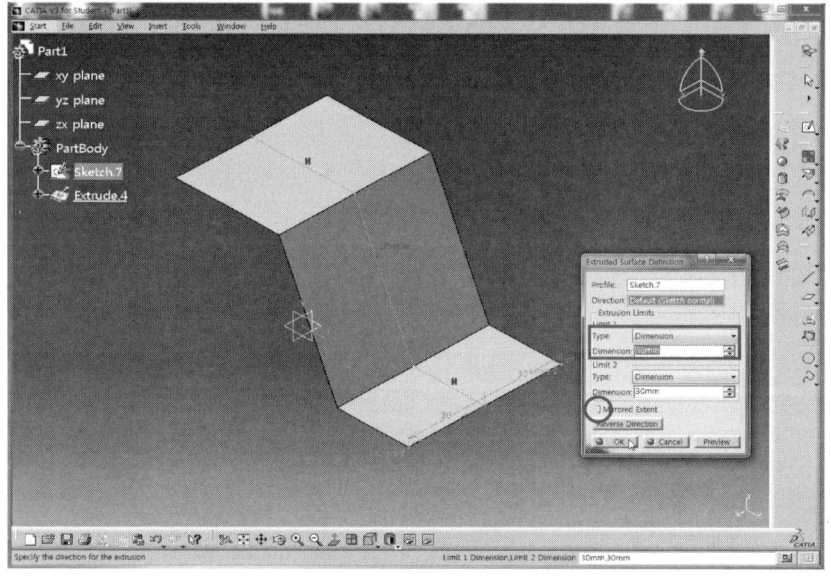

- Offset 아이콘 을 클릭한다.
- 사이띄우기할 Extrude한 Surface를 선택한 후 Offset 영역에 거리를 입력한다.
- 붉은색 화살표 방향이 Offset 방향이므로 반대로 표시되었다면 화살표(1)를 클릭하거나 Reverse Direction 버튼을 클릭하여 사이띄우기 방향을 선택하고 Preview한 후 OK 버튼을 클릭한다.
- 20mm만큼 수평하게 떨어진 Surface가 생성된다.

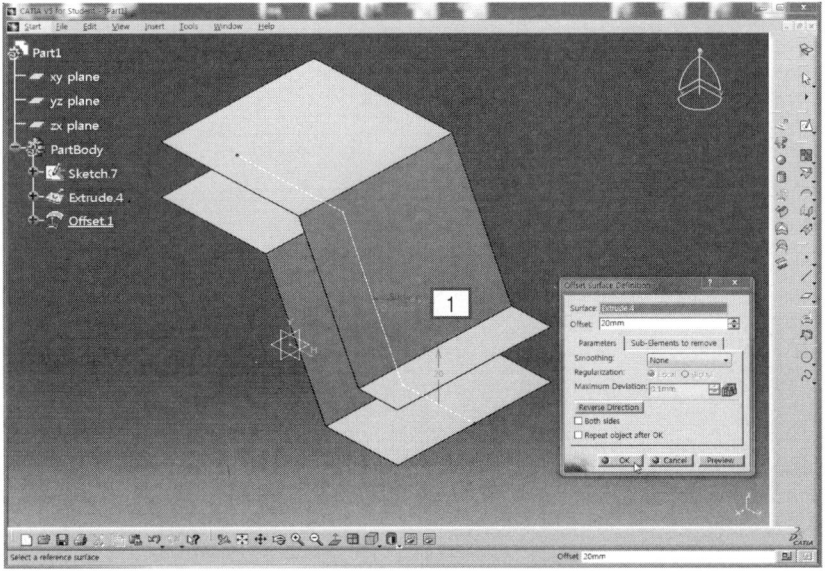

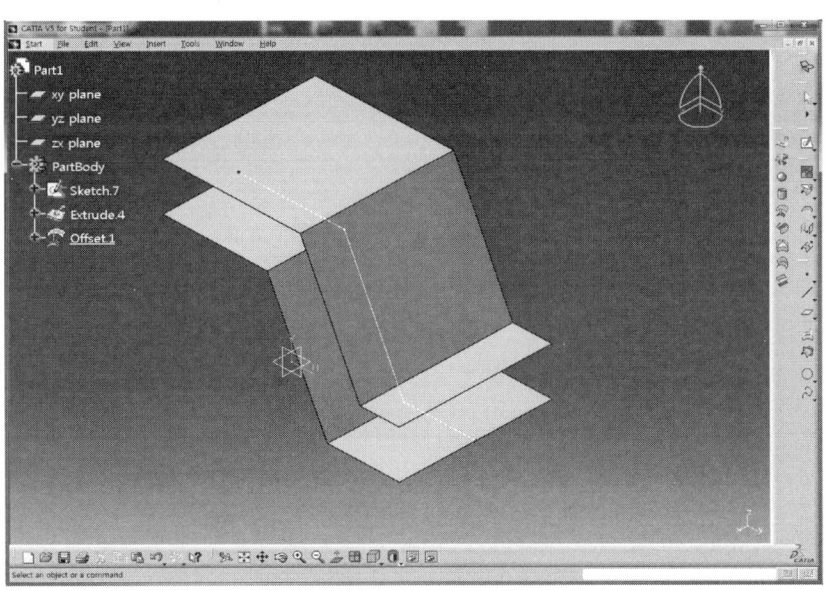

- 일부분을 제외하고 Offset할 경우의 실행방법에 대해 알아보기로 한다.
- 위 예제를 활용하여 Tree에서 Offset을 더블클릭하거나 작업영역에서 Offset된 Surface를 더블클릭하면 Offset Surface Definition 대화상자가 다시 열린다.
- Offset Surface Definition 대화상자에서 Sub – Elements to remove 탭을 선택하고 Offset을 제외시킬 부분(2)을 선택한 후 Preview 버튼을 클릭하여 미리 보기 후 OK 버튼을 누른다.
- Surface의 선택 부분을 제외하고 Offset이 적용된다.

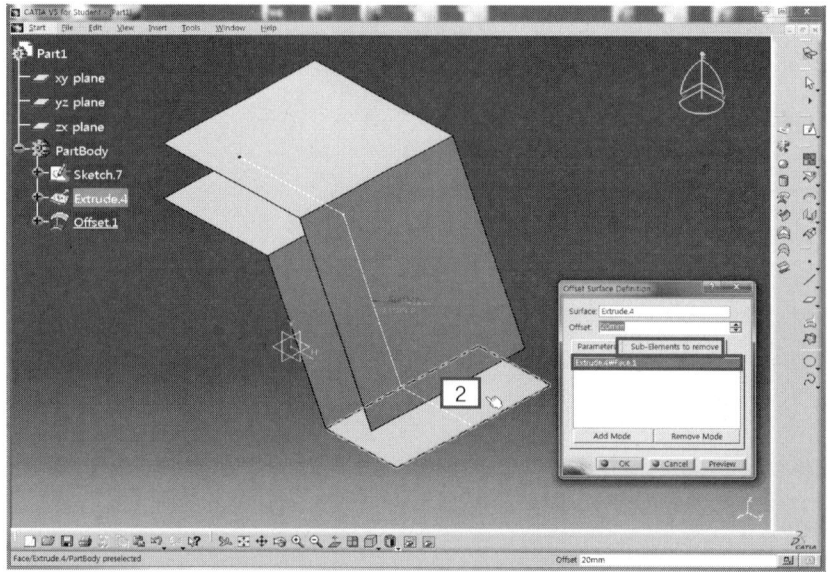

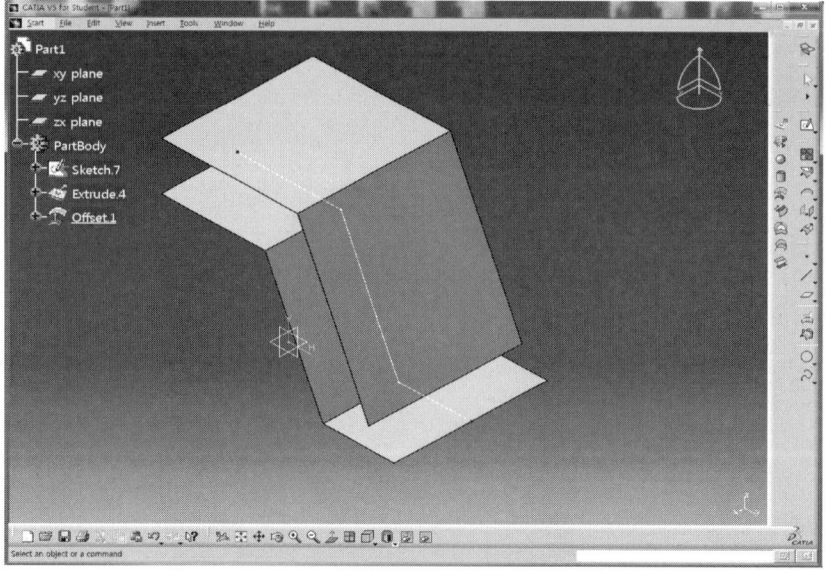

❺ [Surfaces Toolbar] – Sweep : Profile이 경로를 따라가며 Surface를 생성한다.

- Sketch 아이콘 을 클릭하고 zx plane을 클릭하여 Sketch Mode로 전환한다.
- Spline 아이콘 을 클릭하여 아래와 같이 Sketch한 후 Exit Workbench 아이콘 을 클릭하여 3D Mode로 전환한다.

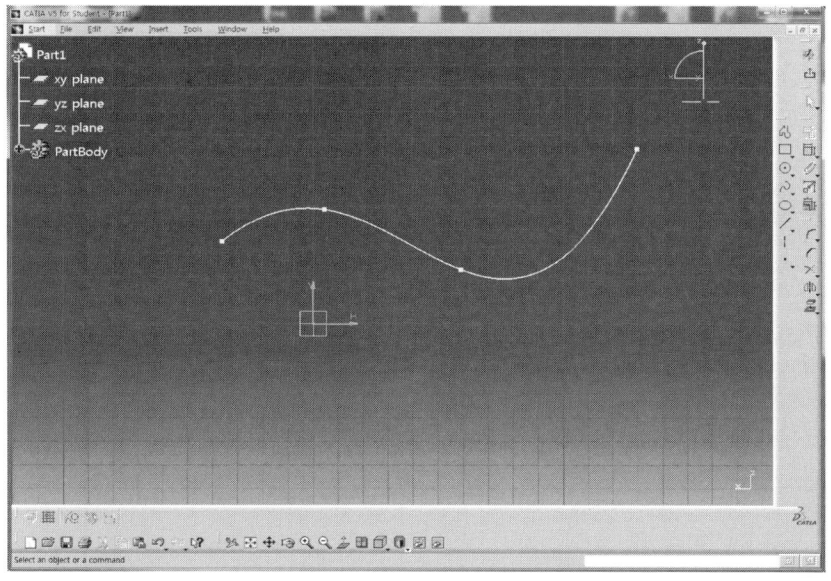

- Plane 아이콘 을 클릭한 후 Plane type을 Normal to curve로 선택한다.
- Curve 영역을 클릭하고 Spline(1)을 선택한 후 Point 영역을 클릭하고 Spline의 끝점(2)을 차례로 선택한다.
- OK 버튼을 클릭하여 Spline을 지나면서 끝점에 수직한 평면을 생성한다.

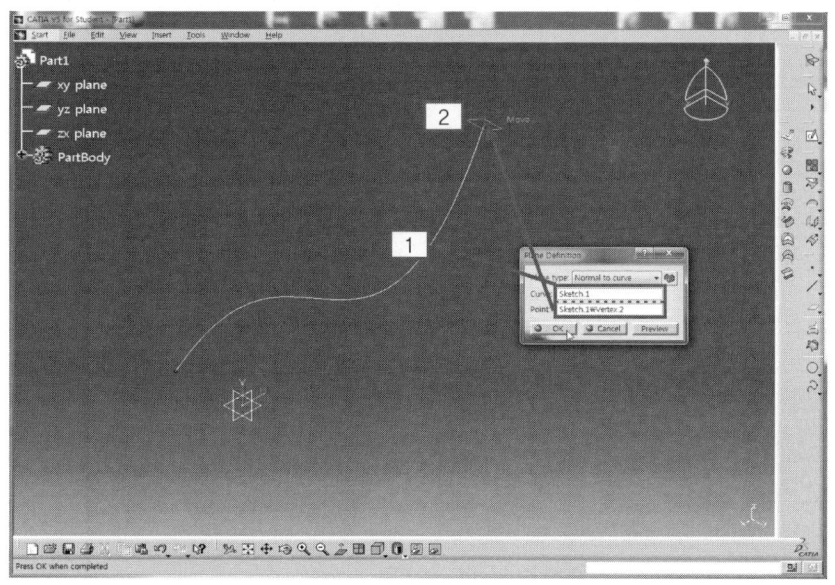

- 생성한 Plane을 선택하고 Sketch 아이콘 을 클릭하여 Sketch Mode로 전환한다.
- 화면에 Spline이 보이지 않으면, View 도구막대의 Fit All In 아이콘 을 클릭한다.
- Three point arc 아이콘 을 클릭하여 임의의 Arc를 Sketch한다.

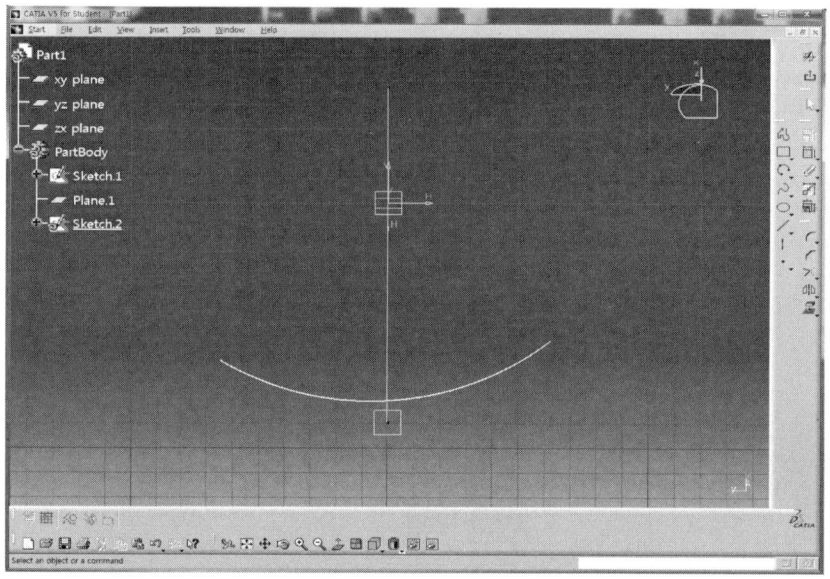

- Constraint 아이콘 을 클릭한다.
- Arc와 Spline의 끝점을 선택한 후 마우스 오른쪽 버튼을 클릭하고 Coincidence를 선택하여 일치시킨다.

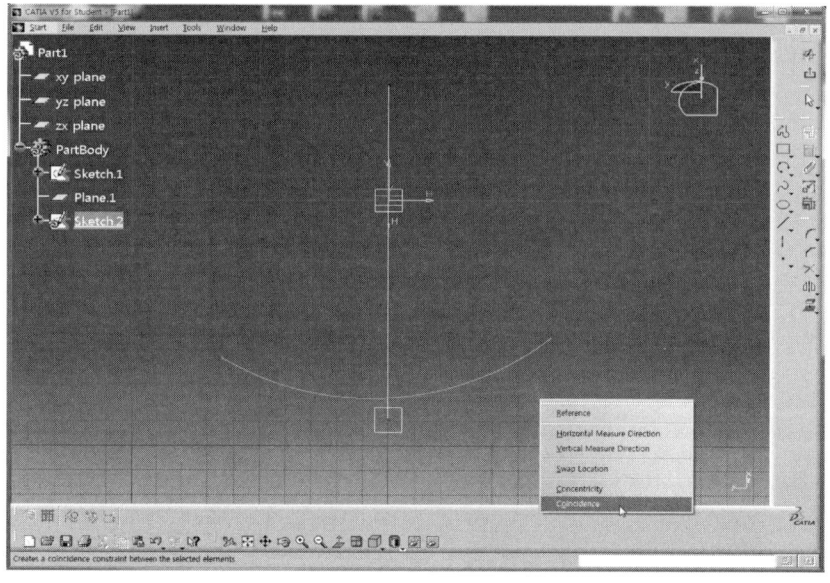

- Exit Workbench 아이콘 을 클릭하여 3D Mode로 전환한다.
- Sweep 아이콘 을 클릭하고 Swept Surface Definition 대화상자에서 Profile type을 Explicit로 선택한다.
- Subtype은 With reference surface를 선택한 후 Profile 영역을 선택하고 Arc(3)를 클릭한 뒤 Guide curve 영역을 선택하고 Spline(4)을 선택한다.
- Preview를 클릭하여 미리 보기하고 OK 버튼을 클릭하여 Surface를 생성한다.

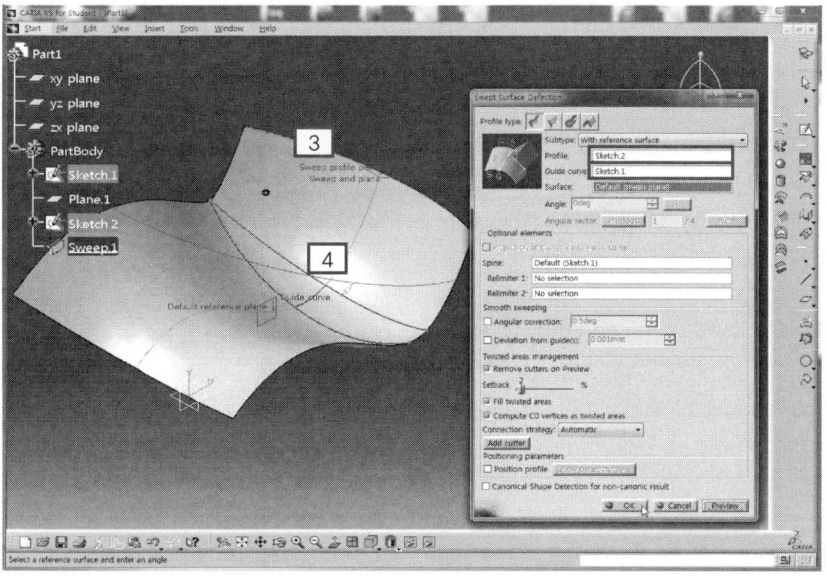

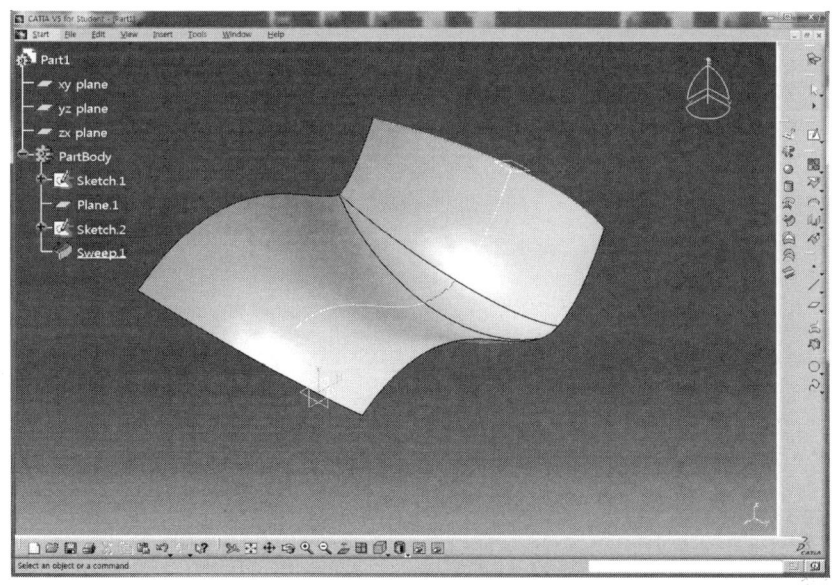

❻ [Surfaces Toolbar] – Multi – section Surface  : 두 개 이상의 서로 다른 Profile을 연결하여 Surface를 생성한다.

- Plane 아이콘 을 클릭하고 yz plane을 선택한다.
- Plane type을 Offset from plane으로 선택하고 Offset에 20mm를 입력한 뒤 OK 버튼을 눌러 Plane(1)을 생성한다.
- 같은 방법으로 Plane 명령어를 이용하여 yz 평면에서 100mm 떨어진 위치에 Plane(2)을 생성한다.

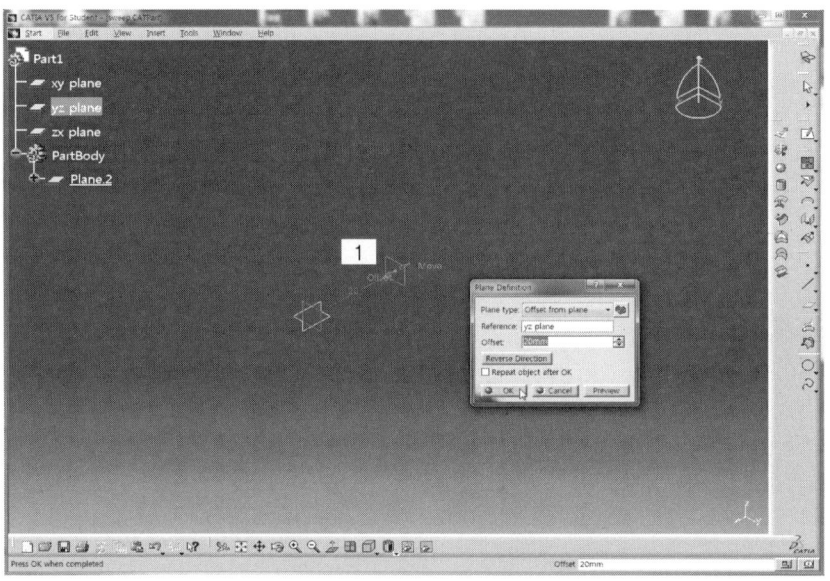

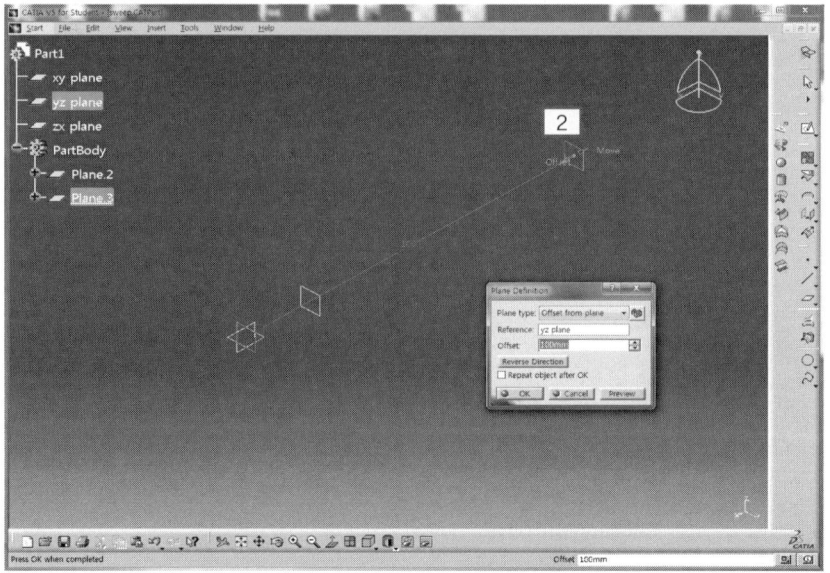

- Sketch 아이콘 을 클릭하고 yz plane을 선택하여 Sketch Mode로 전환한다.
- 직경이 50mm인 Circle을 Sketch한 후 3D로 빠져나간다.

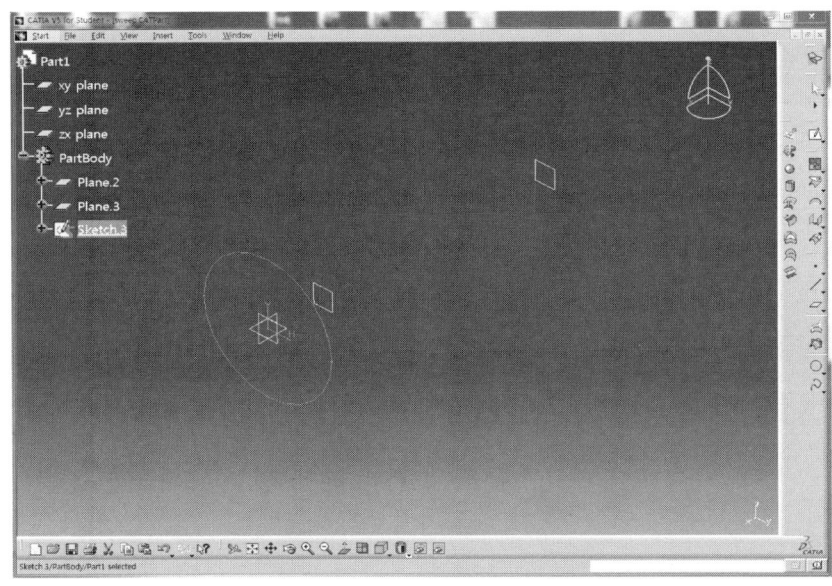

- 같은 방법으로 yz Plane에서 20mm, 100mm 떨어진 위치에 생성한 Plane에 크기가 각각 직경 20mm, 100mm인 Circle을 Sketch한다.

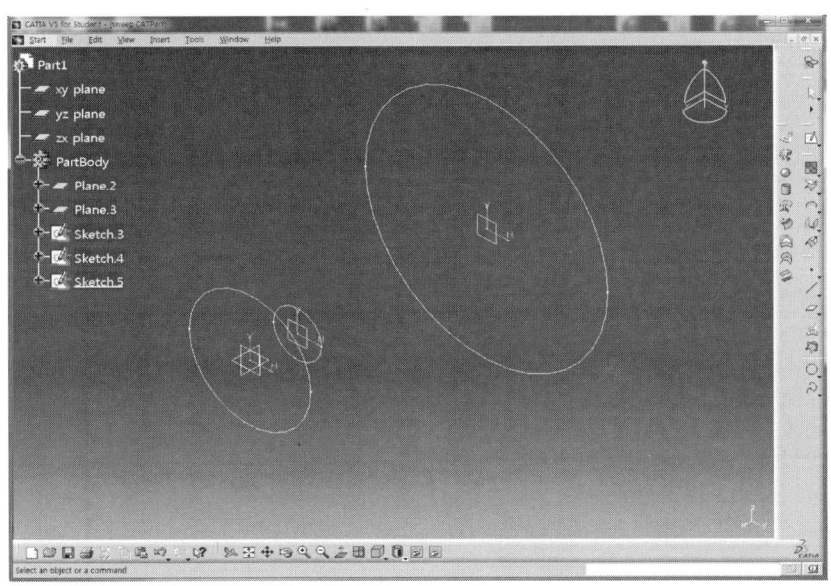

- Multi-section Surface 명령어 를 클릭하고 Section 영역을 선택한 후 Sketch한 Circle을 차례(3, 5)로 선택하고 Preview를 클릭하여 미리 보기한다.

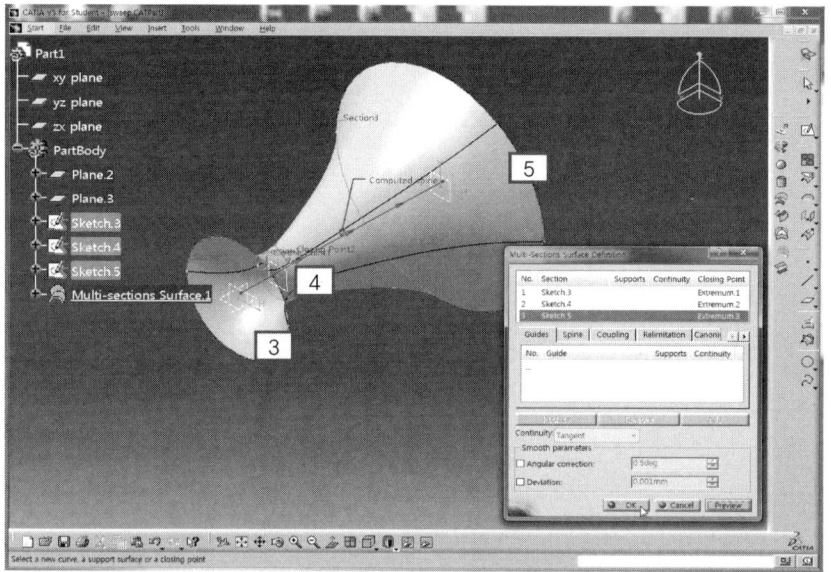

- OK 버튼을 클릭하면 서로 다른 직경의 Circle을 자연스럽게 연결하는 Surface가 생성된다.

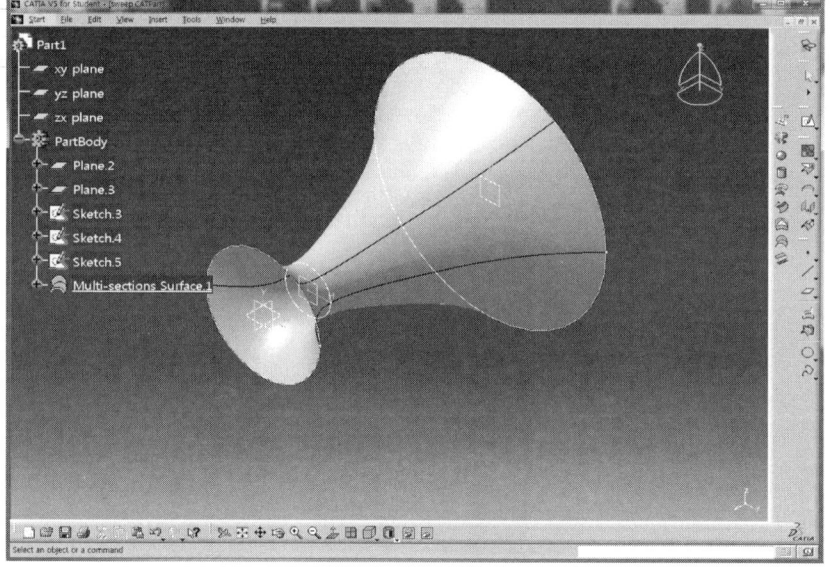

- 여기서 명령어를 실행했을 때 error가 발생할 경우 해결 방법에 대해서 실습해 보기로 한다.
- 위의 실습 예제에서 Tree의 Multi-sections Surface.1을 더블클릭하거나 작업영역에서 보이는 Surface를 더블클릭하여 Multi-section Surface 대화상자가 나타나도록 한다.
- Sketch된 Circle에 Closing Point라고 하는 붉은색 화살표(6~8)가 표시된 것을 볼 수 있다.
- 명령어를 실행할 때 선택한 Sketch의 Closing Point의 방향이 하나라도 다르게 설정되어 있으면 error가 발생되어 Surface를 생성할 수 없다.

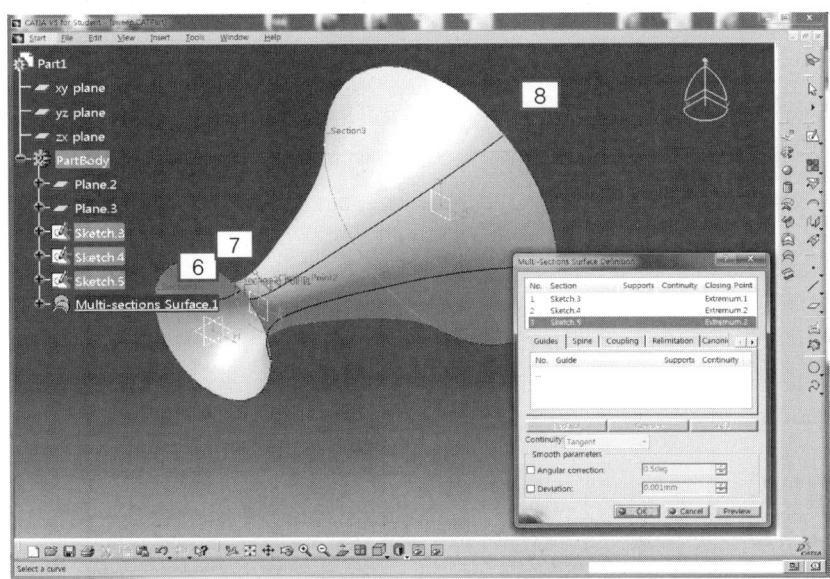

- 여기서 100mm의 Circle에 표시된 Closing Point.3(8)을 클릭하여 방향을 반대로 바꿔보고 Preview 버튼을 클릭해보면, 아래와 같이 Update Error 메시지 창이 생성된다.

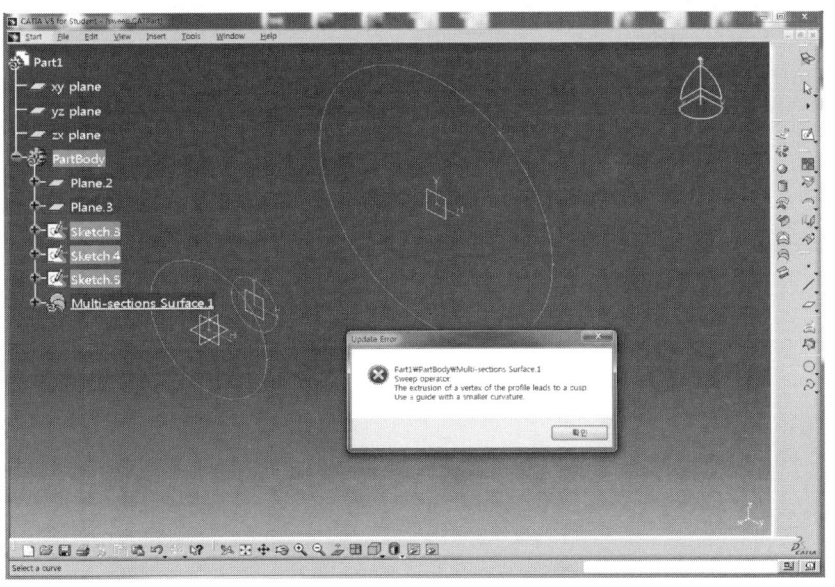

• 확인 버튼을 클릭하면 서로 꼬인 형태로 Surface를 생성할 수 없음을 보여준다.

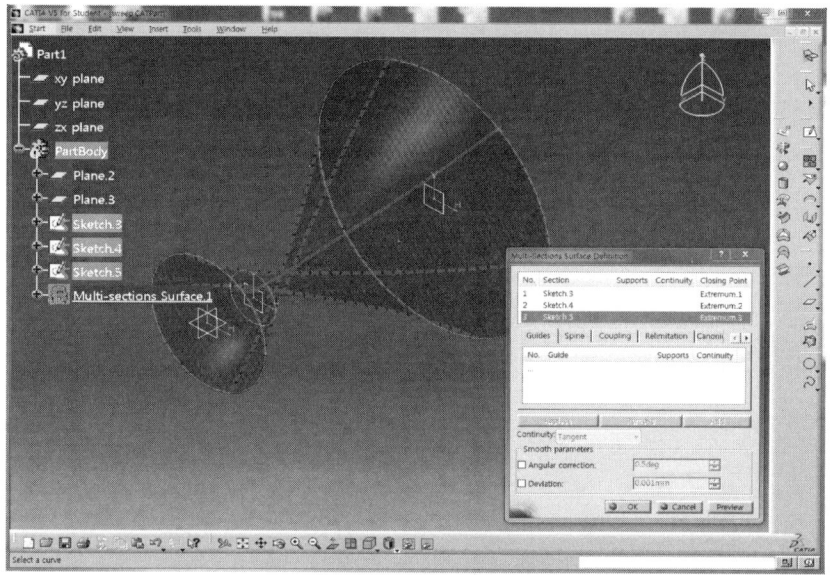

• 이와 같은 형태의 error를 해결하기 위해서는 Section에서 선택된 요소들의 Closing Point의 화살표 방향을 확인하여 모든 요소의 방향을 같도록 클릭하고 Preview 버튼을 클릭하면 해결된다.

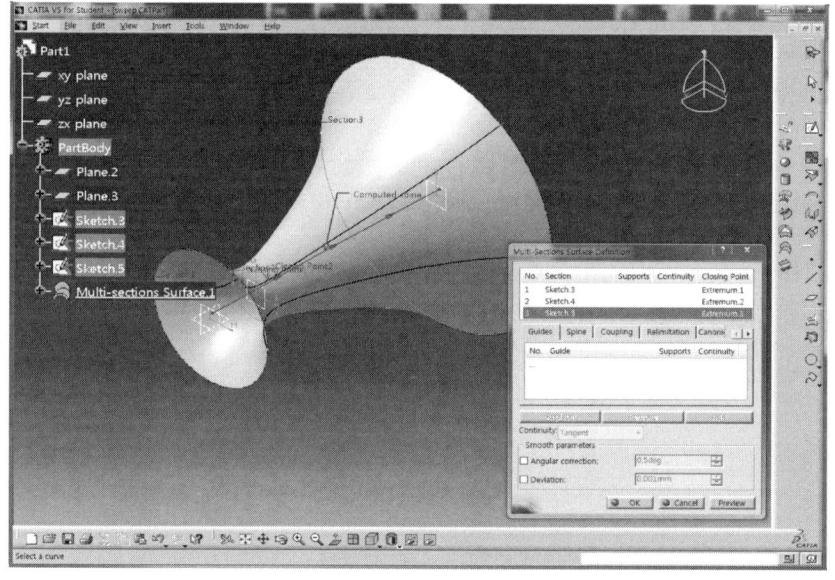

❼ [Surfaces Toolbar] – Join : 분리되어 있는 Surface를 서로 결합시킨다.

- 3D 영역에서 Wireframe 도구막대의 Point 아이콘 을 클릭한다.
- Point type을 Coordinates로 선택한 후 X, Y, Z영역에 각각 0을 입력하고 OK 버튼을 클릭하여 원점에 Point를 생성한다.

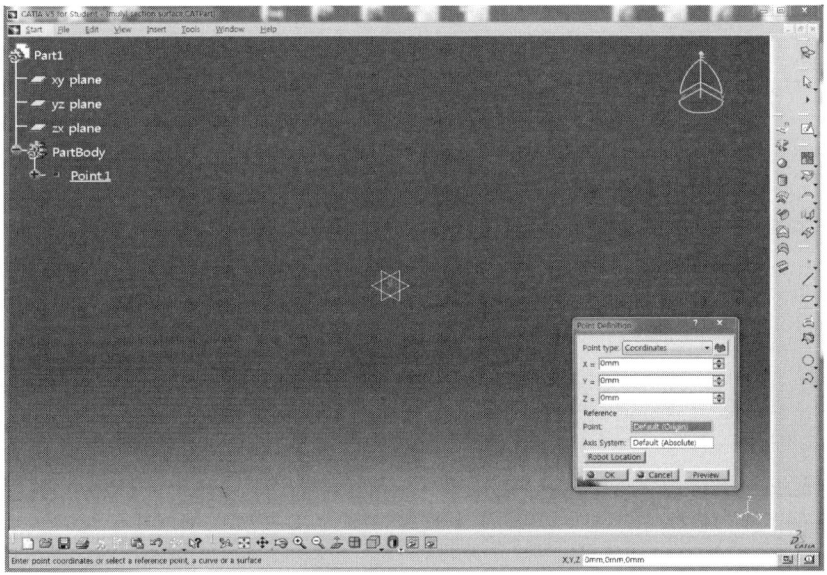

- Wireframe 도구막대의 Line 아이콘 을 클릭하고 Line type에서 Point – Direction을 선택한다.
- Point 영역을 클릭하고 원점에 생성한 Point를 선택한 후 Direction 영역을 클릭하고 zx Plane을 선택하면 Point를 지나면서 선택한 zx Plane에 수직한 방향으로 Line이 공간 상에 생성된다.
- OK 버튼을 클릭한다.

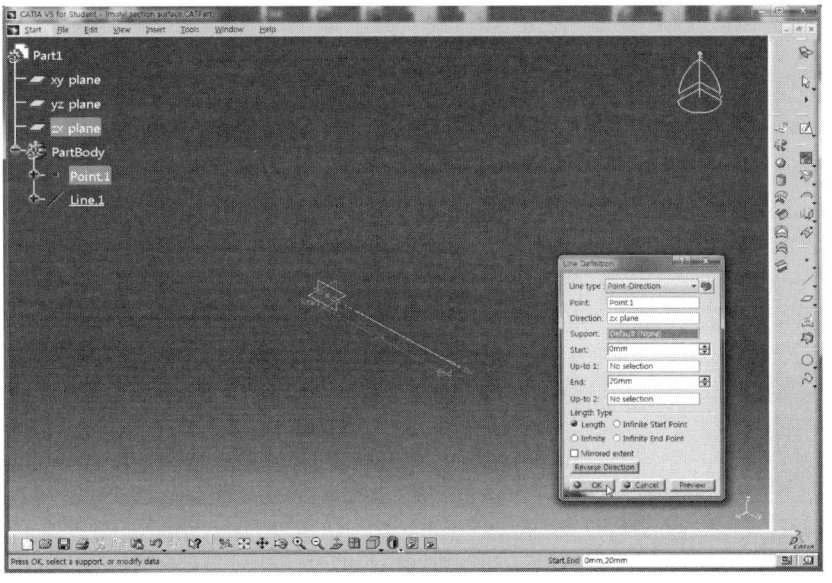

- Extrude 아이콘 을 클릭한 후 Extruded Surface Definition 대화상자에서 Profile 영역을 클릭하고 Line을 선택한다.
- Direction 영역을 클릭하고 yz Plane을 선택한 후 Dimension을 20mm 입력하고 OK 버튼을 클릭하여 Surface를 생성한다.

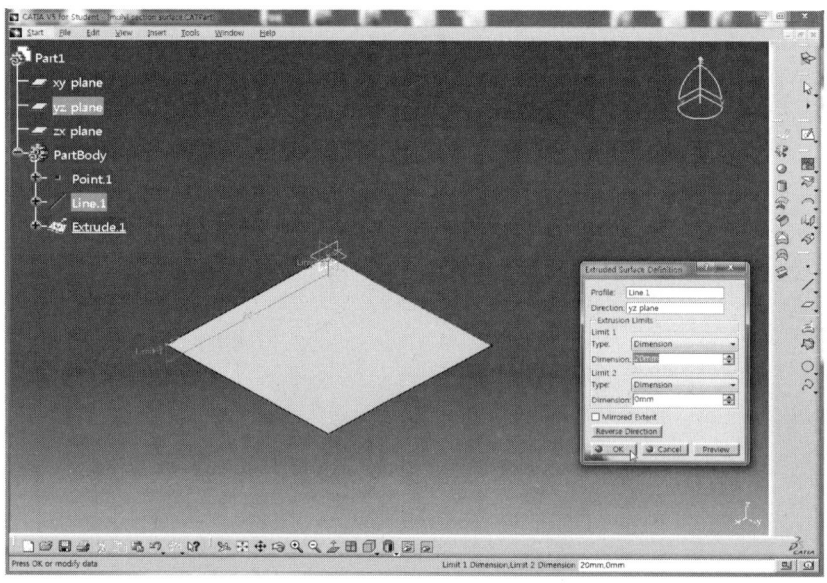

- 다시 Extrude 아이콘 을 클릭하고 Profile 영역을 클릭한 후 Surface의 모서리(1)를 선택한다.
- Direction 영역을 클릭하고 Surface를 선택하면 선택한 모서리를 지나고 Surface에 수직한 방향으로 Surface가 생성된다. (이때 Surface가 아래 방향으로 향하면 Reverse Direction버튼을 클릭하여 위로 향하도록 한다.)
- OK 버튼을 클릭하여 Surface를 생성한다.

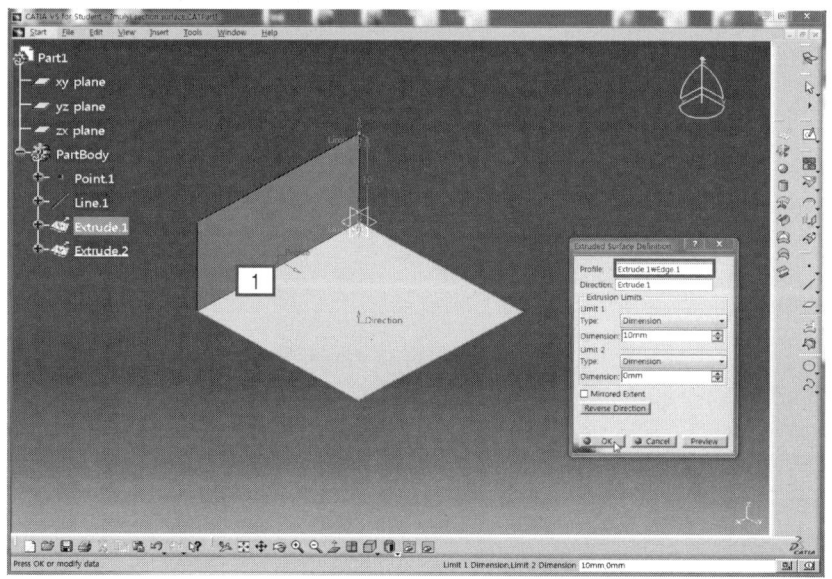

- Surface의 교차하는 모서리(2)에 라운드를 적용하기 위해 Start → Shape → Generative Shape Design을 선택한다. (Generative Shape Design Mode는 Wireframe and Surface Design Mode보다 Surface를 생성하기 위한 추가적인 기능들이 있으며 Wireframe and Surface Design 기능을 충분히 숙지한 후 활용하기 바란다.)

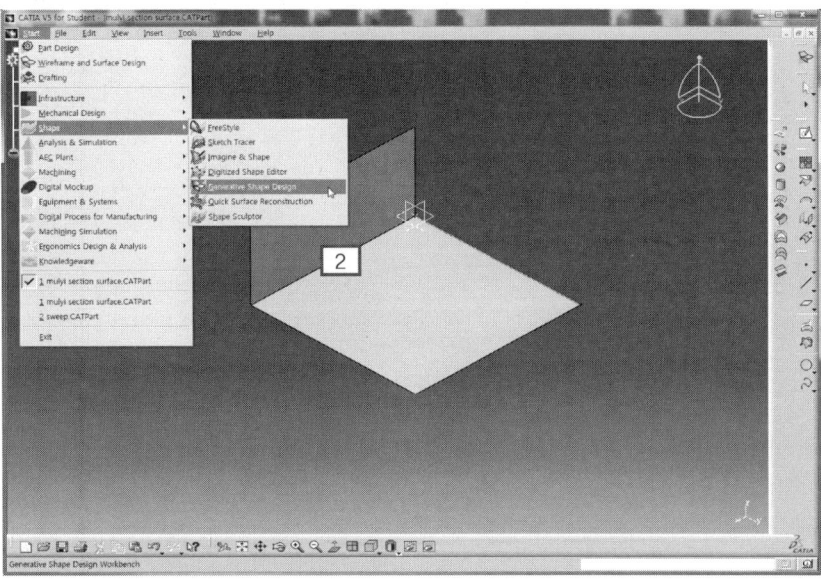

- Operations 도구막대에서 Fillets 도구막대의 Edge Fillet 아이콘 을 클릭한다.

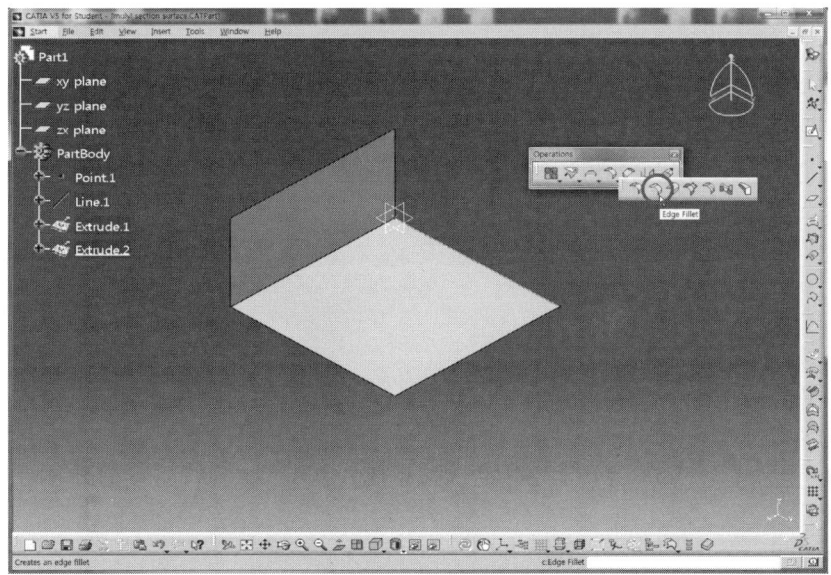

- Edge Fillet Definition 대화상자에서 Object(s) to fillet 영역을 클릭한 후 Surface가 만나는 모서리 (3)를 클릭하면 서로 분리된 Surface이기 때문에 선택되지 않아 라운드를 적용할 수 없다.
- 이처럼 모서리에 라운드를 적용하기 위해서는 서로 분리된 Surface를 하나로 합해주어야 한다.

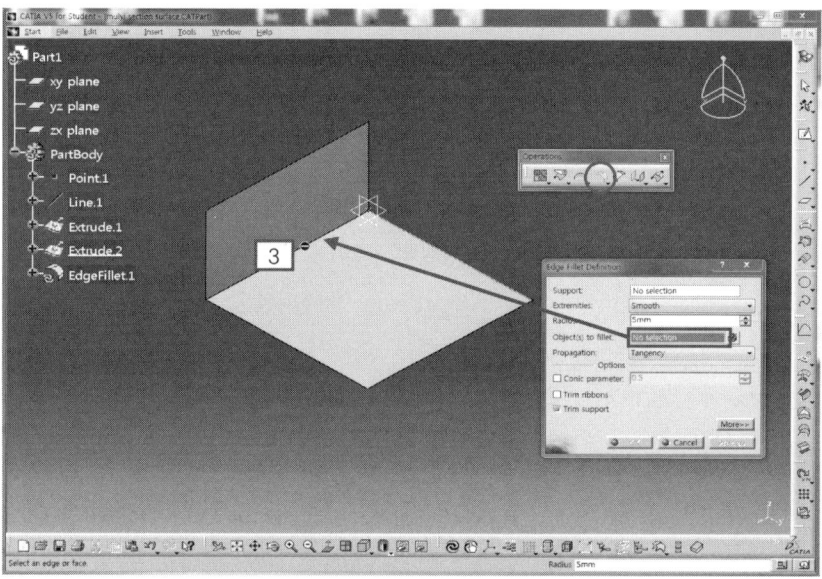

- 서로 분리된 Surface를 결합시키기 위해 Join 아이콘 을 클릭한다.
- Join Definition 대화상자에서 Element To Join 영역을 클릭한 후 두 개의 Surface(4, 5)를 각각 선택하고 OK 버튼을 클릭한다.

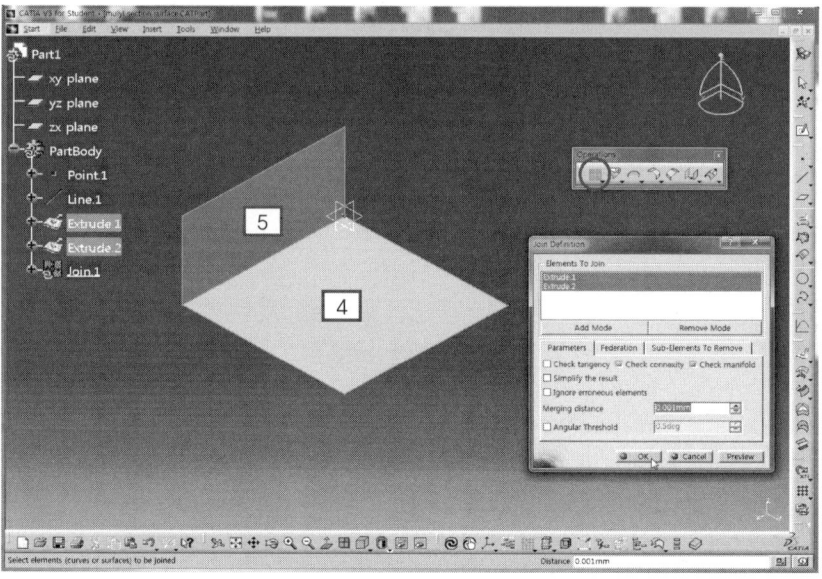

- Edge Fillet 아이콘을 클릭한 후 모서리(6)를 클릭하면 선택되며 Radius 영역에 5mm를 입력하고 Preview 아이콘을 클릭하여 미리 보기한 후 OK 버튼을 클릭한다.
- Workbench 아이콘을 클릭한 후 Wireframe and Surface Design 아이콘을 선택한다.

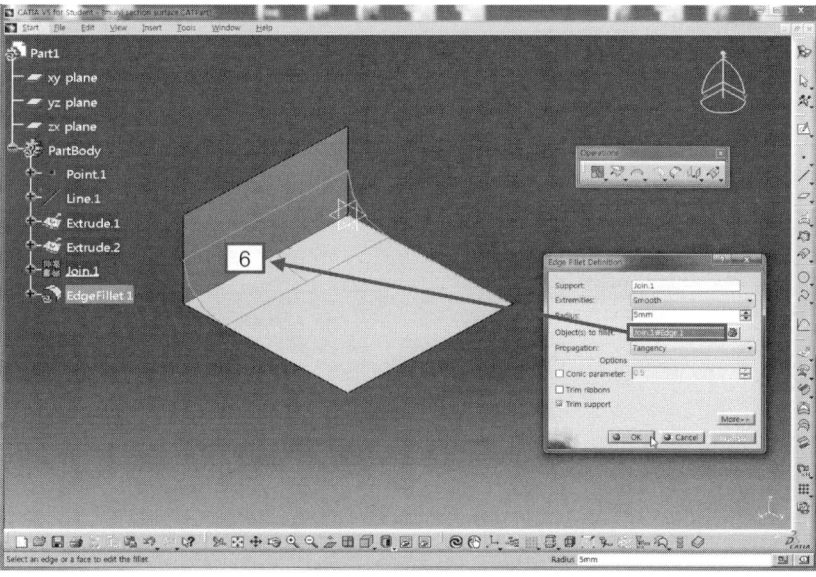

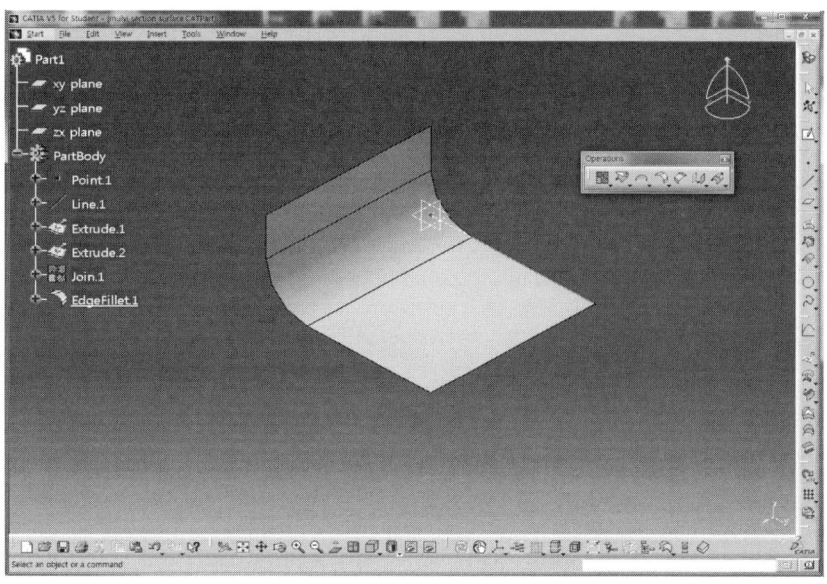

❽ [Surfaces Toolbar] – Split ✂ : 서로 교차하는 Surface의 한쪽 방향을 자른다.

- Sketch 아이콘 을 클릭하고 xy Plane을 선택하여 아래와 같이 Sketch Mode로 전환한다.
- Profile 아이콘 을 클릭하여 Sketch하고 V축에서 30mm로 치수구속한 후 Exit Workbench 아이콘 을 클릭하여 3D Mode로 전환한다.
- Extrude 아이콘 을 클릭하여 XY Plane에 수직한 방향으로 20mm 높이의 Surface를 생성한다.

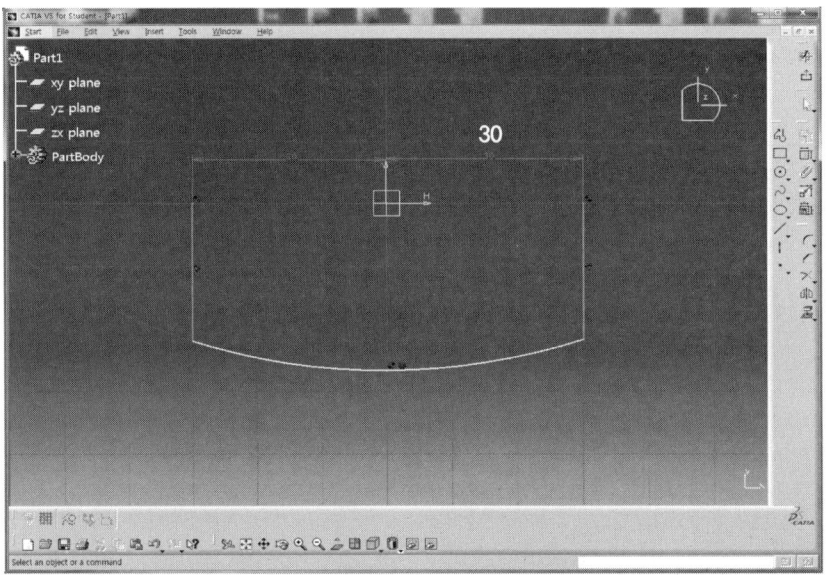

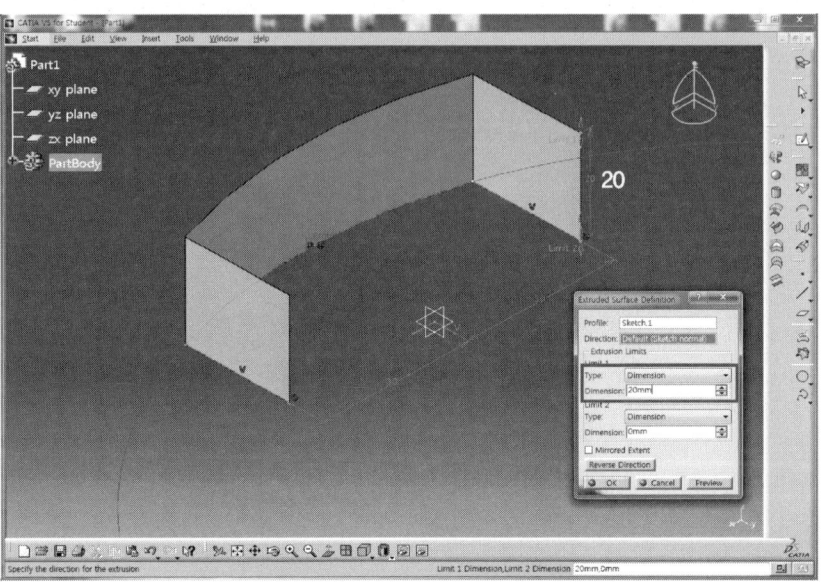

- Sketch 아이콘 을 클릭하고 zx Plane을 선택하여 Sketch Mode로 전환한다.
- Line 아이콘 을 선택하고 Sketch하여 아래와 같이 치수구속을 적용한 후 3D Mode로 전환한다.

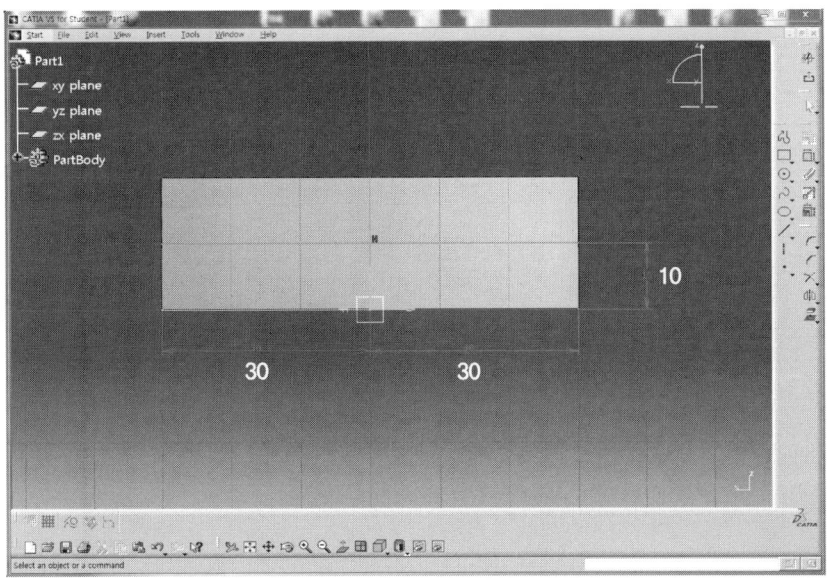

- Extrude 아이콘 을 클릭한다.

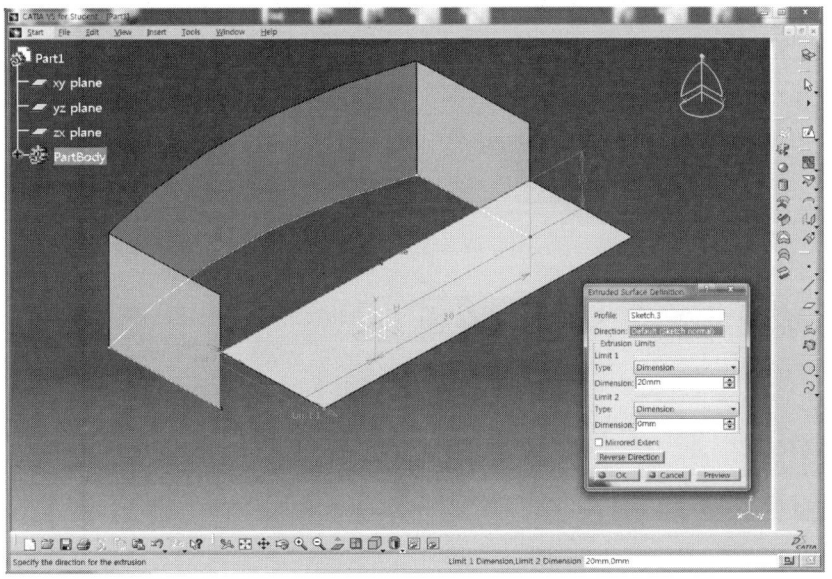

- Extruded Surface Definition 대화상자에서 Direction 영역을 선택한 후 초기 Default(Sketch normal)로 선택한다.
- Surface가 서로 교차하도록 Reverse Direction 버튼을 클릭한다.

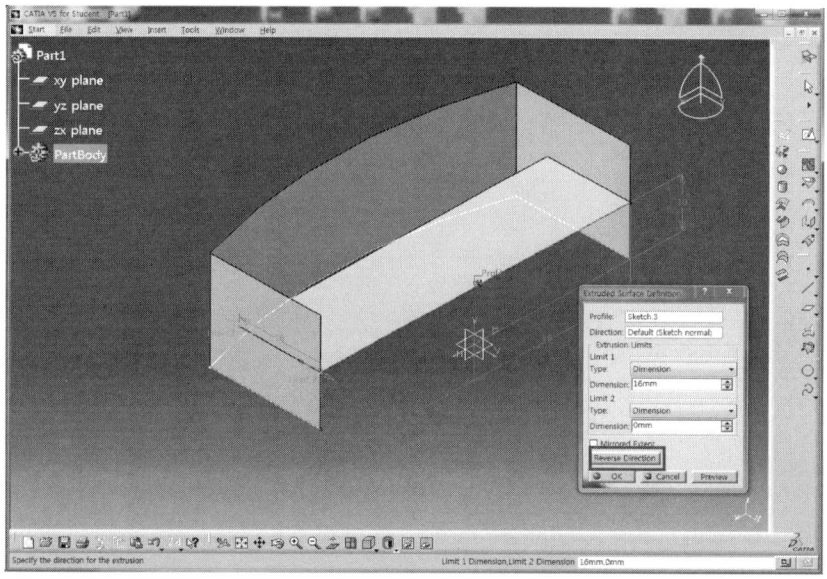

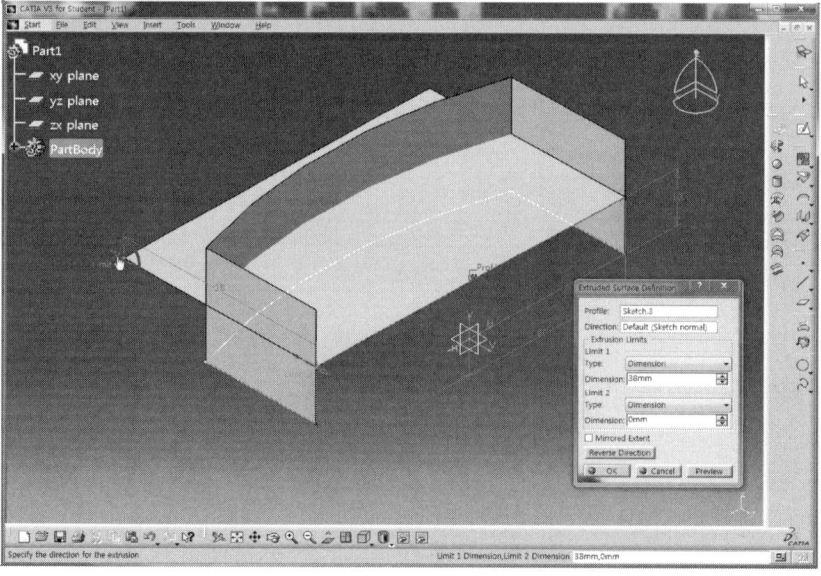

- Split 아이콘 을 선택한 후 Element to cut 영역을 클릭하고 자르고자 하는 Surface(1)를 선택한다.
- Cutting elements 영역을 클릭하고 기준 Surface(2)를 선택한 후 Other side 버튼을 클릭하여 자를 방향을 선택(투명한 영역이 잘라짐)하고 OK 버튼을 클릭한다.

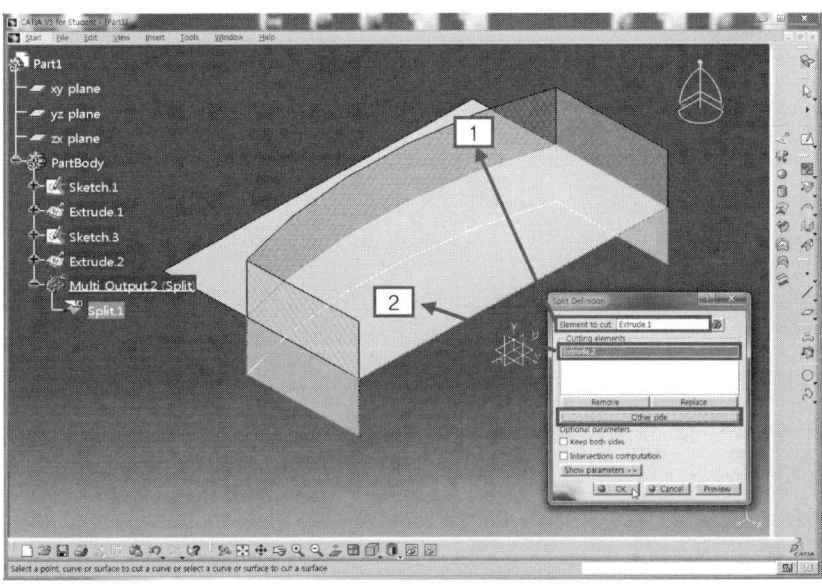

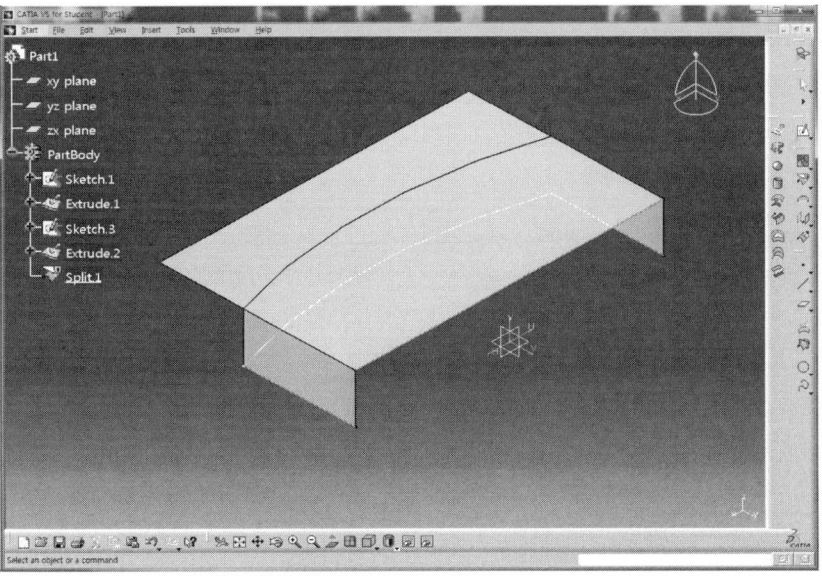

❾ [Surfaces Toolbar] – Trim : 교차하는 Surface의 두 영역을 자른다.

• Split 기능에서 이용했던 교차하는 Surface 예제를 활용한다.

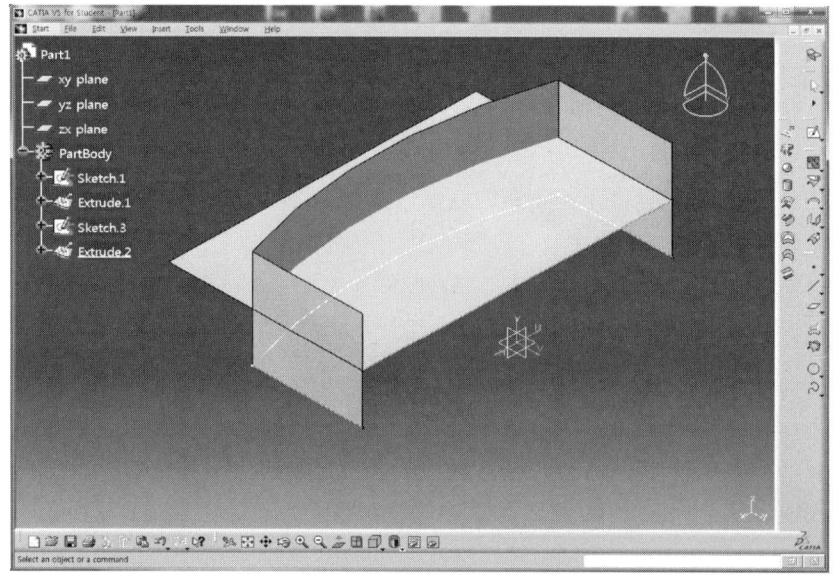

• Trim 아이콘을 클릭하고 Trim Definition 대화상자에서 Trimmed elements 영역을 클릭한 후 교차하는 Surface를 차례(1, 2)로 선택한다.
• Other side/next element(1영역의 방향)와 Other side/previous element(2영역의 방향)를 클릭하여 두 Surface의 자를 영역을 선택(버튼을 클릭하면 투명한 부분이 보이는데, 투명한 영역이 제거된다.)하고 OK 버튼을 클릭한다.

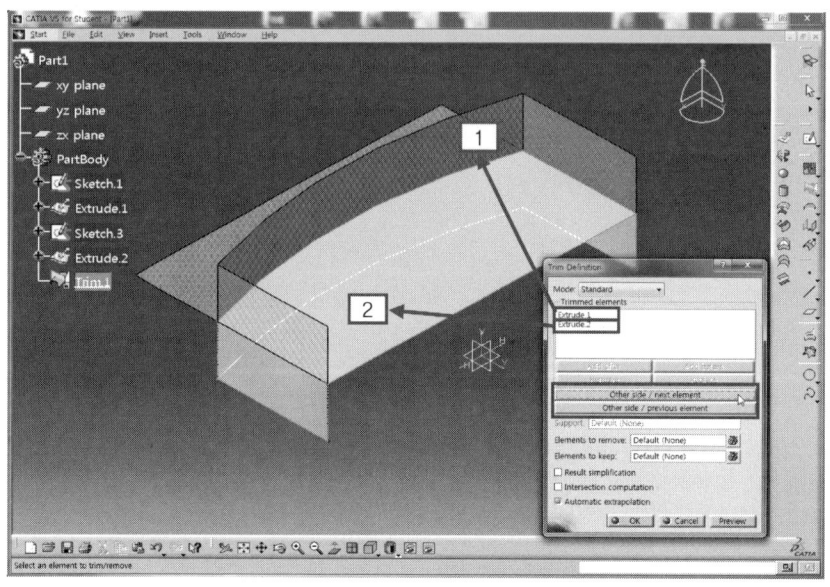

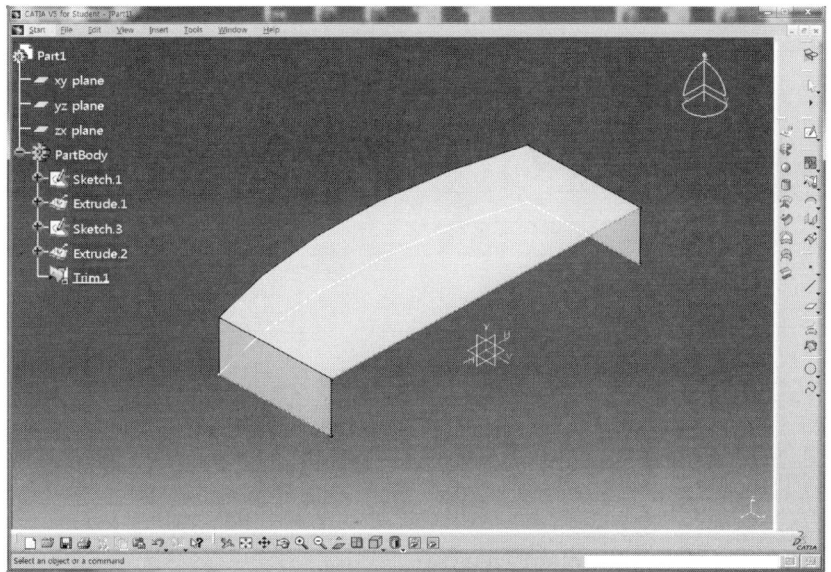

CHAPTER

# 05 3D형상모델링 편집하기

CATIA를 이용한 국가직무능력표준 기계요소설계 직무분야

## 01 3D모델링 편집

❶ [Dress-Up Features Toolbar]-Edge Fillet : Solid의 모서리에 라운드를 생성한다.

- Hole 기능의 Solid 예제를 활용한다.
- Edge Fillet 아이콘 을 클릭하고 Edge Fillet Definition 대화상자에서 Radius 영역에 라운드의 반경(10mm)을 입력한다.
- Object(s) to fillet 영역을 클릭하고 라운드시킬 Solid의 모서리(1, 2)를 선택한 후 OK 버튼을 클릭한다.

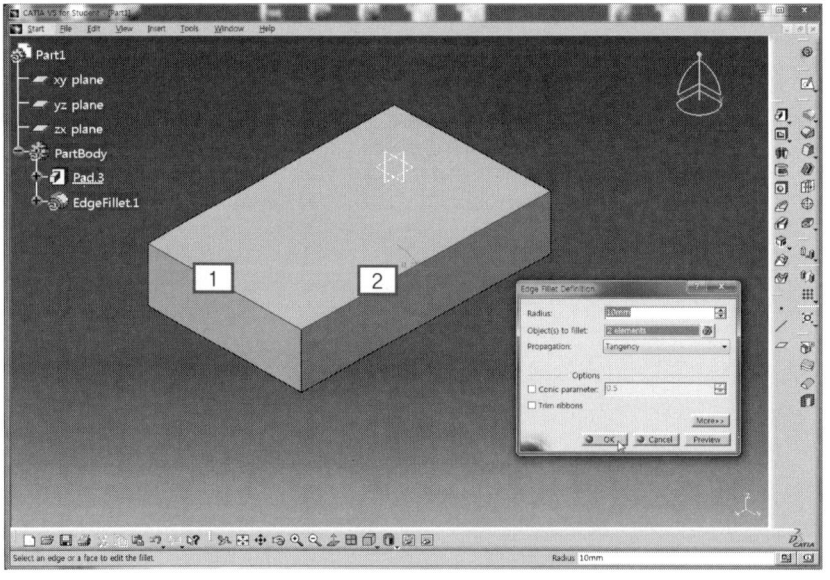

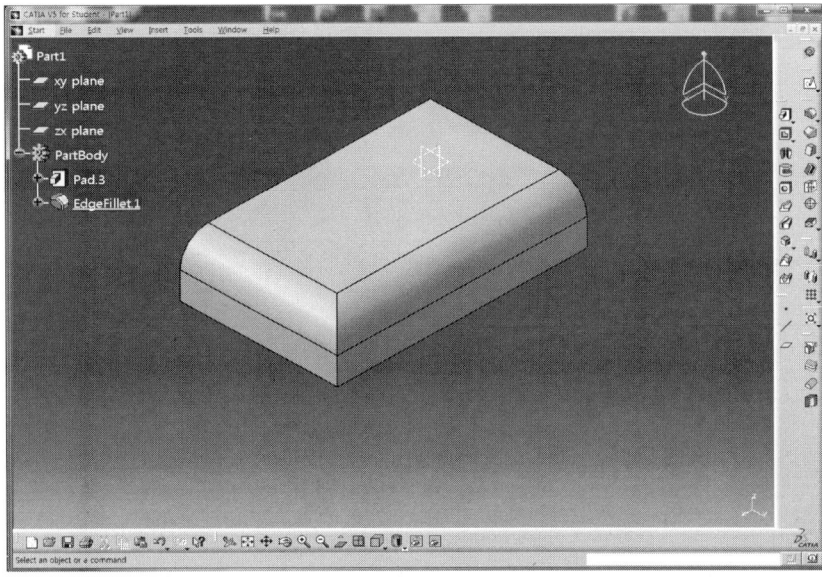

❷ [Dress-Up Features Toolbar]-Draft Angle : Solid의 면을 일정한 각도만큼 경사지게 한다.

- Hole 기능의 Solid 예제를 활용한다.
- Draft Angle 아이콘 을 클릭하고 Draft Definition 대화상자에서 Angle 영역에 경사각(30deg)을 입력한다.
- Face(s) to draft 영역을 클릭하고 경사시킬 Solid면(1)을 선택한다.

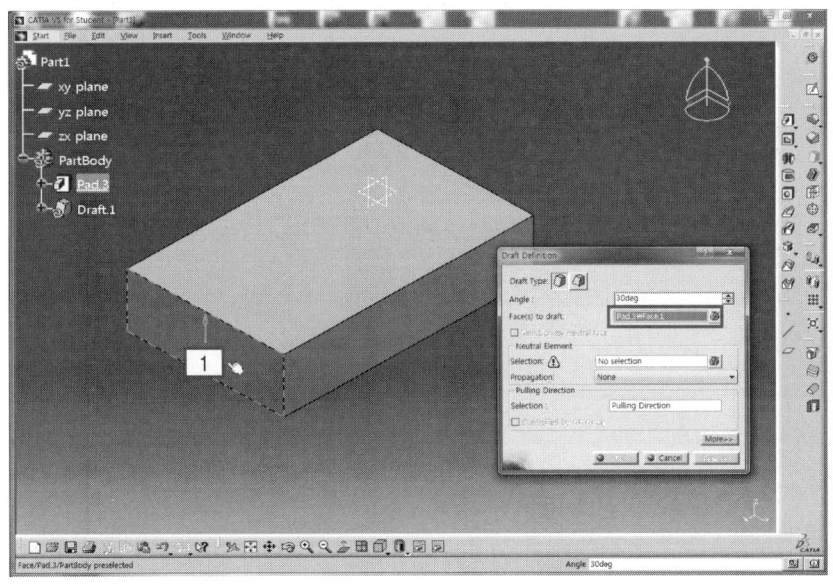

- Neutral Element의 Selection 영역을 클릭하고 경사시킬 기준면으로 Solid의 바닥면을 선택하기 위하여 Solid를 회전시켜 바닥면(2)을 선택한 후 화살표 방향이 위로 향하도록 클릭한다.(3)
- Preview 버튼을 클릭하여 미리 보고 이상이 없으면 OK 버튼을 클릭한다.

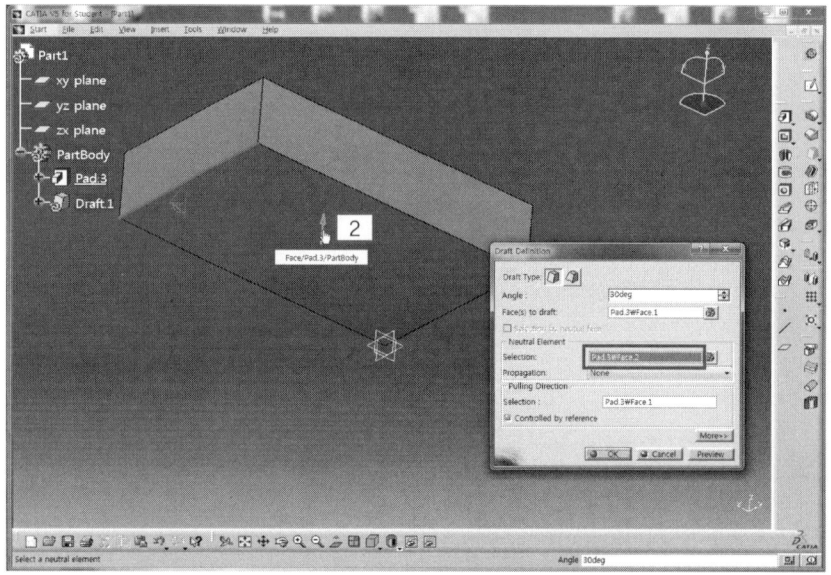

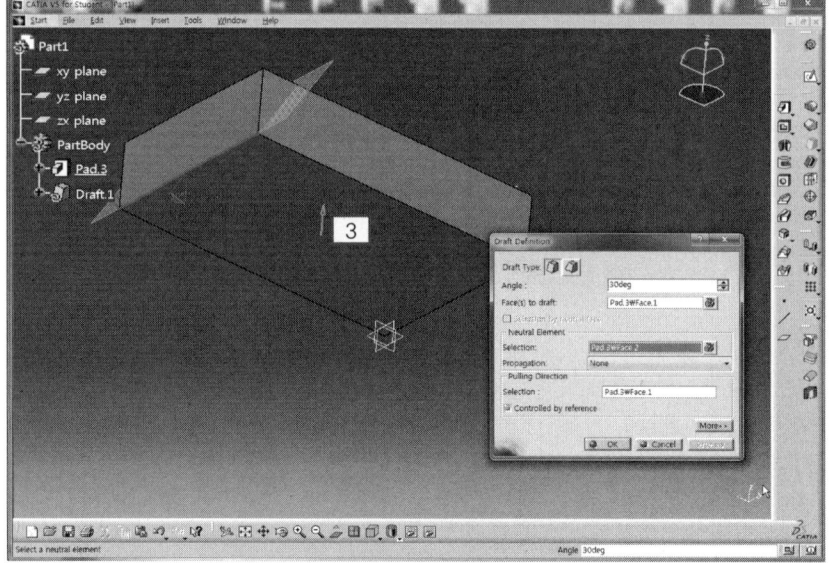

• View 도구막대의 Isometric View 아이콘을 클릭하여 Solid를 정렬하면 Solid의 선택한 면이 경사진 것을 확인할 수 있다.

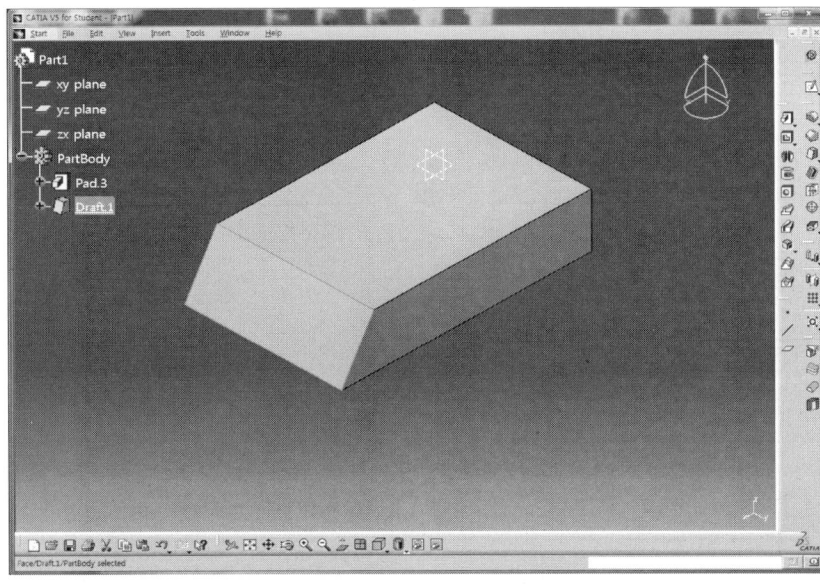

❸ [Dress-Up Features Toolbar]-Shell : Solid의 면을 일정두께로 남겨두고 제거한다.

• Sketch 아이콘 을 클릭하고 zx plane을 선택하여 Sketch Mode로 전환한다.

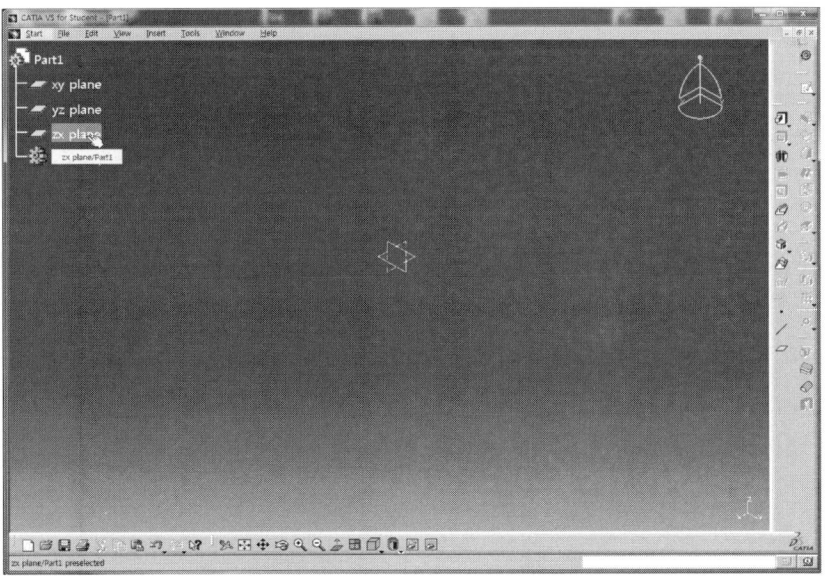

- Profile 아이콘 을 클릭하여 Sketch한 후 Exit Workbench 아이콘 을 클릭하여 3D Mode로 전환한다.
- Pad 아이콘 을 클릭하고 Pad Definition 대화상자에서 Length 영역에 20mm를 입력한 후 양쪽으로 대칭이 되도록 Mirrored extend를 체크한다.
- OK 버튼을 클릭하면 양쪽으로 20mm씩 두께가 40mm인 Solid가 생성된다.

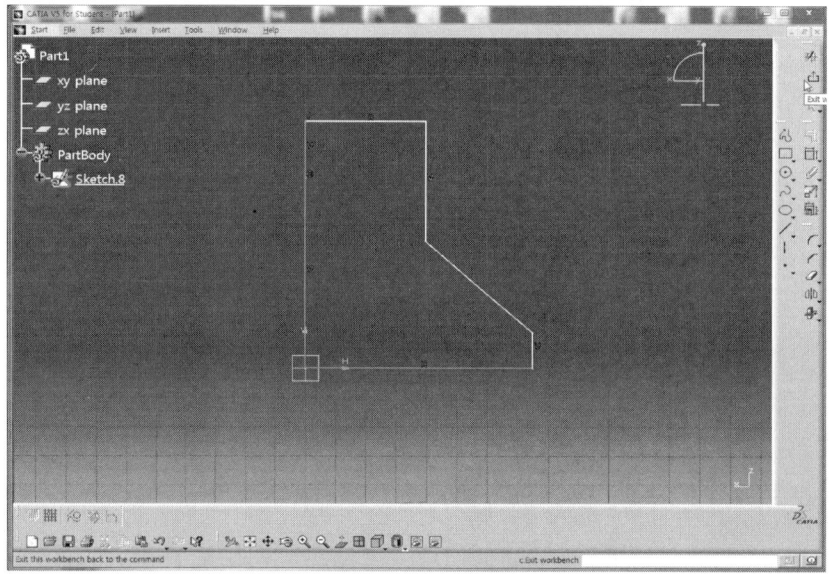

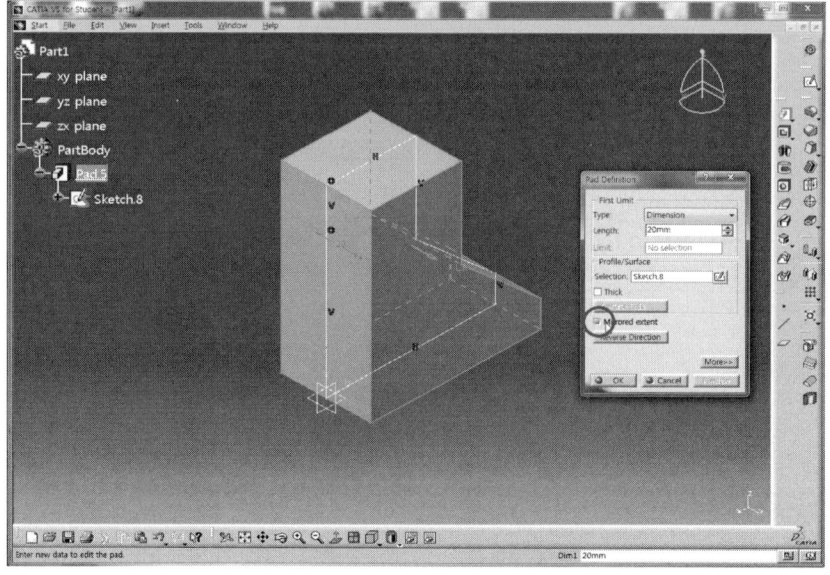

- Shell 아이콘 을 클릭한 후 Default inside thickness 영역에 두께 3mm를 입력한다.
- Faces to remove 영역을 클릭하고 제거할 면(1, 2)을 선택한 후 OK 버튼을 클릭한다.
- 선택한 면은 제거되고 나머지 면에는 두께가 3mm인 Solid가 생성된다.

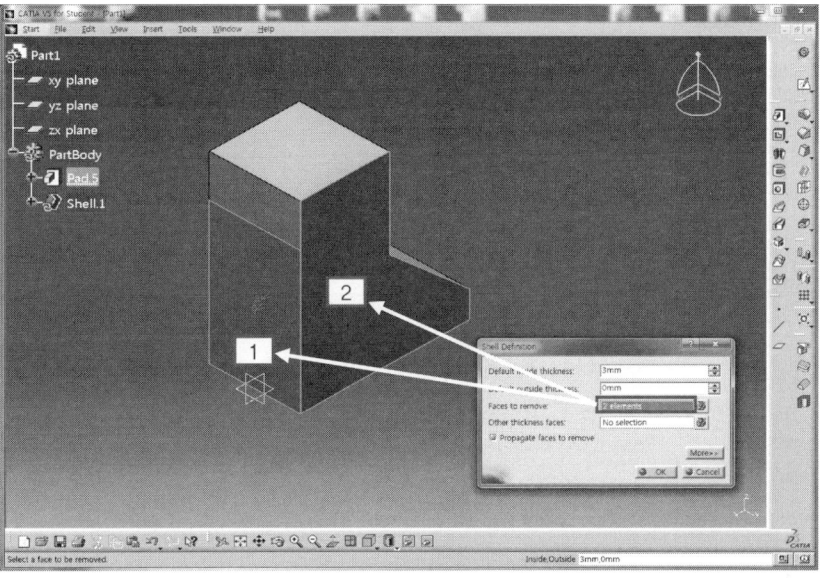

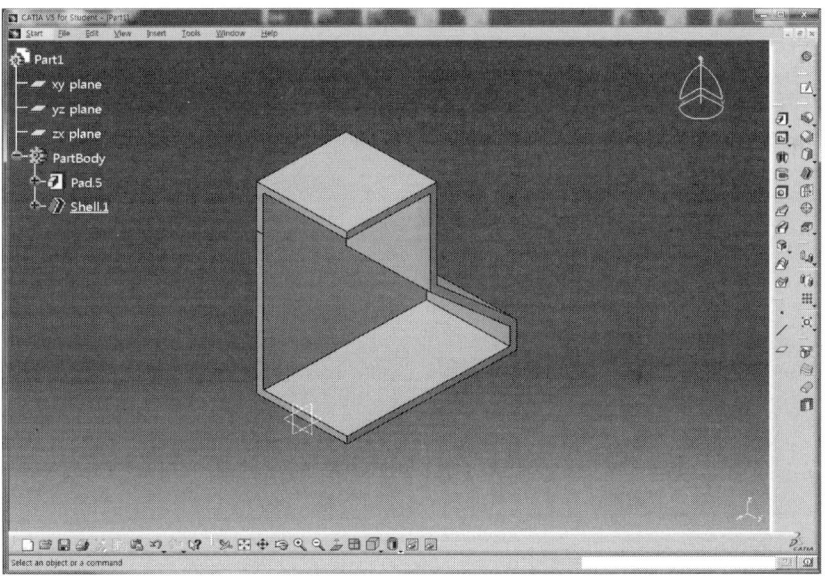

❹ [Dress-Up Features Toolbar]-Rectangular Pattern ⊞ : Solid를 직사각형 형태로 배열한다.

• xy plane에 Rectangle □ 을 Sketch하고 3D Mode에서 Pad 아이콘 ⬚ 을 눌러 돌출시켜 두께 10mm인 직육면체의 Solid를 생성한다.

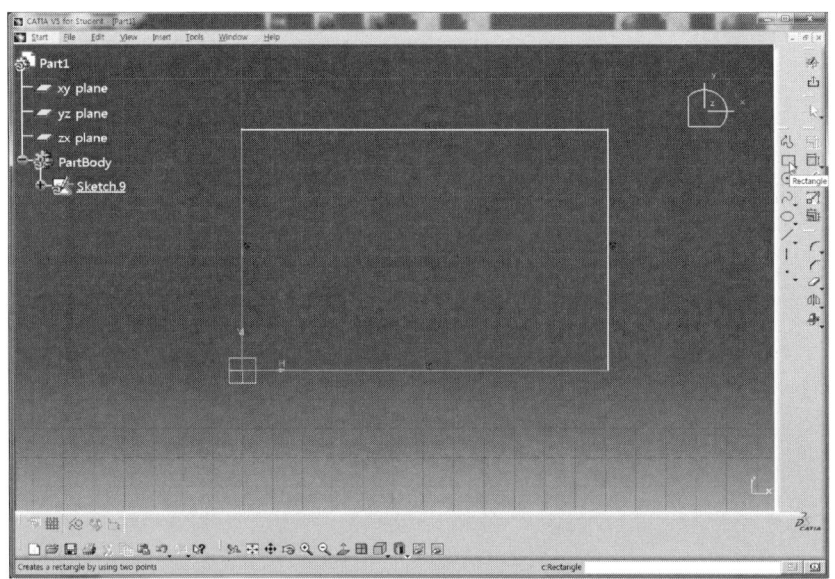

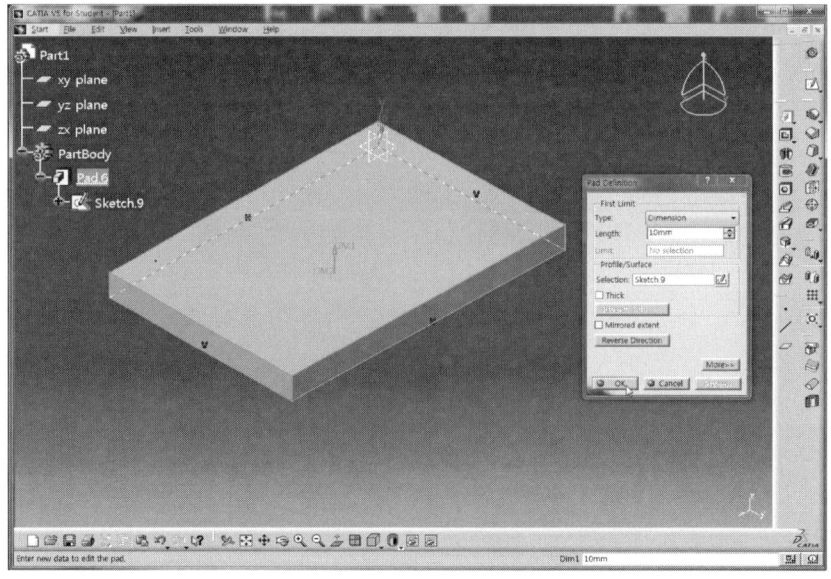

- Sketch 아이콘 을 클릭하고 Solid의 윗면을 선택하여 Sketch Mode로 전환한다.
- 직육면체의 윗면에 Circle 을 Sketch한 후 아래와 같이 치수 구속을 적용한다.

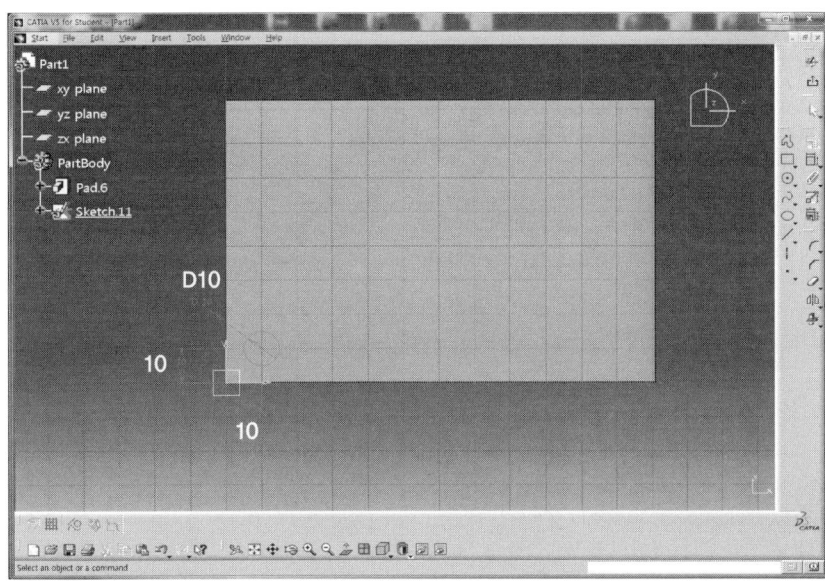

- Exit Workbench 아이콘 을 클릭하여 3D Mode로 전환한다.
- Pad 아이콘 을 클릭하고 높이 10mm인 원기둥의 Solid를 생성한다.

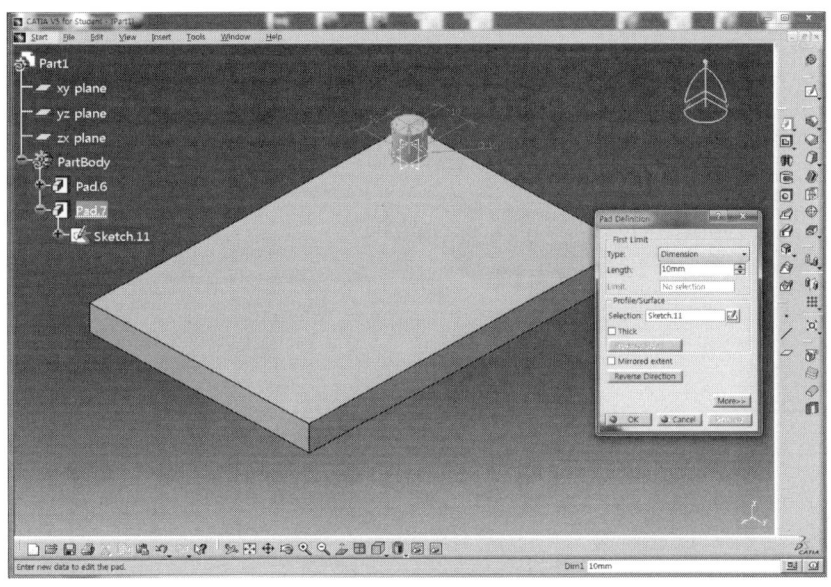

- Rectangular Pattern 아이콘을 클릭하고 First Direction 탭의 Parameters를 선택한 후 해당 항목을 입력한다.
- Reference element 영역을 클릭하고 가로방향의 모서리(1)를 선택한 후 Object 영역을 클릭하고 원기둥(2)을 선택하고 Preview 버튼을 클릭하여 미리 보기한다.

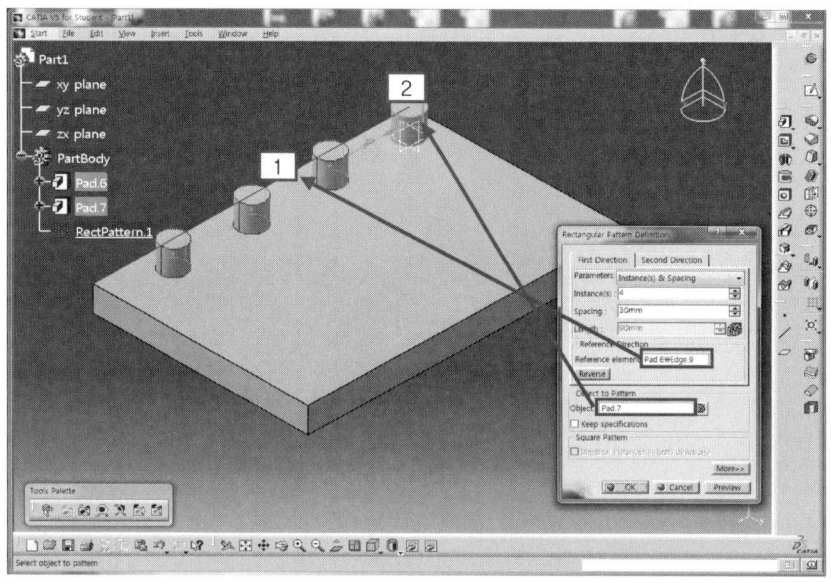

- Second Direction 탭의 Parameters를 선택하고 해당 항목을 입력한 후 Reference element 영역을 클릭하고 세로방향의 모서리(3)를 선택한다.
- 생성된 Pattern이 반대방향이라면 Reverse 버튼을 클릭한다.
- Preview를 클릭하여 미리보고 OK 버튼을 클릭하면 직사각형 형태의 패턴이 생성된다.

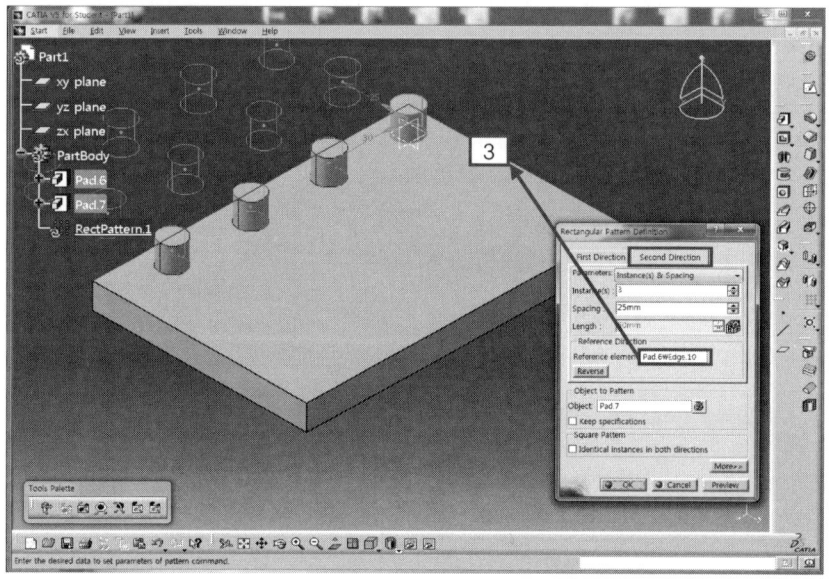

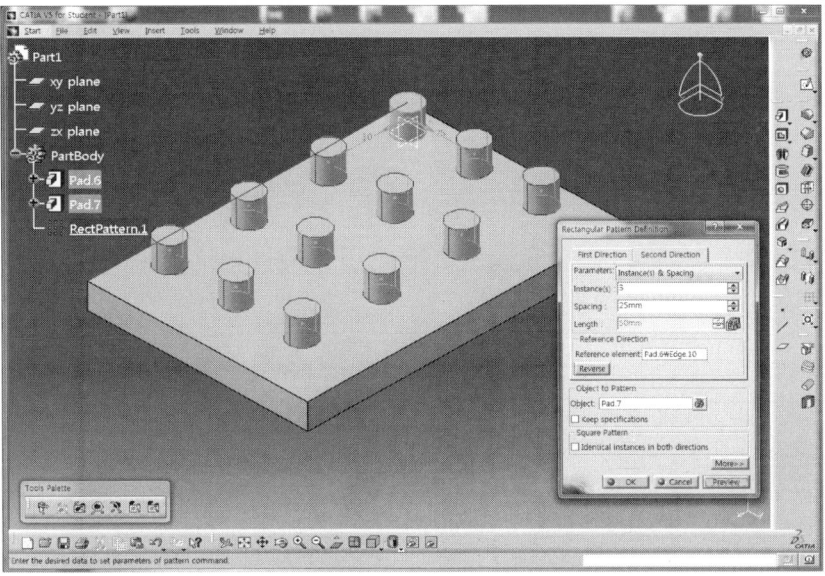
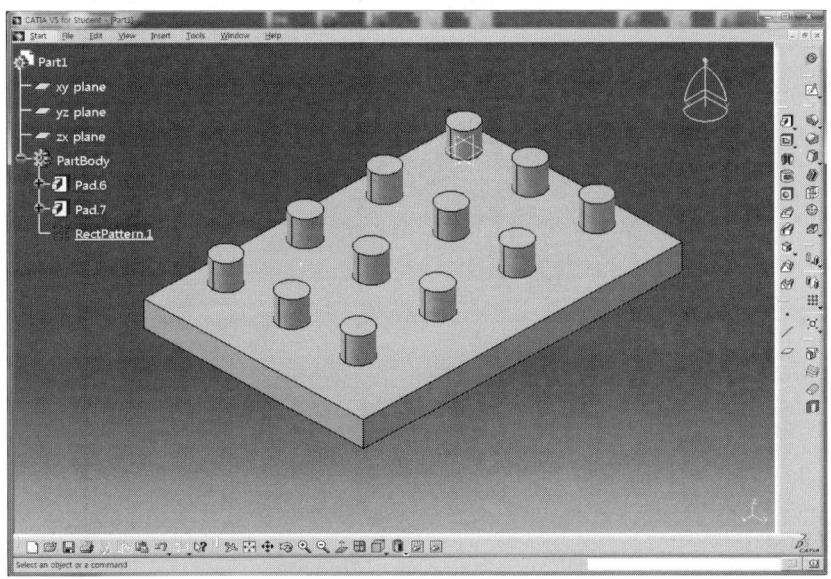

❺ [Surface – Based Features Toolbar] – Split  : Solid를 교차하는 Plane이나 Surface로 자른다.

- Sketch 아이콘 을 클릭하고 yz plane을 선택하여 Sketch Mode로 전환한다.
- Profile 아이콘 을 클릭하여 Sketch한 후 Exit Workbench 아이콘 을 클릭하여 3D Mode로 전환한다.
- Pad 아이콘 을 클릭하고 Pad Definition 대화상자에서 Length 영역에 20mm를 입력한 후 OK 버튼을 클릭하여 Solid를 생성한다.

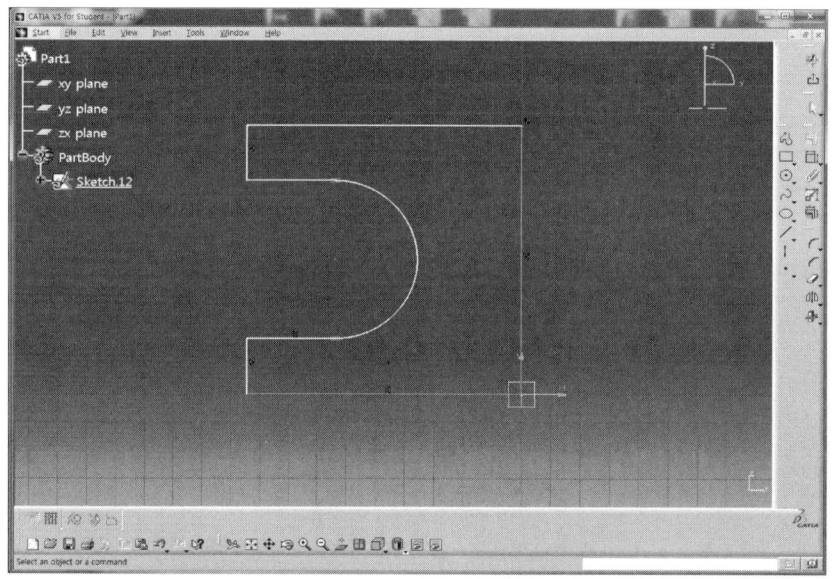

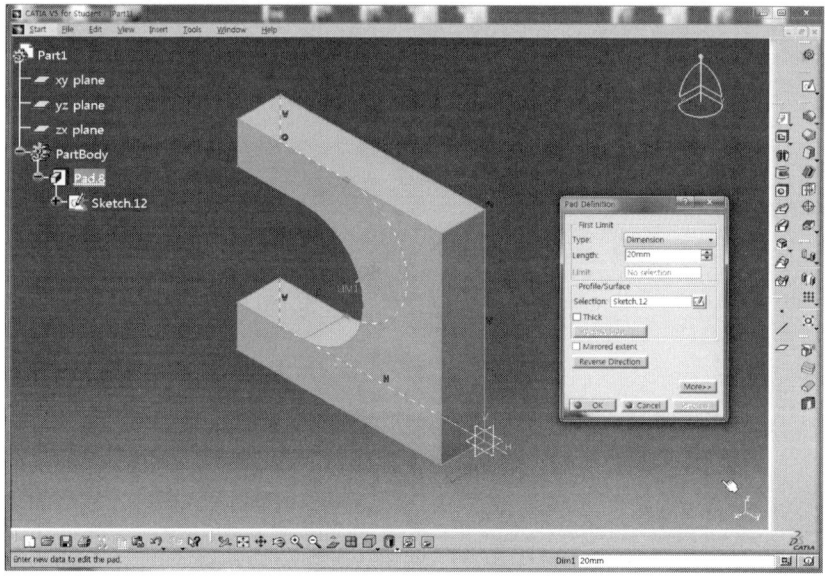

- Workbench 도구막대의 Part Design 아이콘 을 클릭한 후 Wireframe and Surface Design 아이콘 을 클릭하여 Surface Mode로 전환한다.
- Sketch 아이콘 을 클릭하고 Solid의 앞면(1)을 선택하여 Sketch Mode로 전환한다.

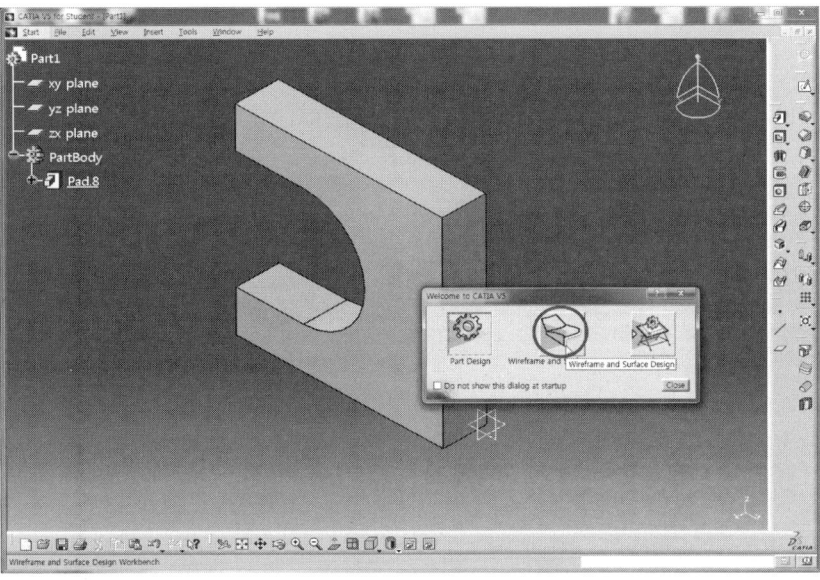

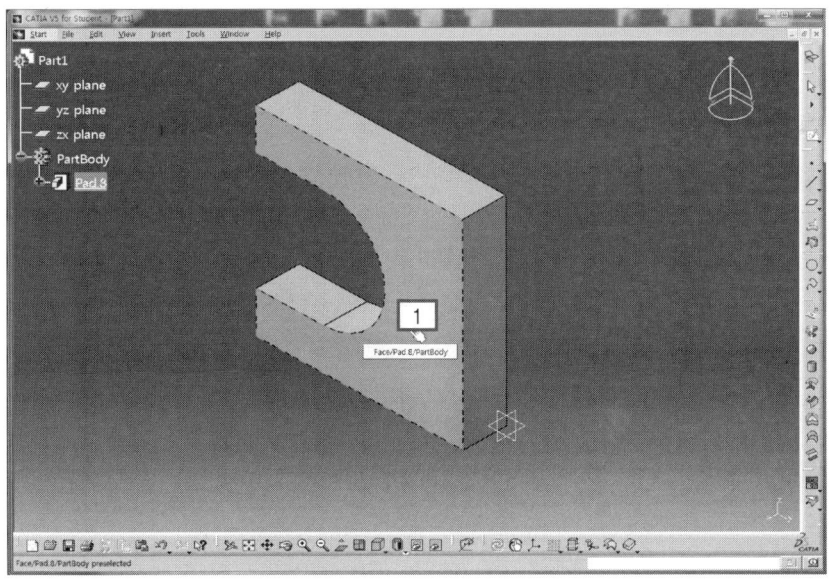

- Spline 아이콘을 클릭하고 임의의 곡선을 Sketch한 후 Exit Workbench 아이콘을 클릭하여 3D Mode로 전환한다.
- Spline을 선택한 후 Extrude 아이콘을 클릭하고 Limits 1(2)과 Limits 2(3)부분을 선택하여 Drag 시켜 Solid가 감싸도록 Surface를 위치시키고 OK 버튼을 클릭한다.

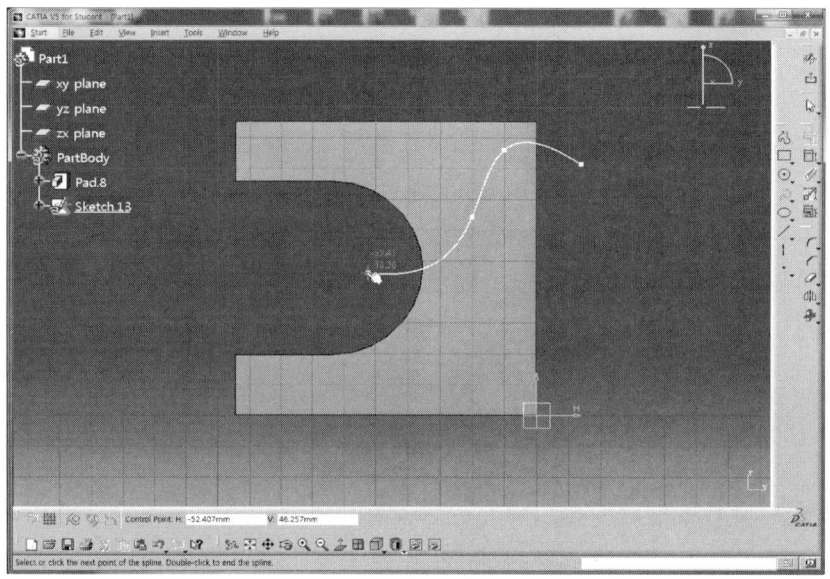

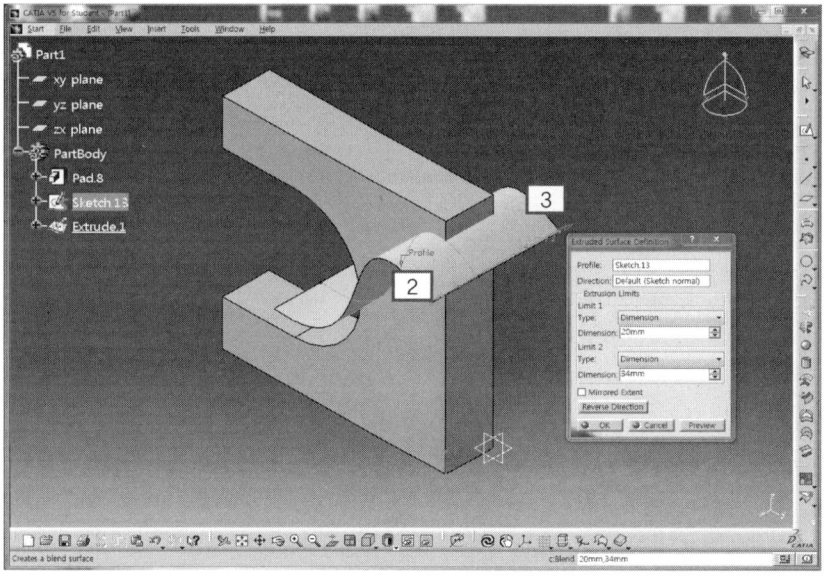

- Workbench 도구막대의 Wireframe and Surface Design 아이콘을 클릭한 후 Part Design 아이콘을 클릭하여 Solid Mode로 전환한다.

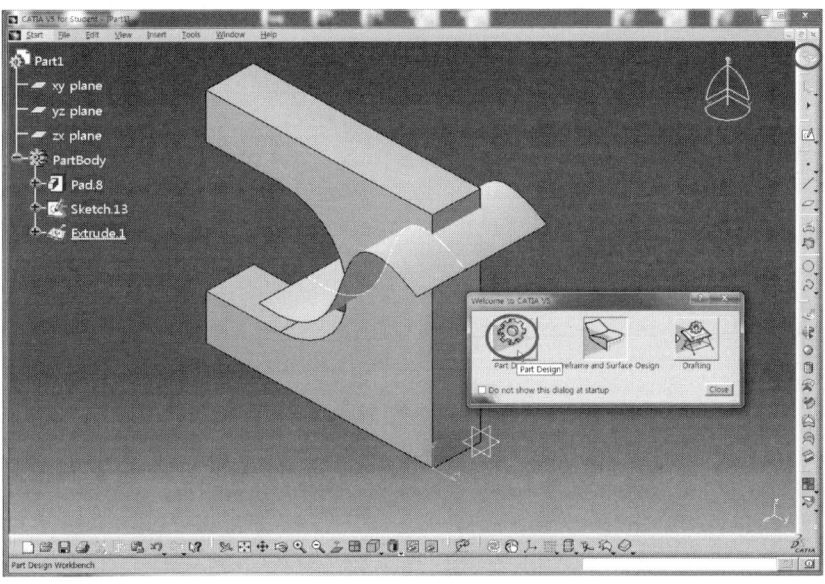

- Split 아이콘을 클릭한 후 Surface를 선택한다.
- 화살표를 클릭하여 남기고자 하는 방향으로 화살표가 향하도록 하고(4) OK 버튼을 클릭한다.
- Tree에서 Ctrl 키를 누르고 동시에 Sketch와 Surface를 선택한 후 마우스 오른쪽 버튼을 클릭한 다음 Hide/Show를 선택하여 숨기기 한다.

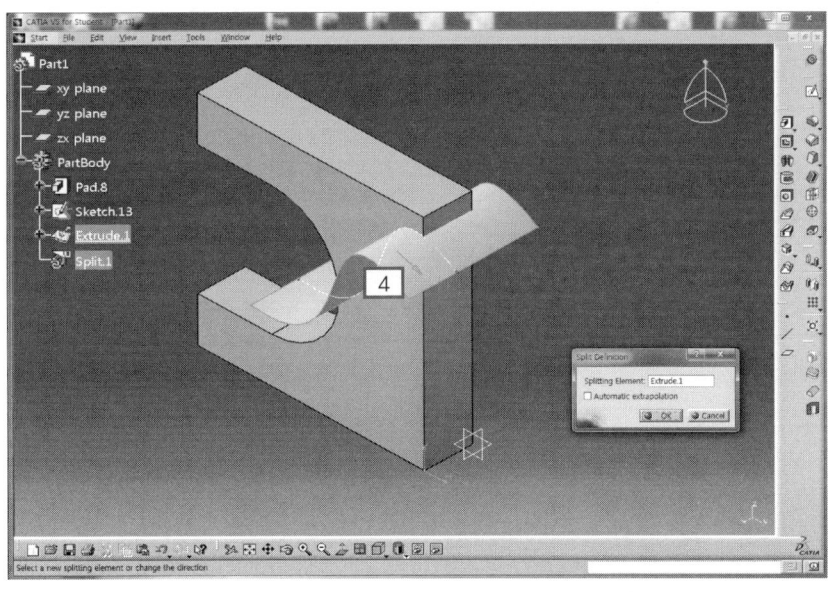

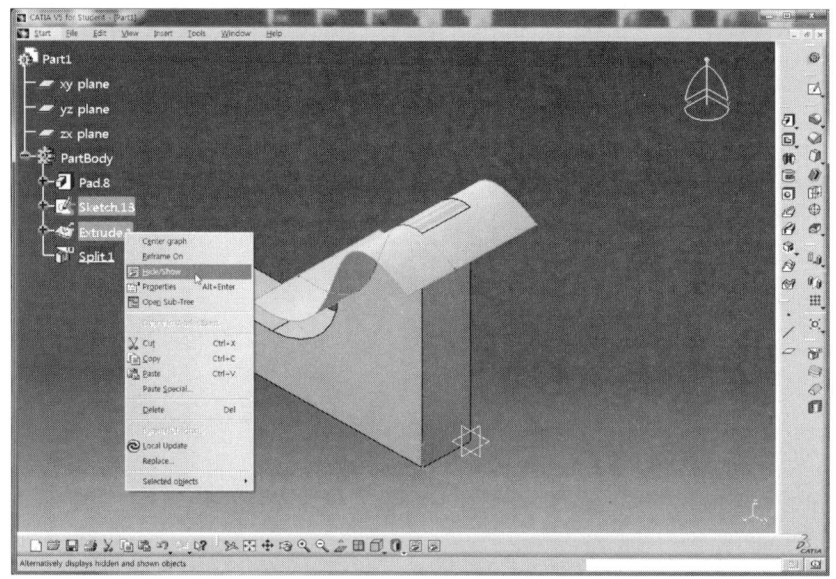

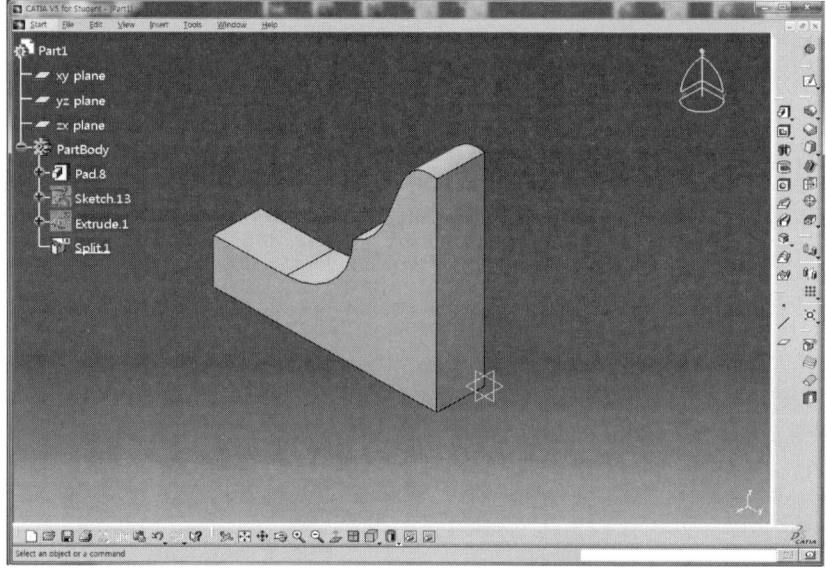

❻ [Reference Elements(Extended) Toolbar] – Plane ⟋ : 공간 상에 새로운 Plane(평면)을 생성하여 Sketch 평면으로 활용한다.

- Split 기능의 Solid와 Sketch(Spline) 예제를 활용한다.

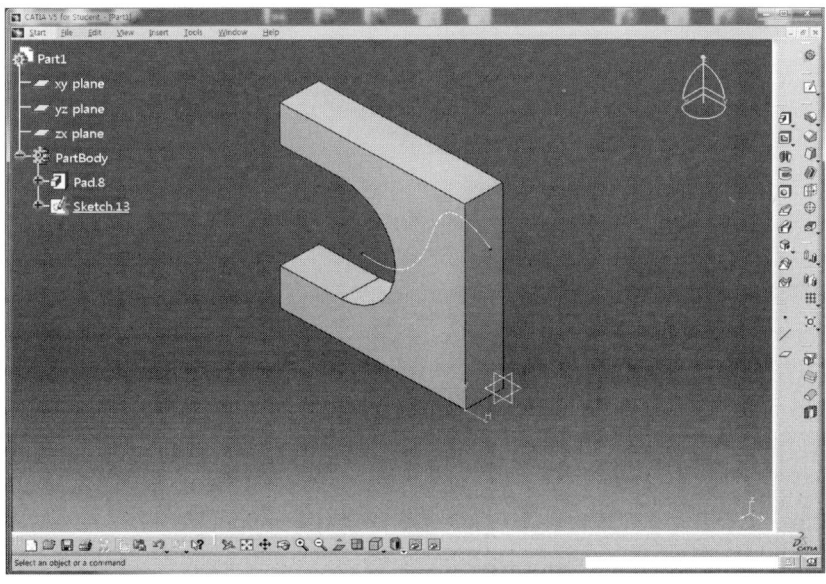

- Plane 아이콘 ⟋ 을 클릭한다.
- Plane type을 Offset from plane으로 선택한 후 Reference 영역을 클릭하고 기준 평면으로 Solid의 앞면(1)을 선택한다.
- Offset 영역에 50mm를 입력하고 OK 버튼을 클릭하면 선택한 평면과 평행하도록 50mm 떨어진 위치에 새로운 Plane이 생성된다.

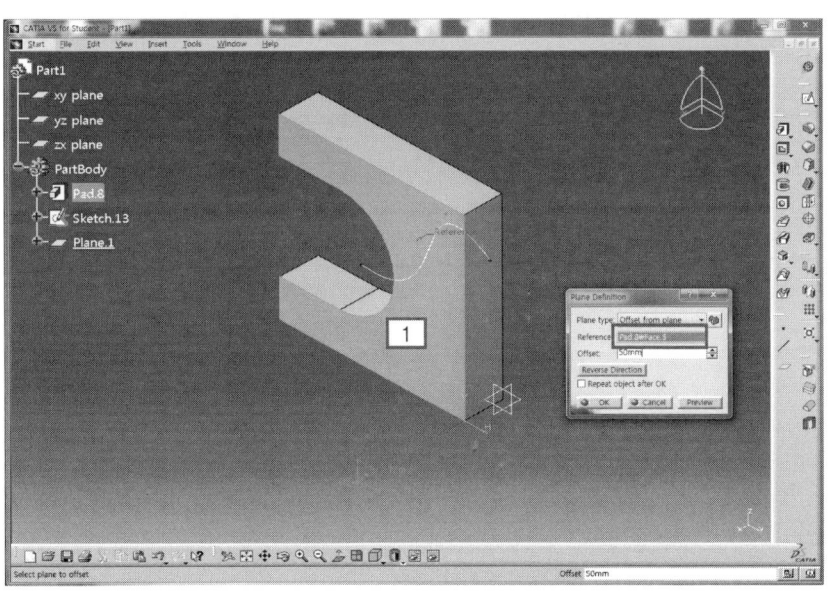

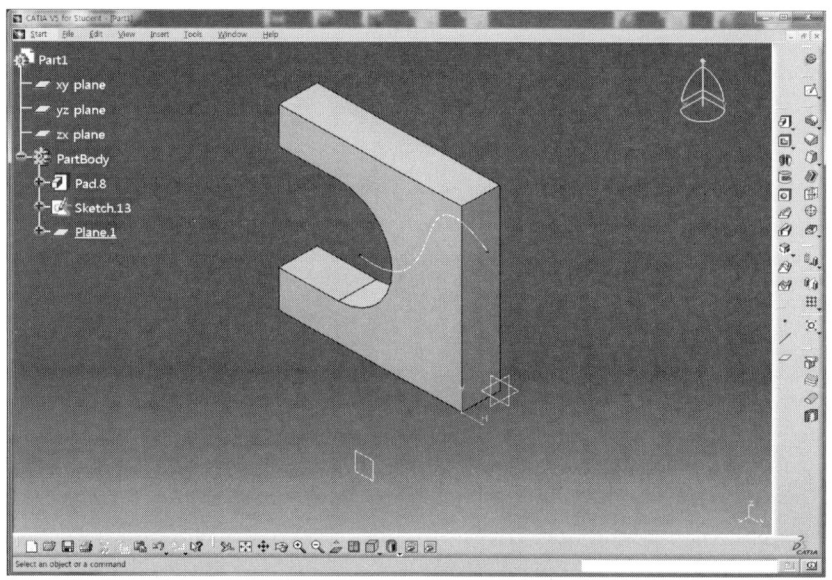

- Sketch 아이콘 을 클릭하고 생성한 Plane을 선택하여 Sketch Mode로 전환한다.
- Circle을 Sketch하고 Exit Workbench 아이콘 을 클릭하여 3D로 전환한다.

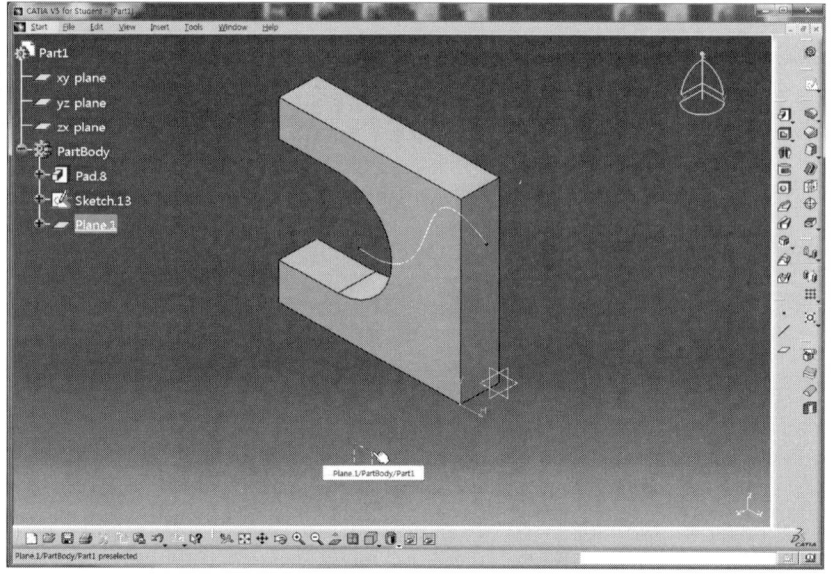

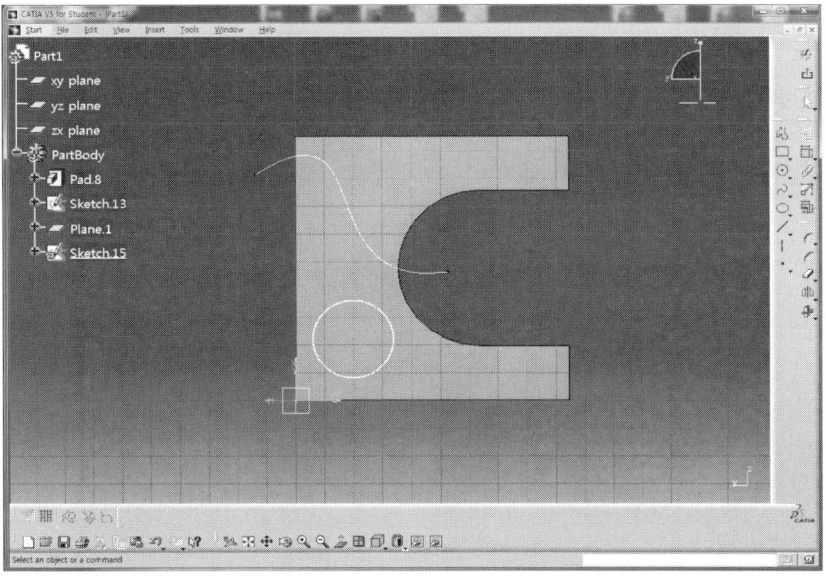

* Pad 아이콘 을 클릭한다.
* Pad Definition 대화상자에서 Type을 Up to next로 선택하고 Preview를 클릭하여 미리 보기한다.
* OK 버튼을 클릭하여 원기둥의 Solid를 생성한다.

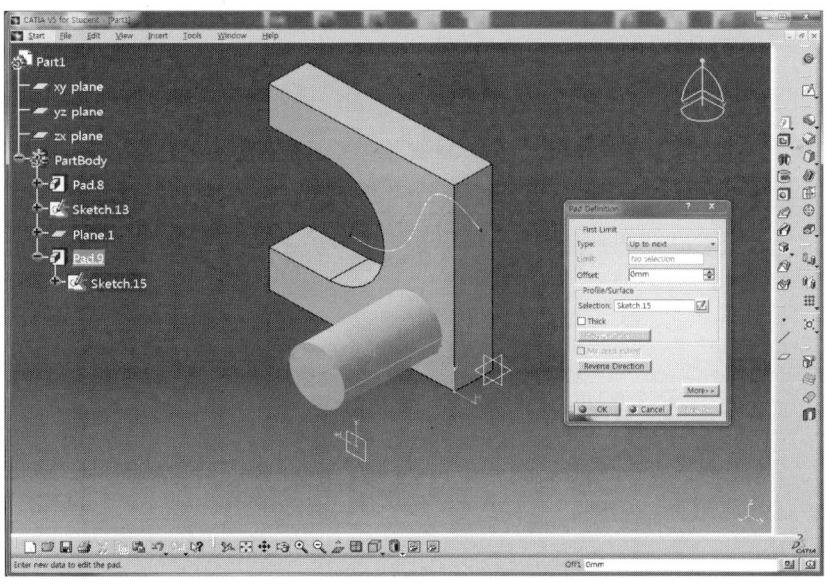

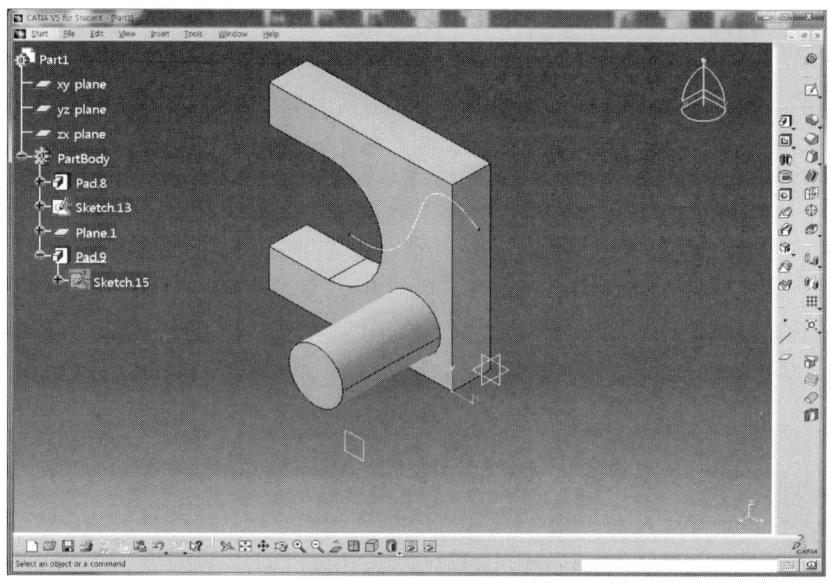

- Plane 명령어에서 또 다른 Type의 활용 예시를 따라해 보기로 한다.
- 지금까지 실습한 Modeling을 이용하기로 하고 Plane 아이콘 ◻ 을 클릭한다.
- Plane Definition 대화상자에서 Type을 Normal to curve로 선택한다.
- Curve 영역을 선택하고 Spline(1)을 선택한 후, Point 영역을 선택하고 Spline의 끝점(2)을 선택하고 OK 버튼을 클릭한다.
- 선택한 Curve에 수직하면서 선택한 point를 지나는 새로운 Plane이 생성된다.

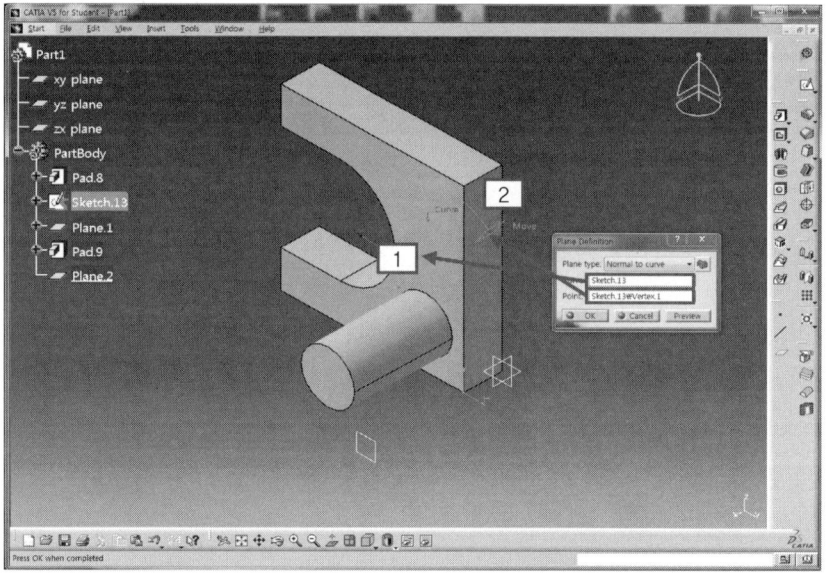

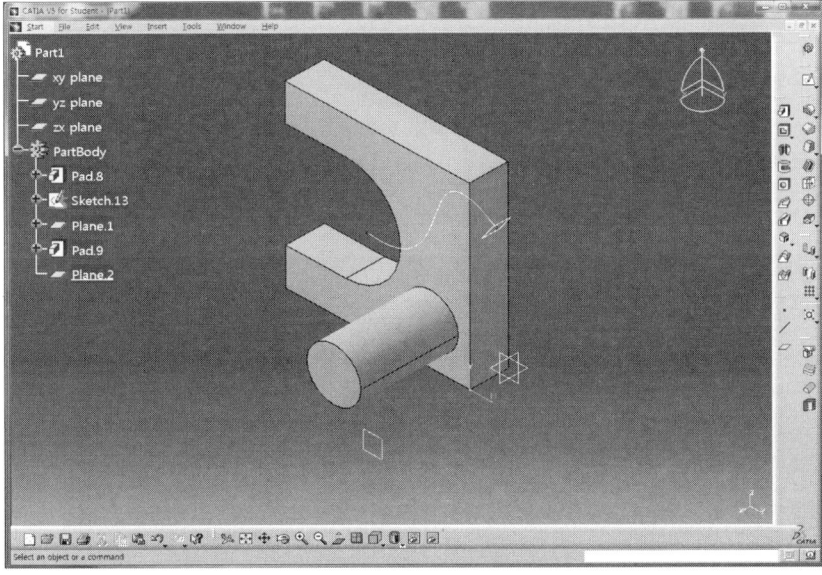

- 생성한 Plane을 이용하여 모델링하는 예제를 따라해 보기로 한다.
- Sketch 아이콘 을 클릭하고 바로 생성한 Plane을 선택하여 Sketch Mode로 전환한다.

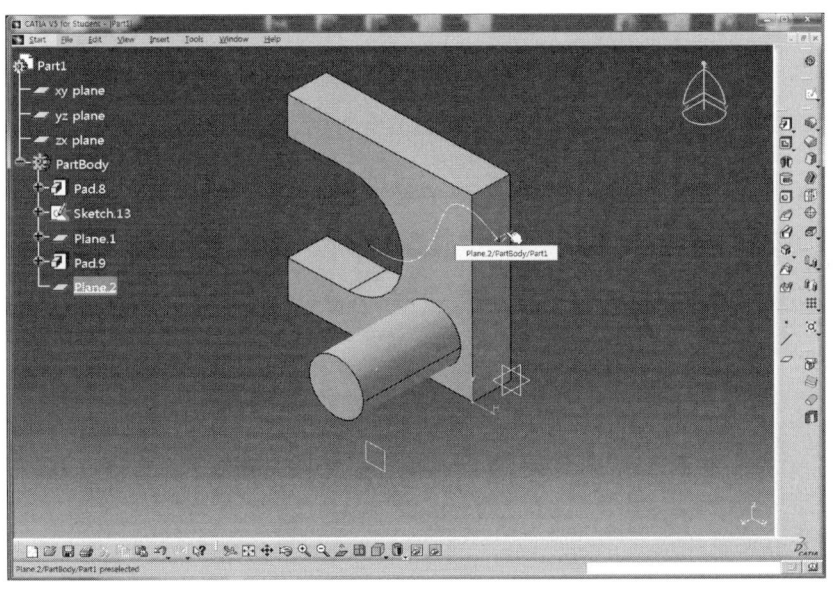

- Circle 아이콘 ⊙을 클릭하여 Sketch한 후 Constraint 아이콘을 클릭한다.
- Circle의 중심점과 Spline의 끝점을 차례로 클릭한 후 오른쪽 마우스 버튼을 누른다.
- Coincidence를 선택하여 Circle의 중심점과 Spline의 끝점을 일치시킨다.

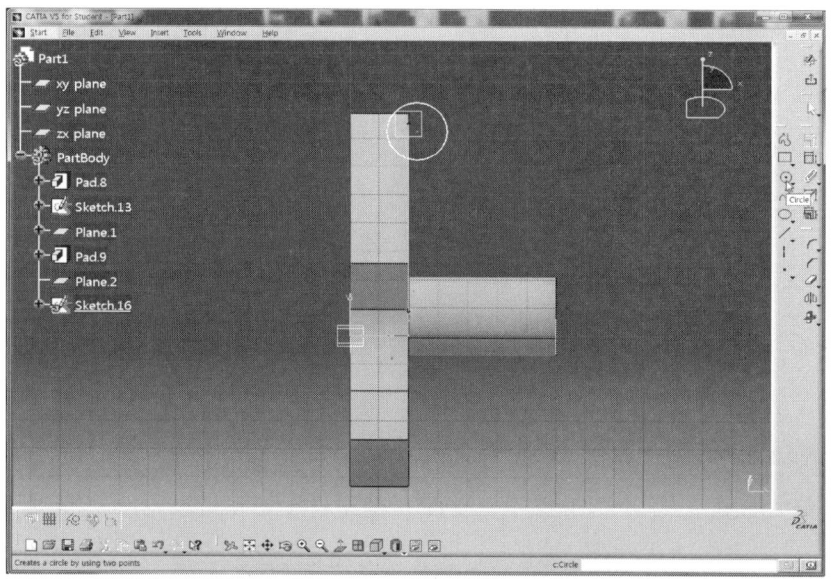

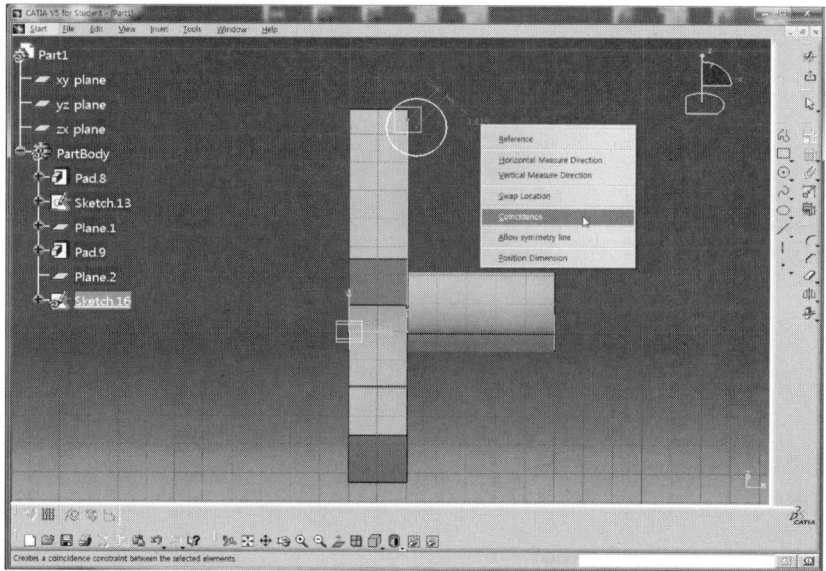

- Exit workbench 아이콘을 클릭하여 3D Mode로 전환하고 Rib 아이콘을 클릭한다.
- Rib Definition 대화상자의 Profile 영역을 클릭하고 Circle(3)을 선택한 후, Center curve영역을 클릭하고 Spline(4)을 선택한다.
- Preview 아이콘을 클릭하여 미리 보기한 후 OK 버튼을 클릭하면 Circle이 Spline을 따라가며 생성한 Solid를 확인할 수 있다.

- 이처럼 Plane을 공간 상 임의 위치에 생성 후 Sketch 평면으로 이용하여 원하는 Model을 완성할 때 사용한다.

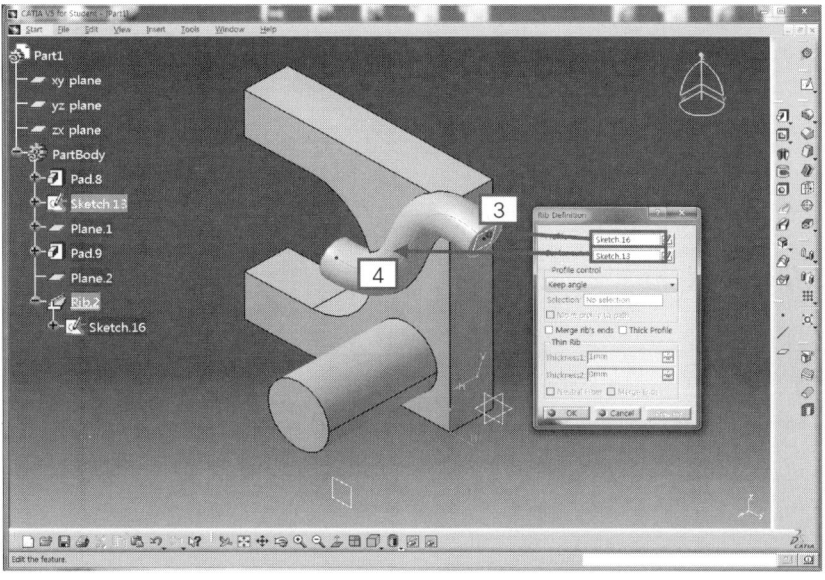

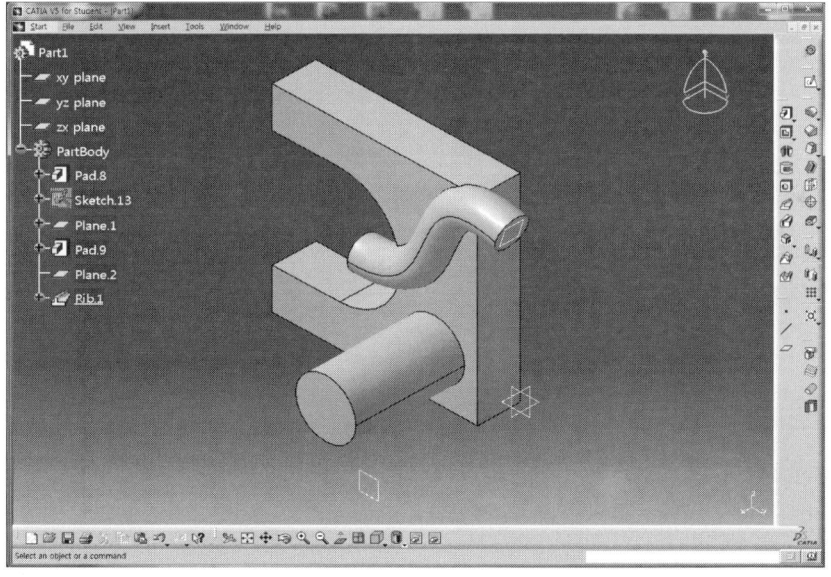

CHAPTER

# 06 3D형상모델링 수정하기

CATIA를 이용한 국가직무능력표준 기계요소설계 직무분야

## 01 3D모델링하기

❶ 아래 예제를 보고 3D모델링을 한다.

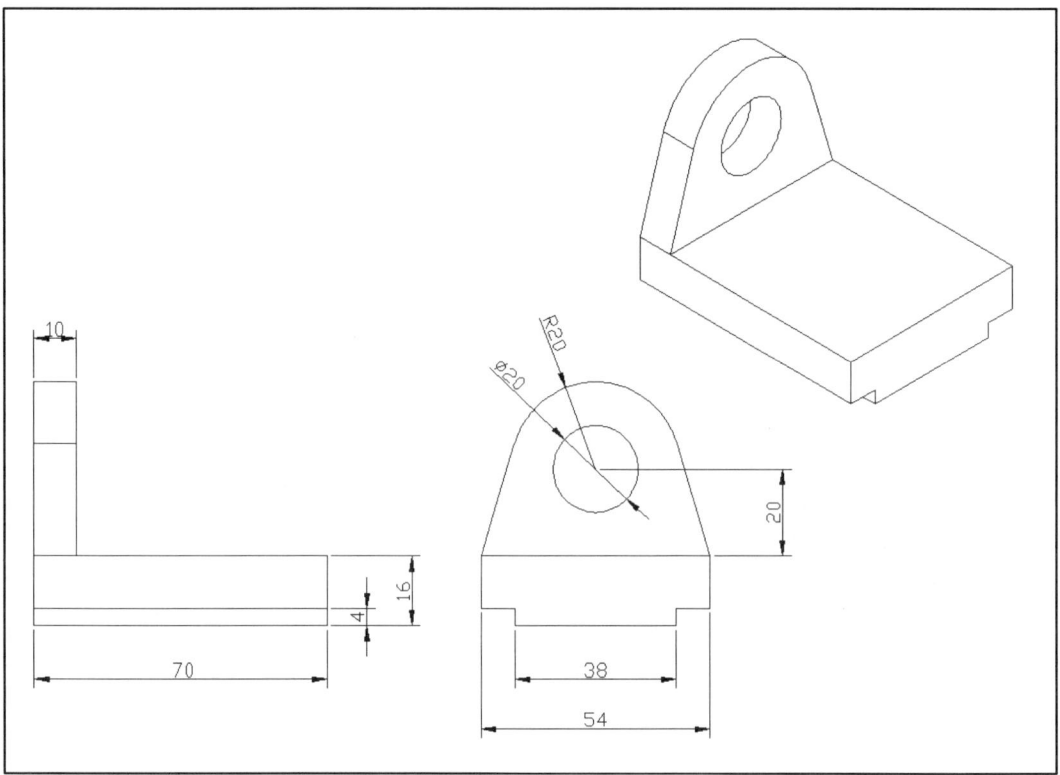

- zx plane를 Sketch plane으로 선택한 후 Sketcher Mode로 전환한다.
- 도면의 우측면도를 보고 Profile 아이콘 을 클릭한 후 대략적인 형상을 Sketch한다. (이때 도면을 보고 도면의 치수와 유사한 크기로 Sketch하면 치수구속을 적용할 때 Sketch의 변화가 거의 없어 쉽게 마무리할 수 있다.)

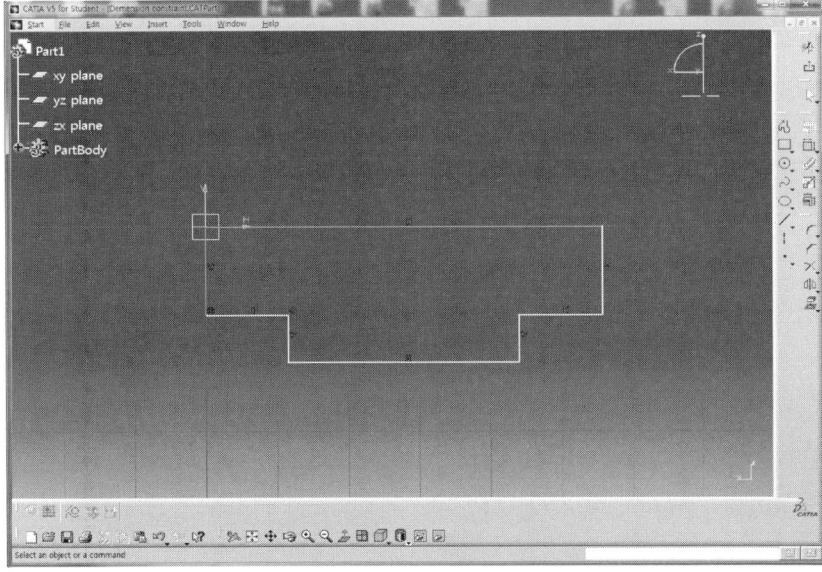

- Sketch tools의 Construction/Standard Element 를 체크한 후 Line 아이콘 을 클릭한다.
- Sketch의 중간 위치에 Line을 생성한다.(보조선으로 실선이 아닌 점선으로 그려진다.)

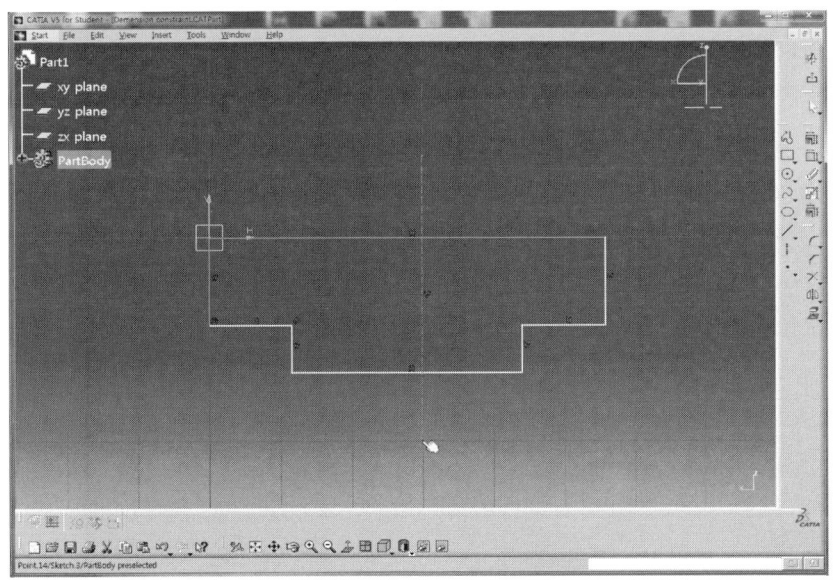

- Constraint 아이콘 을 더블클릭하여 아래와 같이 치수구속을 적용한다.

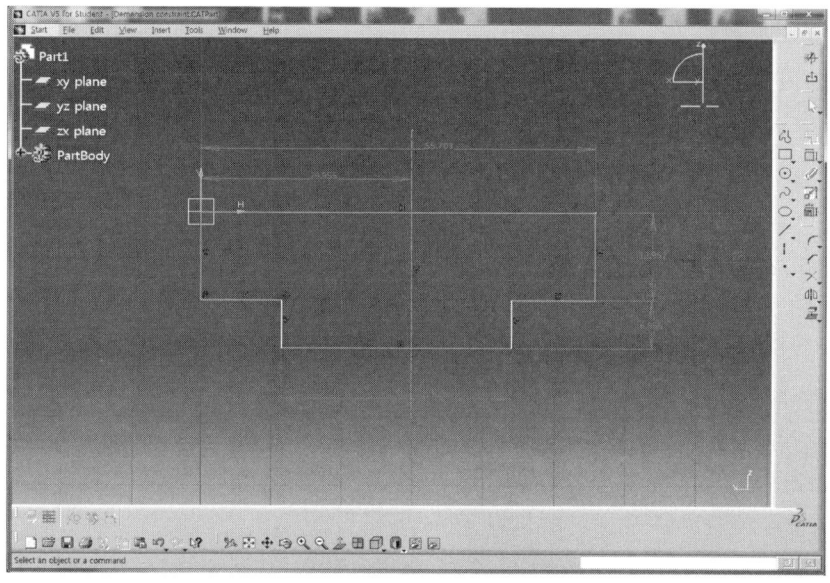

- 각각의 치수를 더블클릭하여 도면을 참고하여 정확한 치수로 수정한다.
- 치수를 적용했는데, 구속이 완료되지 않은 수직선의 두 요소가 있어서 해당 요소는 형상구속(대칭)을 적용해보기로 한다.

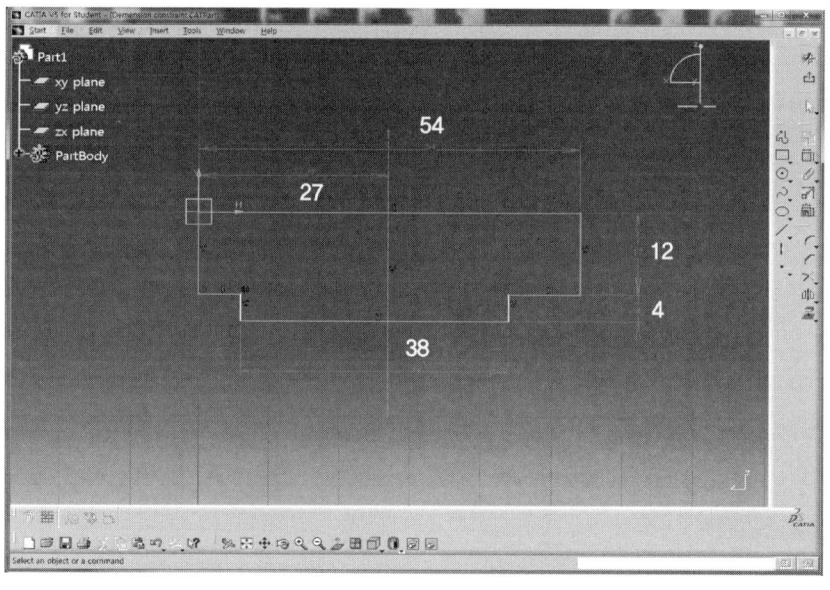

- 두 수직선 1, 2를 차례로 선택한 후 Ctrl 키를 누른 상태에서 Constraints in Defined Dialog Box 아이콘 을 클릭한다.
- Constraint Definition 대화상자에서 Symmetry(대칭)를 체크하고 OK 버튼을 클릭하여 구속을 완료한다.

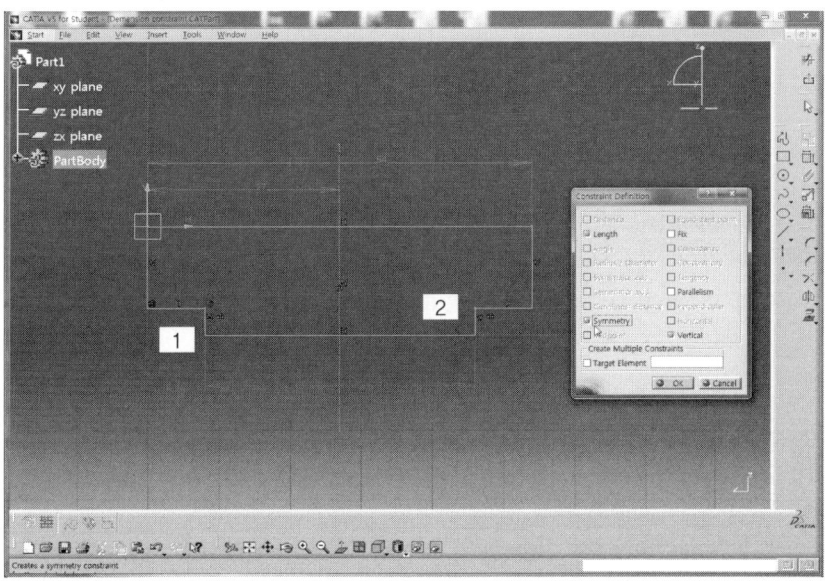

- Exit Workbench 아이콘 을 클릭하여 3D Mode로 전환한다.
- Pad 아이콘 을 클릭한 후 Pad Definition 대화상자에서 Length 영역에 30mm를 입력한다.(도면의 치수는 70mm이지만, 30mm로 적용한 후 잘못된 치수를 변경하여 모델을 수정하는 작업은 뒷부분에서 실습해 보기로 한다.)
- Preview 버튼을 클릭하여 미리 보기한 후 OK 버튼을 클릭하여 Solid를 생성한다.

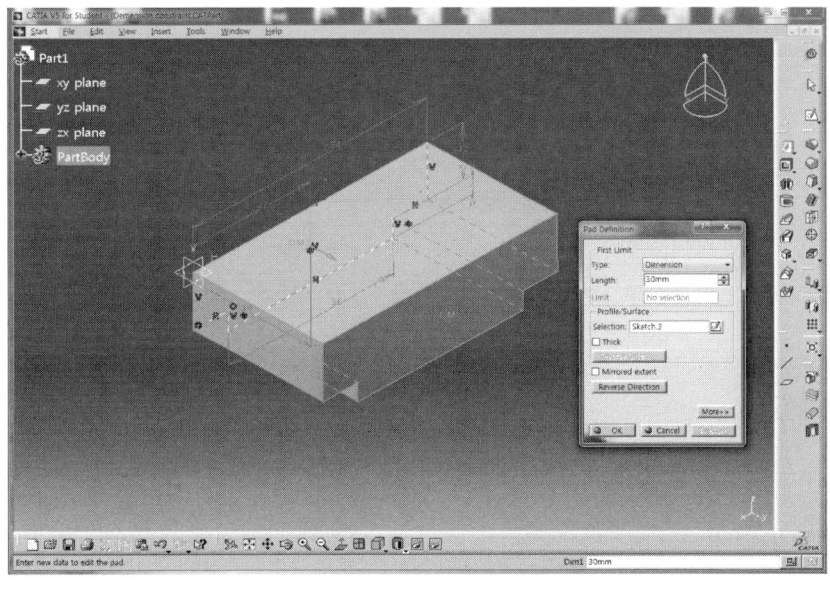

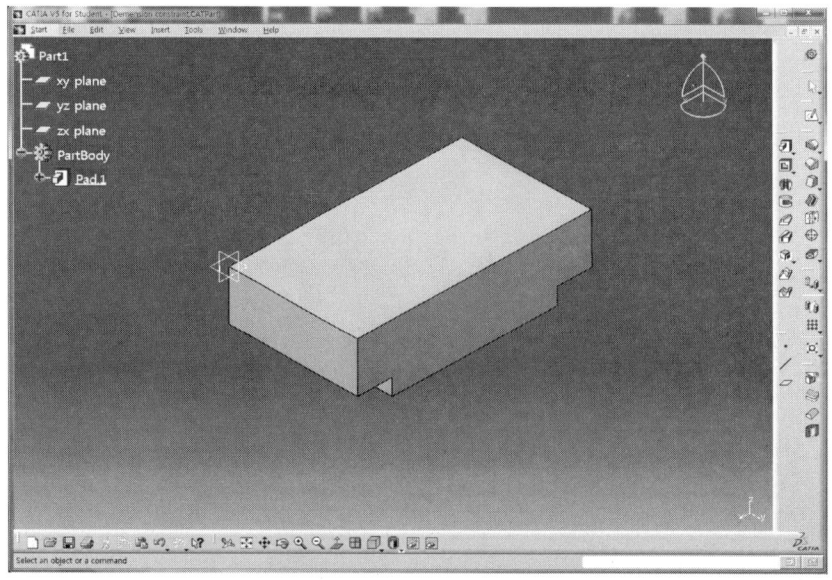

• Solid를 회전시키고 Sketch 아이콘 을 클릭한 후 아래와 같이 Solid의 뒷면을 선택하여 Sketch Mode로 전환한다.

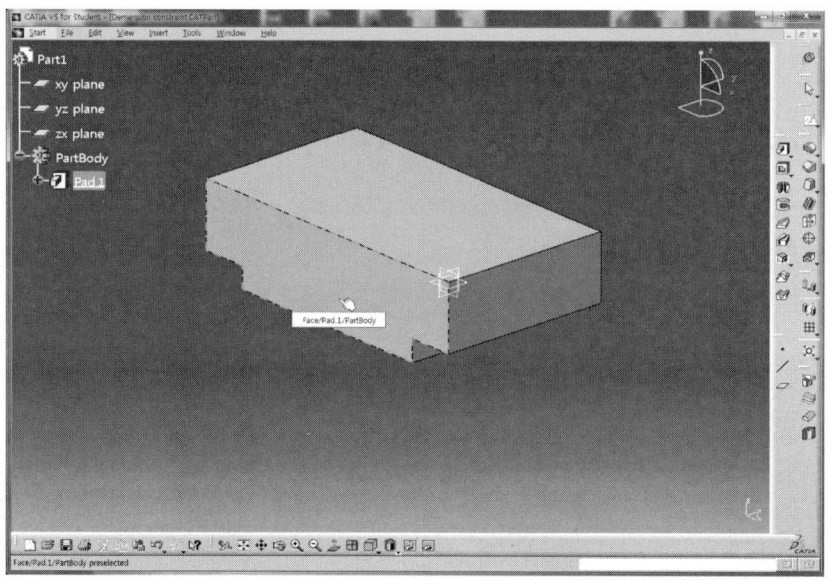

* Profile 아이콘 을 클릭하고 도면과 같이 대략적인 형상을 Sketch한다.

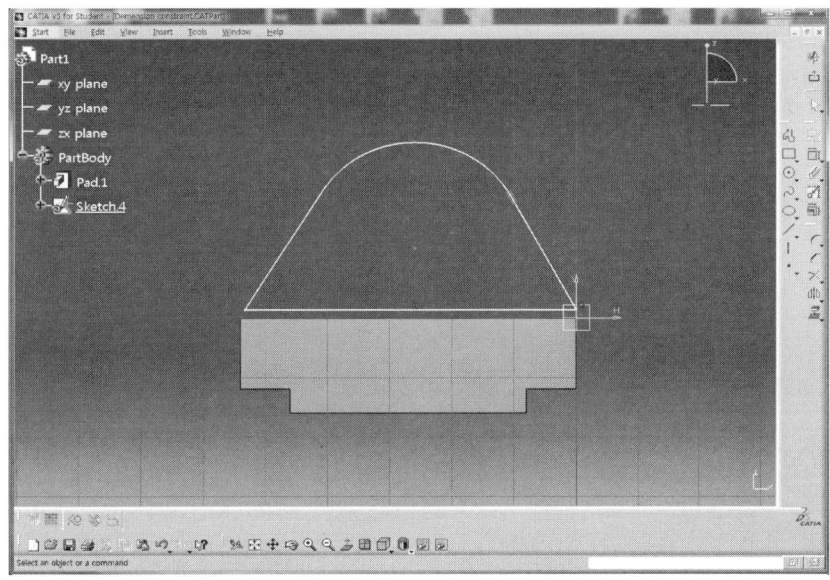

* 먼저, 경사진 직선과 호를 형상구속(접선)을 적용하기 위해서 Ctrl 키를 누른 상태에서 두 요소를 차례로 선택한 후 Constraints in Defined Dialog Box 아이콘 을 클릭한다.

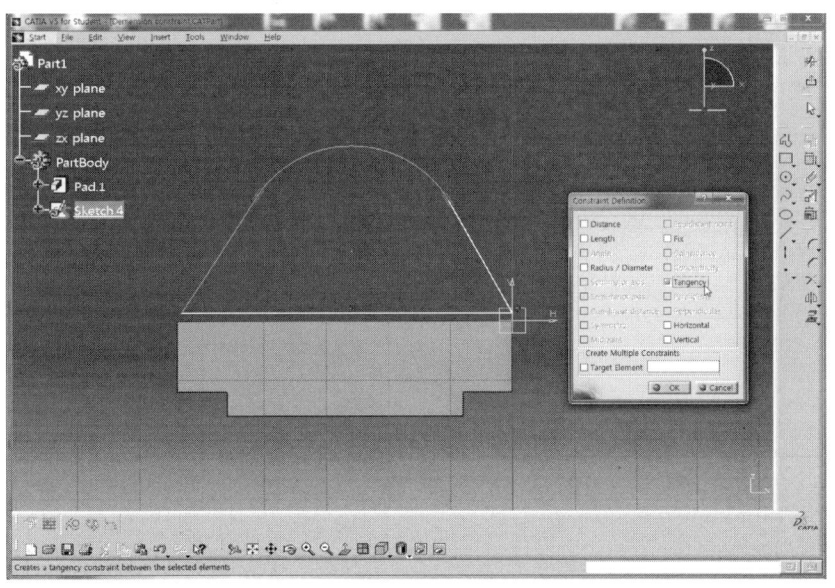

• Constraint 아이콘 을 더블클릭하여 아래와 같이 치수구속을 적용한다.

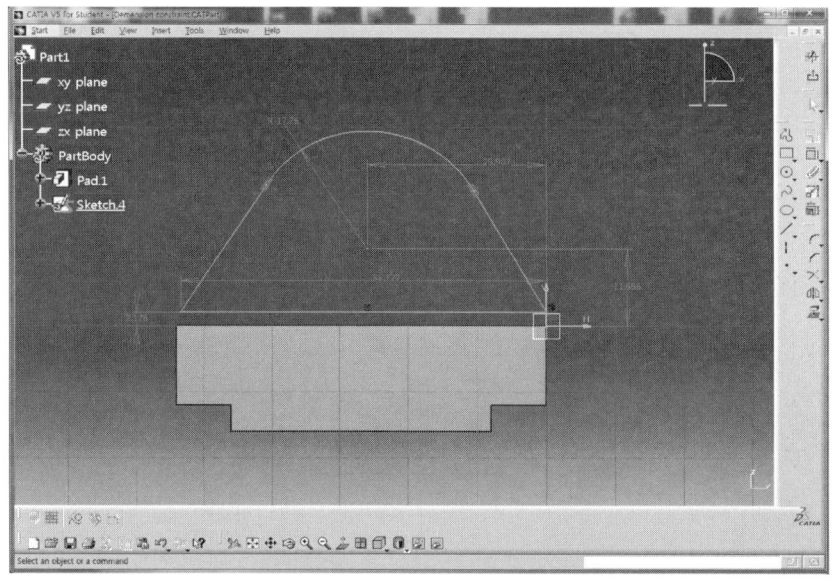

• 각각의 치수를 더블클릭하여 도면을 참조한 후 정확한 치수를 적용한다.

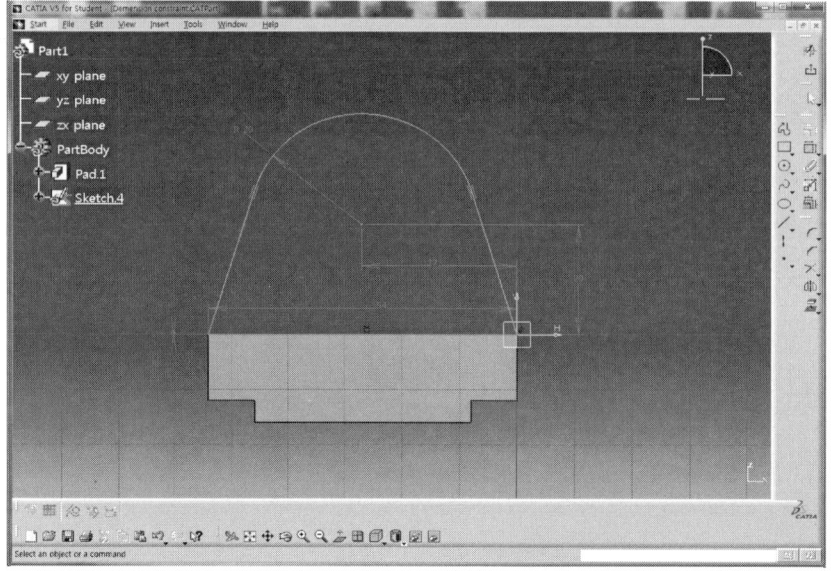

- Exit Workbench 아이콘 을 클릭하여 3D Mode로 전환한 후 Pad 아이콘 을 클릭한다.
- Pad Definition 대화상자에서 Length 영역에 10mm를 입력하고 Preview 버튼을 클릭하여 미리 보기 한다.

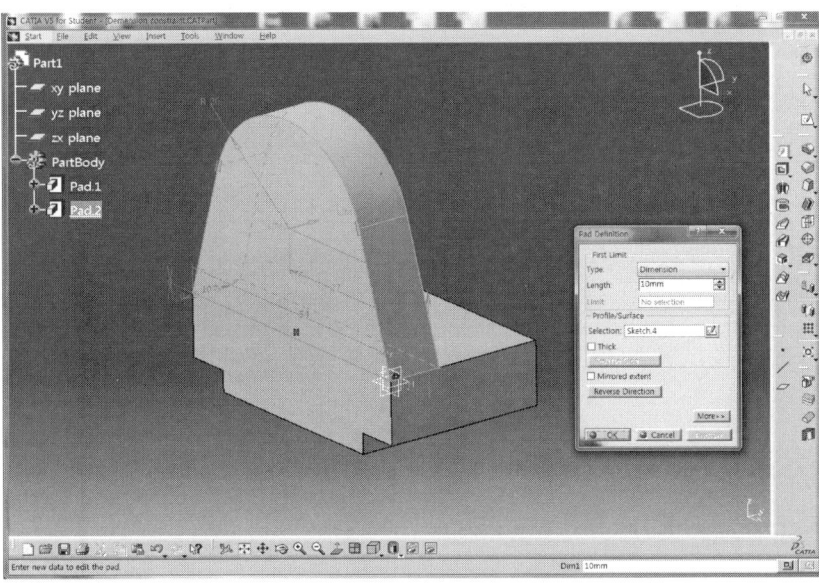

- OK 버튼을 클릭하여 Solid를 생성한 후 Isometric View 아이콘 을 클릭한다.

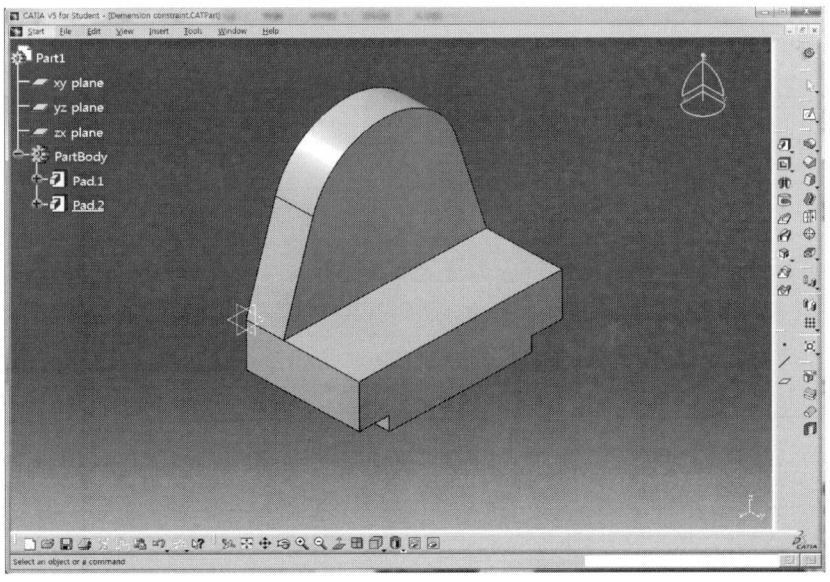

* 원주 모서리를 선택하고 Hole 아이콘 ◎을 클릭한 후 Solid의 앞면을 선택한다.
* Hole Definition 대화상자가 나타나면 Extension 탭에서 Up To Next를 선택한다.

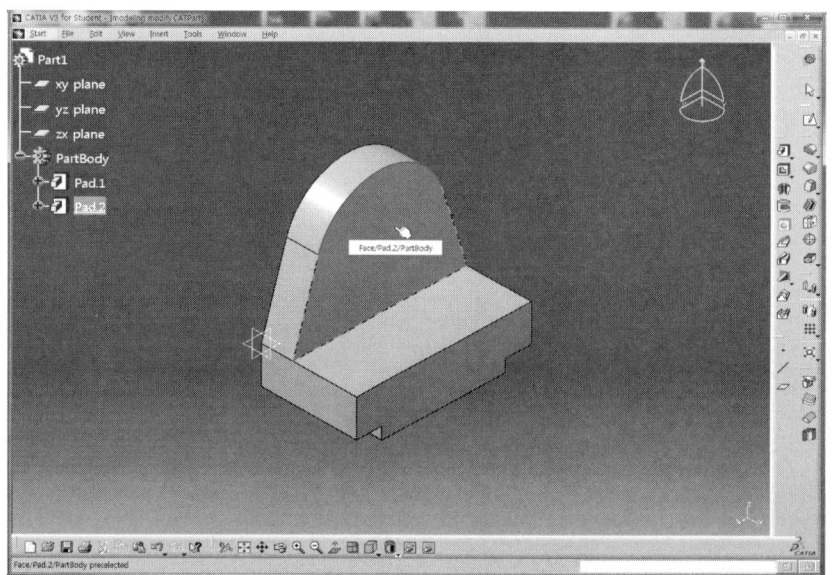

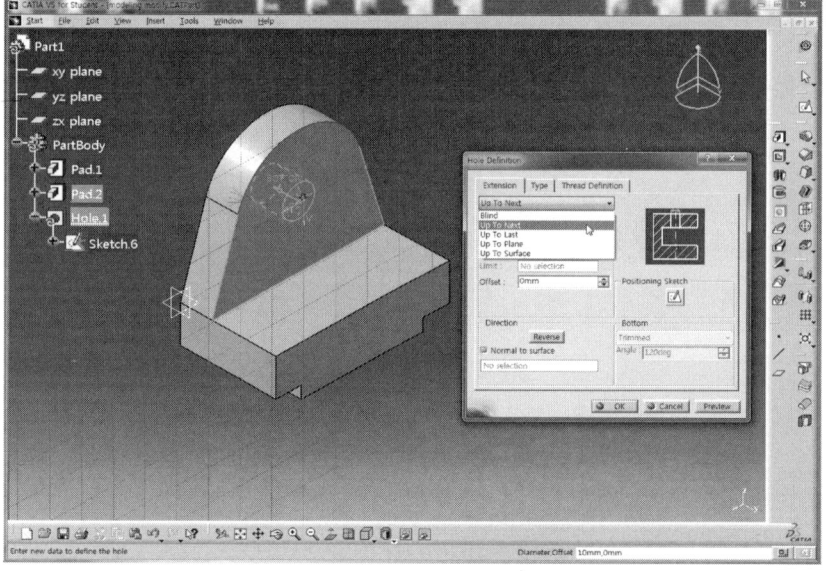

- Diameter를 15mm로 입력하고 Preview 버튼을 클릭하여 미리 보기한다.
- OK 버튼을 클릭하여 모델링을 완성한다.

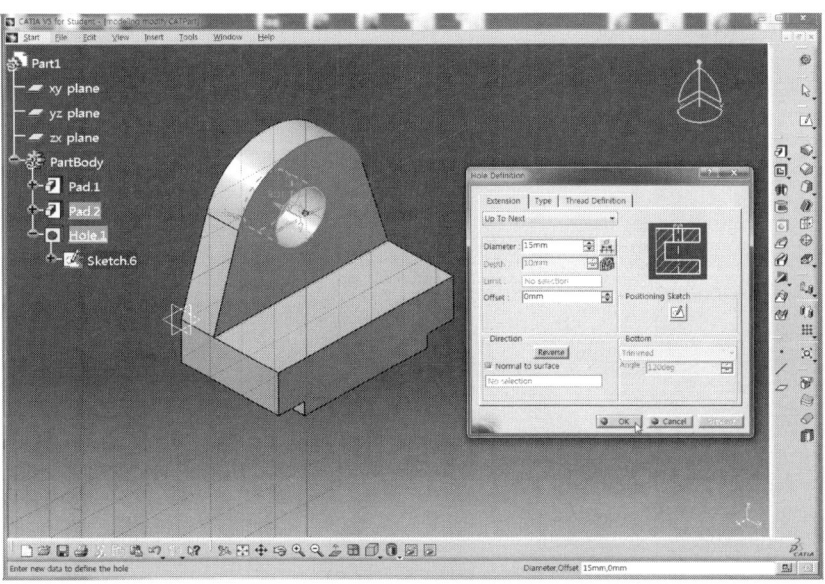

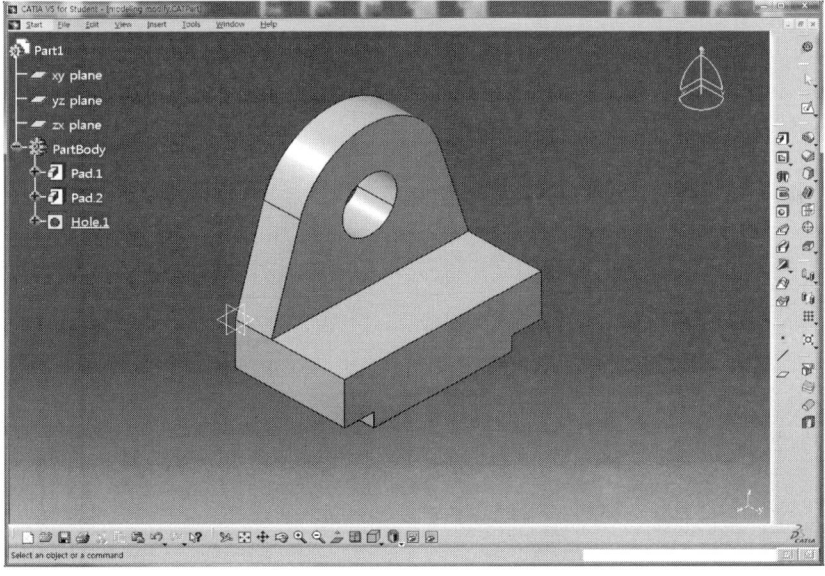

## 02 3D모델링 수정하기

❶ 모델링을 완성한 후 도면의 치수나 형상을 수정할 수 있다.
   - 도면에서 Solid 바닥의 길이가 70mm인데, 모델링 과정 중에 30mm로 적용하여 해당 길이를 수정해야 한다.(Measure 도구막대 → Measure between 아이콘 ↔ 을 클릭한 후 모델의 두 요소(1, 2)를 선택하여 길이를 확인해 본다.)

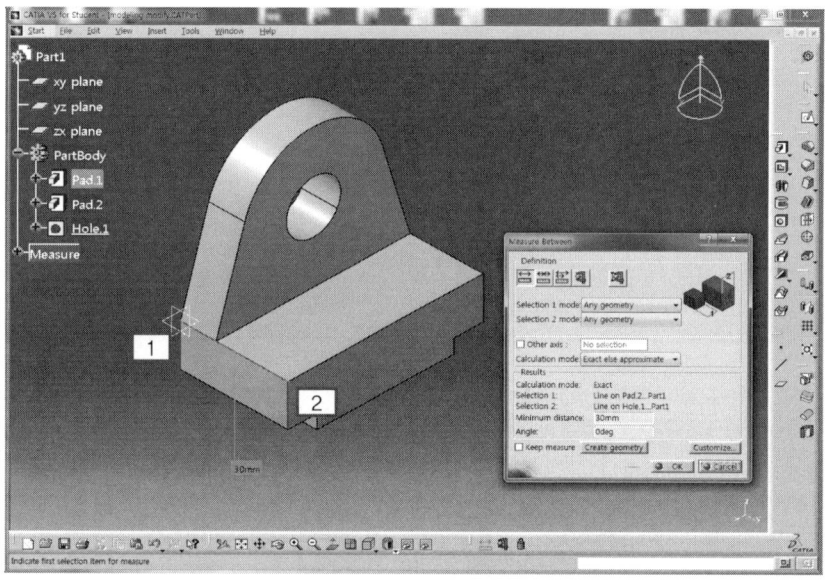

   - Tree에서 수정하고자 하는 Pad를 더블클릭하거나, Working Area에서 직접 수정하고자 하는 Model을 더블클릭하면 Solid를 생성하기 위한 Pad 대화상자가 나타난다.
   - 수정하고자 하는 치수에 맞게 Length 영역의 치수를 입력(70mm)하고 OK 버튼을 클릭한다.

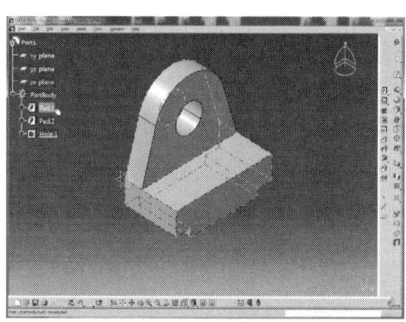

Tree 더블클릭

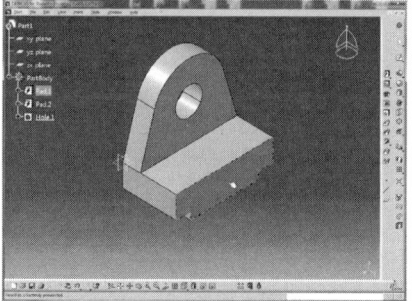

Model을 직접 더블클릭

## REFERENCE

1) Measure 도구막대를 보기 위해서는 마우스 포인터를 하단의 도구막대 빈 공간에 위치시킨 후 오른쪽 마우스 버튼을 클릭하여 나타나는 도구막대 중에서 Measure를 선택한다.

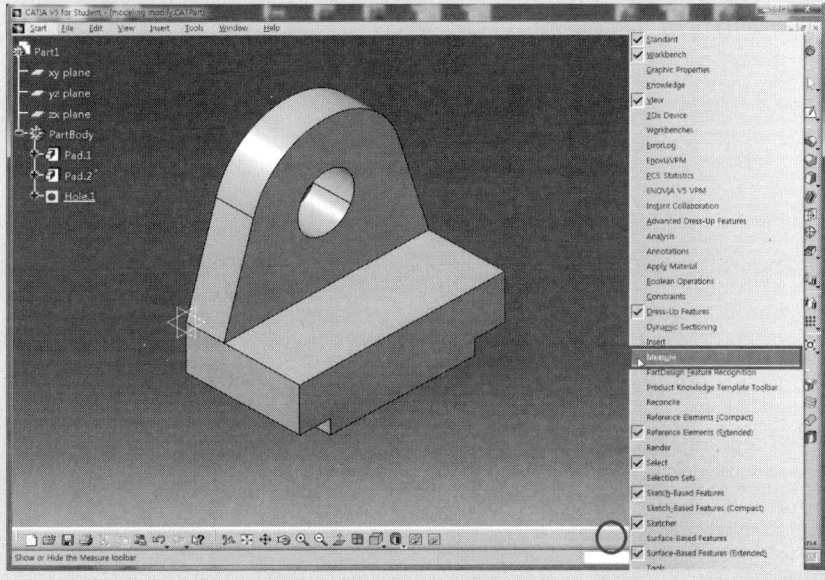

2) Measure 도구막대의 Measure Between 아이콘 을 클릭하면 Measure Between 대화상자가 나타난다.
3) 길이를 알아보고 싶은 요소 1, 2를 차례로 선택하면 선택한 모서리 사이의 정보인 거리를 알 수 있다.

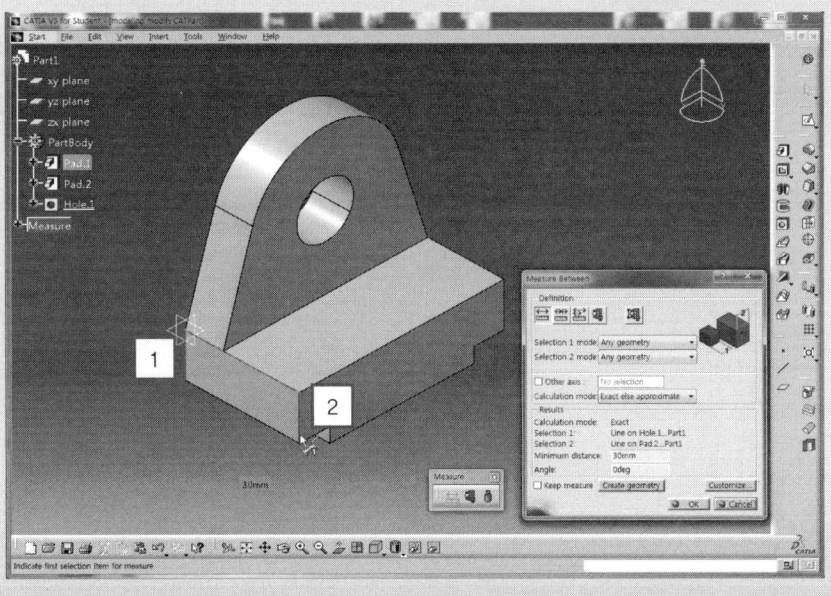

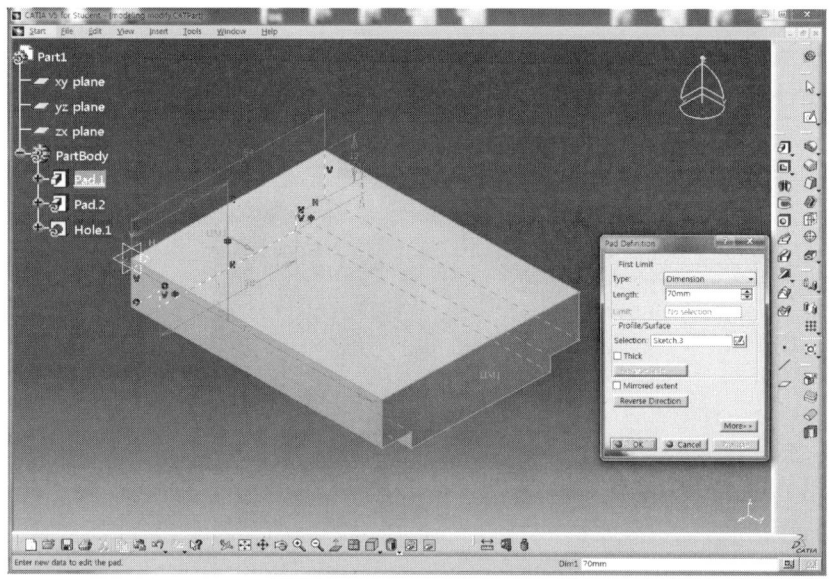

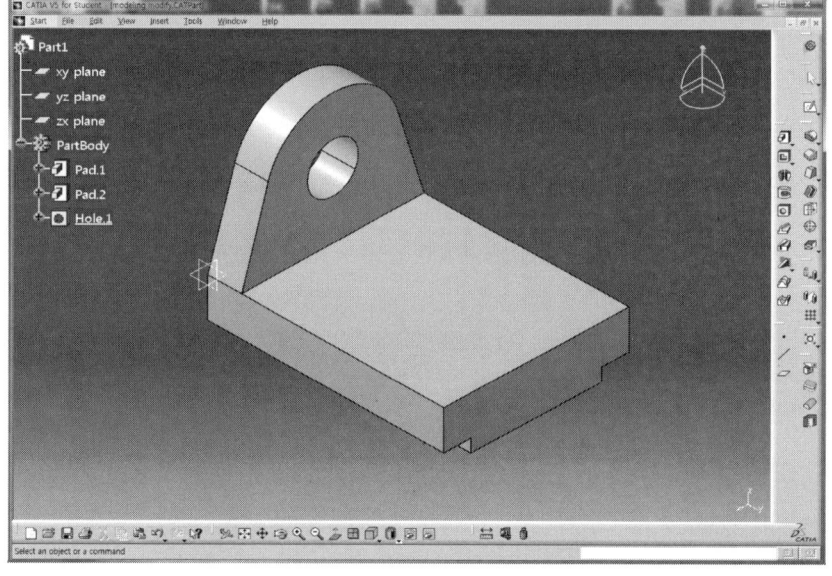

❷ Sketch를 수정해야 할 경우에는 Tree에서 수정하고자 하는 Solid 아이콘 앞의 +를 클릭하면 해당 Sketch가 보이는데, 이 Sketch를 수정한다.

- 수정하고자 하는 Sketch를 더블클릭한다.

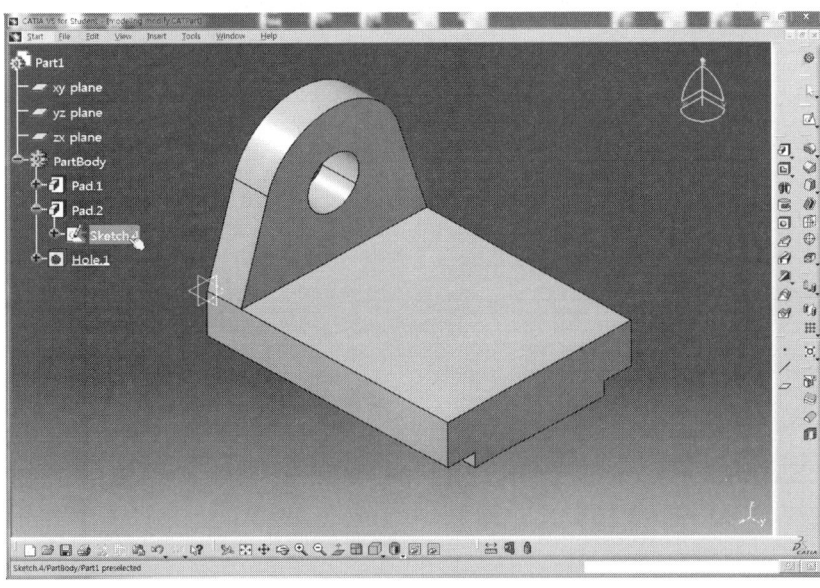

- 변경하고자 하는 요소의 치수를 더블클릭하여 수정할 치수를 입력하고 OK 버튼을 눌러 완료한다. (여기서는 L20을 L35으로, R20을 R15로 각각 수정하였다.)

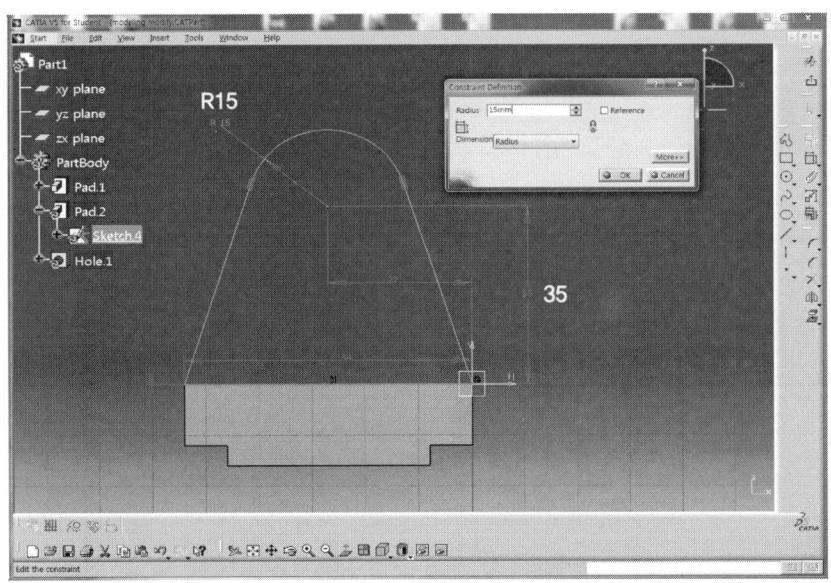

• Exit Workbench 아이콘 을 클릭하여 3D Mode로 전환하면 Solid가 수정된 것을 확인할 수 있다.

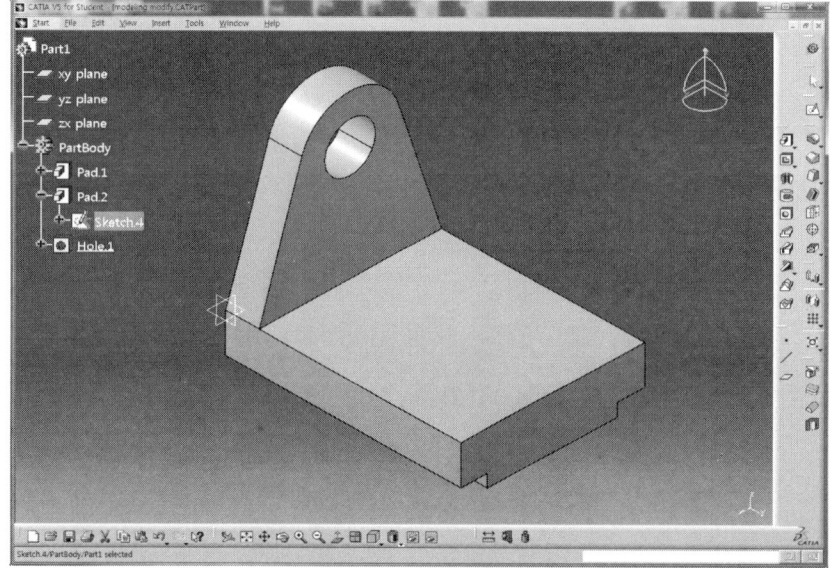

# CHAPTER 07 모델링 작업 도면

CATIA를 이용한 국가직무능력표준 기계요소설계 직무분야

## 01 2D작업 도면

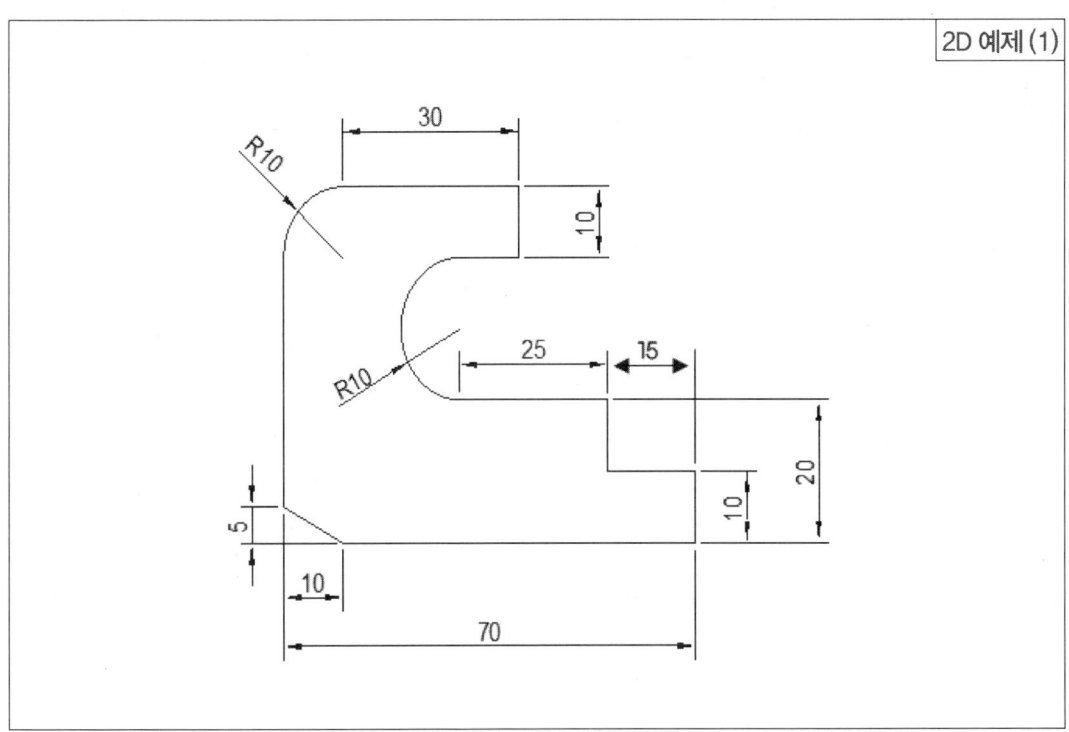

2D 예제 (1)

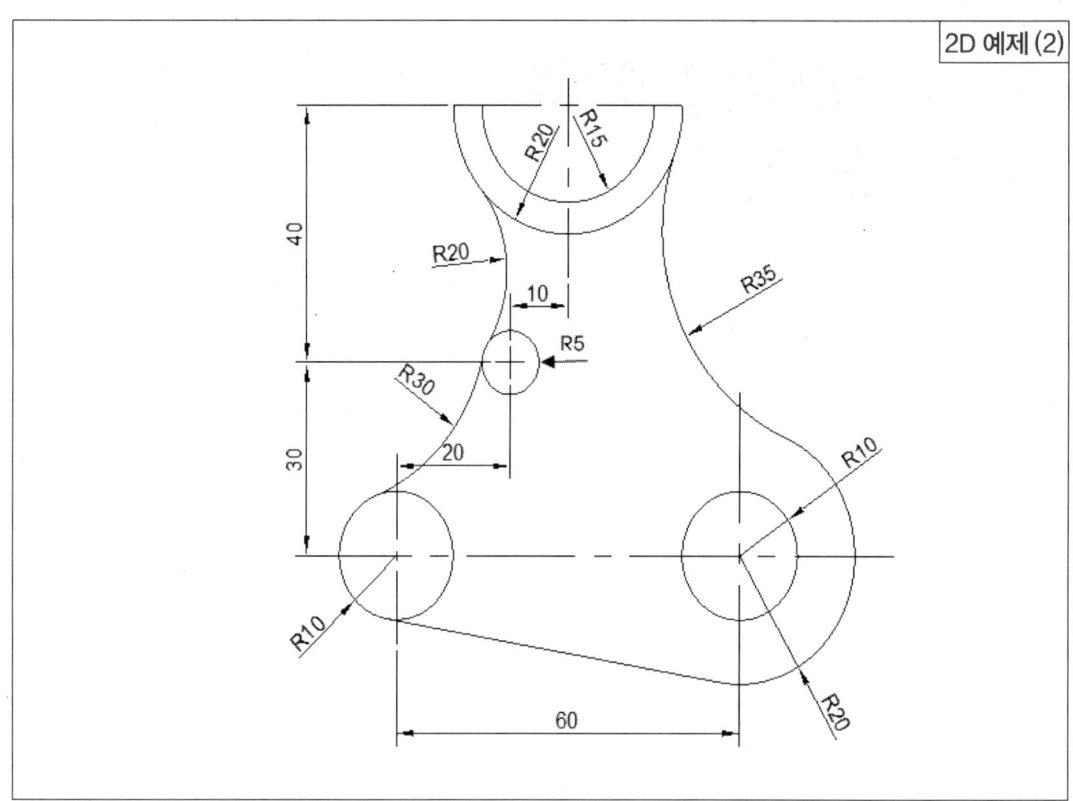

2D 예제 (2)

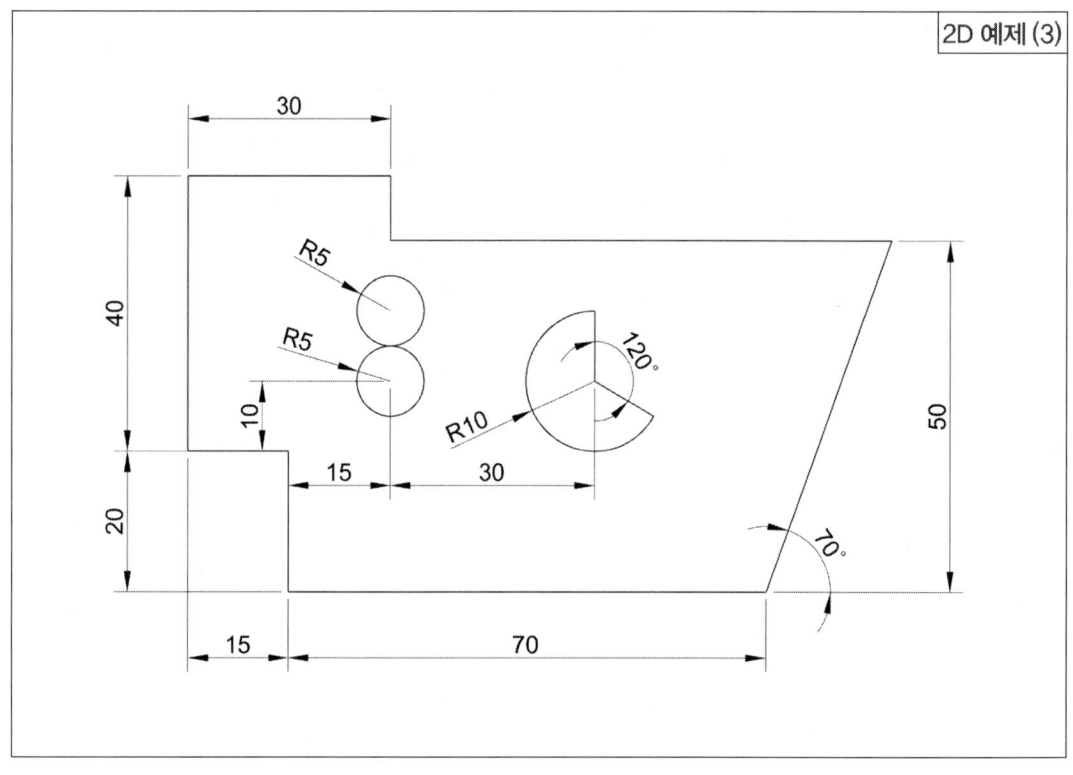

2D 예제 (3)

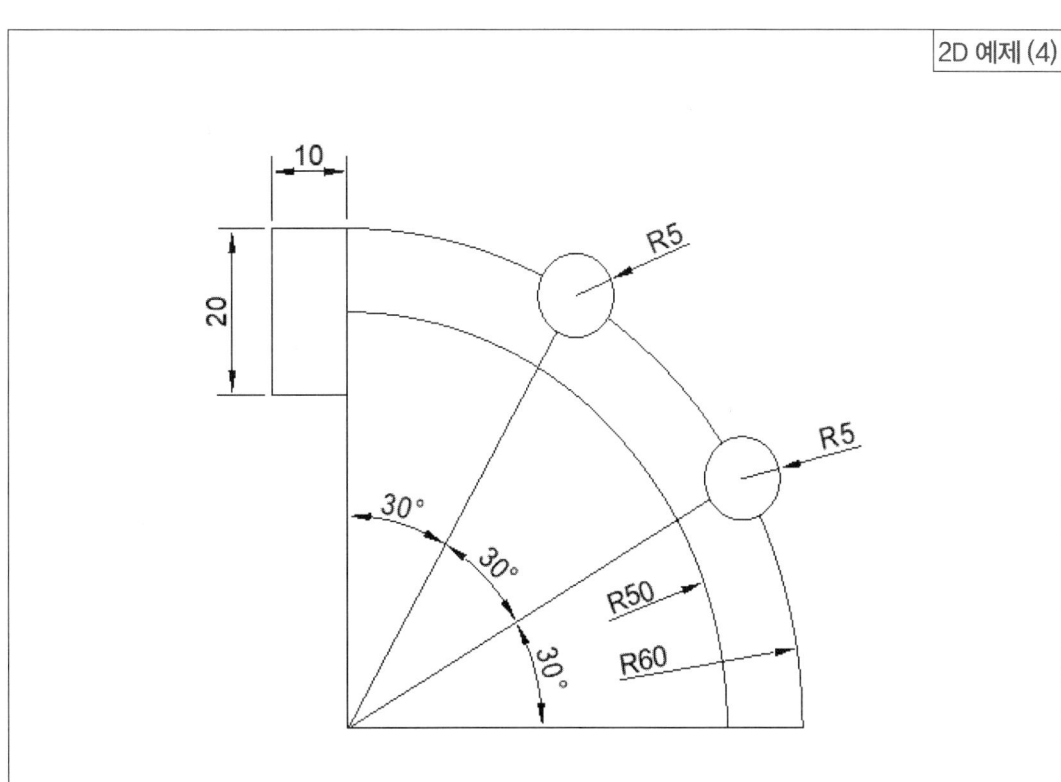

## 02 3D작업 도면

3D 예제(1)

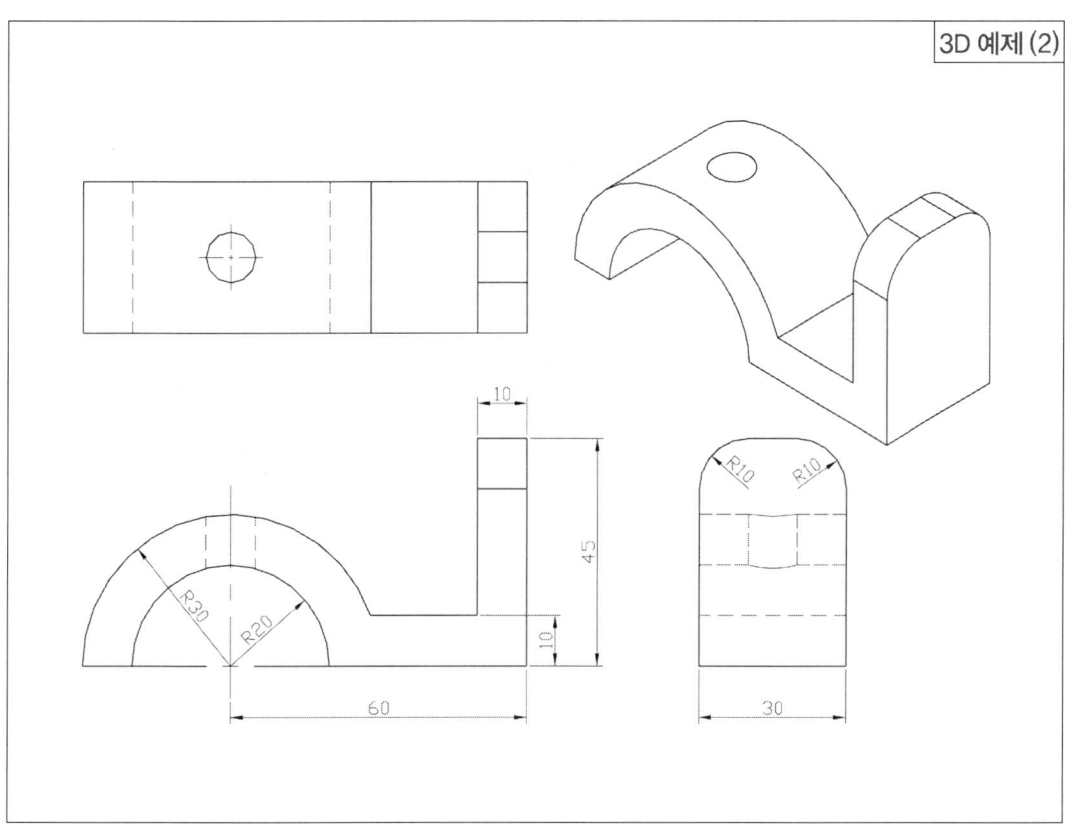

3D 예제 (2)

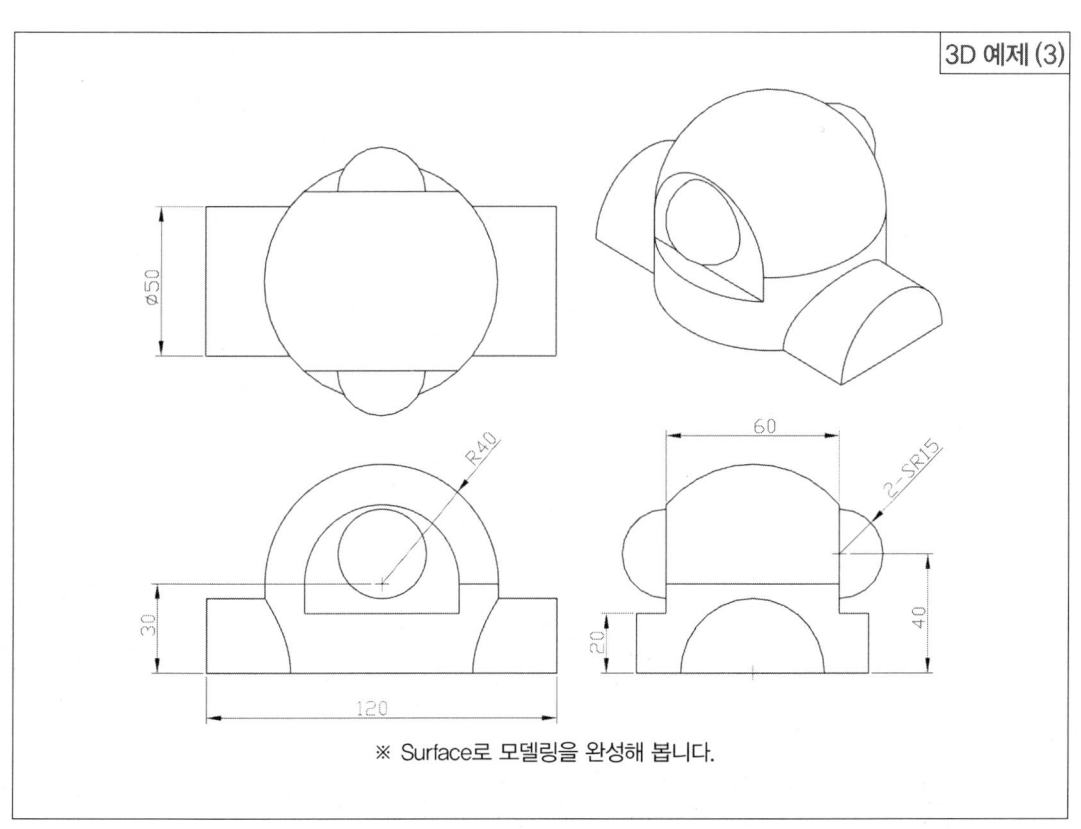

3D 예제 (3)

※ Surface로 모델링을 완성해 봅니다.

3D 형상 모델링 검토

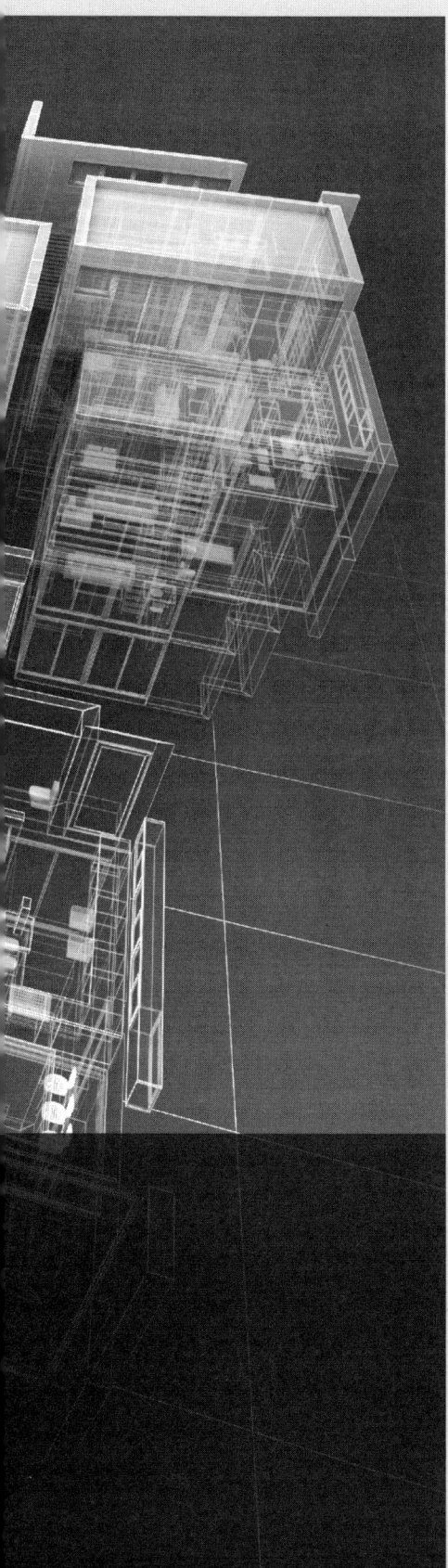

# PART 03

CATIA를 이용한 국가직무능력표준 기계요소설계 직무분야

# 3D형상모델링 검토하기

CHAPTER 01　조립품 생성하기
CHAPTER 02　간섭 확인 및 수정하기
CHAPTER 03　조립예제

# CHAPTER 01 조립품 생성하기

CATIA를 이용한 국가직무능력표준 기계요소설계 직무분야

## 01 Assembly 시작하기

❶ CATIA를 실행하면 부품을 조립할 수 있는 Assembly Mode가 실행된다.

❷ CATIA를 실행한 후 초기화 상태에서 Start → Mechanical Design → Assembly를 선택한다.

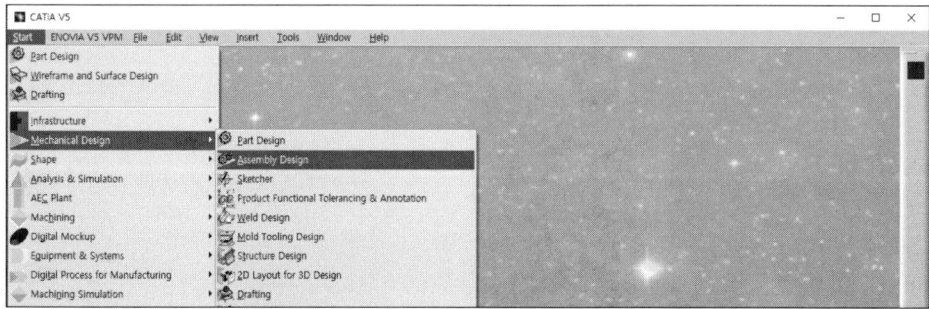

❸ Workbench 아이콘을 클릭한 후 Assembly Design을 선택한다.

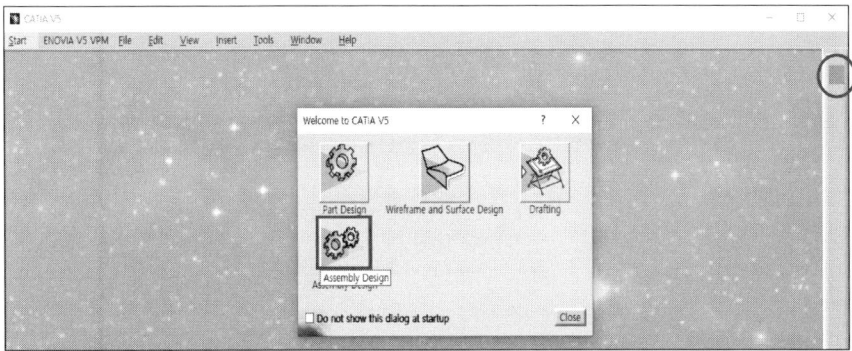

## 02 Assembly 환경설정

❶ 도구막대 빈 공간에 마우스 포인터를 놓고 마우스 오른쪽 버튼을 클릭하여 아래와 같이 도구막대를 선택하여 정리한다.

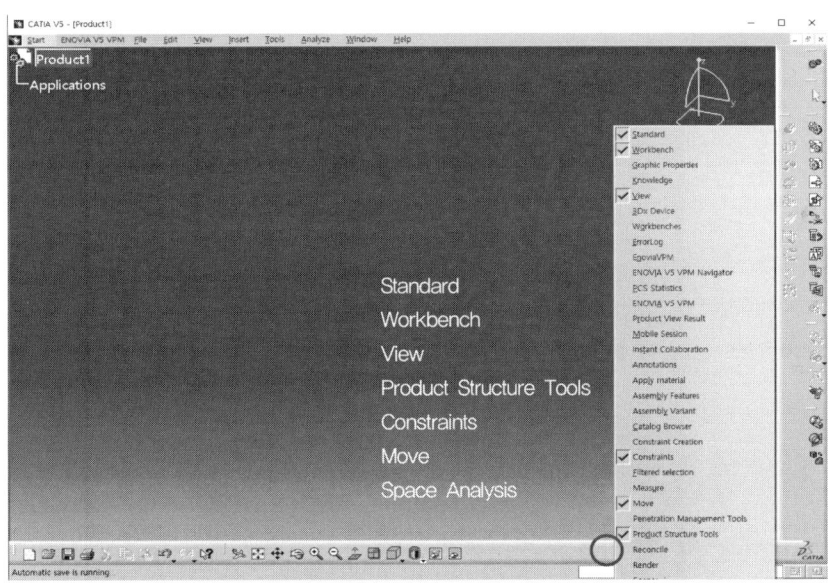

❷ 부품 사이에 구속조건을 주면 자동으로 적용되어 업데이트되도록 환경을 설정한다. 즉, Tools → Options → Mechanical Design → Assembly Design → General 탭을 아래와 같이 설정한다.

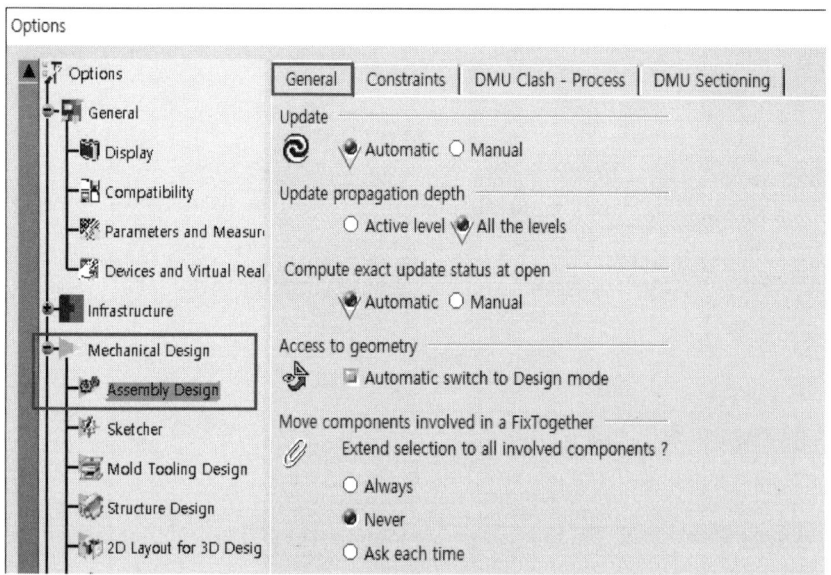

❸ Assembly에서는 대략적으로 아래와 같은 순서로 작업을 진행하게 된다.

- 모델링한 부품을 불러와서 구성(Product Structure Tools 도구막대 활용)
- 공간상에서 부품을 이동(Move 도구막대 활용)
- 부품 사이에 구속조건을 적용(Constraints 도구막대 활용)
- 부품 사이에 간섭을 체크(Space Analysis 도구막대 활용)

## 03 조립부품 구성하기

❶ [Product Structure Tools Toolbar] – Existing Component : 모델링한 부품을 불러온다.

- Existing Component 아이콘을 클릭(1)한다.
- 불러올 모델링이 위치할 Product를 클릭(2)한다.
- 대화상자가 나타나면 모델링한 부품 중에 조립할 항목을 모두 선택(Ctrl을 누른 상태에서 파일 선택)한 후 열기 버튼을 클릭한다.

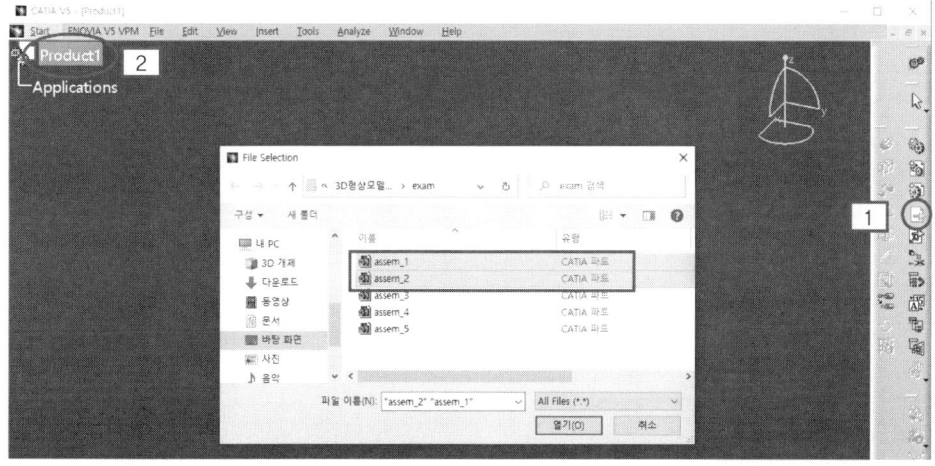

- 부품을 불러오는 과정에서 대화상자가 나타나면 Automatic rename... 버튼을 선택하고 OK버튼을 클릭한다.
- Tree에 불러올 때 Part 이름이 구분되어 자동으로 부여된다.

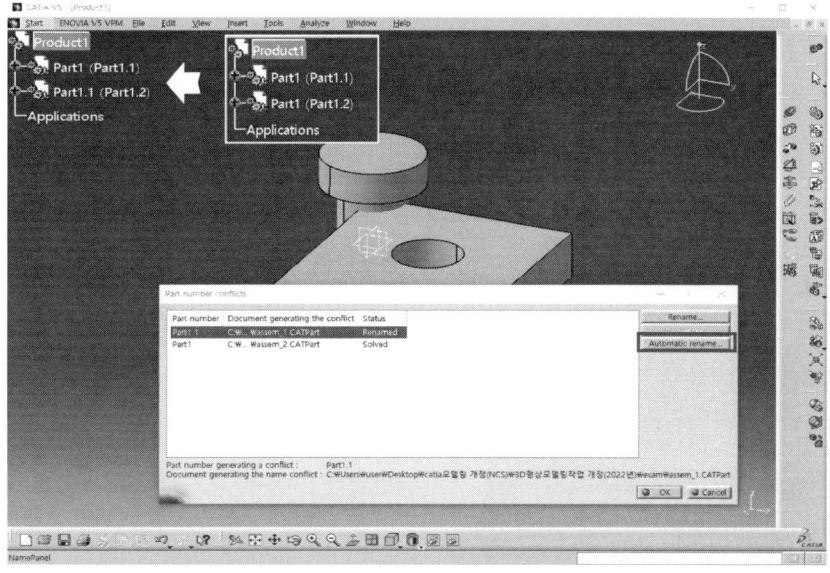

- Tree의 Part 이름을 변경하고자 할 때는 해당 Part를 선택한 후 마우스 오른쪽 버튼을 누른 상태에서 Properties를 선택한다. (여기에서 Part1.1를 변경해 본다)

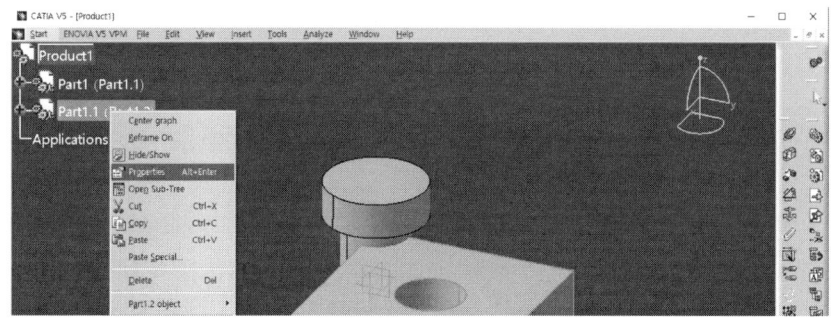

• Product → Part Number와 Component → Instance name에서 변경하고 OK버튼을 클릭한다.

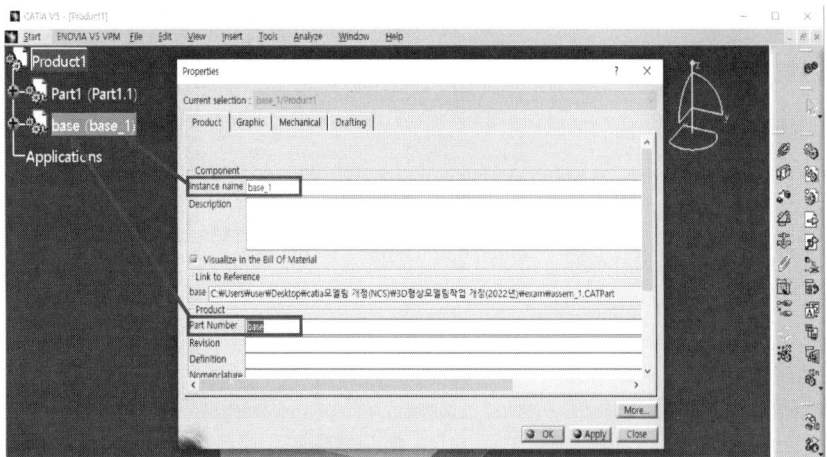

❷ [Product Structure Tools Toolbar] – Replace Component : 불러온 부품을 다른 부품으로 변경하여 대체할 수 있다.

• 앞에서 불러왔던 base를 다른 부품으로 변경해 보기로 한다.
• 먼저 변경할 부품을 Tree에서 선택(1)하고 Replace Component 아이콘 을 클릭(2)한다.
• 탐색창에서 변경하고자 하는 모델링을 선택(3)하고 열기 버튼을 클릭한다.

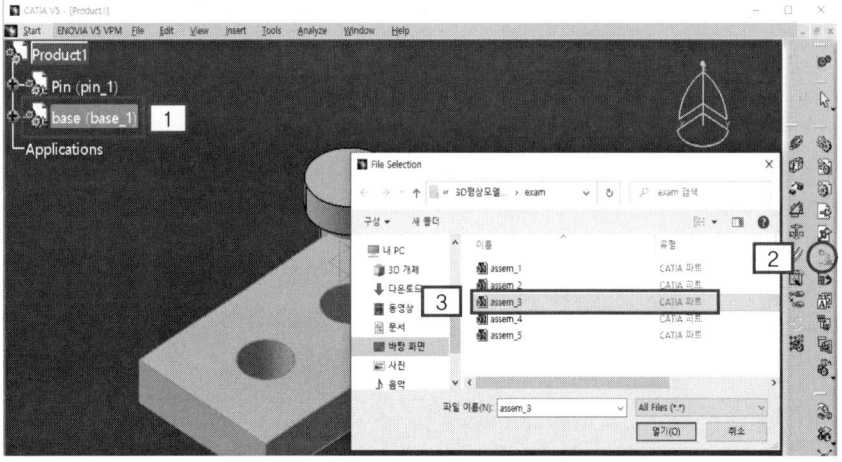

- 아래와 같이 대화상자가 나타난 후 OK버튼을 클릭하면 Tree에서 base가 새로운 Part로 대체된 것을 확인할 수 있다.

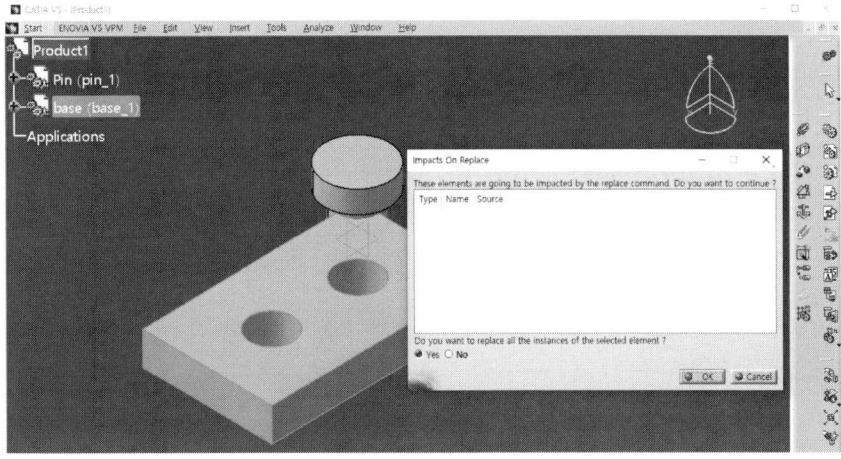

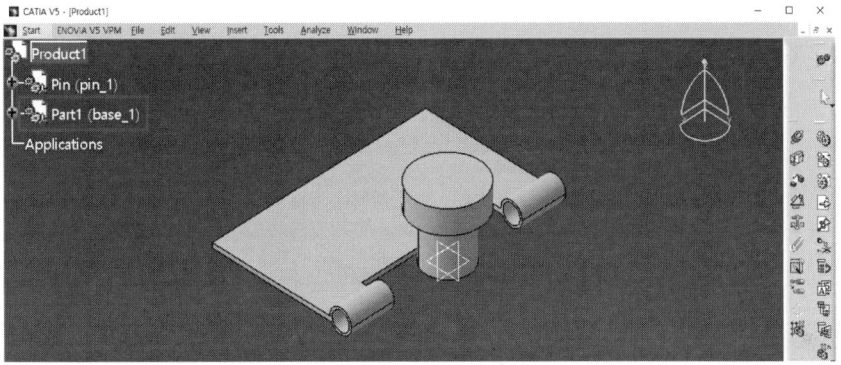

❸ [Product Structure Tools Toolbar] – Graph tree reordering : Tree의 Product나 Part 순서를 바꾼다.

- Graph tree reordering 아이콘 을 클릭(1)한다.
- 순서를 바꾸고자 하는 부품이 있는 Product를 클릭(2)한다.
- 바꾸고자 하는 Part를 선택한 후 대화상자에서 우측의 상하 화살표를 클릭하여 원하는 위치로 이동시킨다.
- Pin과 Base의 순서를 변경한 결과이다.

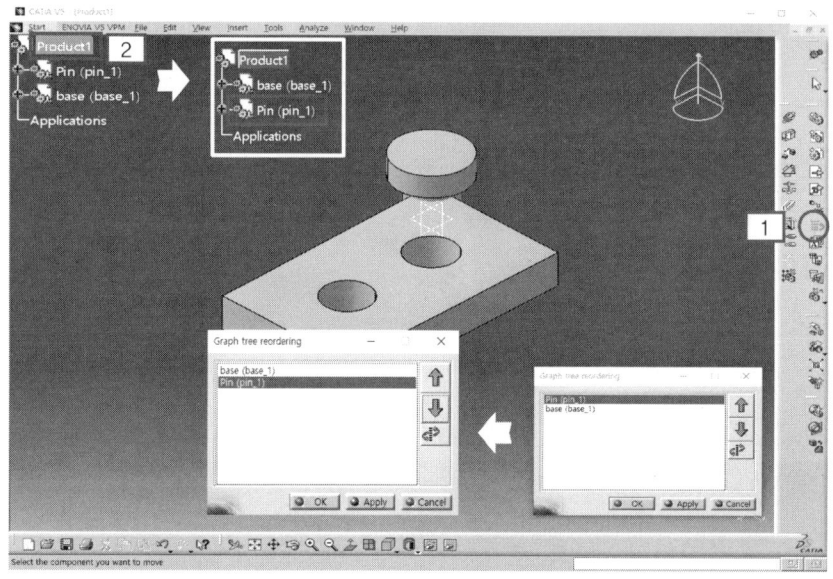

❹ [Product Structure Tools Toolbar] – Generate Numbering  : 부품에 Instance Number를 부여하여 도면에서 자동으로 BOM을 생성한다.

- Generate Numbering 아이콘 을 클릭(1)한다.
- BOM을 생성할 부품이 있는 Product를 선택(2)한다.
- 대화상자에서 적용할 BOM 번호형식을 숫자나 영문으로 선택한 후 OK버튼을 클릭한다.

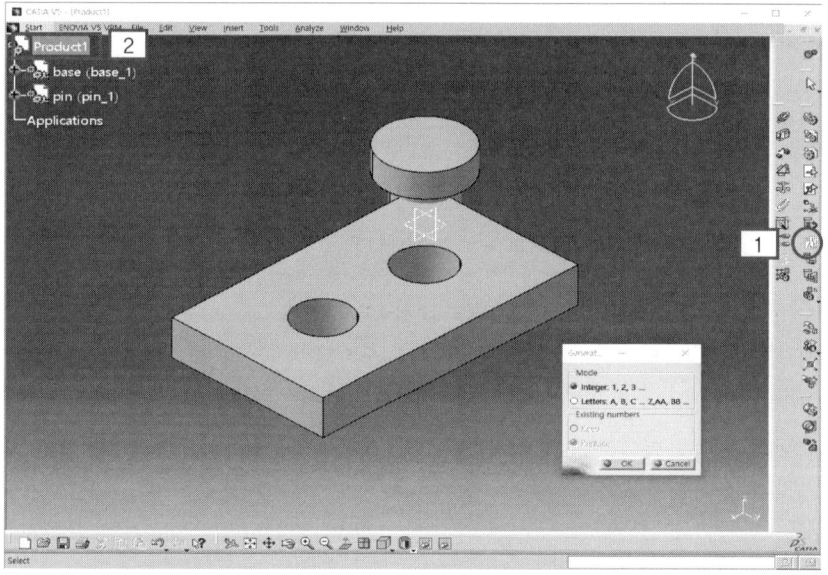

- Tree에서 base를 선택하고 마우스 오른쪽 버튼을 클릭한 후 Properties를 선택한다.
- Instance Number가 앞에서 선택한 숫자로 적용된 것을 확인할 수 있다.

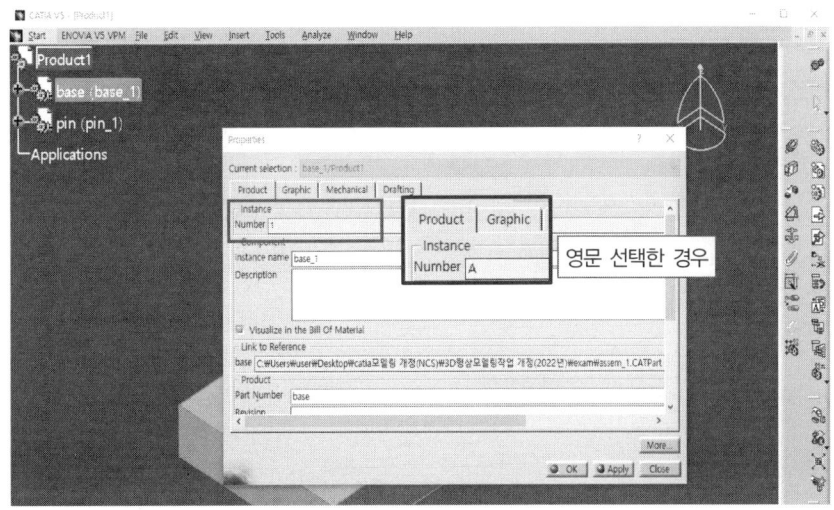

- Start → Mechanical Design → Drafting을 선택하여 도면으로 전환한다.(Drafting의 자세한 내용은 책의 뒷부분에 있으니 참고하기 바랍니다.)
- 번호가 생성된 View를 선택(3) 후 Generate Balloons 아이콘을 클릭(4)한다.
- 선택한 View의 부품 앞에 적용한 번호가 생성된 것을 볼 수 있다.

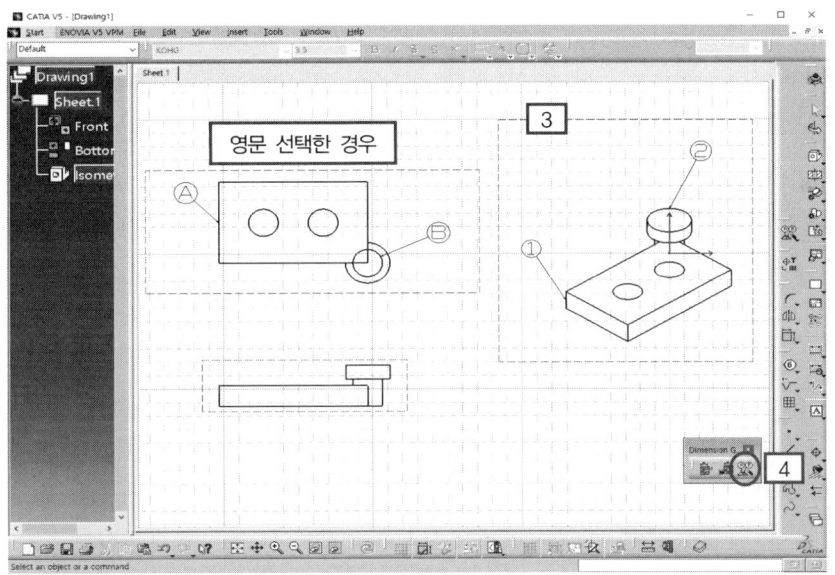

❺ [Product Structure Tools Toolbar] – Fast Multi Instantiation : 선택한 부품을 Define Multi Instantiation(❻참조)에서 지정한 수만큼 바로 복제하여 생성시킨다.

- Fast Multi Instantiation 아이콘을 클릭(1)한다.
- 복제하고자 하는 부품(Pin (Pin_1))을 선택(2)한다.
- Tree에 선택한 pin(pin_1)부품이 복제되어 pin(pin_1.1)이 생성된 것을 확인할 수 있다.

- 복제하고자 하는 부품을 먼저 선택(2)한 후 Fast Multi Instantiation 아이콘 을 클릭(1)하여도 동일한 결과를 나타내며 삭제하고자 할 때는 Tree에서 해당 Part를 선택한 후 Delete 키를 누르면 간단하게 제거할 수 있다.

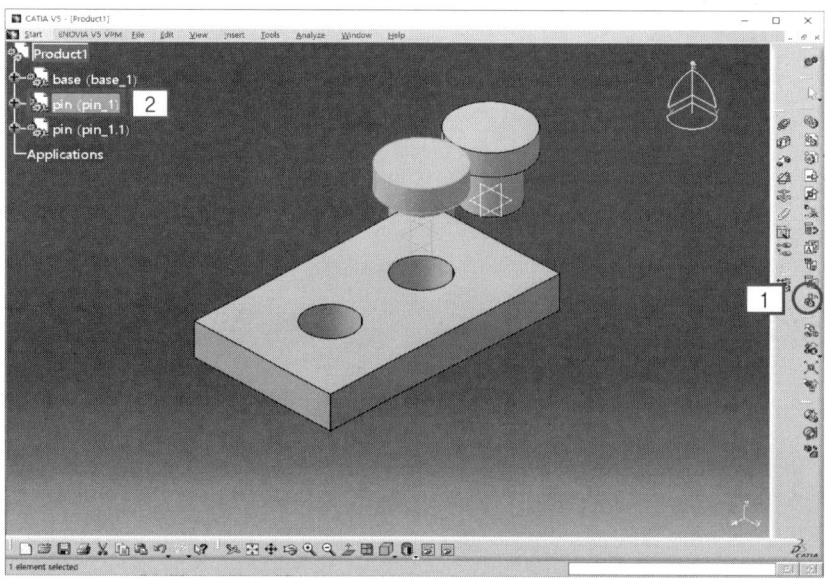

❻ [Product Structure Tools Toolbar] – Define Multi Instantiation  : 선택한 부품을 파라미터에 지정한 옵션(개수와 거리)에 따라 복제한다.

- Multi Instantiation 아이콘 을 클릭(1)한다.
- 복제하고자 하는 부품(Pin)을 선택(2)한다.
- Parameters를 선택한 후 복제 항목에 대한 정보를 입력하여 여러 개의 부품을 복제할 수 있다.

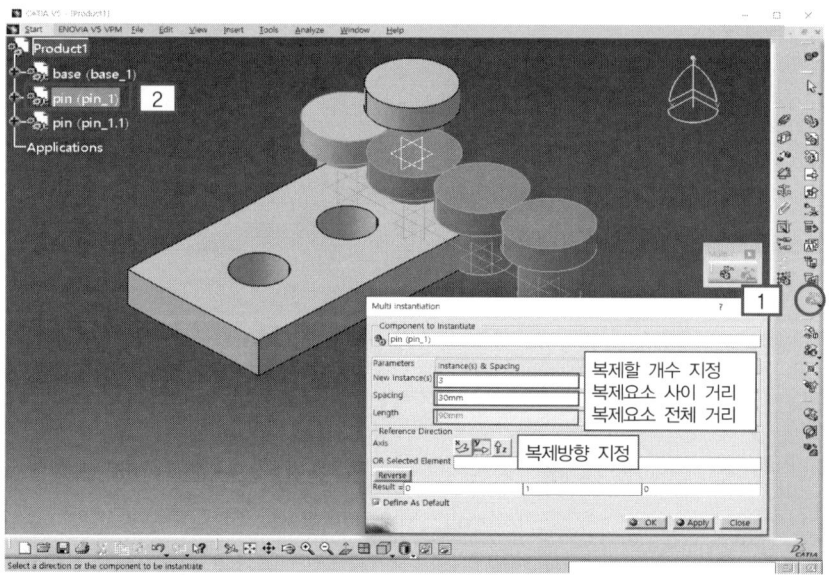

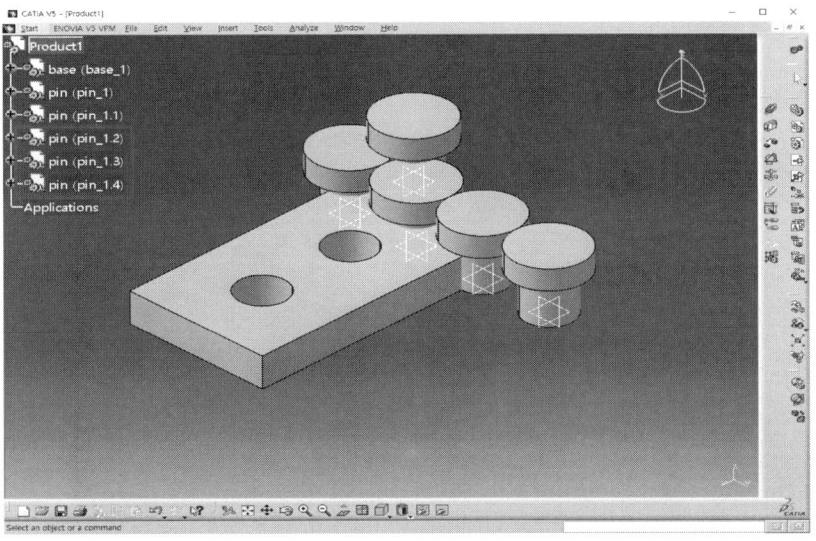

## 04 조립부품 이동하기

❶ [Move Toolbar] – Explode : 부품을 공간상에서 분해한다.

- 조립할 부품을 Assembly로 불러와서 부품의 구성이 끝나면 Move 도구막대의 기능으로 이동 및 회전시킨다.
- 먼저, 부품을 분해하기 위하여 Explode 아이콘 을 클릭(1)한다.
- Explode 대화상자가 나타나면 OK버튼을 클릭한다. 모든 부품을 3차원 공간상에서 분해하도록 기본값으로 설정되어 있다.
- 부품의 위치를 변경시키기 위하여 변경할 것인지 묻는 Warning 대화상자가 나타나는데, 이때도 "예(Y)"버튼을 클릭한다.

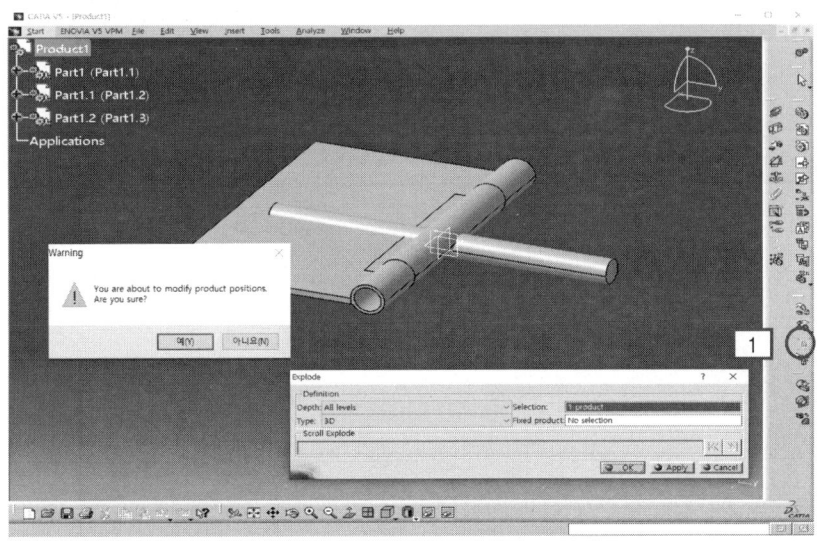

- 부품이 공간상의 임의의 위치로 분해된 것을 확인할 수 있다.
- 분해되는 부품이 화면을 벗어날 수 있으며, 이 경우에는 부품이 화면에 보이도록 축소시킨다.

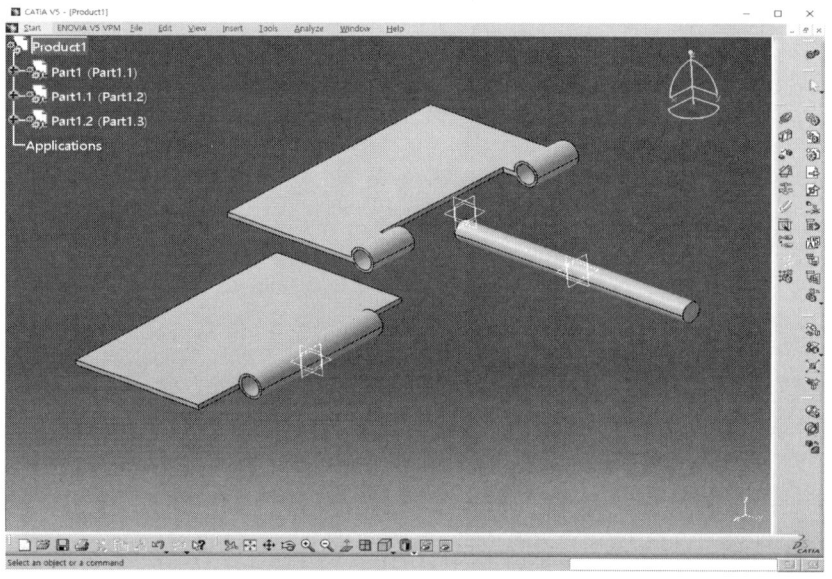

❷ [Move Toolbar] - Manipulation : 공간상에 존재하는 부품을 이동 또는 회전시킨다.

- 공간상에서 부품이 임의의 위치로 분해되었으면 조립품을 생성하기 위한 대략적인 위치로 부품을 이동 및 회전시켜야 한다.
- Manipulation 아이콘 을 클릭(1)한다.

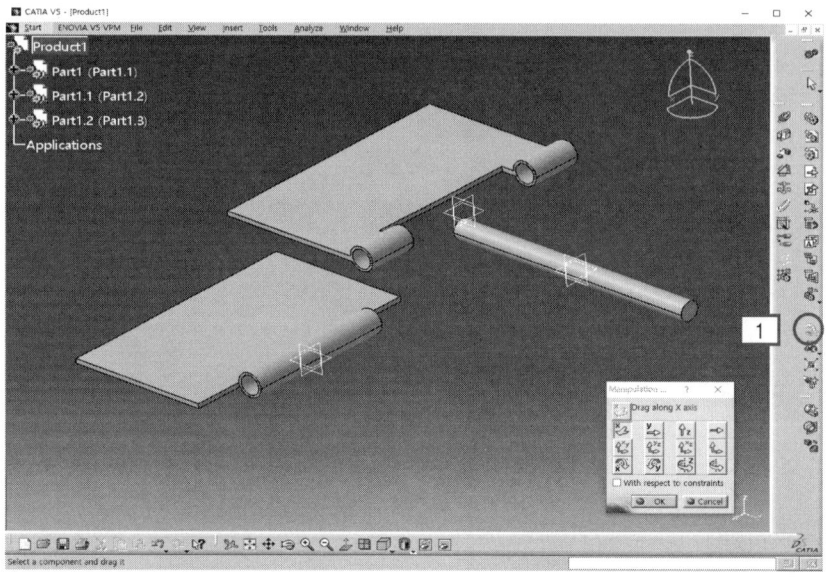

- Manipulation 대화상자가 나타나는데, 여기에서 3가지 방법으로 부품을 이동시킬 수 있다.
- 아래의 기능을 활용하여 조립상태와 유사한 방향으로 부품을 배치한다.

- 화면에서 보는 것과 차이가 있으므로 수시로 화면을 Rotate 시켜서 부품의 위치를 확인하는 것이 필요하다.(회전 중심점 지정방법은 아래 참고방법을 이용하시기 바랍니다)
    - 축방향으로 이동( )
    - 평면에서 이동( )
    - 축을 중심으로 회전( )

ⓐ **축방향으로 이동** : 이동하고자 하는 축(x, y, z, 사용자 지정축)을 선택한 후 부품을 드래그하여 원하는 위치로 이동시킨다.

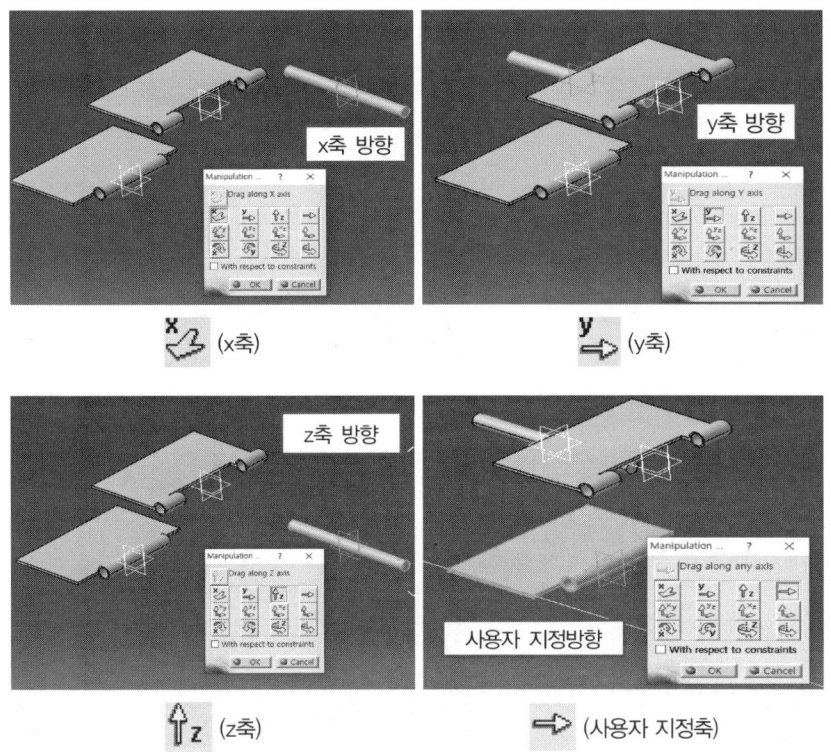

ⓑ **평면에서 이동** : 선택한 평면(xy, yz, xz, 사용자 지정평면)에서 선택한 부품을 드래그하여 원하는 위치로 이동시킨다.

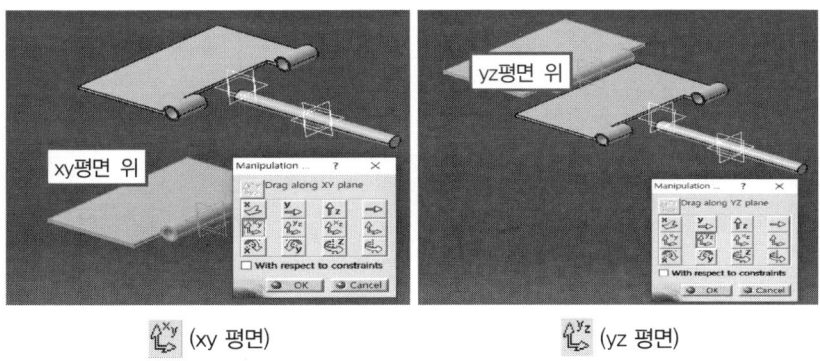

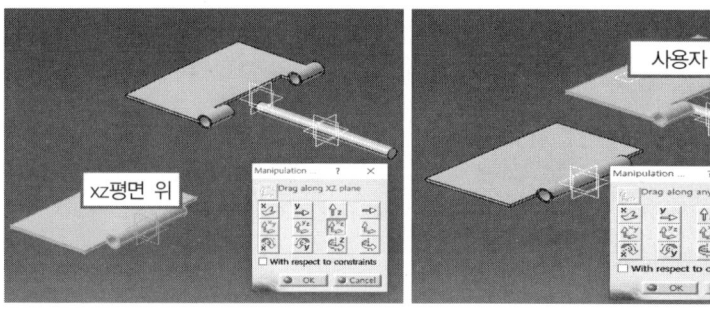

ⓒ 축을 중심으로 회전 : 축(x, y, z, 사용자 지정축)을 중심으로 선택한 부품을 회전시킨다.

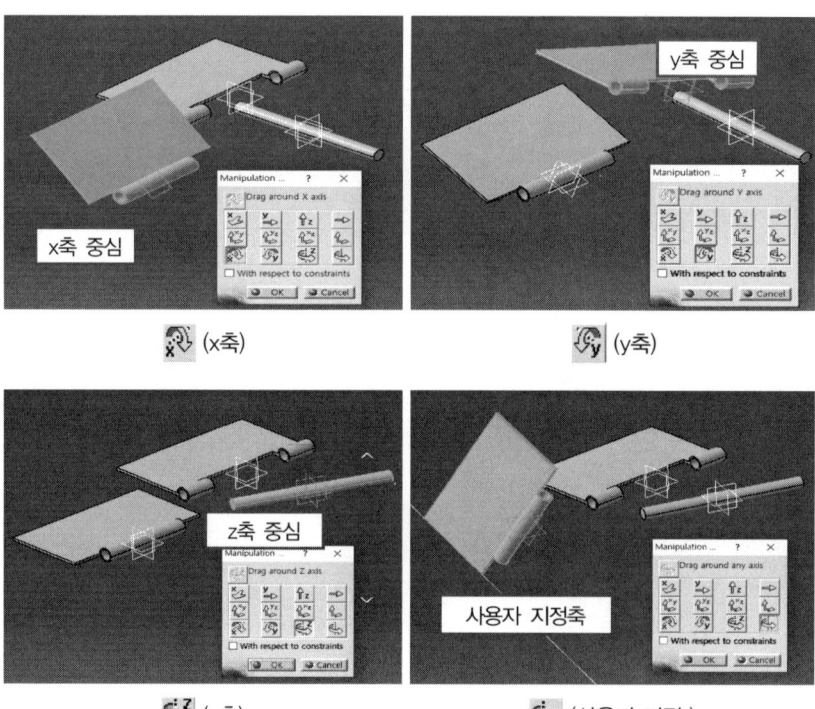

* Manipulation 기능을 활용하여 조립상태와 유사한 형태로 배치한다.

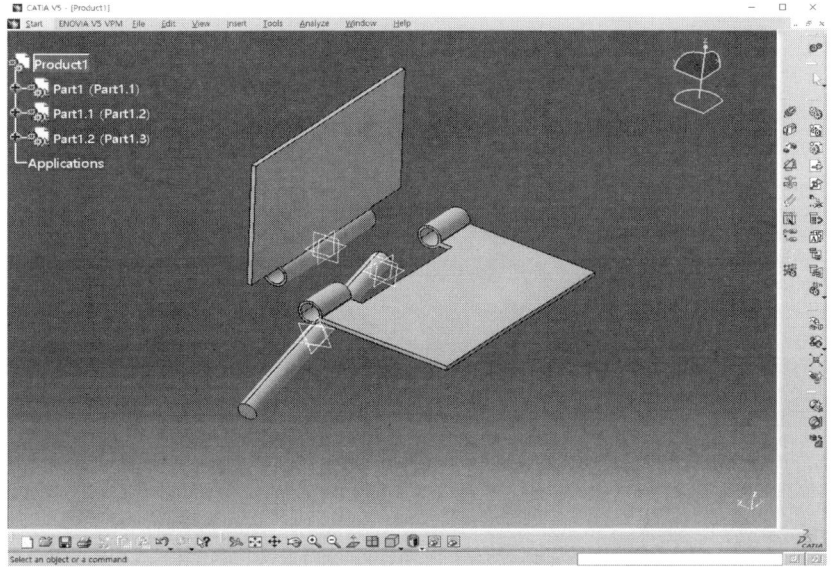

REFERENCE  부품을 회전(rotate)할 때 회전중심을 지정하는 방법

1) 먼저, 회전 중심위치에 마우스 포인터를 갖다 놓고 마우스 휠 버튼을 클릭(1)한다.
2) 선택한 위치가 화면의 중심(2)으로 이동한다.

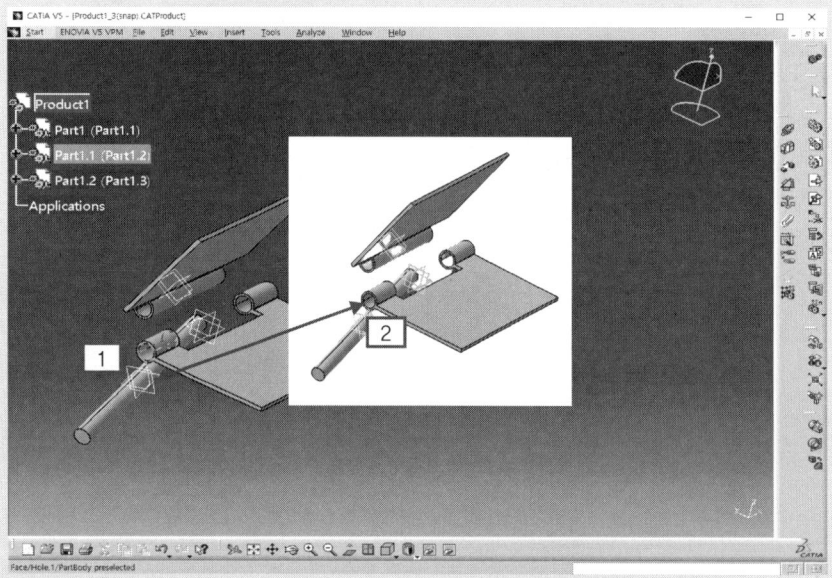

3) 모델링을 회전(Rotate)하면 앞에서 지정한 점을 중심으로 회전하게 된다.

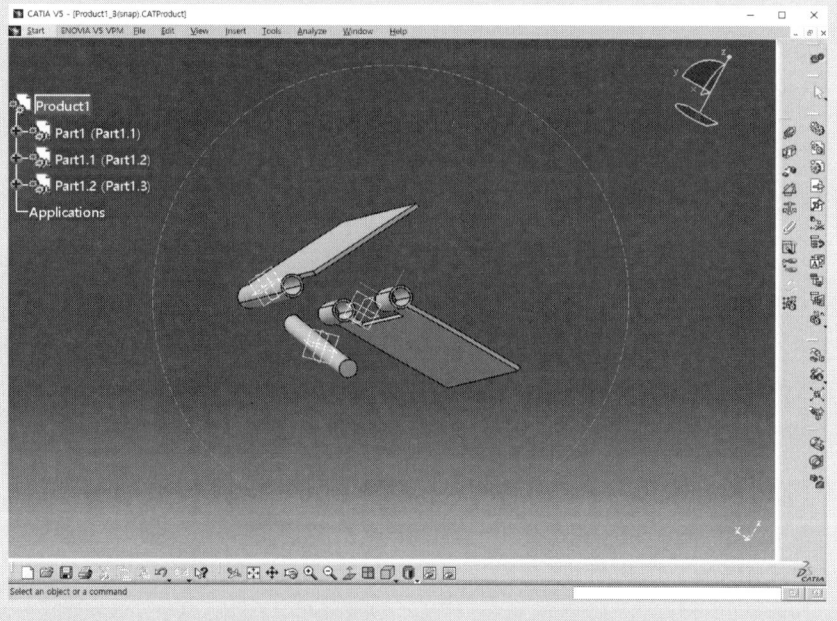

❸ [Move Toolbar]−Snap : 두 부품을 구속시킬 때 방향을 설정해 준다.

- 먼저, Tree에 있는 부품 중에 활용할 부품을 제외하고 숨기기한다.
- 숨길 부품을 선택(1)한 후 마우스 오른쪽 버튼을 클릭하여 Components−Unload를 선택한다.
- 대화상자에서 OK버튼을 클릭하면 해당 부품이 화면에서 사라지고 Tree에 ⊘표시(2)가 나타난다.

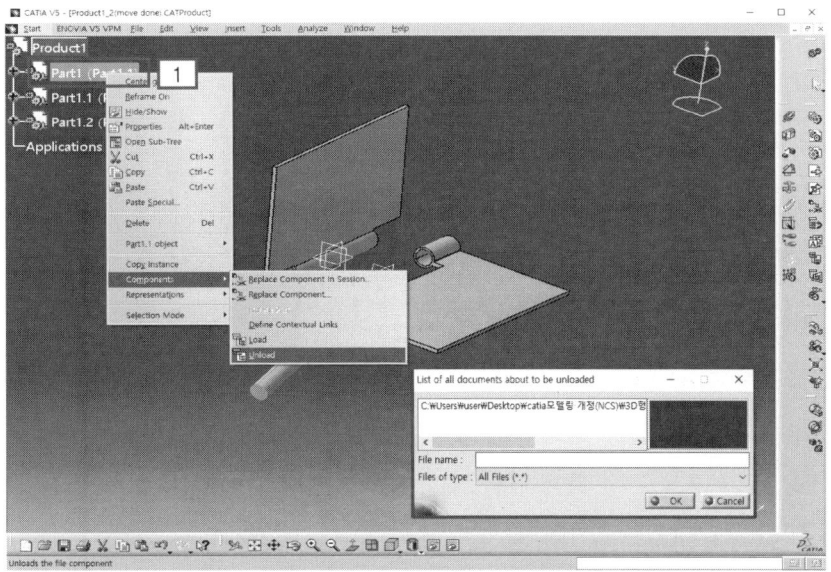

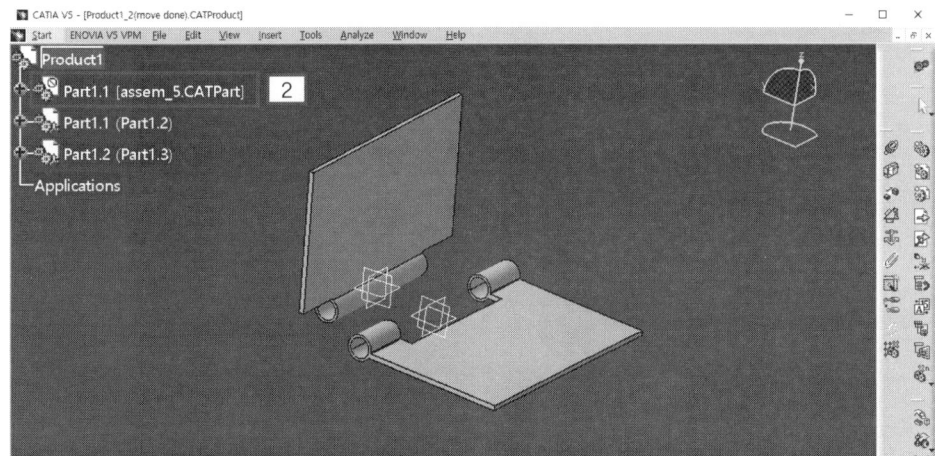

- Snap 아이콘 을 클릭(3)한다.
- 2개의 부품을 차례(4)(5)로 선택하면 먼저 선택한 면에 화살표가 보이는데, 화살표의 방향에 따라 두 부품의 조립방향이 반대로 나타나게 된다.
- 이때 조립하고자 하는 면의 방향이 맞지 않으면 화살표를 클릭하여 부품 간의 조립방향을 재설정해 주면 구속조건을 적용할 때 원하는 형태로 부품을 조립할 수 있다.(아래 도식화된 이미지를 참고하기 바랍니다)

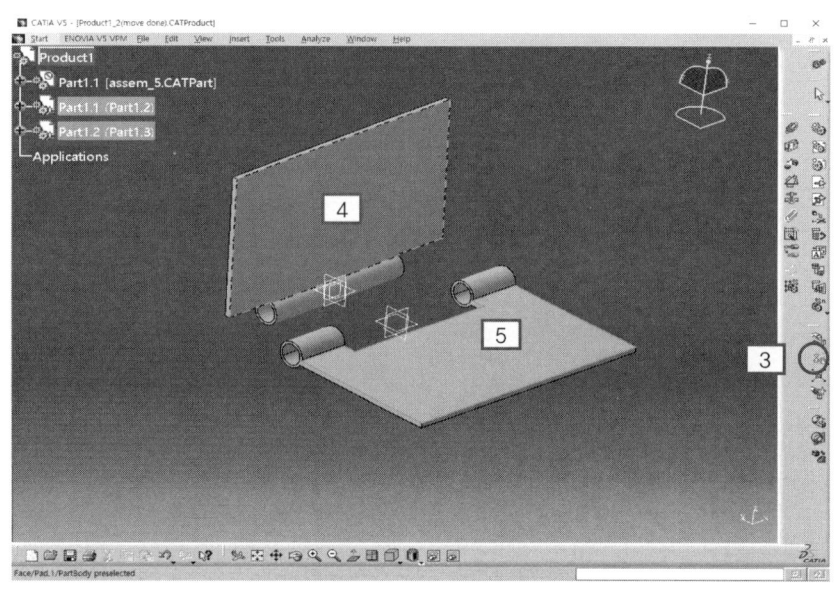

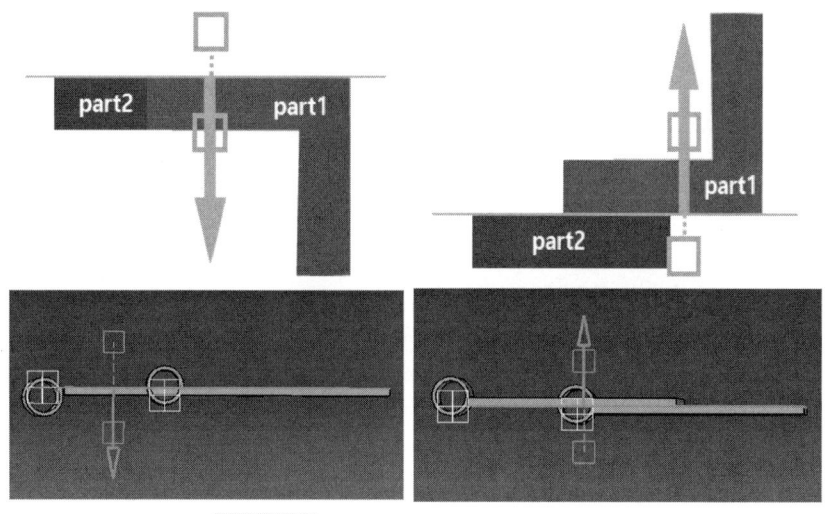

- 앞에서 숨기기한 부품을 다시 불러오기 위해 Tree에서 숨기기(◎)된 부품을 선택한 후 마우스 오른쪽 버튼을 클릭하여 Components – Load를 선택한다.
- 숨기기된 부품이 화면상에 다시 나타난다.

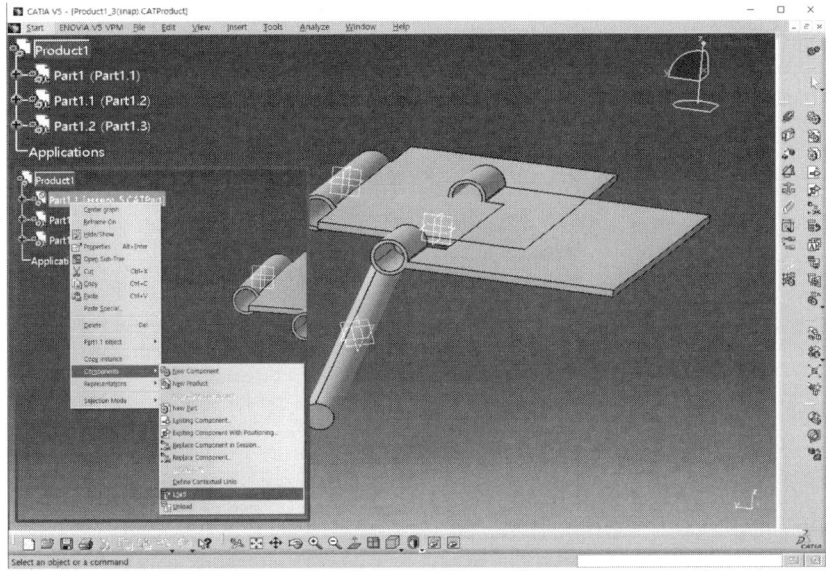

## 05 조립부품 구속조건 적용하기

❶ [Constraints Toolbar] – Coincidence Constraint ⊘ : 두 부품 사이의 중심축 또는 면을 일치시킨다.

- Coincidence Constraint 아이콘 ⊘ 을 클릭(1)한다.
- Assistant 대화상자가 나타나면 Do not prompt in the future를 체크하고 OK버튼을 클릭한다.

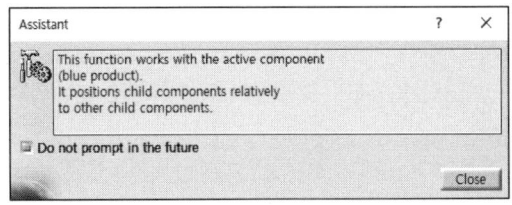

- 중심을 일치시킬 두 부품의 원기둥에 마우스 포인터를 위치시킨 후 중심선이 보이면 클릭(2)(3)하여 차례로 선택한다.

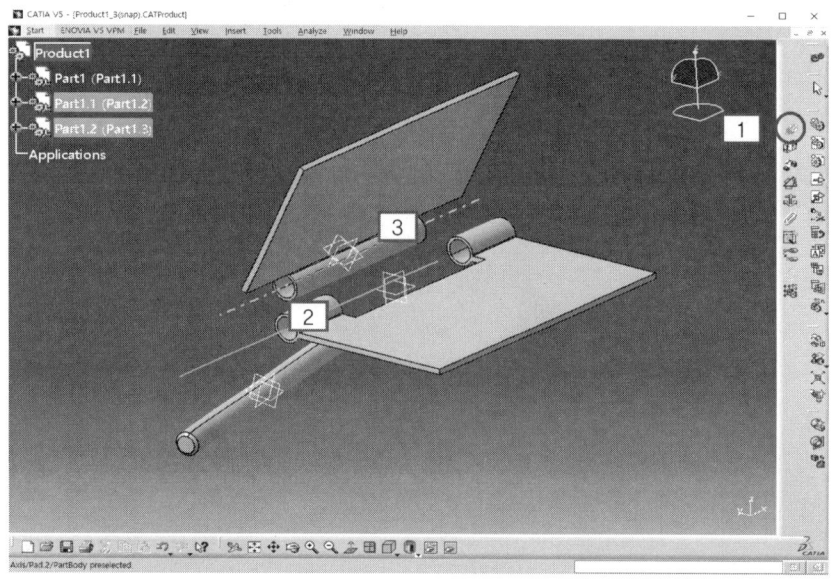

- 먼저 선택한 부품이 나중에 선택한 부품쪽으로 이동하며 구속이 적용된다.(만일 Fix 구속을 적용한 부품이 있다면 순서에 관계없이 Fix되지 않은 부품이 Fix된 부품쪽으로 이동한다)
- 구속이 적용되면 Tree의 Constraints에 차례로 저장되며, 구속을 해제하고 싶을 때는 해당 구속조건을 선택한 후 Delete버튼을 눌러 삭제한다.
- 원기둥에 Coincidence 구속조건을 다시 한번 적용하여 중심축을 일치시킨다.

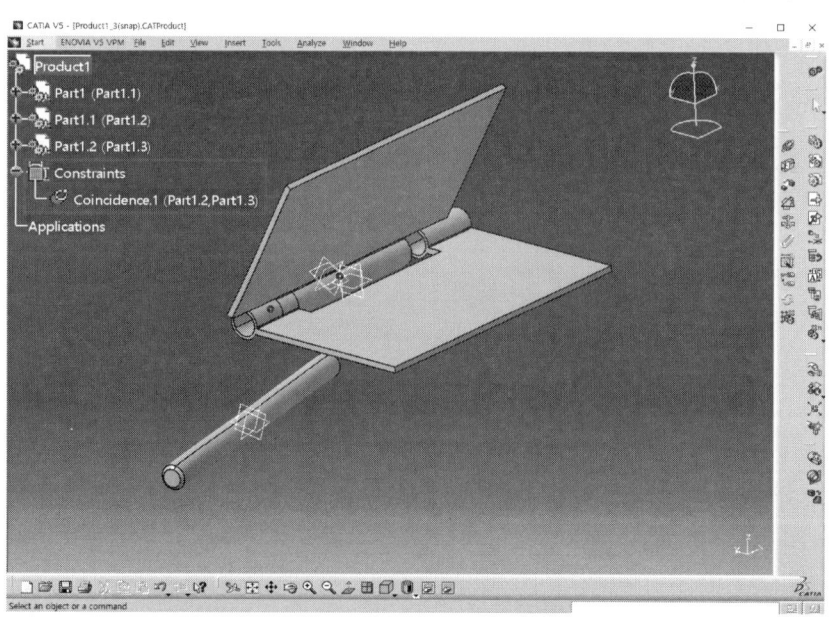

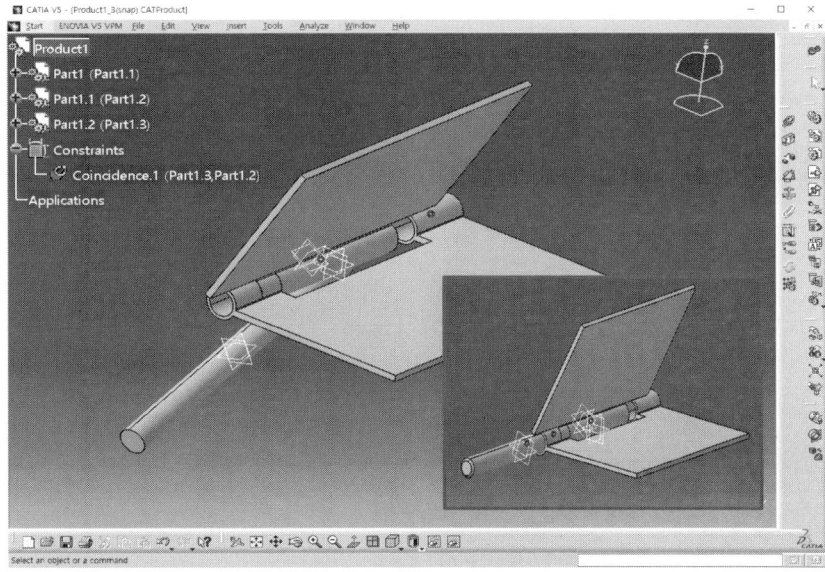

- Coincidence 구속을 면에 적용해 본다.
- Coincidence Constraint 아이콘 을 클릭(4)한 후 일치시킬 두 면(5)(6)을 차례로 선택한다.

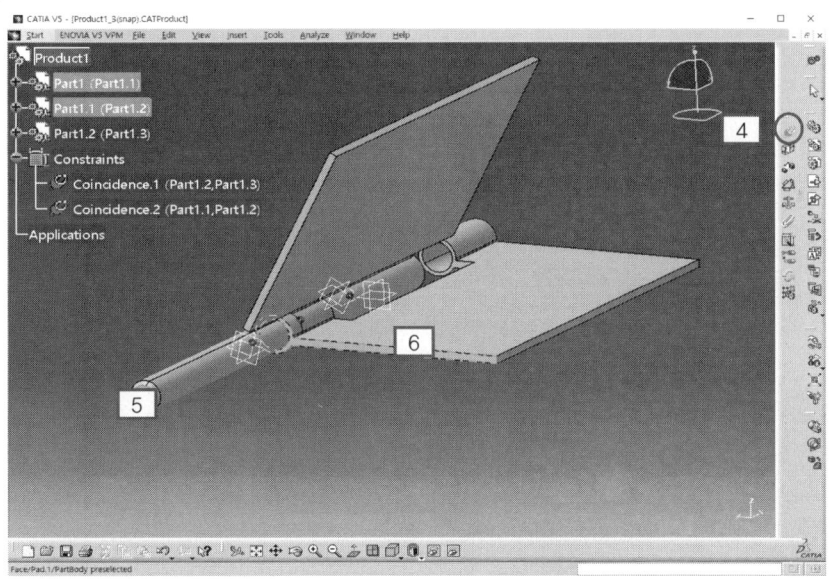

- 선택한 두 부품의 Orientation(방향성)이 Same(같은 방향)이면 아래처럼 구속이 적용된다.
- OK버튼을 클릭하여 구속을 적용한다.

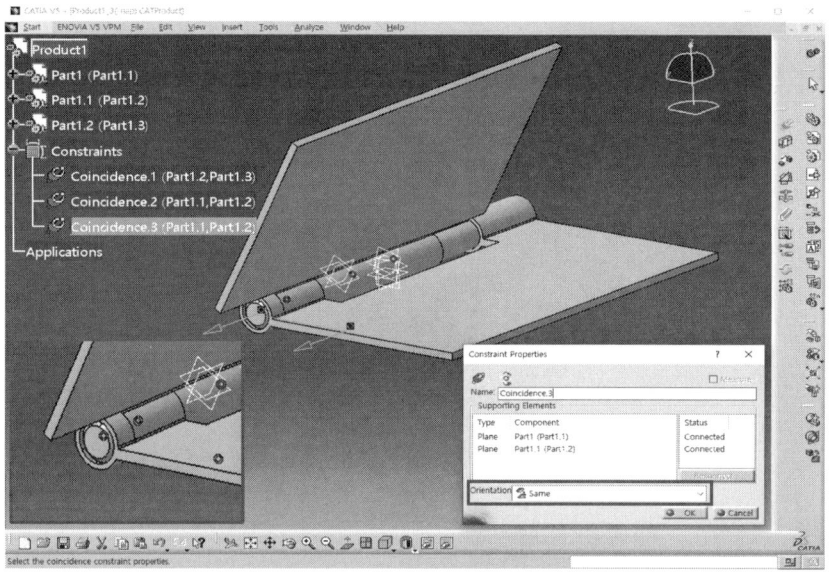

- 만약 선택한 두 부품의 Orientation(방향성)이 Opposite(반대방향)이면 구속되는 형상이 반대로 변형된다.

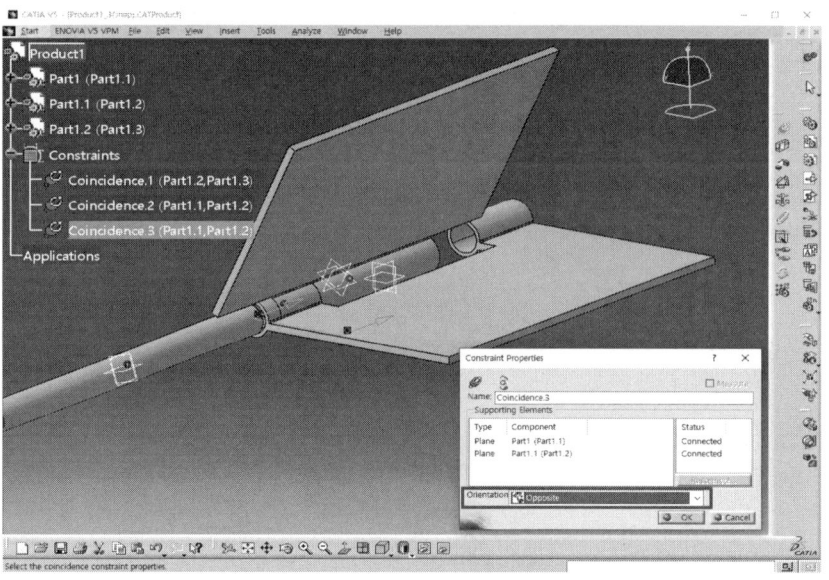

❷ [Constraints Toolbar] – Contact Constraint : 두 부품 사이의 면과 면을 일치시킨다. (Orientation 이 Opposite로 적용된다)

* 앞의 예제에서 부품이 서로 중첩되었을 경우 원하는 면을 선택하기 어려울 때는 Manipulation 을 이용하여 일정 간격을 띄운 상태에서 구속조건을 적용하면 편리하다.

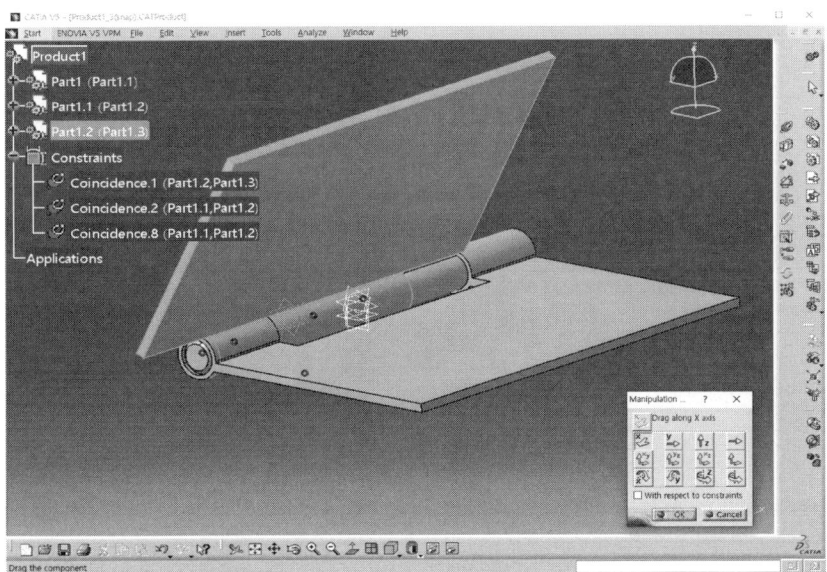

* Contact Constraint 아이콘 을 클릭(1)한다.
* 화면을 확대하여 구속하고자 하는 면을 차례로 선택(2)(3)하면 접촉(4)된다.

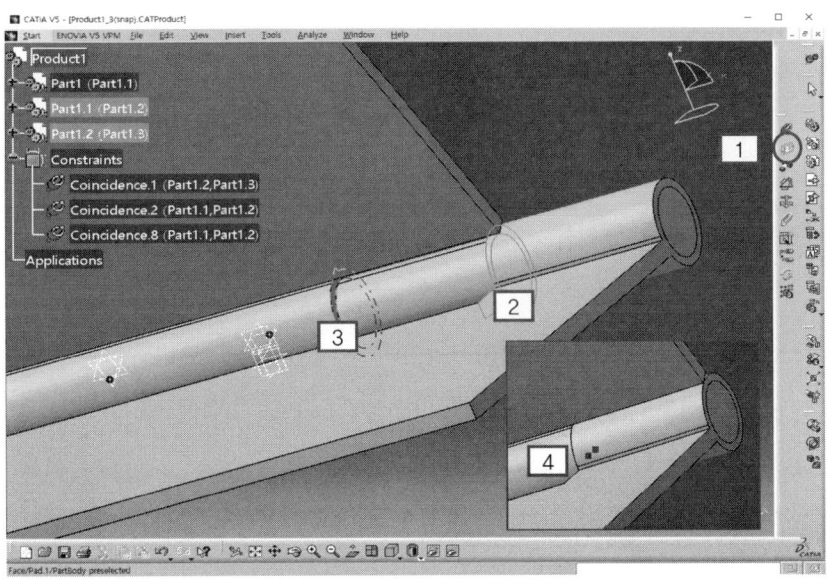

❸ [Constraints Toolbar] – Offset Constraint : 두 부품면 사이를 일정한 간격으로 사이띄우기한다.

- Offset Constraint 아이콘 을 클릭(1)한다.
- 두 부품의 사이띄우기할 면을 차례로 선택(2)(3)한다.

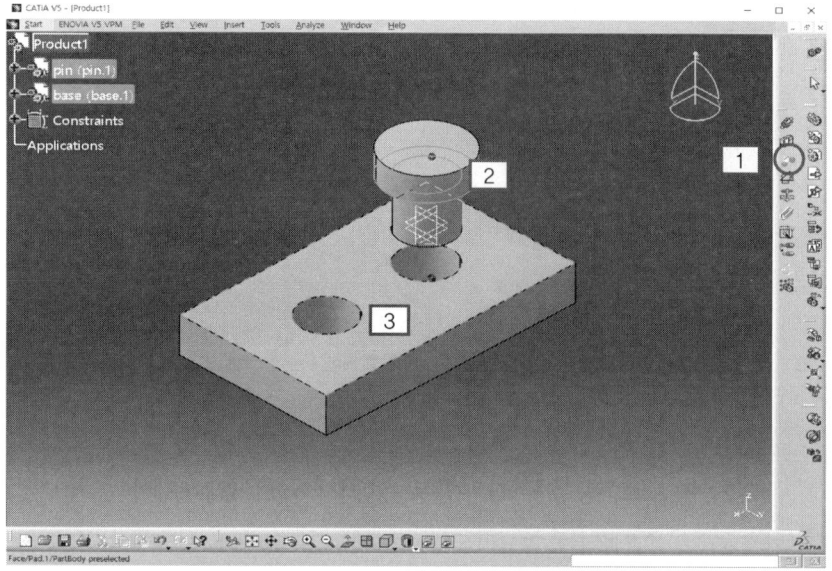

- Orientation을 Opposite로 선택하고 사이띄우기 간격(10mm)을 입력한 후 OK버튼을 클릭한다.
- 부품을 선택하는 순서에 따라 Offset에 "−00mm"로 음수가 나오는 경우가 있는데, 방향성이기 때문에 숫자 앞에 "−"를 붙여 사이띄울 간격을 입력하면 된다.

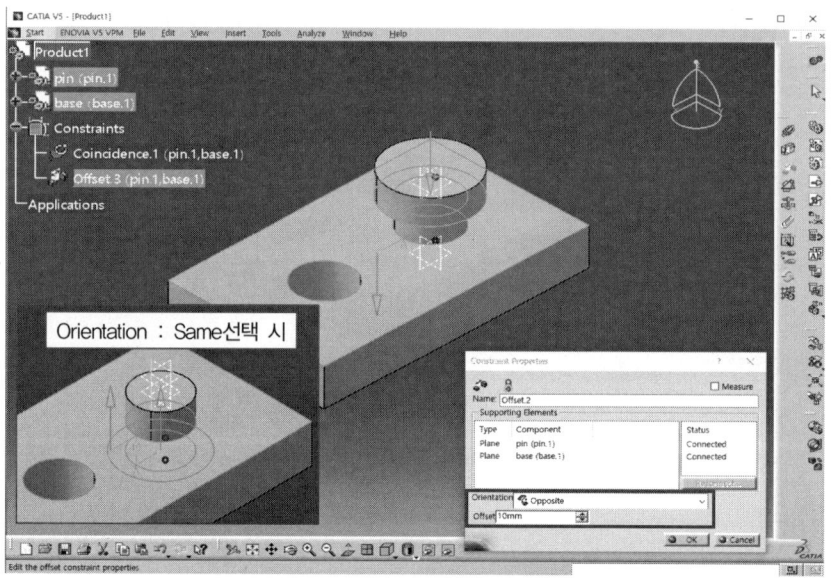

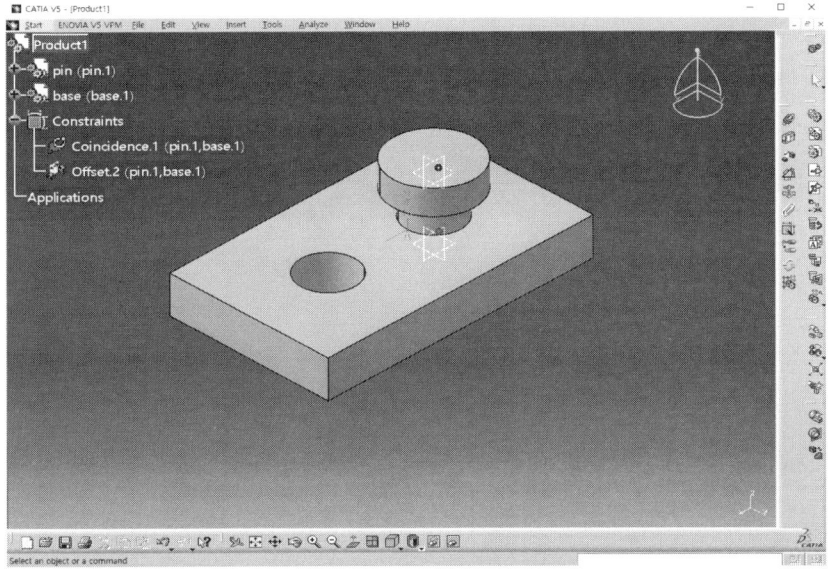

❹ [Constraints Toolbar] – Angle Constraint : 두 부품 사이에 일정한 각도 구속을 적용한다.

- Angle Constraint 아이콘 을 클릭(1)한다.
- 두 부품에 각도구속을 적용할 면을 차례로 선택(2)(3)한다.
- 적용할 Sector와 구속각도(Angle)를 입력(60°)하고 OK버튼을 클릭한다.

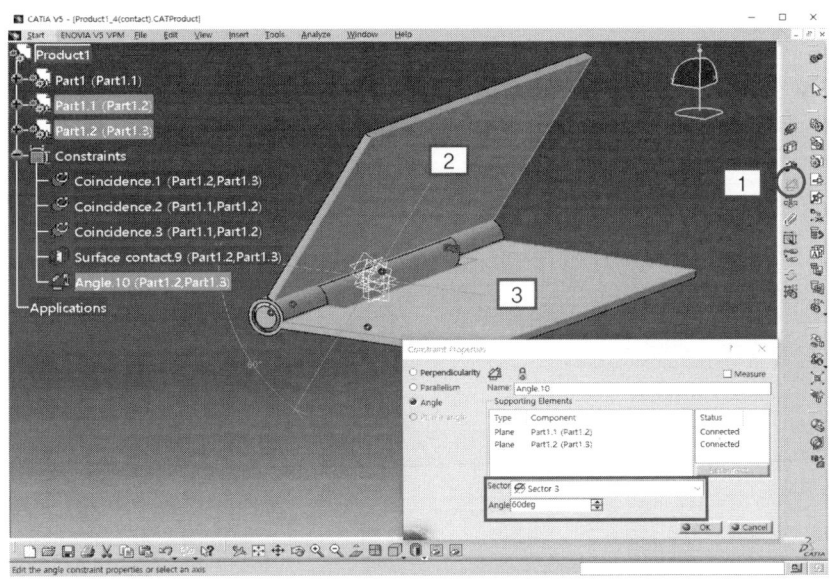

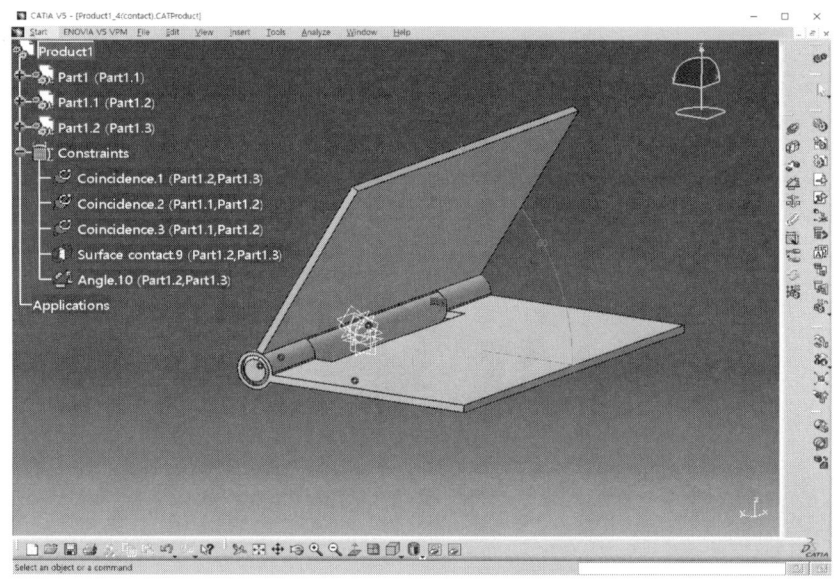

❺ [Constraints Toolbar]-Fix Component 🔱 : 부품을 공간상에서 고정시킨다.

- 이 기능은 Assembly Mode로 부품을 불러온 후 공간상에서 이동, 회전하는 Move도구막대 기능의 Explode 기능을 적용한 다음에 기준이 되는 부품을 고정할 때 사용한다.
- Fix한 부품은 구속조건을 적용하더라도 움직이지 않으므로 주로 본체에 적용한다.
- Explode 🔳를 적용하여 공간상에 부품을 분해한 상태에서 Fix Component 아이콘 🔱을 클릭(1) 한다.
- 고정할 부품(Part1.1)을 선택(2)한다.
- 이렇게 Fix를 적용한 부품은 구속조건이 적용되더라도 움직이지 않고 고정된다.

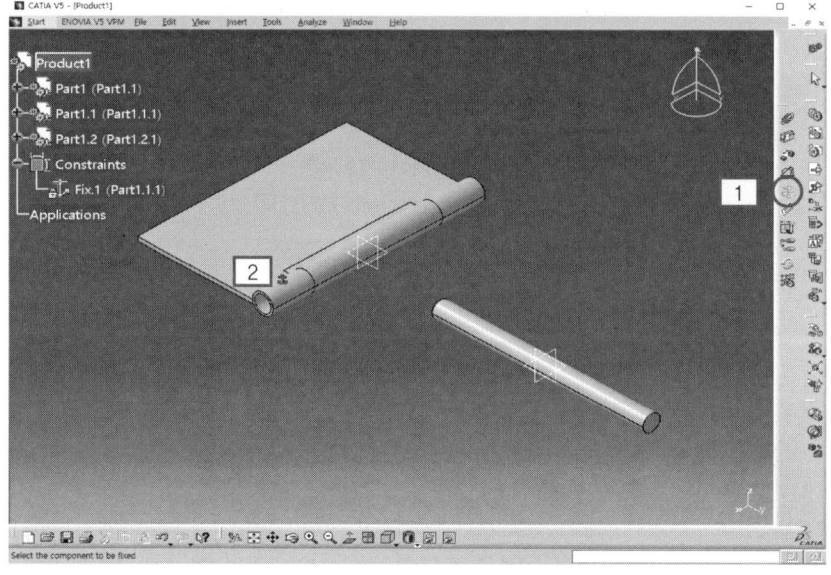

❻ [Constraints Toolbar] – Change Component : 적용된 구속조건을 변경한다.

- 두 부품을 조립하기 위해 Pin과 Base의 Hole 사이에 Coincidence, Pin의 면과 Base 윗면 사이에 Contact 구속을 적용한다.
- Contact 구속조건을 Offset 구속조건으로 변경해 보기로 한다.

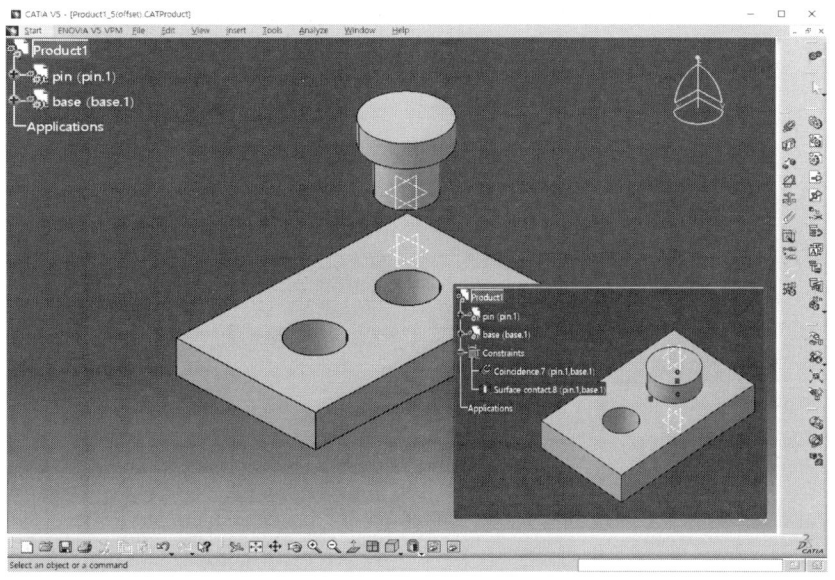

- Change Component 아이콘 을 클릭(1)한 후 Tree – Constraints에서 변경하고자 하는 구속조건 (Surface contact.8)을 선택한다.
- 대화상자에 변경 가능한 구속조건이 나타나는데, 새롭게 적용할 구속조건(Offset)을 선택하고 OK 버튼을 클릭한다.

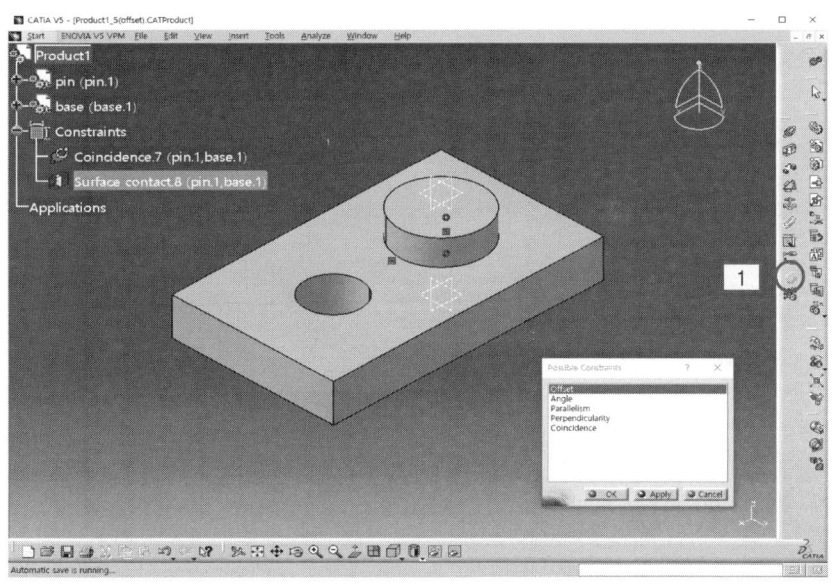

- Tree의 Constraint에서 구속조건이 변경된 것을 확인할 수 있으며 사이띄우기 간격을 적용하기 위해 더블클릭한다.
- Value에 간격(20mm)을 입력하고 Orientation(Opposite) 조건 등을 확인한 후 OK버튼을 클릭하면 Contact 구속조건이 Offset 구속조건으로 변경된다.

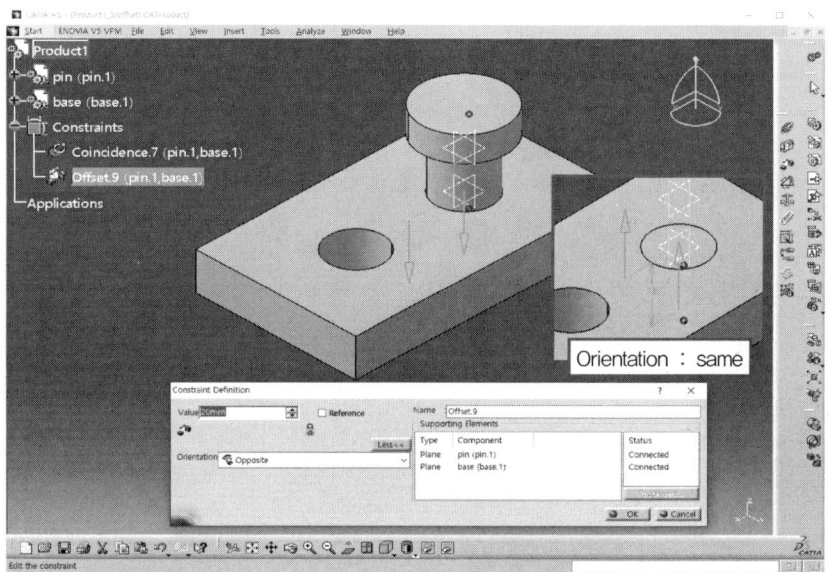

❼ [Constraints Toolbar] – Reuse Pattern : 모델링에서 Pattern이 적용된 위치에 패턴구속을 적용한다.

- 먼저, Pattern이 적용되지 않은 Hole에 Coincidence 구속조건(축 – 축(1), 면 – 면(2))을 적용하여 조립한다.

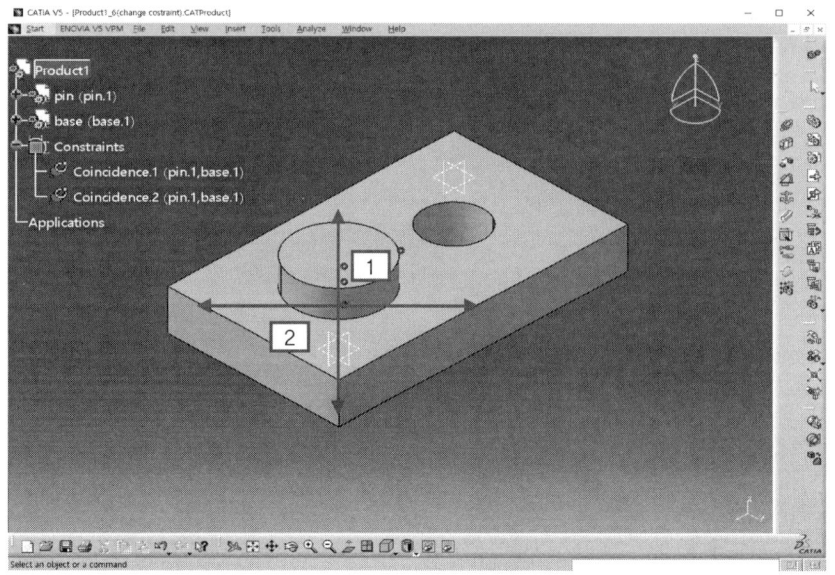

- Reuse Pattern 아이콘 을 클릭(3)한다.
- 패턴 구속조건을 적용할 부품인 pin(4)을 선택하면 대화상자의 Component to instantiate에 해당 부품이 지정된다.
- 모델링에서 Pattern이 적용된 영역인 base의 Hole을 선택(5)하면 pin이 Coincidence 구속조건이 적용되어 조립된 것을 볼 수 있으며 관련 정보는 Pattern과 Re-use Constraints 영역에 표시된다.
- OK버튼을 클릭한다.

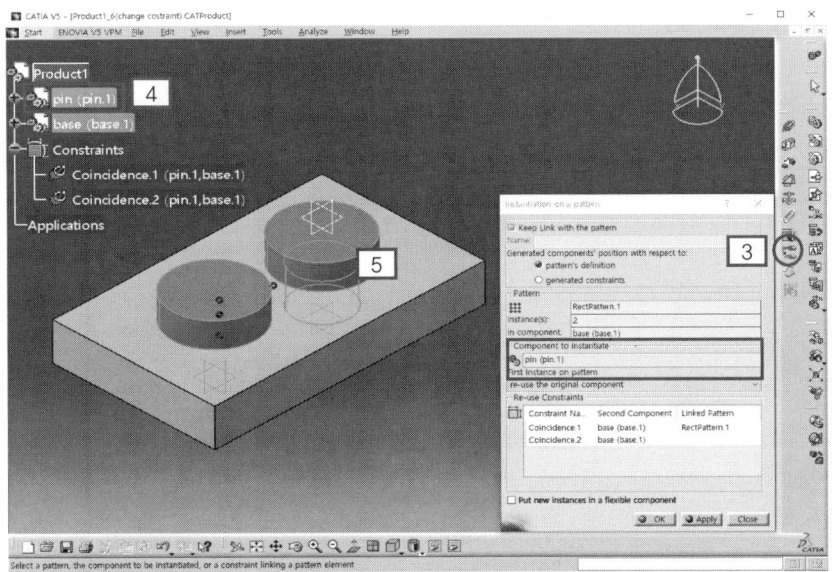

- Tree에 Assembly feature가 생성되고 하부에 해당 정보가 저장된다.

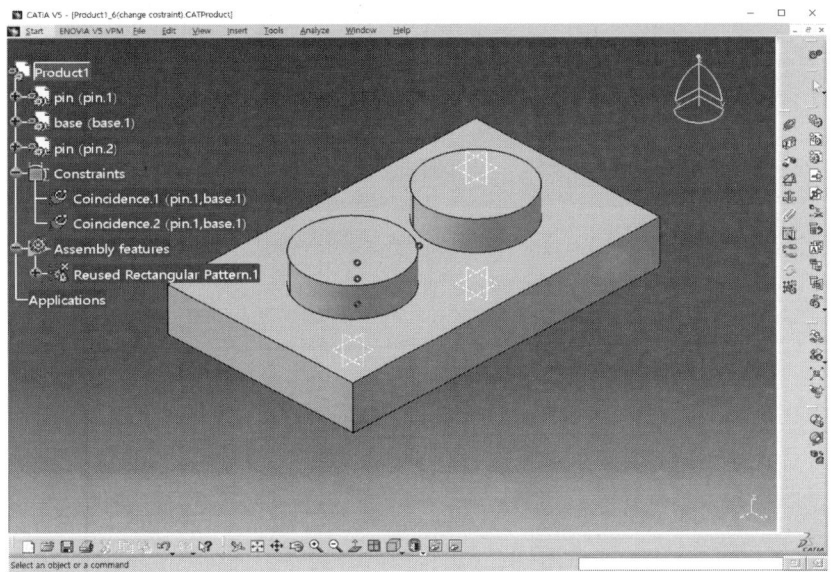

# 02 간섭 확인 및 수정하기

CATIA를 이용한 국가직무능력표준 기계요소설계 직무분야

## 01 조립품 간섭 확인하기

❶ [Space Analysis Toolbar] – Clash : 부품을 조립한 상태에서 부품 사이의 간섭을 체크한다.

- 부품에 구속조건을 적용하여 조립한 상태에서 Clash 아이콘 을 클릭(1)한다.

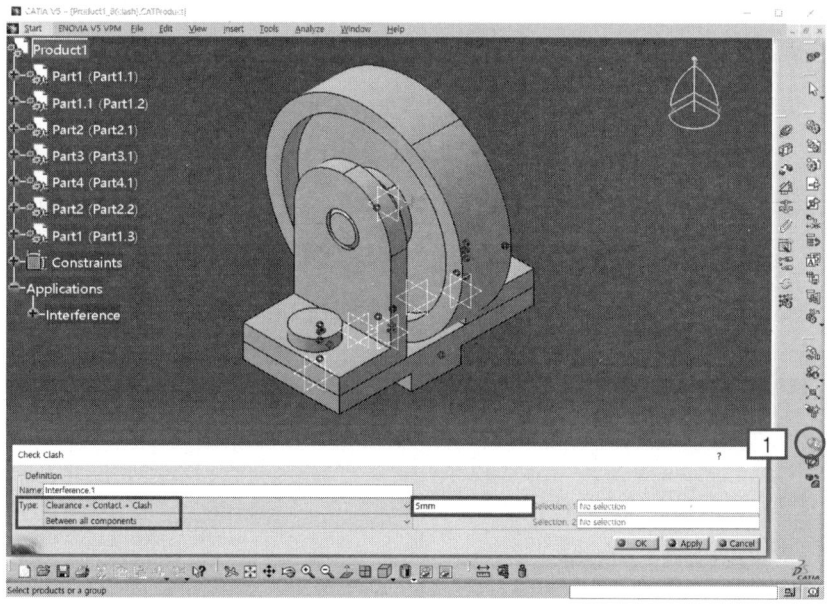

- Type을 Clearance + Contact + Clash와 Between all components를 선택한 후 Apply버튼을 클릭한다.
- 모든 조립부품 사이의 관계를 지정한 거리(5mm) 이내에서 Value값을 간격(+값), 접촉(0), 충돌(–값) 등으로 표시해 주며, 부품 모델링 과정에서 확인할 수 없었던 조립될 경우의 간섭을 체크할 수 있다.

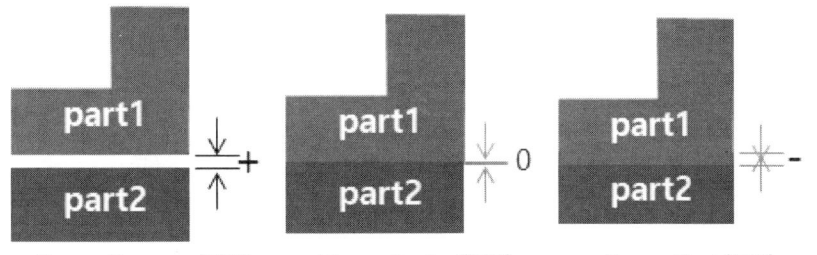

- Check Clash 대화상자에서 각 항목을 선택하면 선택한 부품 사이의 Type(Clearance, Contact, Clash)과 Value를 보여 주며 간섭이 발생한 부품을 확인할 수 있다.
- Preview 대화상자에서는 선택한 부품의 이미지를 보여 준다.
- List by Product 탭(2)은 하나의 부품을 기준으로 연관된 부품과의 관계를 볼 수 있다.

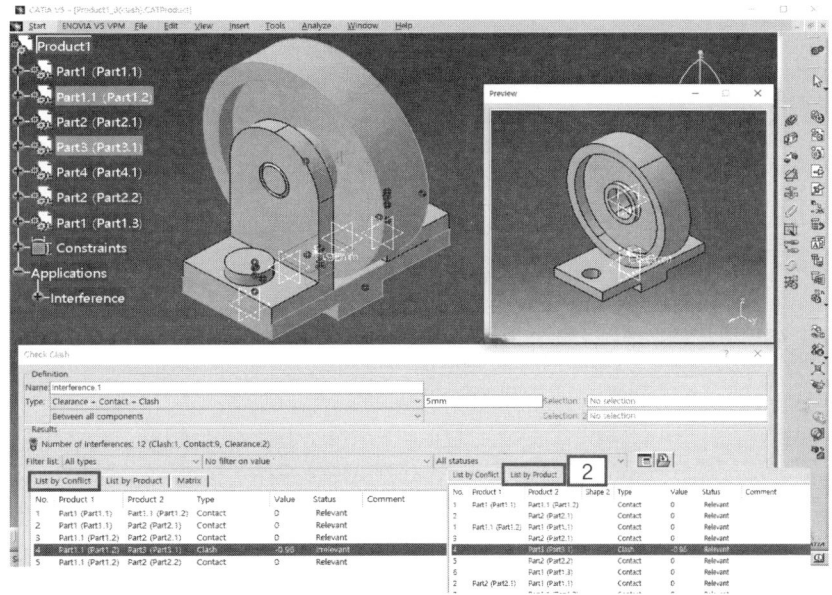

- Clash 결과를 파일로 저장하기 위해서는 Result 영역의 Export As를 선택한다.

- 위치를 지정한 후 저장버튼을 클릭하면 간섭체크 결과가 파일로 저장된다.

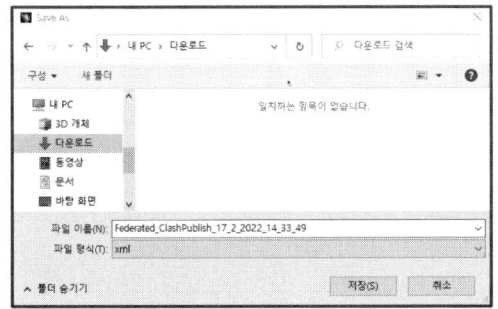

- OK버튼을 클릭하여 결과를 저장한다.
- 간섭체크 결과는 Tree → Applications → Interference → Interference.1 → Interference Result.1 에 저장되며 더블클릭하면 아래와 같이 결과를 다시 볼 수 있다.

❷ [Space Analysis Toolbar] – Sectioning : 좌표평면을 기준으로 조립품의 단면을 확인할 수 있다.

- Sectioning 아이콘을 클릭(1)한다.
- 좌표평면(붉은색)으로 절단했을 때 조립품의 단면이 Section창에 나타나고 경계선에 마우스 포인터를 갖다 대면 평면의 위치(앞뒤방향 화살표)(2)와 크기(상하방향 화살표)(3) 등을 조정할 수 있다. 위치 변화에 따른 단면이 Section창에 계속 표시된다.

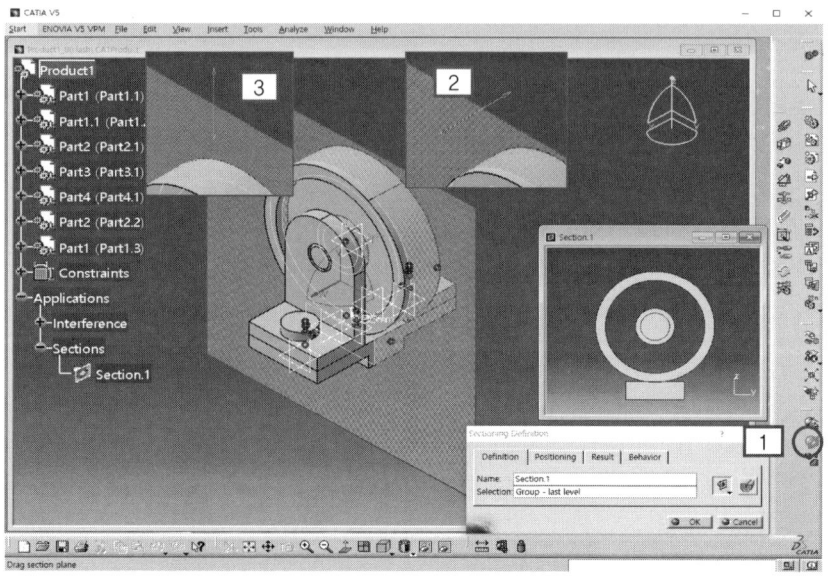

- Volume Cut 아이콘 을 선택하면 평면의 앞부분을 제거한 단면 형태를 볼 수 있으며 붉은 경계선에 마우스 포인터를 위치시키고 드래그(4)하면 깊이를 조절할 수 있다.

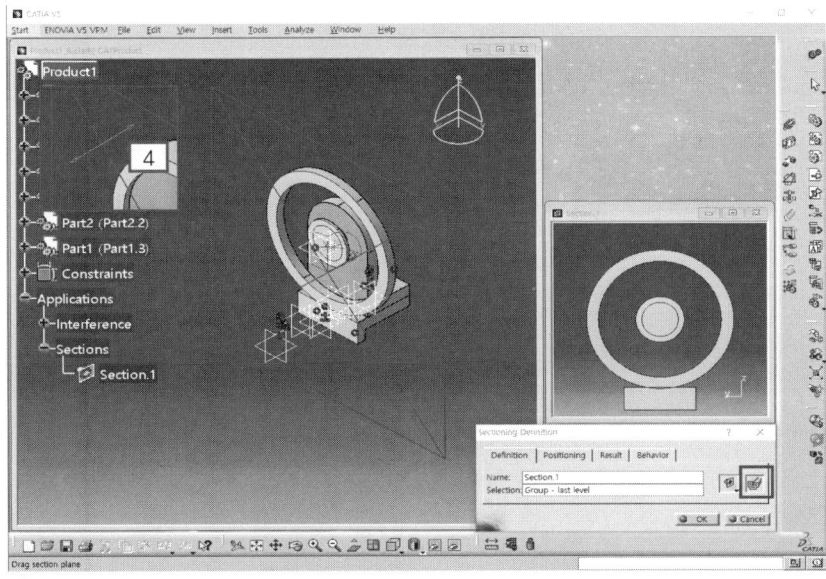

- Definition 탭의 Selection Slice 를 선택하면 2개의 평면이 생성되어 두 평면을 지나는 단면이 동시에 Section창에 표시된다.
- 뒤쪽에 있는 평면의 모서리에 마우스 포인터를 위치시키고 이동시키면 두 평면이 모두 이동한다. 또한, 앞에 있는 평면의 모서리를 이용하여 이동하면 앞 평면만 이동하여 두 평면이 지나는 단면을 Section창에 보여 준다.

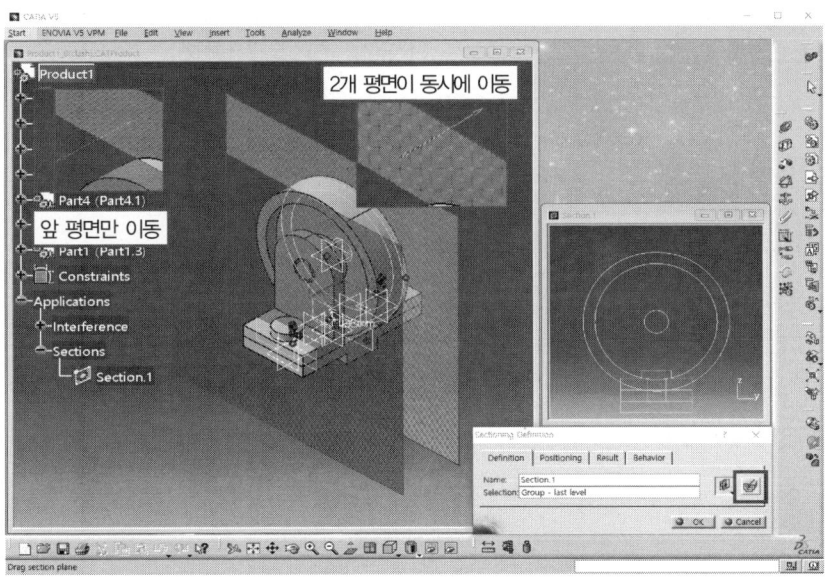

- Volume Cut 아이콘을 선택하면 두 Section 평면의 앞, 뒷부분이 제거된 형태를 볼 수 있다.

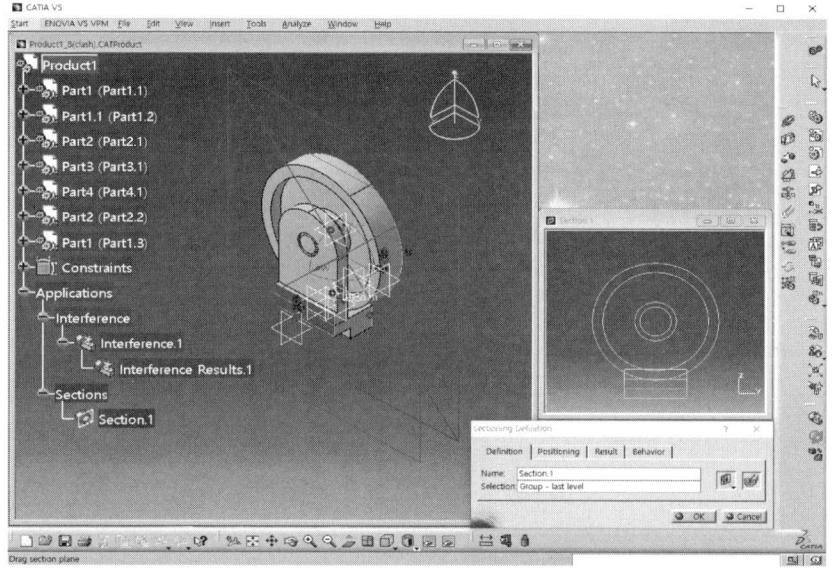

- [Positioning] 탭에서는 평면의 방향을 X, Y, Z축으로 지정할 수 있다. 초기에는 X축이 선택되어 있어 X축과 수직한 Section 평면이 생성되어 있으며 축을 변경할 수 있다.

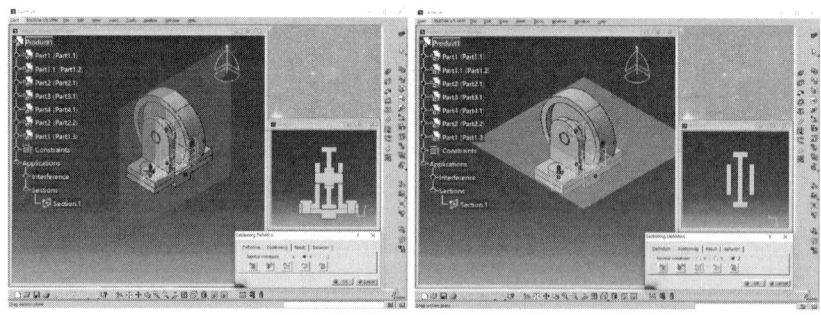

Normal Constraint : Y축 선택 시     Normal Constraint : Z축 선택 시

- Edit Position and Dimensions는 Section 평면의 위치와 크기를 지정할 수 있다.
- Edit Position and Dimensions 아이콘을 클릭하고 위치(X, Y, Z축)와 크기(Width, Height)영역에 원하는 치수를 입력한 후 Close버튼을 클릭하여 적용한다.

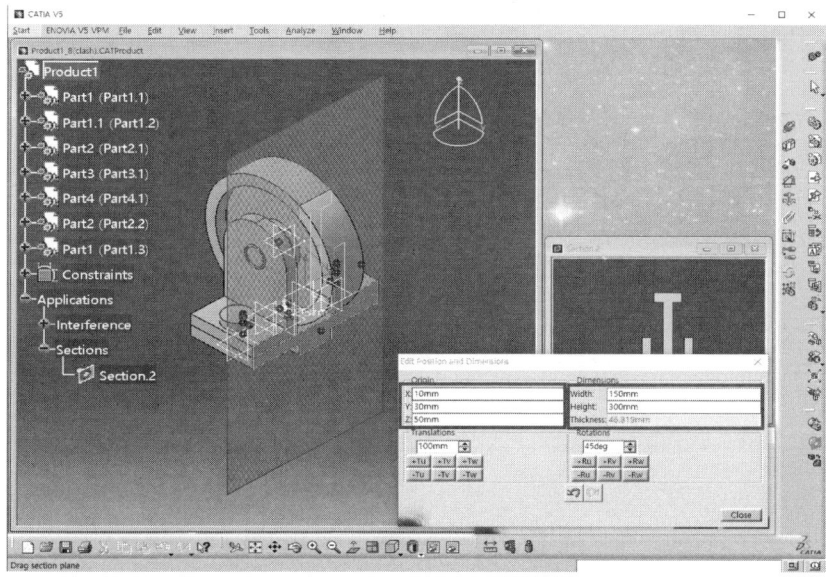

- Geometrical Target은 Section 평면이 위치할 면을 직접 지정할 수 있다.
- Geometrical Target 아이콘을 클릭한 후 부품의 면을 선택(5)하면 선택한 면으로 Section 평면이 이동한다.

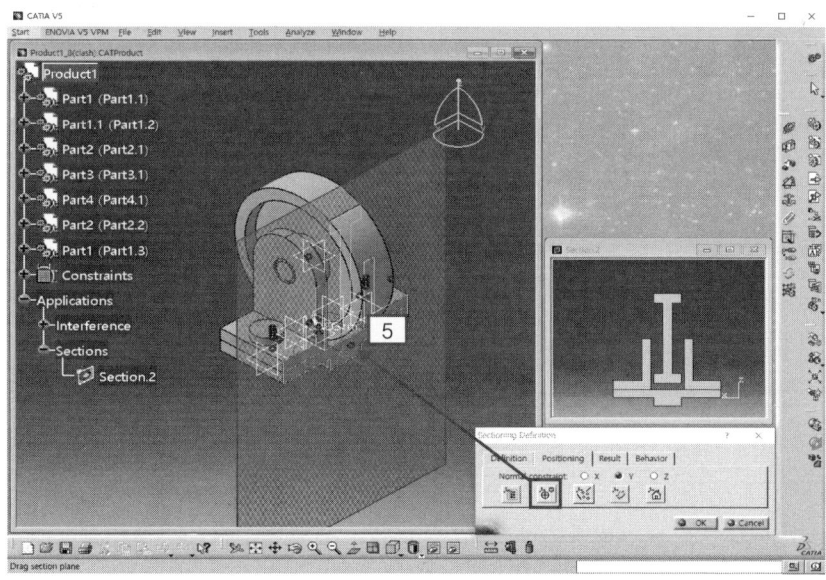

- Reset Position 아이콘을 클릭하면 Section 평면의 위치가 초기화된다.

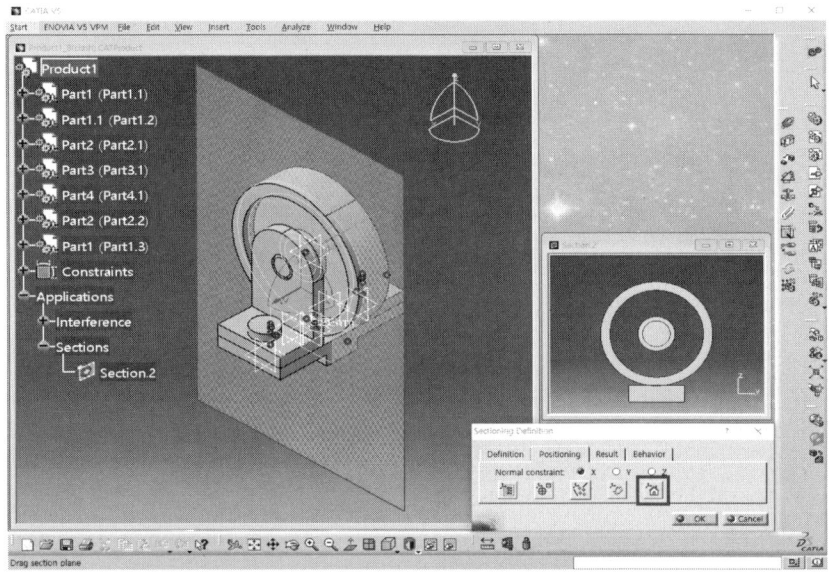

- [Result] 탭에서 Options의 Section Fill 을 체크하면 Section창에서 보이는 단면을 채우고 해제하면 윤곽선만으로 표시한다.

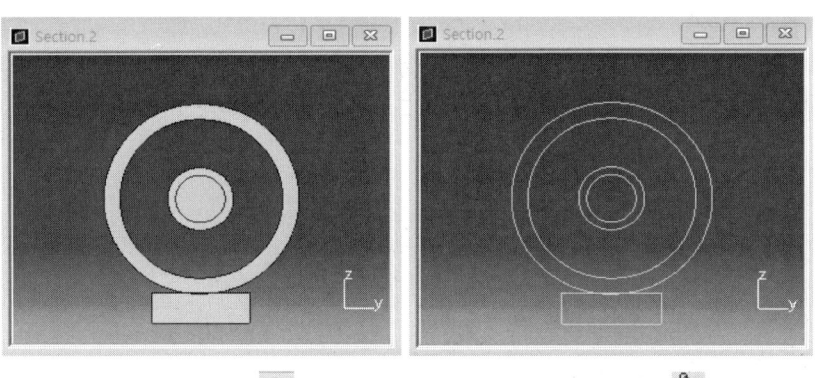

- Clash Detection은 간섭이 생기는 부분을 붉은색으로 표시해 준다.
- Clash Detection 아이콘 을 클릭한 후 Section 평면 모서리에 마우스 포인터를 위치(6)시킨 다음 평면을 이동시키면 Section창에서 간섭이 발생한 부분을 지날 때 붉은색 원으로 표시해 준다.

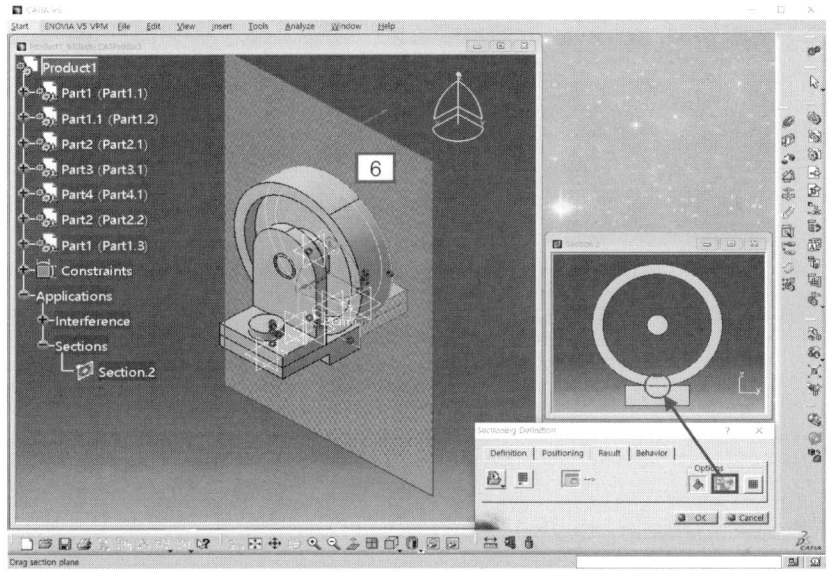

- Grid 아이콘 을 선택하면 Section창에 좌표 정보가 표시된다.

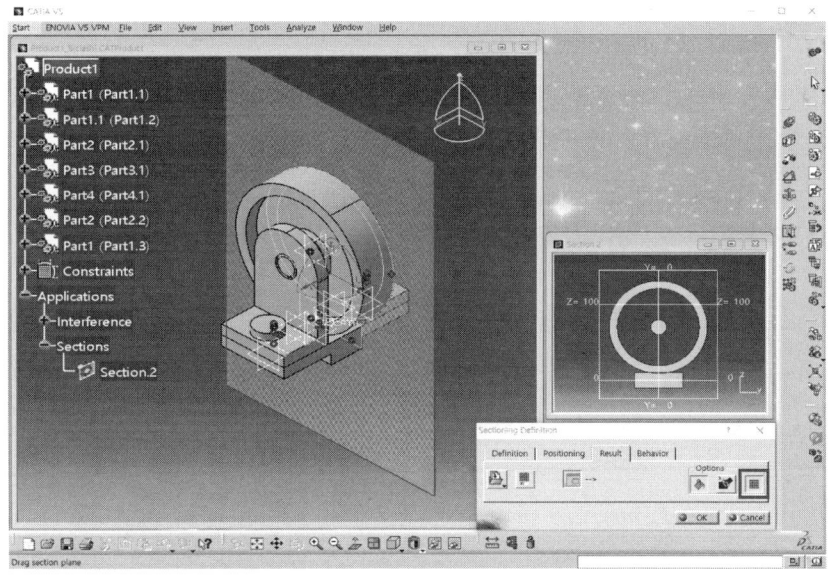

- 단면 정보를 모두 추출했으면 Sectioning Definition 대화상자에서 OK버튼을 클릭하여 저장한다.

- Tree → Applications → Sections → Section.2로 저장되며 더블클릭하면 다시 확인할 수 있다.

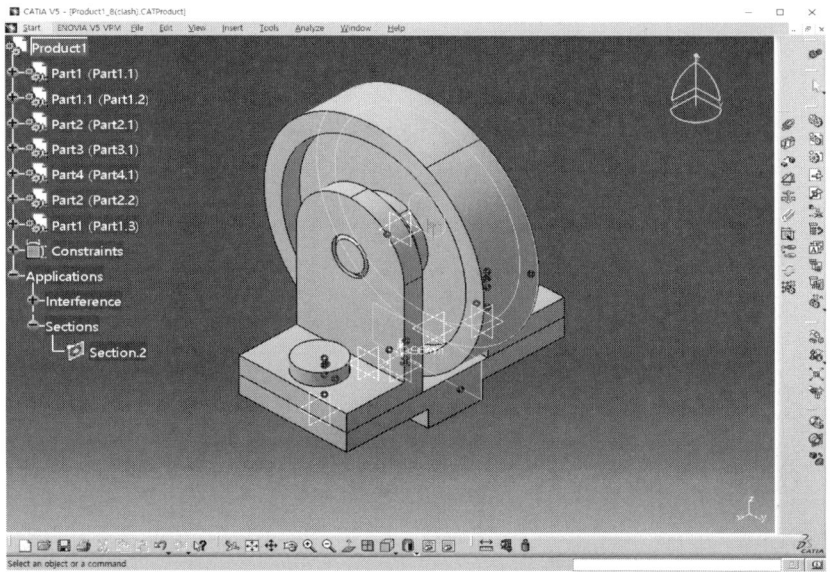

❸ [Space Analysis Toolbar] – Distance and Band Analysis ![icon] : 조립부품 사이의 최소거리와 접촉상태를 해석한다.

- 부품을 Assembly Mode로 불러와서 구속조건을 적용하여 조립한다.
- Distance and Band Analysis 아이콘 ![icon] 을 클릭(1)하고 Type을 Minimum(Between two selections)으로 선택한다.
- Selection : 1과 Selection : 2를 선택한 후 최소거리값을 구하고자 하는 부품을 차례로 선택(2)(3) 한다.

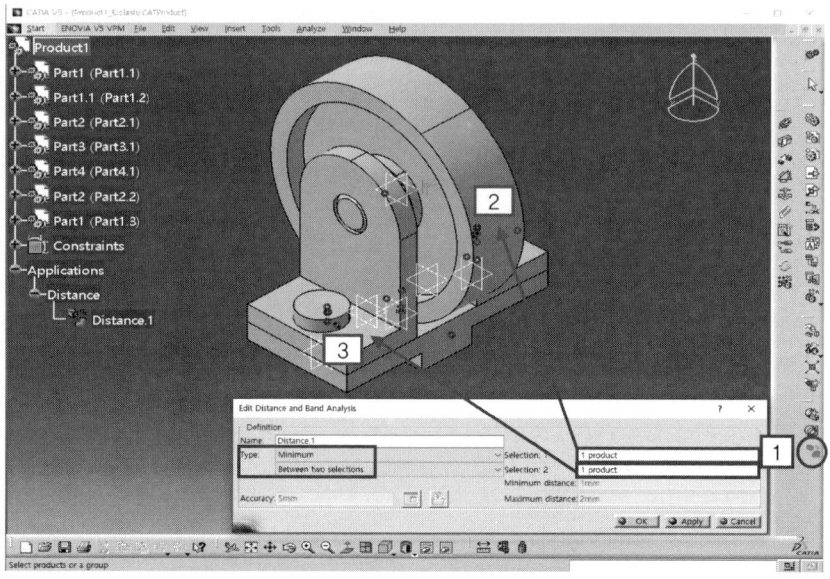

- Apply버튼을 클릭하면 Result 영역에서 결과값을 볼 수 있다.

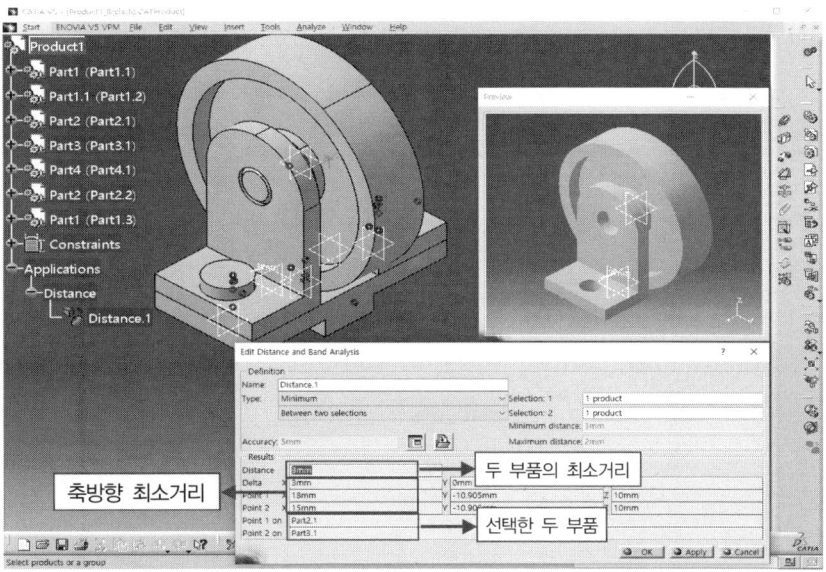

- OK버튼을 클릭하면 Tree → Applications 아래에 저장되며, 저장된 결과값을 확인할 때는 Distance.1을 더블클릭한다.

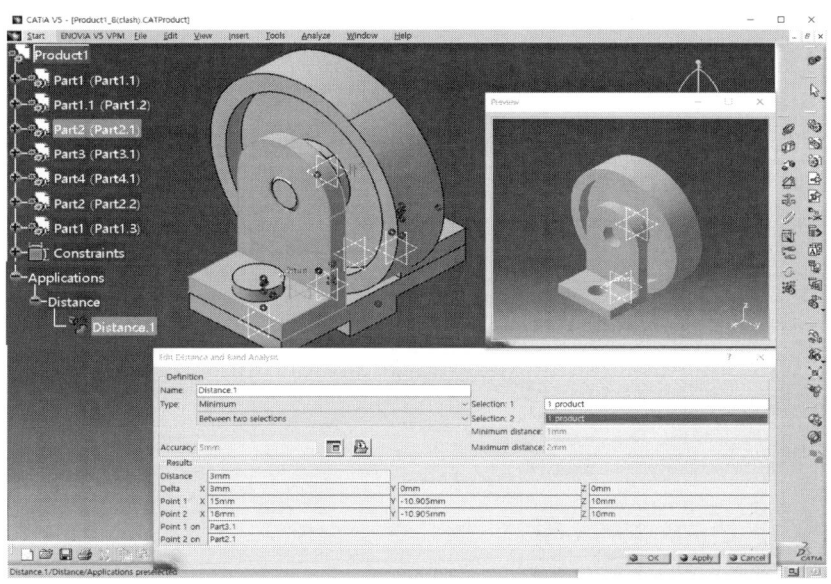

- 다시 Distance and Band Analysis 아이콘 을 클릭(4)한다.
- Type을 Band Analysis(Between two selections)로 선택하고 Selection : 1(5)과 Selection : 2(6)를 차례로 선택한다.

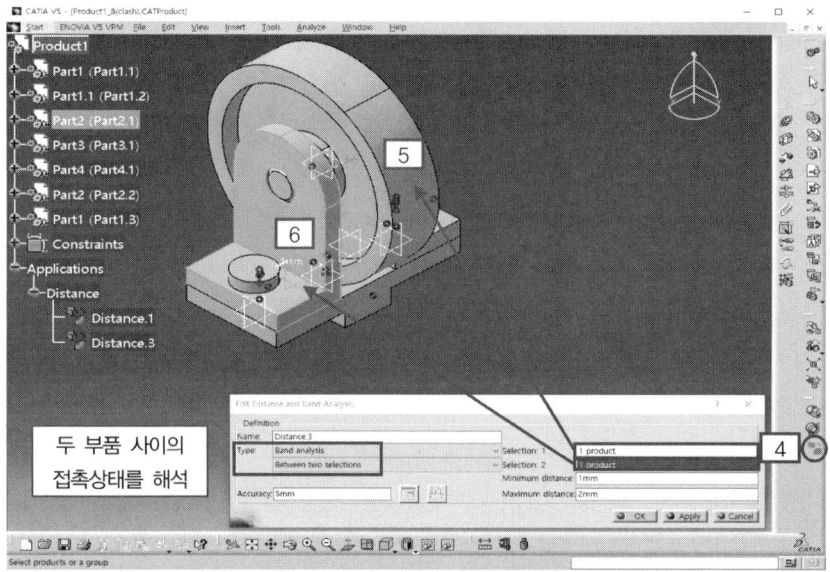

- Apply버튼을 클릭하면 선택한 두 부품 사이의 접촉(Contact)된 상황을 확인할 수 있으며, OK버튼을 클릭하여 Tree에 저장한다.
- 결과를 파일로 저장하고 싶을 때는 Export As 아이콘을 클릭(7)하여 위치를 지정한 후 저장한다.

## 02 조립품 간섭 수정하기

조립품을 수정하기 위한 별도의 명령어가 있는 것은 아니며 앞에서 익혔던 조립품의 간섭을 확인한 후 부품 간 불필요한 간섭이 발생한 영역을 수정해 주면 된다.

❶ Clash로 간섭 체크하기

- Clash 기능으로 체크한 간섭 결과를 더블클릭하여 불러온다(Tree → Applications → Interference → Interference.1 → Interference Results.1)
- Check Clash 대화상자의 Type에서 간섭(Clash)이 발생한 부품을 확인(1)하고 OK버튼을 클릭한다.

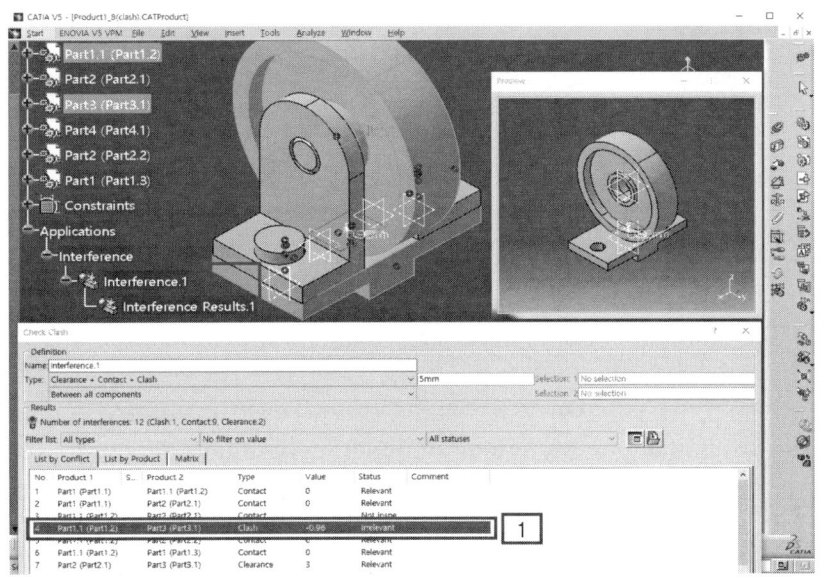

❷ 간섭(Clash)부품 수정하기

• Tree에서 간섭이 발생하지 않아 수정이 필요 없는 항목을 Ctrl키를 누른 상태에서 모두 선택한 후 마우스 오른쪽 버튼을 클릭한다.
• Hide/Show를 선택하여 숨기기 한다.

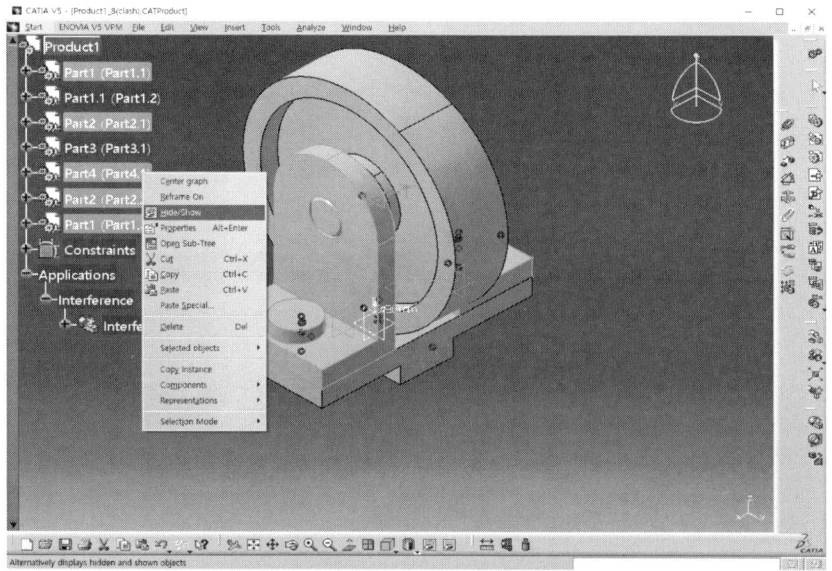

• Tree에서 수정하고자 하는 부품의 ⊕을 클릭하여 Sketch(1)가 보이도록 한다.

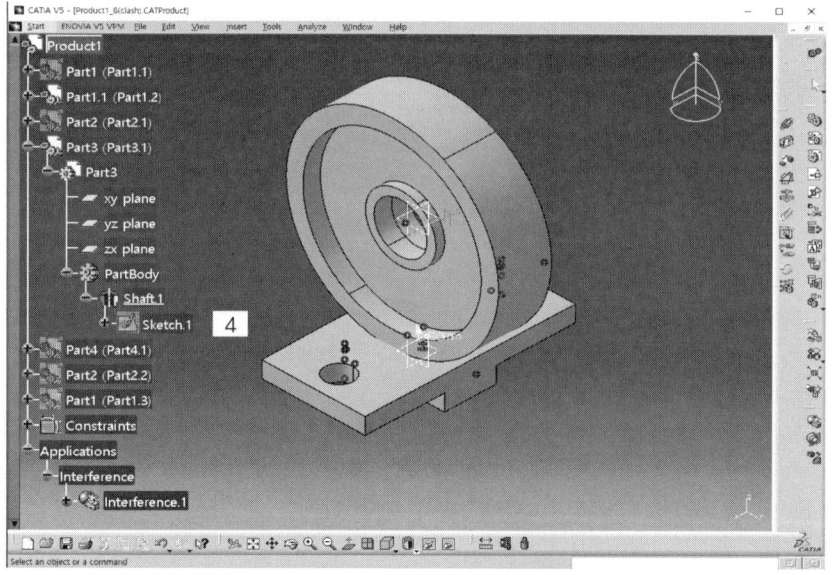

- Tree에서 수정하고자 하는 부품의 ⊕을 눌러 펼친 후 Sketch를 더블클릭하면 Sketcher Mode로 전환한다.
- 두 부품 사이에 간섭이 발생한 영역과 치수를 확인할 수 있으며, 간섭이 발생하지 않도록 해당 회전체의 치수를 변경한다.(46mm를 44mm로 수정하였다.)

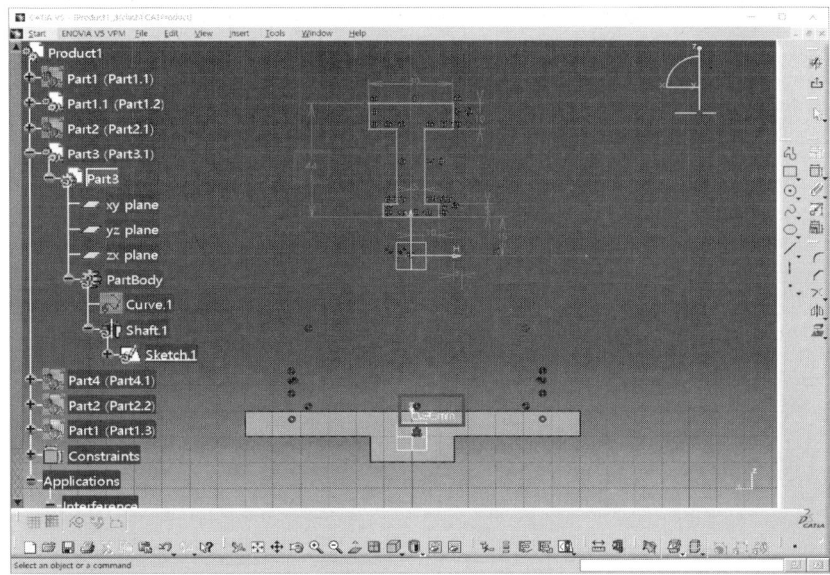

- 치수 수정이 완료되면 다시 Assembly Mode로 전환하기 위해서는 Tree의 Product1(2)을 더블클릭한다.

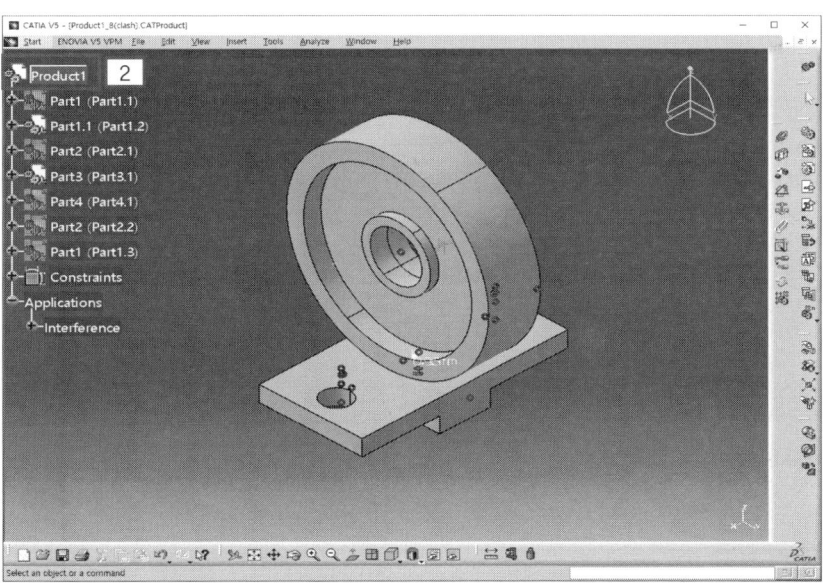

- Tree에서 앞에서 숨겼던 부품을 모두 선택[Ctrl키를 누른 상태에서 선택(3)]하여 마우스 오른쪽 버튼을 클릭한 후 Hide/Show를 선택하여 보이게 한다.
- Tree에 저장되어 있는 간섭해석 결과가 불필요할 경우 해당 결과를 선택(4)하여 삭제한다.

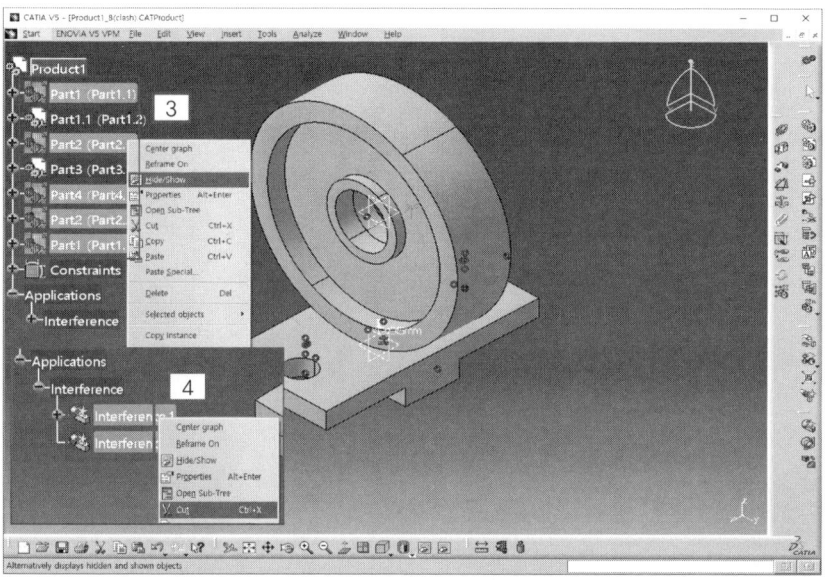

### ❸ 수정한 부품간섭 재확인하기

- Clash 아이콘 을 클릭한다.
- 부품 간의 간섭체크 결과를 확인해 보면 앞에서 간섭(Clash)이 발생한 두 부품(Part1.1과 Part3)이 수정을 통해 1.01mm 간격(Clearance)이 발생한 것을 확인할 수 있다.
- 위와 같이 모델링한 부품을 조립한 후 해석을 통하여 부품 상호 간의 간섭을 확인하고 수정할 수 있다.

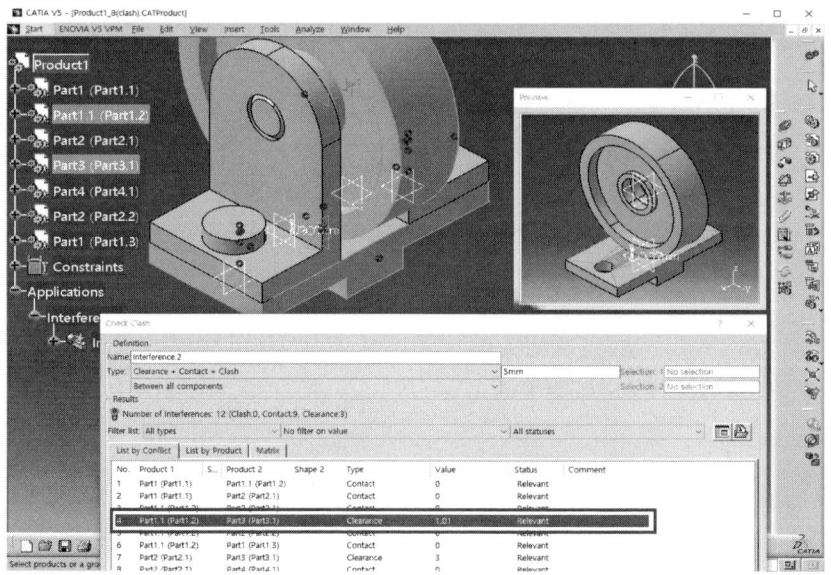

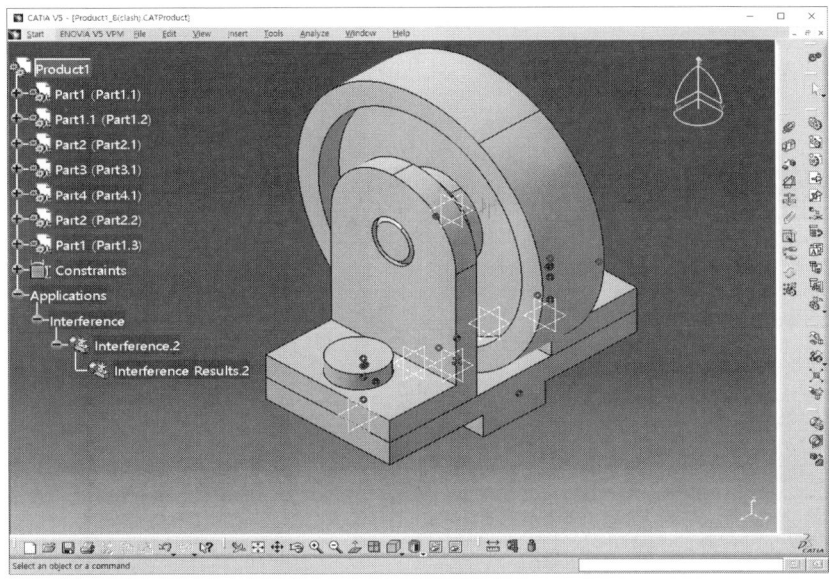

- 부품의 Plane을 한꺼번에 선택하여 숨기기 위해 Edit → Search를 클릭한다.
- General 탭에서 Type을 Part Design과 Plane을 각각 선택한 후 Search and Select 아이콘 을 클릭(1)한다.
- 부품에 있는 Plane이 모두 선택되었고 OK버튼을 클릭한다.

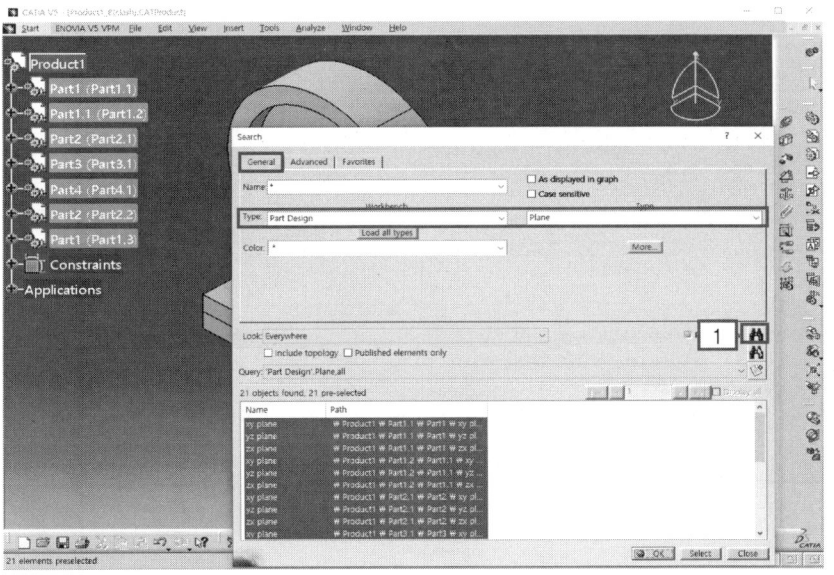

- 선택된 Plane 위(2)에 마우스 포인터를 위치시킨 후 우측 버튼을 클릭하여 Hide/Show를 선택하여 숨기기한다.
- Tree → Constraints도 선택(3)하여 숨기기한다.

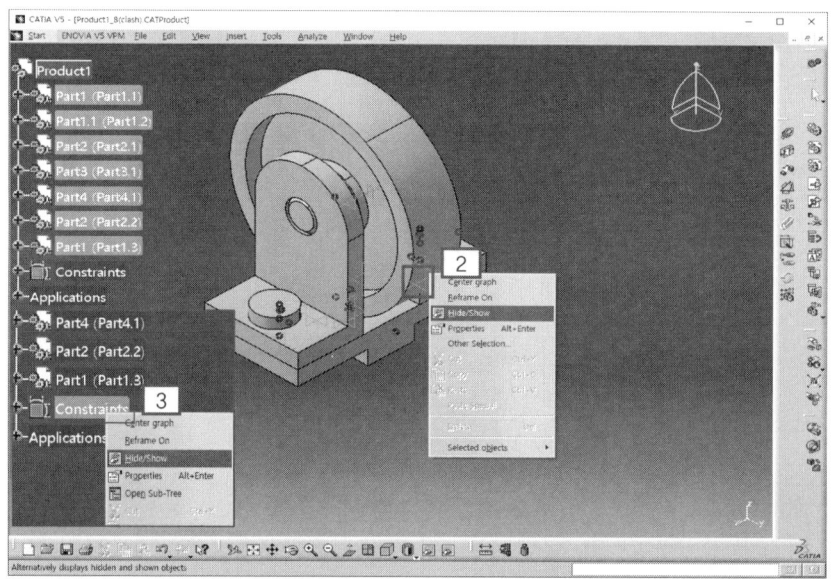

- 부품에 있는 Plane과 적용한 구속조건이 모두 숨기기 되었으며 저장한다.
- Assembly 파일을 저장하면 확장자가 *.CATProduct이다.

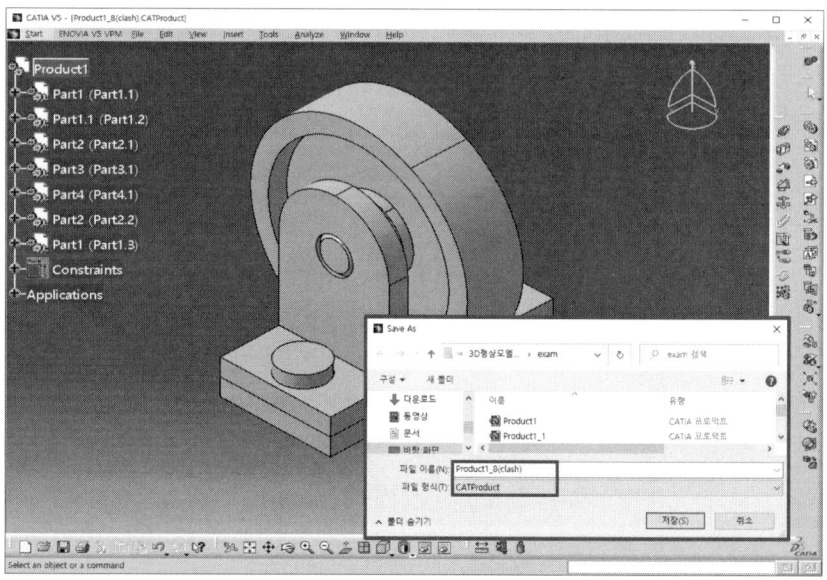

CHAPTER

# 03 조립예제

CATIA를 이용한 국가직무능력표준 기계요소설계 직무분야

## 01 조립실습 예제 (1)

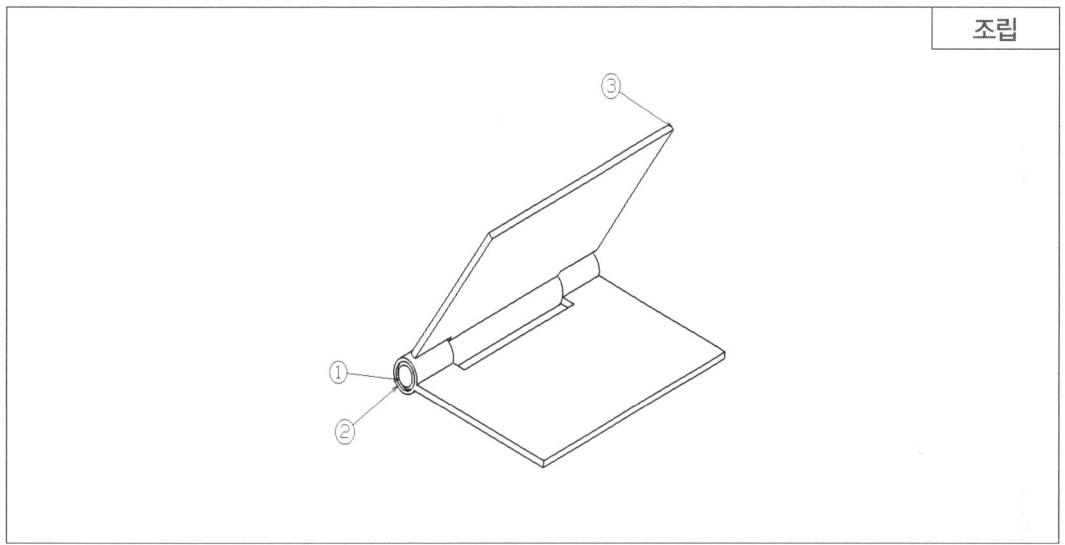

조립

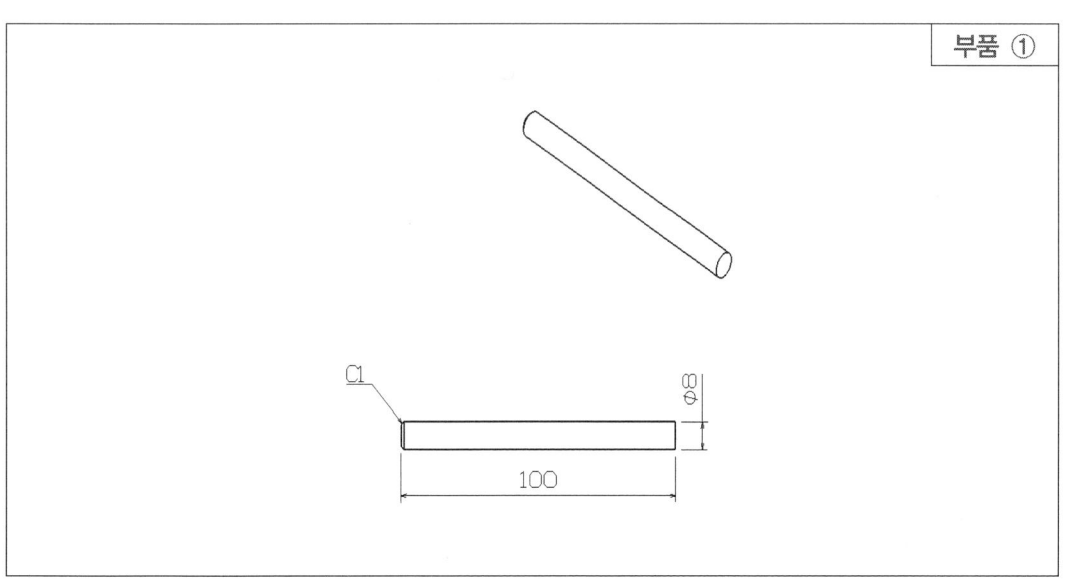

부품 ①

부품 ②

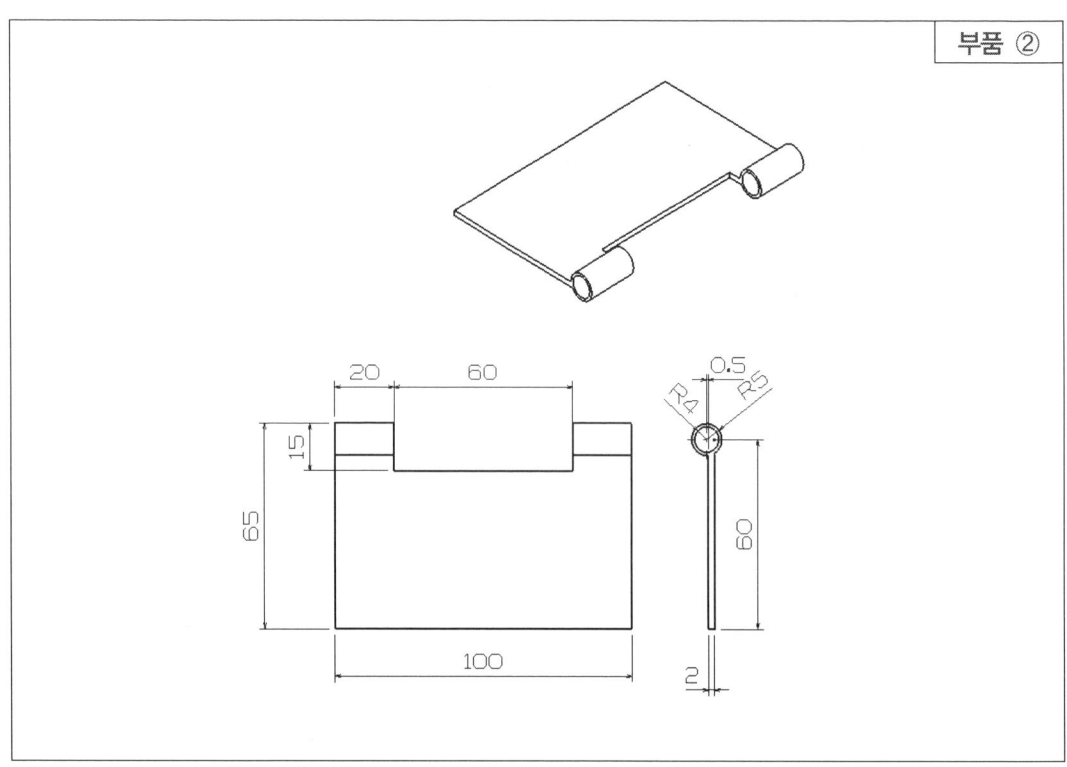

부품 ③

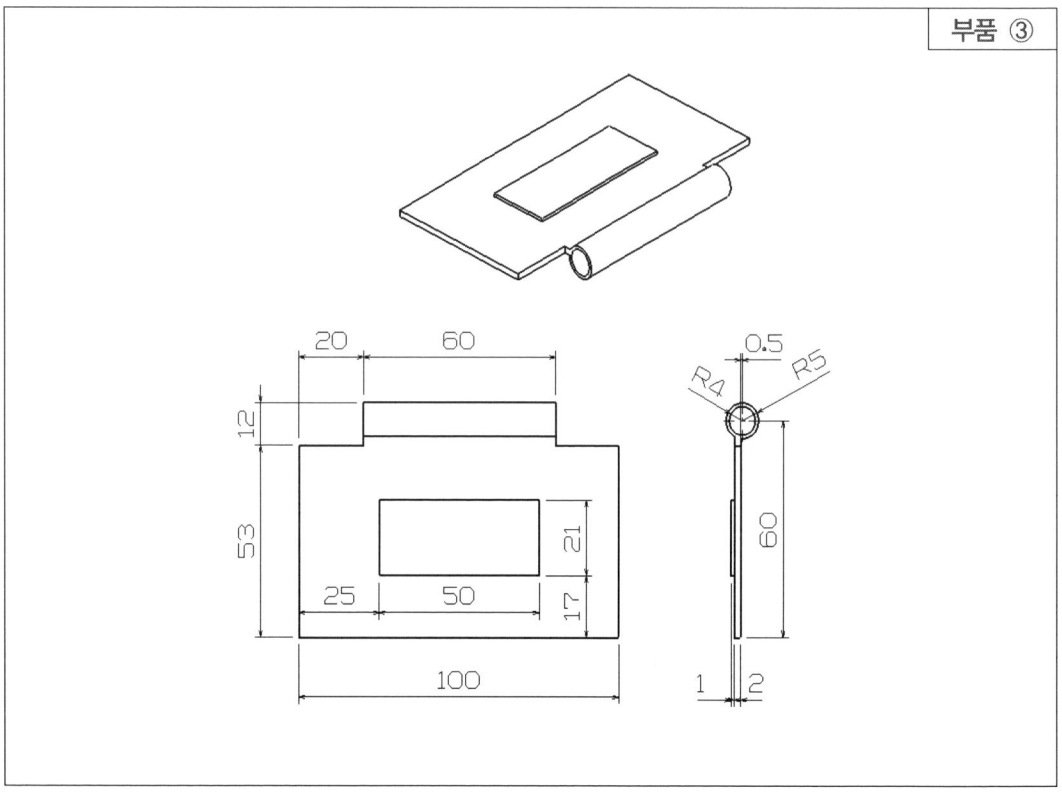

## 02 조립실습 예제 (2)

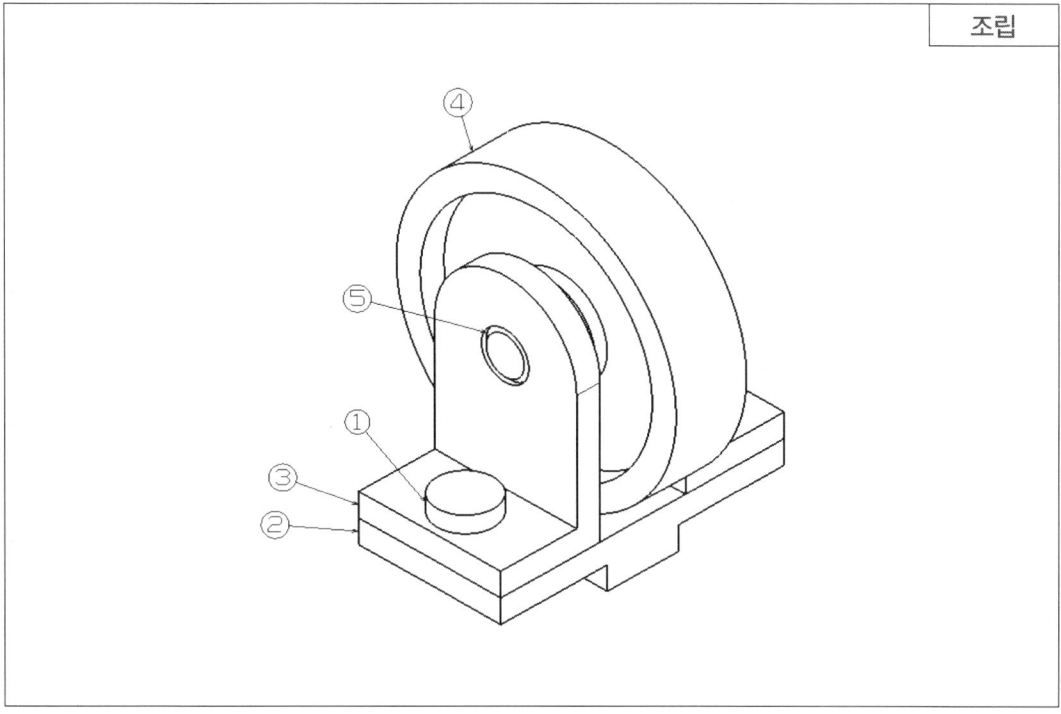

조립

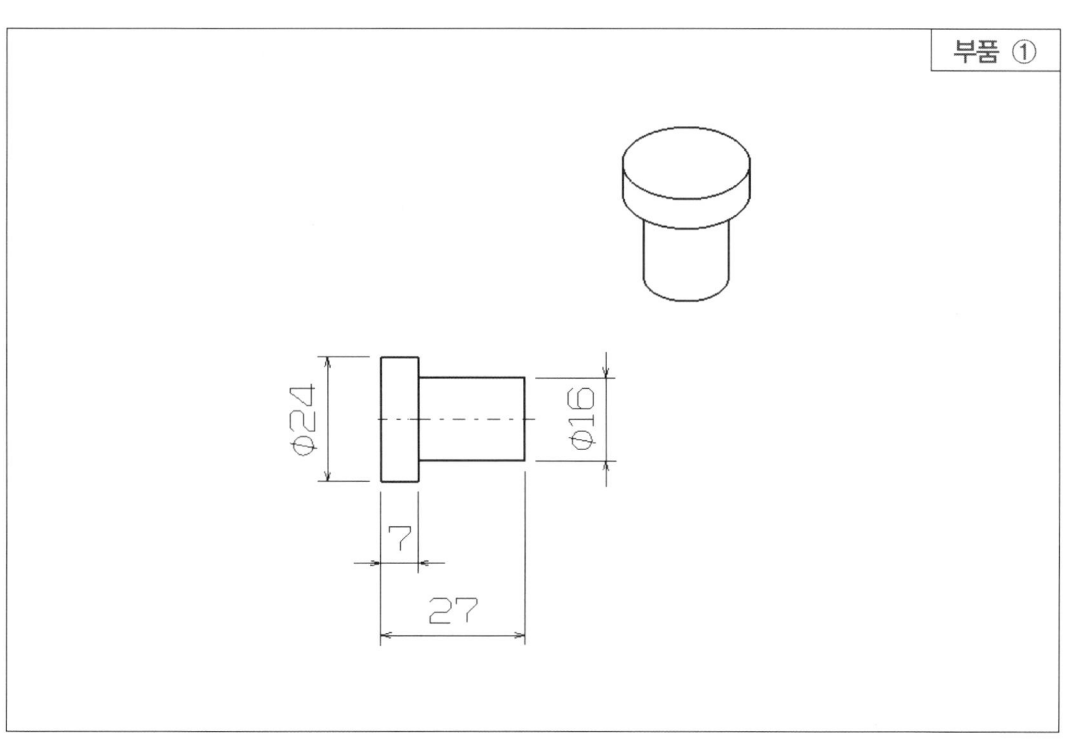

부품 ①

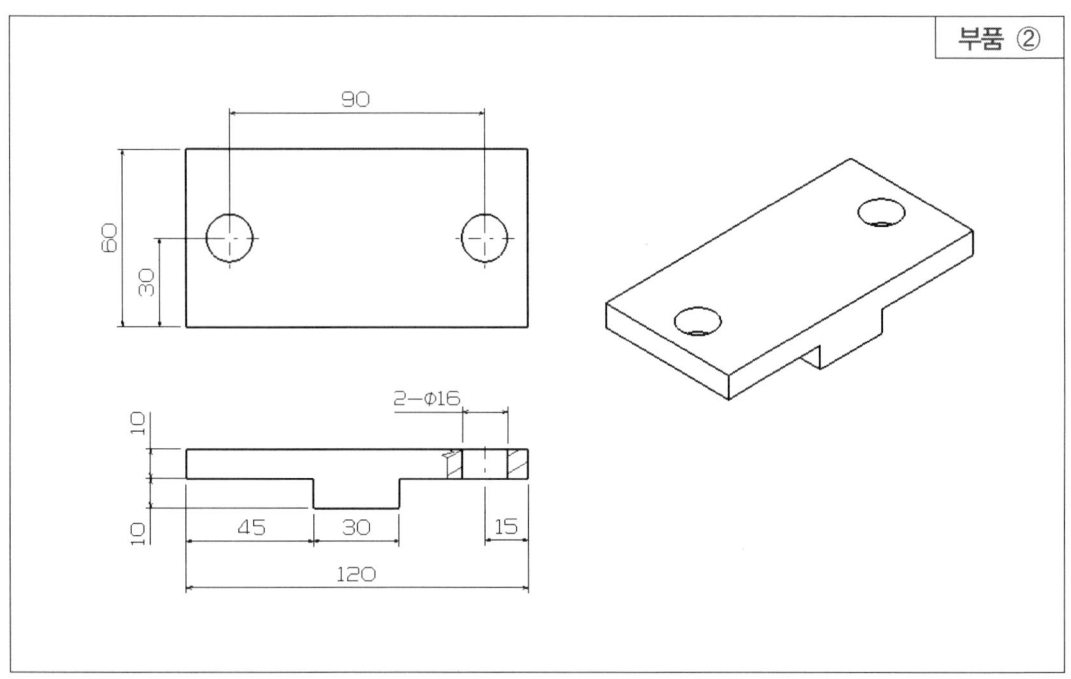

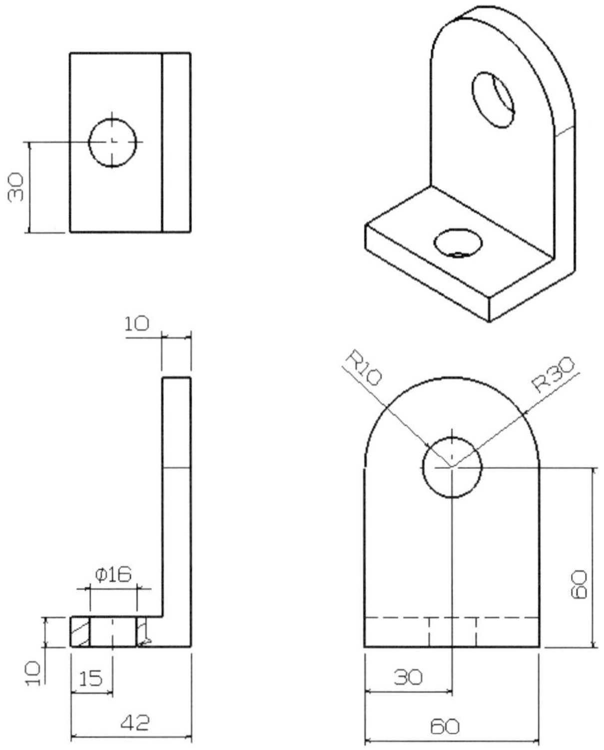

부품 ④

30
20
10
Φ30
Φ40
Φ98
Φ118
A
A
Section view A-A
Scale 1:1

부품 ⑤

2-C2
Φ20
Φ30
Φ20
18
20
56

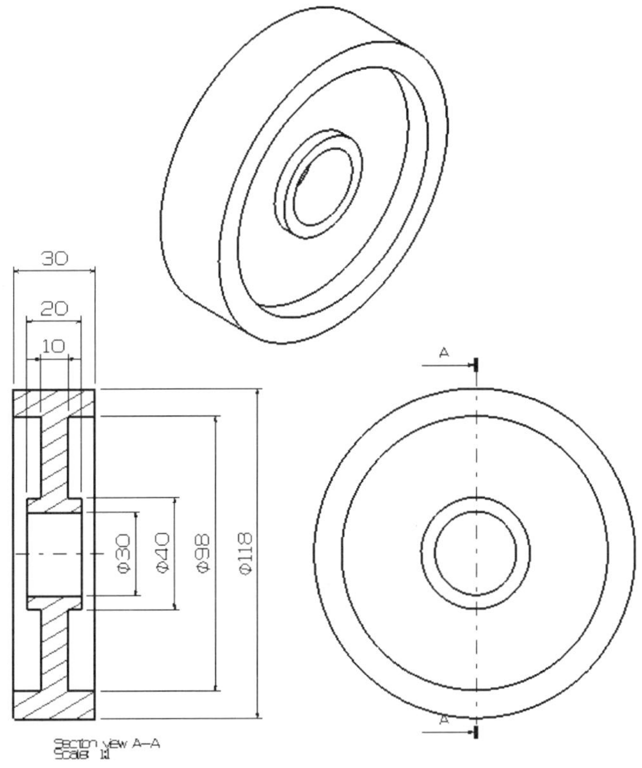

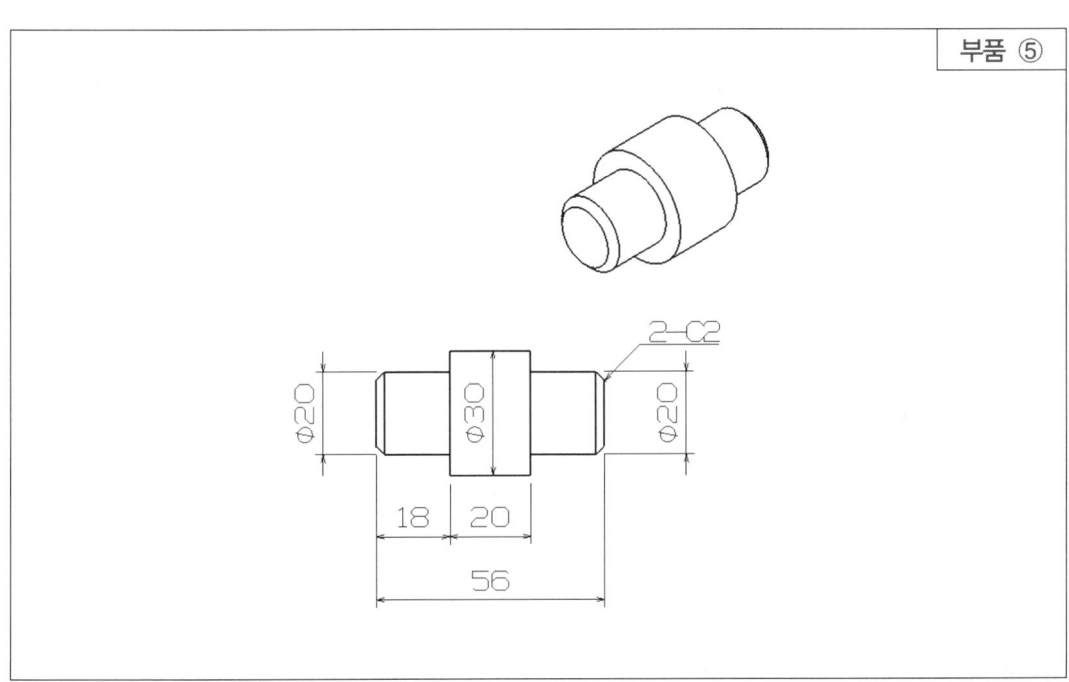

3D 형상 모델링 검토

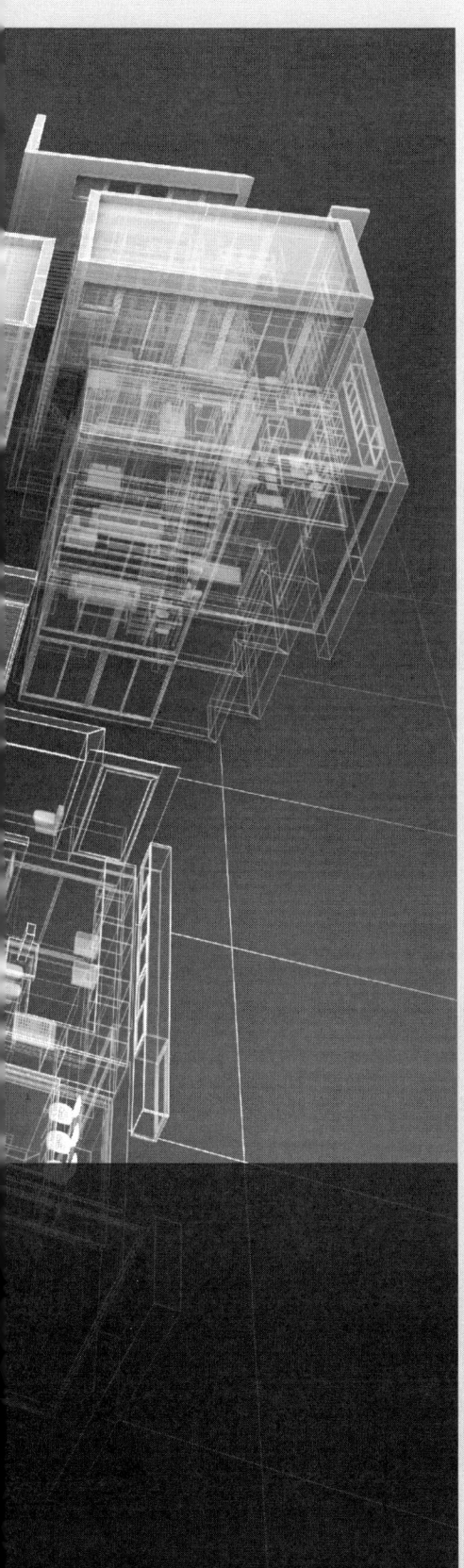

# PART 04

CATIA를 이용한 국가직무능력표준 기계요소설계 직무분야

# 3D형상모델링 출력 관리하기

CHAPTER 01  2D 도면 생성하기
CHAPTER 02  치수 표현하기
CHAPTER 03  기하공차와 표면거칠기 표현하기
CHAPTER 04  저장 및 출력하기
CHAPTER 05  도면실습 예제

CHAPTER

# 01 2D 도면 생성하기

CATIA를 이용한 국가직무능력표준 기계요소설계 직무분야

## 01 Drafting 실행하기

❶ 도면을 생성할 부품을 모델링한 후 Drafting을 실행한다.

❷ Start → Mechanical Design → Drafting을 선택하거나 Workbench 아이콘 ◎을 클릭(1)한 후 Drafting을 선택한다.

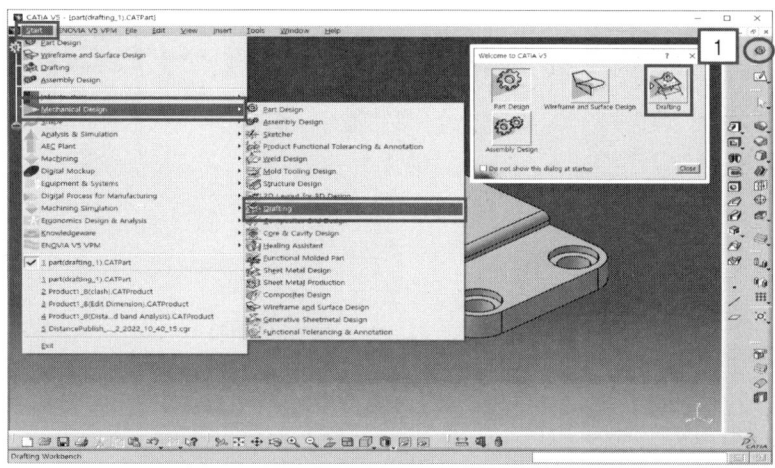

❸ New Drawing Creation 대화상자가 나타난다.

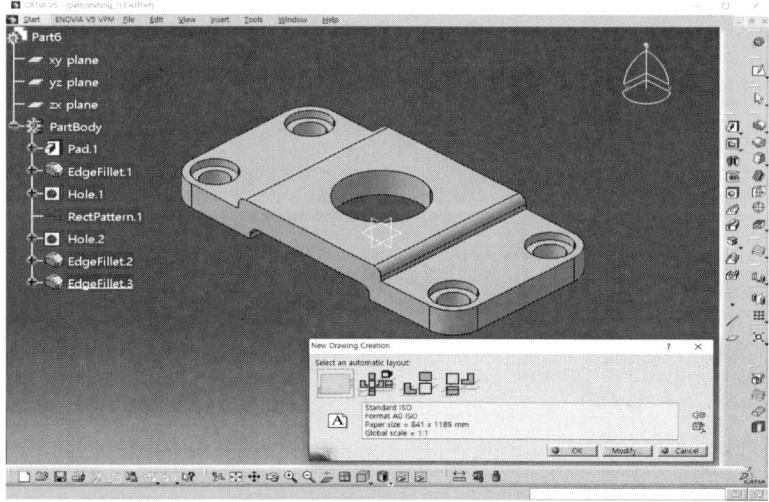

- Modify…( Modify... ) : 생성할 View의 규격과 용지 크기 및 방향 등을 설정한다.

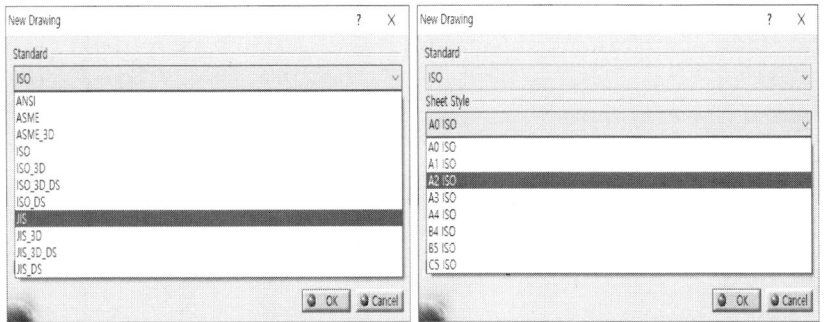

Standard(ISO, JIS)　　　　　　　Sheet Style(용지 크기)

- Select an Automatic Layout : 생성할 View를 선택한다.

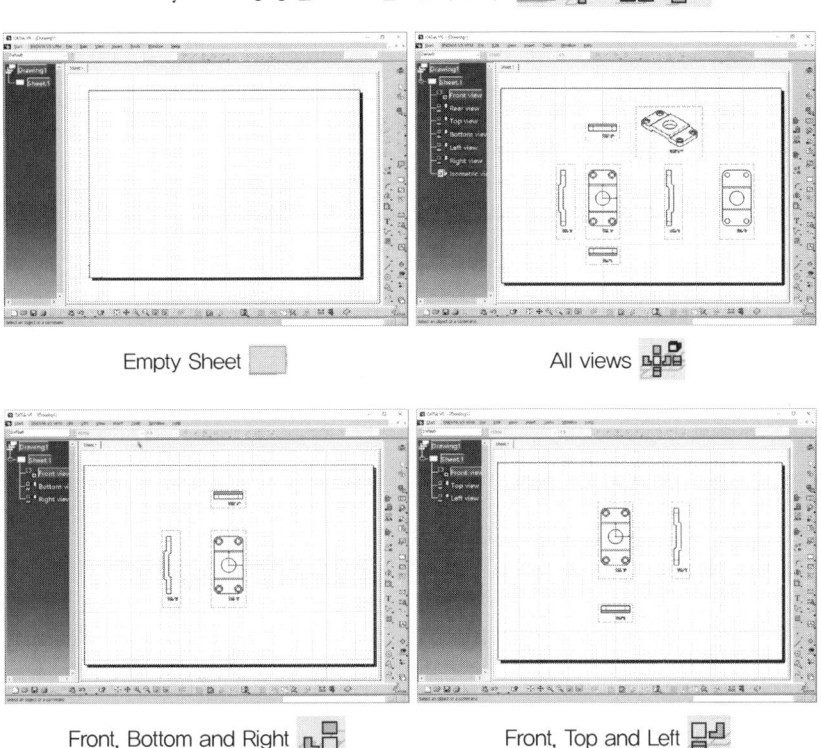

Empty Sheet　　　　　　　　　All views

Front, Bottom and Right　　　　　Front, Top and Left

❹ New Drawing Creation 대화상자의 설정(ISO, A2, Empty Sheet)을 마치고 OK버튼을 클릭한다. (여기서 사용자가 원하는 View를 생성하기 위하여 Empty Sheet를 선택한다)

## 02 Drafting 환경설정

❶ 도구막대 빈 공간에 마우스 포인터를 위치(1)시키고 마우스 오른쪽 버튼을 클릭한다.

❷ 아래와 같이 도구막대를 정리한다.

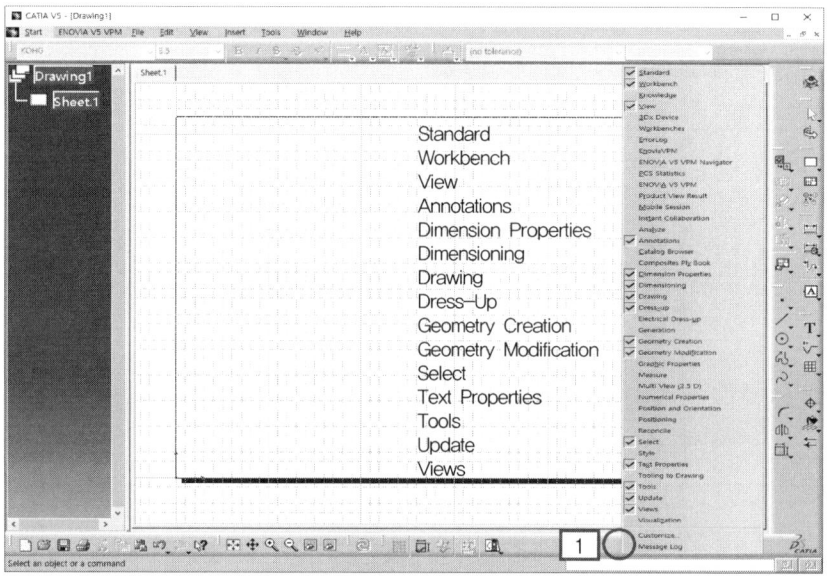

❸ Tools → Options… → Mechanical Design → Sketcher에서 환경을 변경할 수 있다.(자세한 내용은 PART 1의 CHPATER 01 환경 설정하기를 참고하시기 바랍니다)

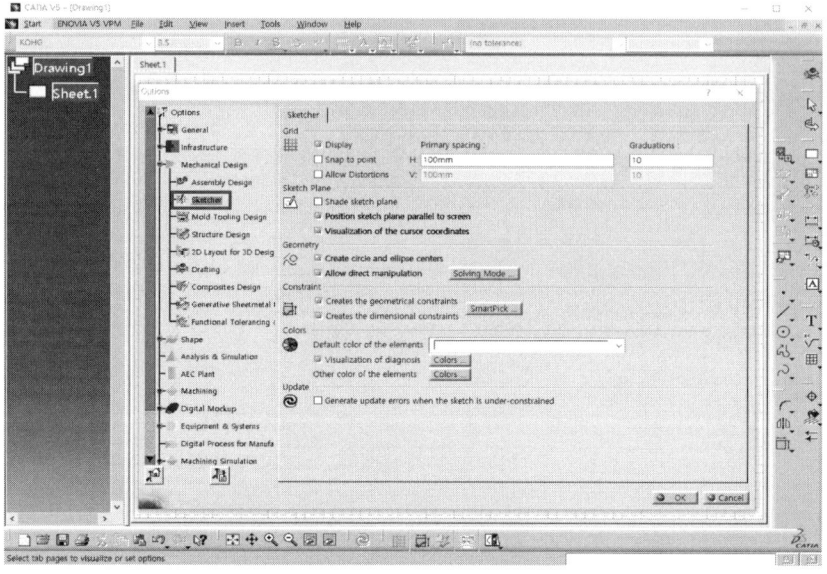

❹ View를 생성하기 전에 3각법으로 지정한다.

- 먼저, Sheet.1을 선택한 후 마우스 오른쪽 버튼을 클릭하여 Properties를 선택한다.

- Projection Method에서 Third Angle Standard(3각법)를 선택하고 OK버튼을 클릭한다.
- Format에서 용지의 크기와 방향을 가로(Landscape)와 세로(Portrait)로 변경할 수도 있다.

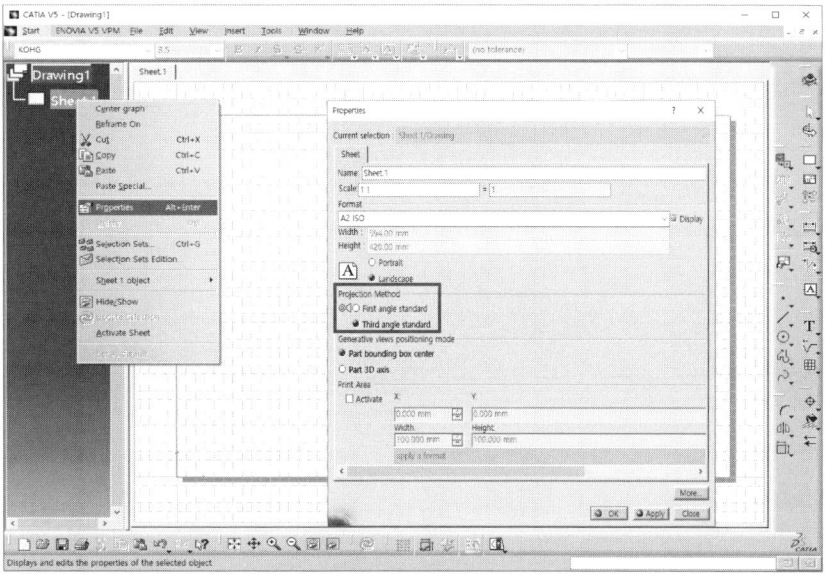

❺ 모델링창과 Drafting창을 세로 또는 가로방향으로 배열한다.

- Window → Tile Vertically를 선택하여 세로방향으로 배열하였다.

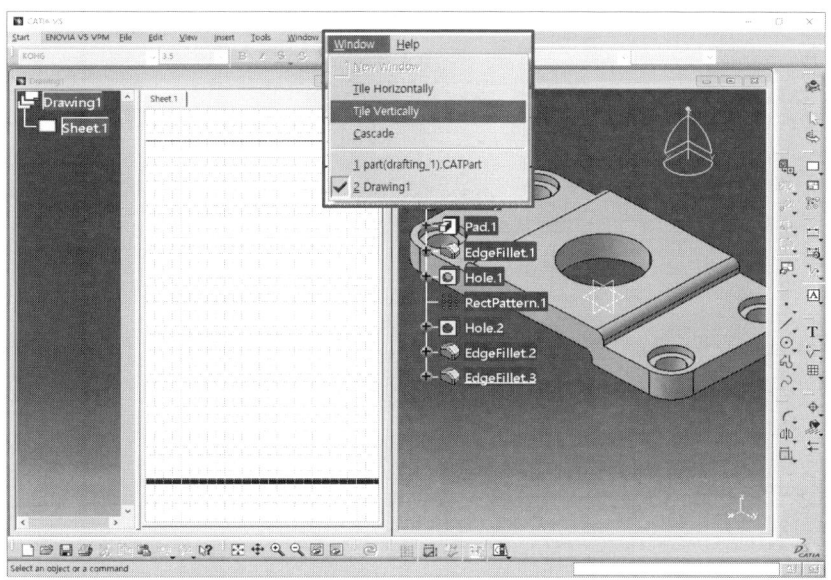

## 03 View 생성하기

❶ [Views – Projections Toolbar] Front : 정면도를 생성한다.

- Front 아이콘 을 클릭(1)한다.
- Part Design Mode에 있는 모델링에서 정면도로 지정할 면을 선택하면(2) Drafting창에 정면도의 View가 생성(3)된다.

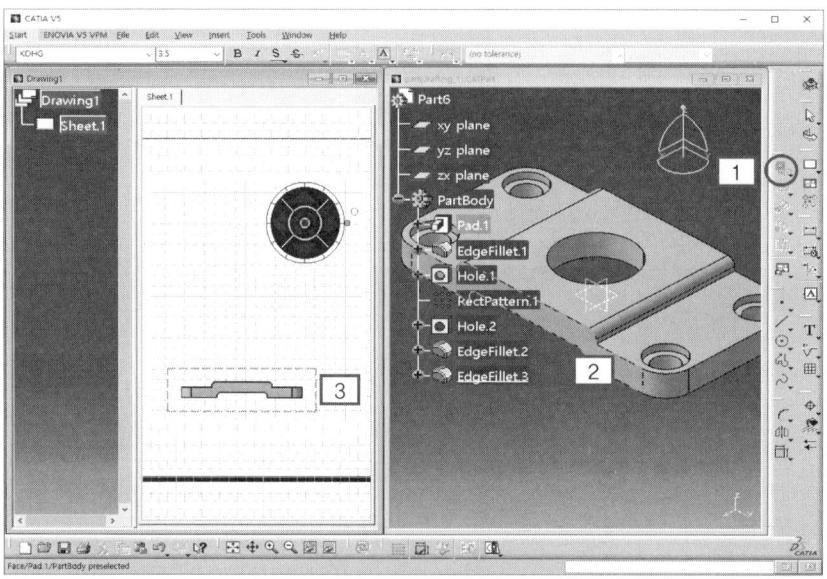

- 아래와 같이 View의 방향을 조정할 수 있으며, 정면도 방향이 원하는 모양이 되었으면 원 중앙점을 클릭하거나 도면의 흰 영역을 클릭하여 정면도를 생성한다.

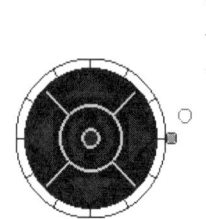

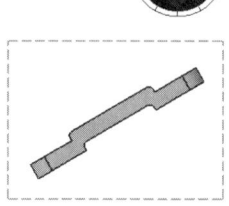

중간크기 원 안의 둥근 화살표를 클릭(●)하거나 녹색 점 위에 마우스 포인터를 위치시키고 드래그하면 시계 또는 반시계 방향으로 30°씩 회전

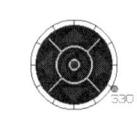

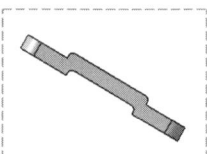

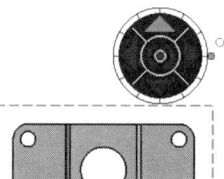

상하좌우 삼각형 모양을 클릭(▲▼◀▶)할 때면 90°씩 회전

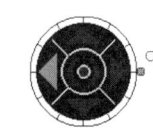

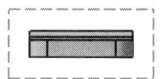

### REFERENCE 회전창 옵션

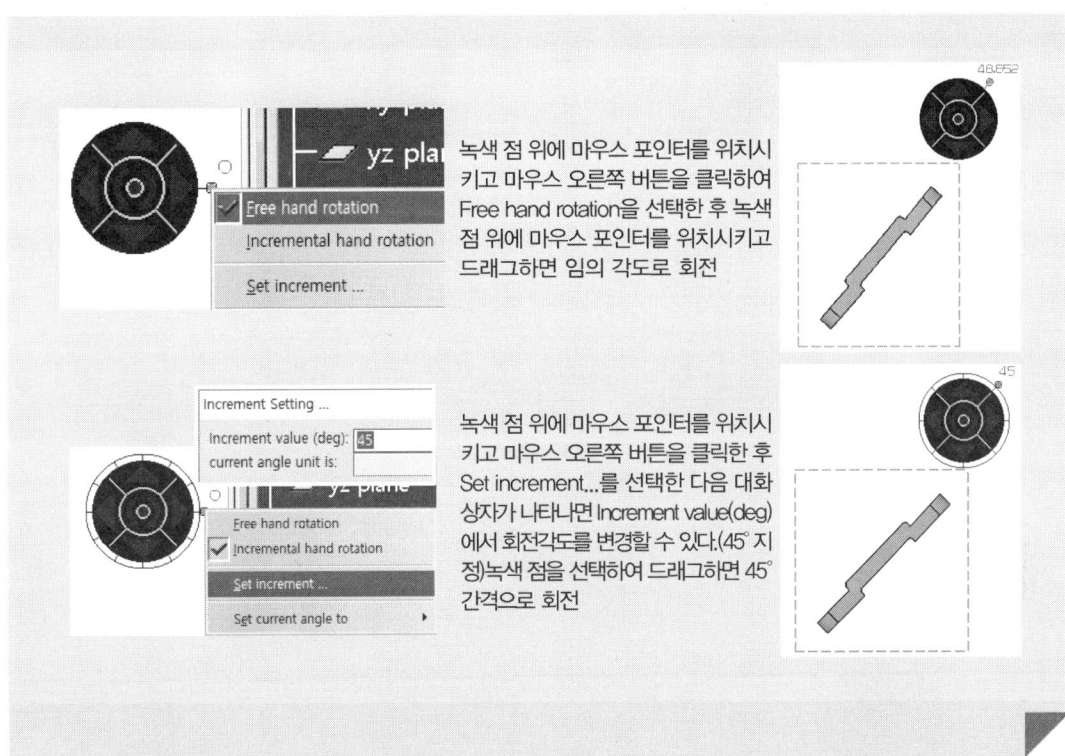

- Drafting창의 최대화버튼(4)을 클릭하여 Drafting창을 최대로 확대시킨다.

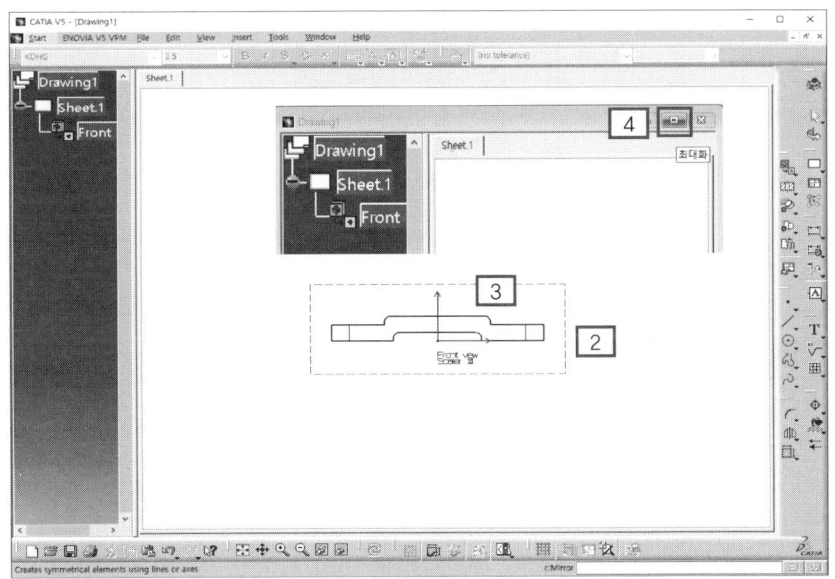

❷ [Views – Projections Toolbar] Projection View : 정면도에 수직한 View(평면도, 우측면도, 좌측면도 등)를 생성한다.

* Projection View 아이콘 을 클릭(1)한다.
* 정면도 우측에 마우스 포인터를 위치(2)시키면 우측면도가 나타나는데, 도면의 임의 위치를 클릭하여 생성한다.
* 다시 한번 Projection View 아이콘 을 클릭한 후 정면도 위쪽에 마우스 포인터를 위치(3)시켜 평면도가 나타나면 도면의 임의 위치를 클릭하여 평면도를 생성한다.

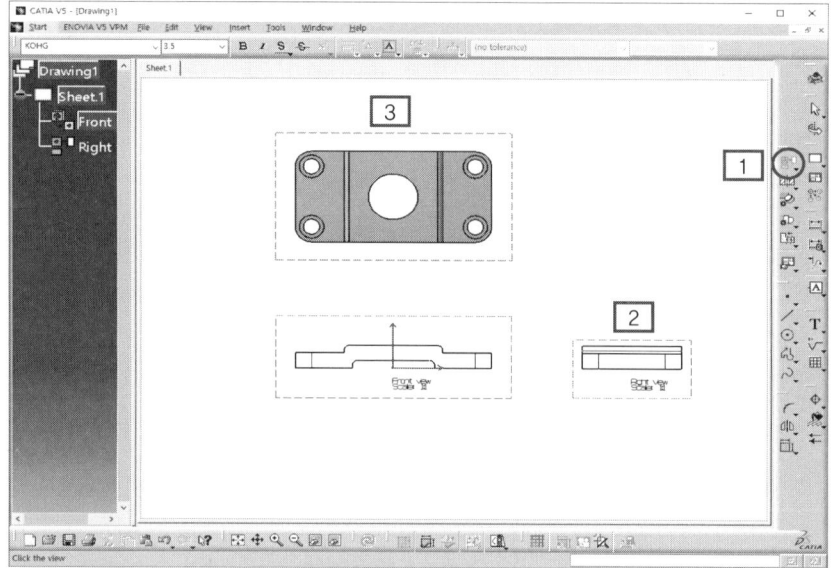

❸ [Views – Projections Toolbar] Auxiliary View : 보조투상도를 생성한다. 반드시 보조투상도를 생성하고자 하는 View를 Active View(빨간색 점선으로 표시)로 지정해야 하며, Active View로 지정하고자 하는 View의 Frame(파란색 점선)을 더블클릭한다.

* Auxiliary View 아이콘 을 클릭(1)한다.
* Active View의 두 점(2)(3)을 클릭하고 보조투상도를 생성시킬 위치에 마우스 포인터를 놓으면 두 점을 연결하는 직선에 수직한 방향의 View가 나타나고 임의의 위치를 클릭(4)하면 생성된다. (반대쪽 위치에 생성시켰을 때의 View(5)는 참고하시기 바랍니다)

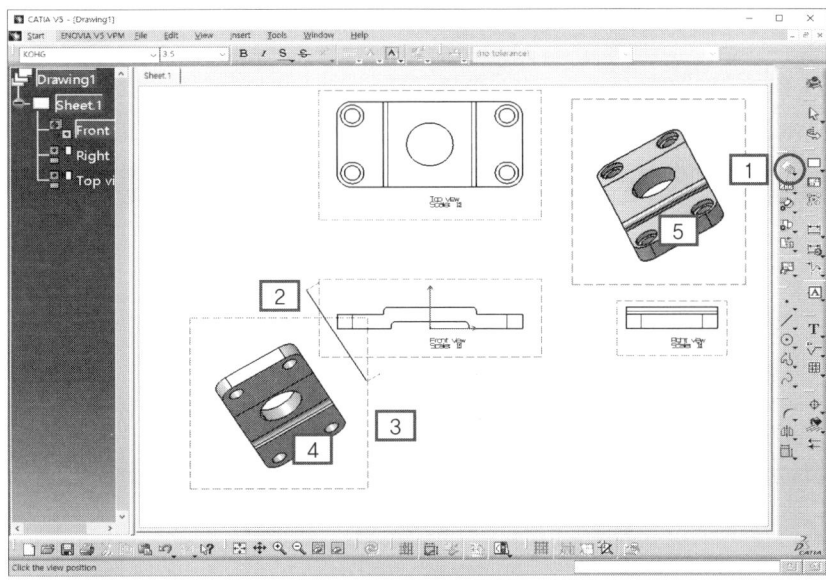

❹ [Views – Projections Toolbar] Isometric View : 등각투상도를 생성한다.

- Window → Tile Vertically를 선택하여 세로방향으로 배열한 후 등각투상도를 생성하고자 하는 형태로 회전시킨다.
- Isometric View 아이콘 을 클릭(1)한 후 모델링 임의의 면을 선택(2)한다.
- 모델링창에서 보이는 형태 그대로 Drafting창에 등각투상도가 나타나며(3) 임의 위치를 클릭한다.

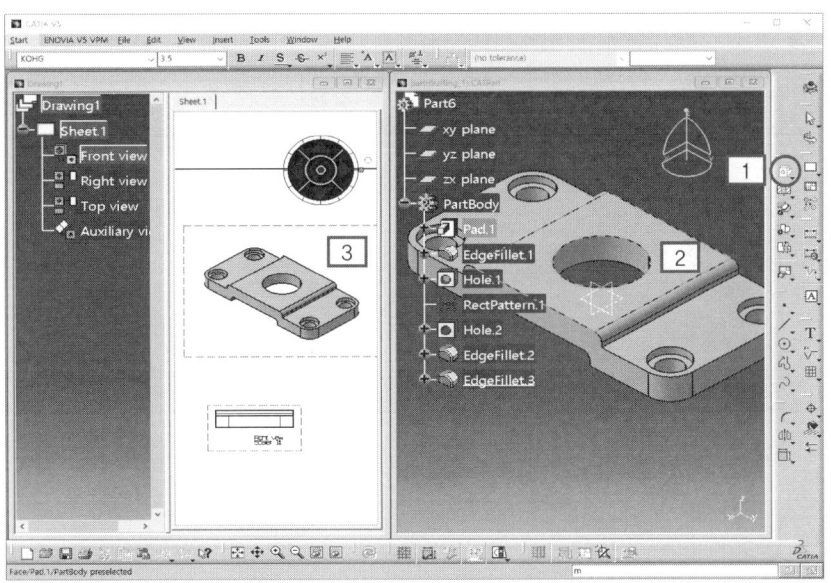

- Drafting창의 최대화버튼을 클릭한다.
- 생성한 View를 제거하고자 할 때는 해당 View의 Frame을 선택(4)하거나 Tree에서 View를 선택(5)한 후 Delete버튼을 누른다.

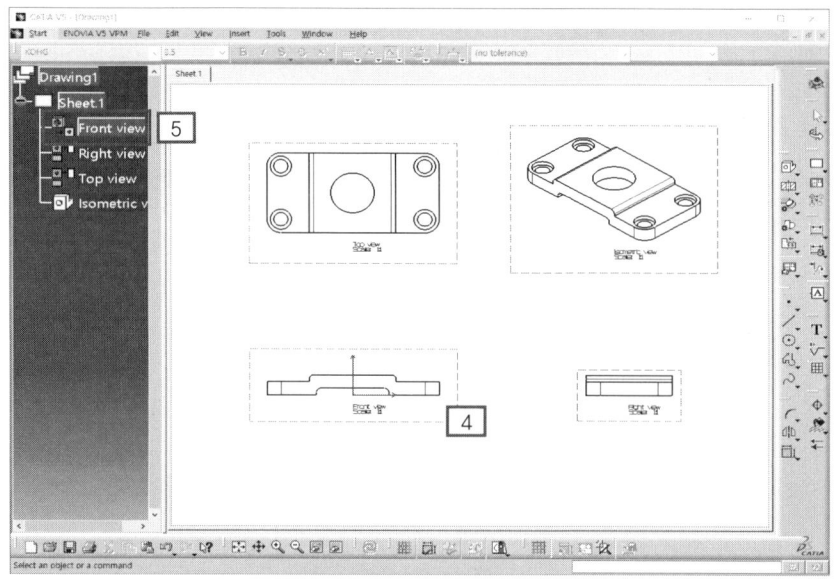

❺ [Views – Section Toolbar] Offset Section View 🔲 : 계단단면도를 생성한다.

- Top View의 Frame(파란색 점선)을 더블클릭하여 Active View(빨간색 점선)로 지정한다.
- Offset Section View 아이콘 🔲 을 클릭(1)한다.
- 단면도를 생성할 위치를 연속하여 선택(2)~(5)한 후 (5)지점에서 더블클릭한다.
- View를 생성한 위치(6)를 클릭하면 계단단면도가 생성된다.

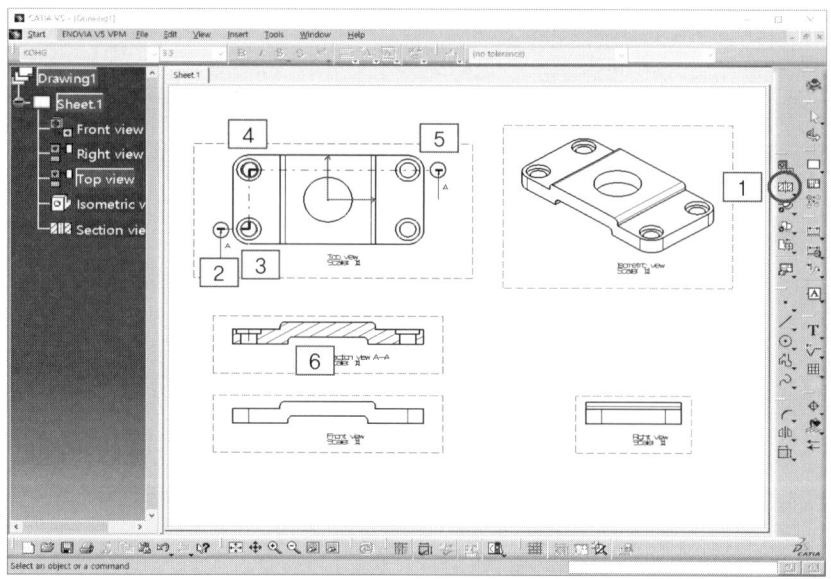

❻ [Views – Section Toolbar] Aligned Section View 🔲 : 경사진 절단선의 단면도를 생성한다.

- Tree → Sheet.1 → Front를 선택한 후 마우스 오른쪽 버튼을 클릭한다.
- Hide/Show를 선택하여 Front View를 숨긴다.

- Aligned Section View 아이콘 을 클릭(1)한 후 단면도를 생성할 위치를 연속하여 선택(2)~(5)한 후 (5)지점에서 더블클릭한다.
- View를 생성한 위치(6)를 클릭하면 경사진 절단선의 단면도가 생성된다.

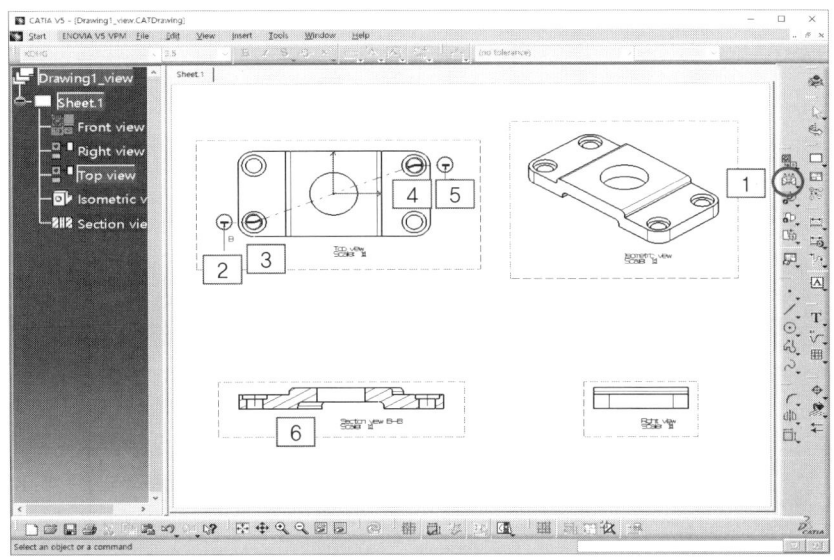

❼ [Views – Section Toolbar] Offset Section Cut 와 Aligned Section Cut : 각각 Offset Section View와 Aligned Section View에서 구멍부분의 실선을 제거하는 단면도를 생성한다.

- Offset Section Cut 아이콘 을 클릭(1)한다.
- ❺ [Views – Section Toolbar] Offset Section View 와 같은 위치를 선택하여 View를 생성하면 구멍의 위치에서 연결선이 제거된 단면도를 생성(2)한다.
- Aligned Section Cut 은 ❻ [Views –Section Toolbar] Aligned Section View 로 생성한 단면도에서 구멍 연결선을 제거한 형태(3)이다.

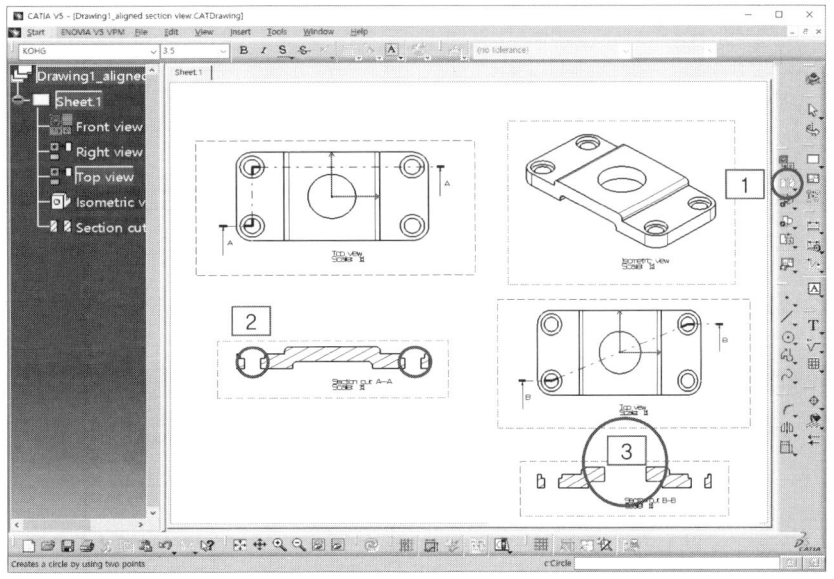

❽ [Views – Details Toolbar] Detail View : 상세도를 생성한다.

- 상세도를 생성할 부분의 View를 Active View로 지정한다.
- Detail View 아이콘 을 클릭(1)한 후 상세도를 생성할 Hole의 중심점(2)과 원 영역(3)을 선택한다.
- Scale 2 : 1이 나타나는데, 상세도가 위치할 점을 클릭(4)하면 그 지점에 Detail View가 생성(5)된다.

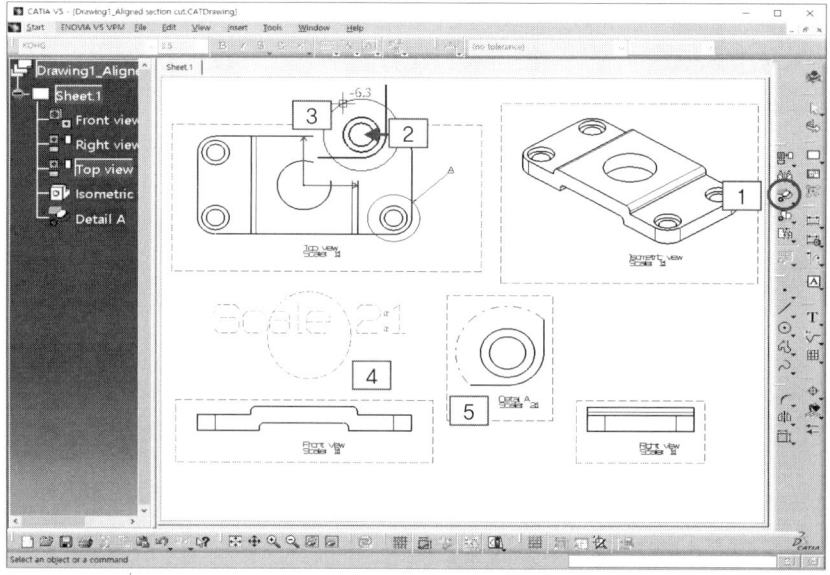

- 생성한 상세도의 Scale을 변경하고자 할 때는 Tree – Detail A를 선택(6)하고 마우스의 오른쪽 버튼을 클릭한 후 Properties를 선택한다.
- Scale 영역의 2 : 1을 확대하고자 하는 크기로 변경(여기에서는 3 : 1로 수정)한다.

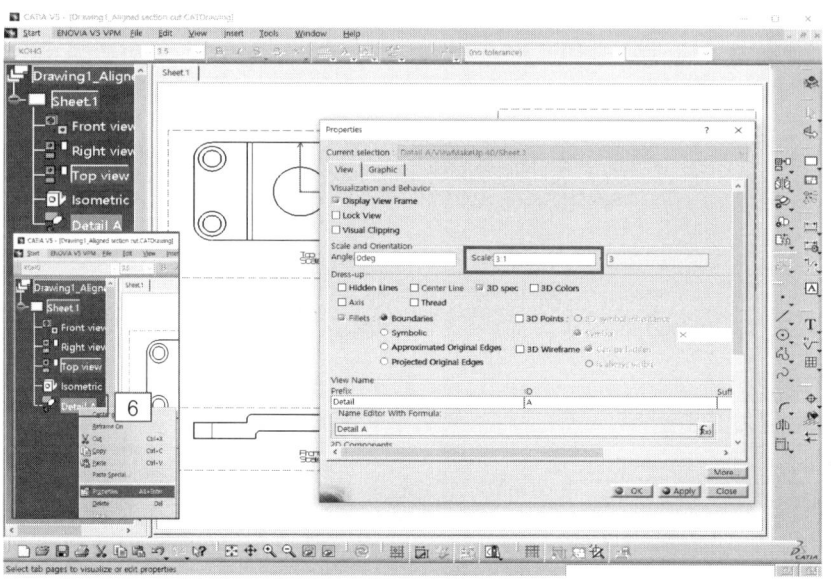

* OK버튼을 클릭하면 상세도가 2 : 1에서 3 : 1로 변경된 것을 확인할 수 있다.

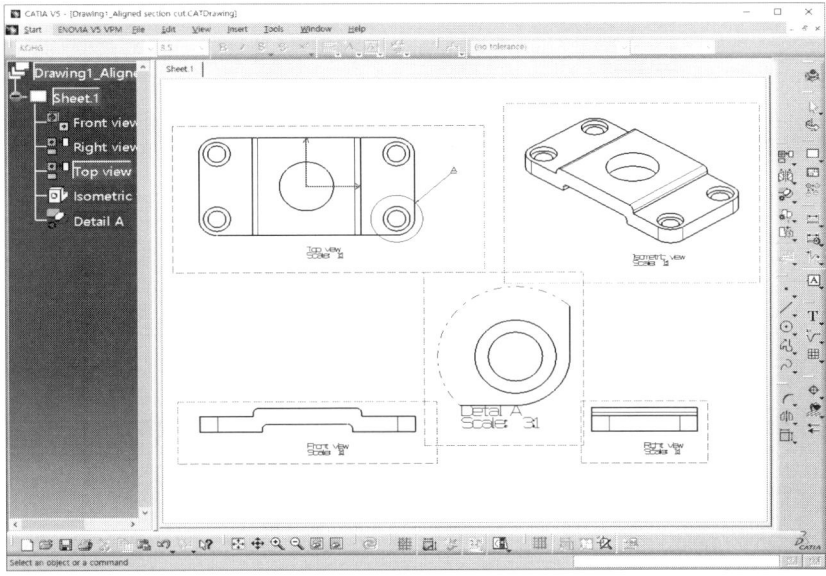

❾ [Views-Details Toolbar] 기타 Detail View : 상세도를 생성한다.

* 기타 Detail View의 기능도 유사하지만 영역의 표시방법(원형, 다각형)에 조금 차이가 있으며 아래를 참고하시기 바랍니다.
* Detail A(1) : Detail View (원형 영역을 지정하고 물체 부분만 일점쇄선으로 표시)
* Detail B(2) : Detail View Profile (다각형 영역을 지정하고 물체 부분만 일점쇄선으로 표시)
* Detail C(3) : Quick Detail View (원형 영역을 지정하고 영역 전체를 일점쇄선으로 표시)
* Detail D(4) : Quick Detail View Profile (다각형 영역을 지정하고 영역 전체를 일점쇄선으로 표시)

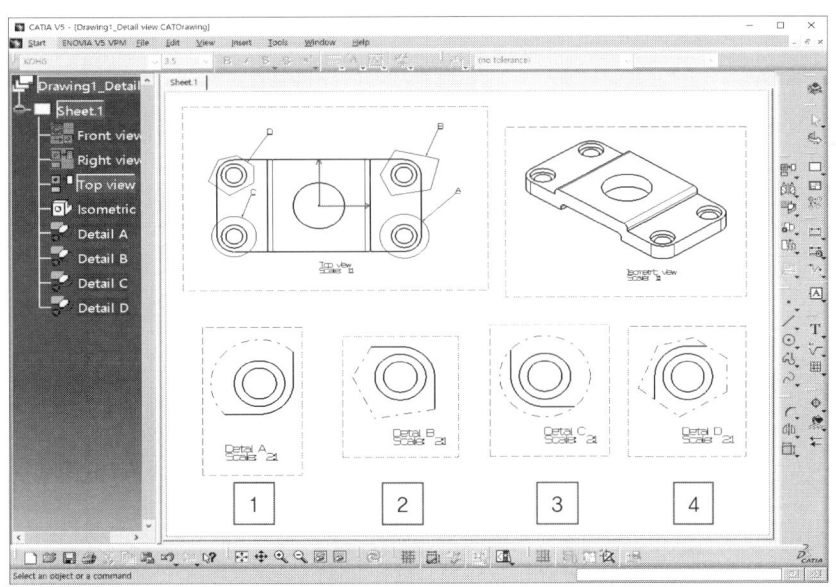

❿ [Views – Clippings Toolbar] Clipping View : 이미 생성한 View에서 선택한 영역만 남기고 제거한다. Clipping View를 적용하면 다른 기능이 적용되지 않기 때문에 Breakout View 등을 적용한 후에 마지막으로 실행해야 한다.

- Clipping View를 적용할 View를 Active View로 지정한다.
- Clipping View 아이콘 을 클릭(1)한 후 남기고자 하는 영역을 원형 형태로 선택(2)(3)한다.
- Top View가 선택한 영역만 남고 제거(4)되었다.

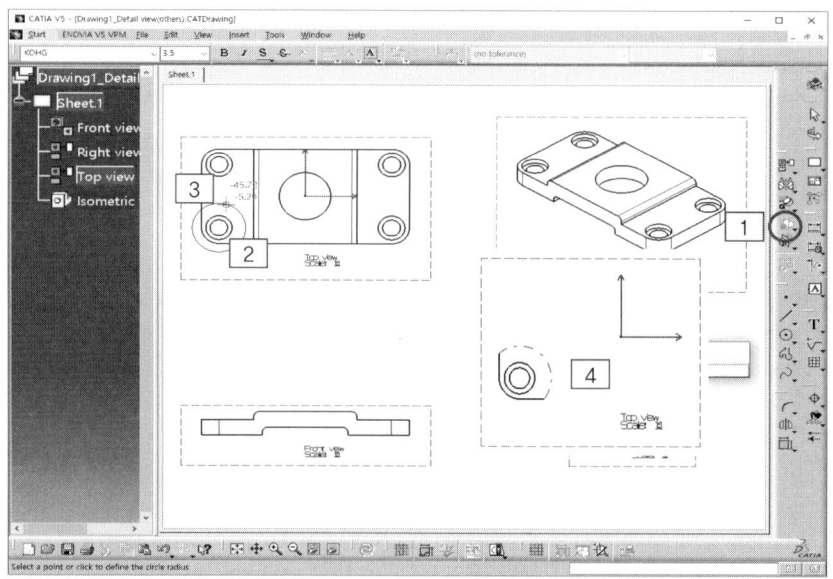

⓫ [Views – Clippings Toolbar] 기타 Clipping View : 이미 생성한 View에서 선택한 영역(1)만 남기고 제거한다.

- 기타 Clipping View의 기능도 유사하지만 영역의 표시방법(원형, 다각형)에 조금 차이가 있다. 앞에서 살펴보았던 Detail View와 유사한 형태이며 적용한 결과는 아래와 같다.
- Clipping View (2), Clipping View Profile (3), Quick Clipping View (4), Quick Clipping View Profile (5)

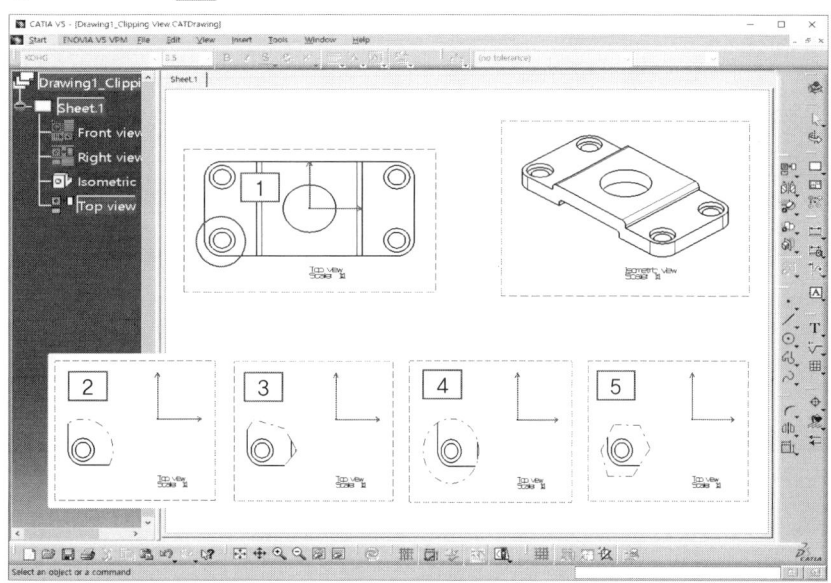

⓬ [Views – Break View Toolbar] Broken View : 일정한 형상의 긴 부품의 일부분을 절단한다.

- Broken View 아이콘을 클릭(1)한다.
- 자르고자 하는 위치를 연속하여 클릭(2)~(4)한 후 Drafting 영역의 임의 점을 클릭(5)하면 중간영역을 제거한다.

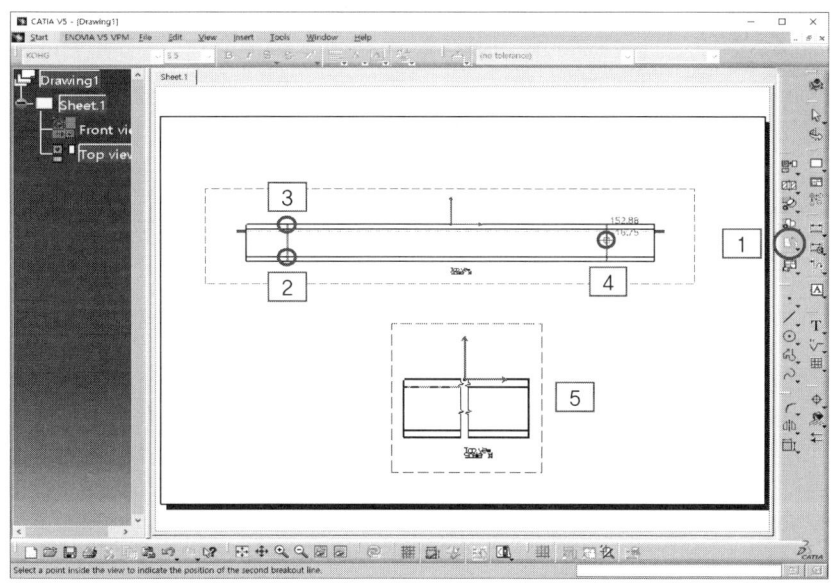

⑬ [Views – Break View Toolbar] Broken View  : 생성한 View의 부분단면도를 생성한다.

- Broken View 아이콘 을 클릭(1)한다.
- Front View에서 부분단면을 생성한 영역을 클릭(2)~(6)한다.

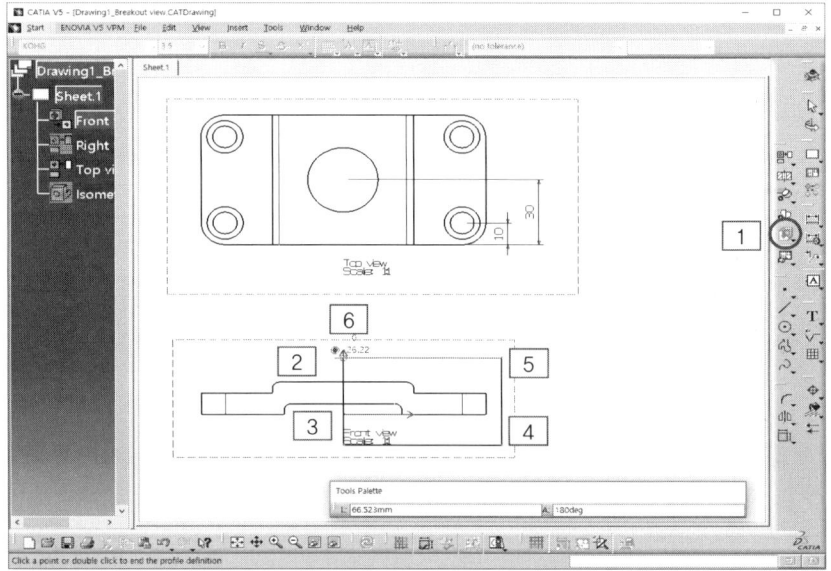

- 정확한 위치의 단면을 생성하기 위해서 Active View와 연관된 View의 모서리를 선택하면 선택한 모서리를 기준으로 일정한 거리만큼 지정하여 단면을 생성할 수 있다.

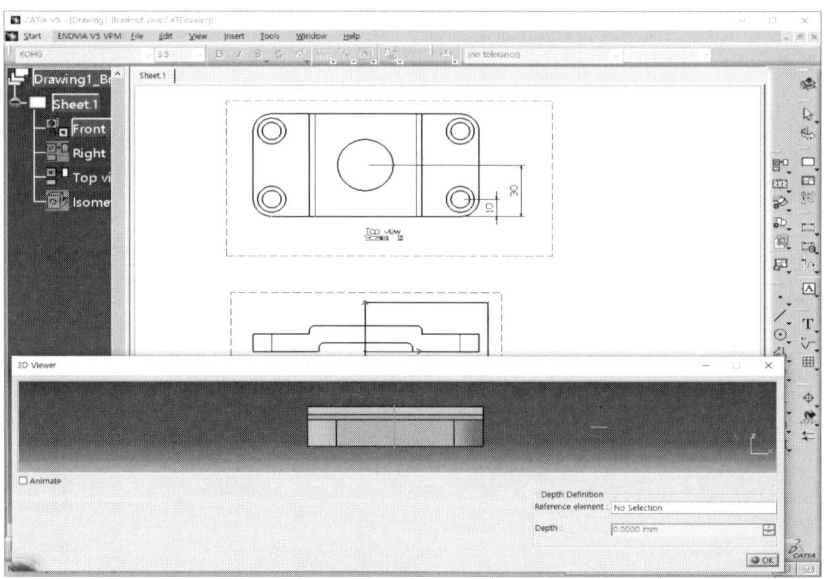

- Depth Definition 대화상자의 Reference element 영역을 선택한 후 Top View의 앞 모서리를 선택(7)한다.
- 부분단면을 생성할 위치를 앞면으로부터의 거리 10mm로 입력한다.

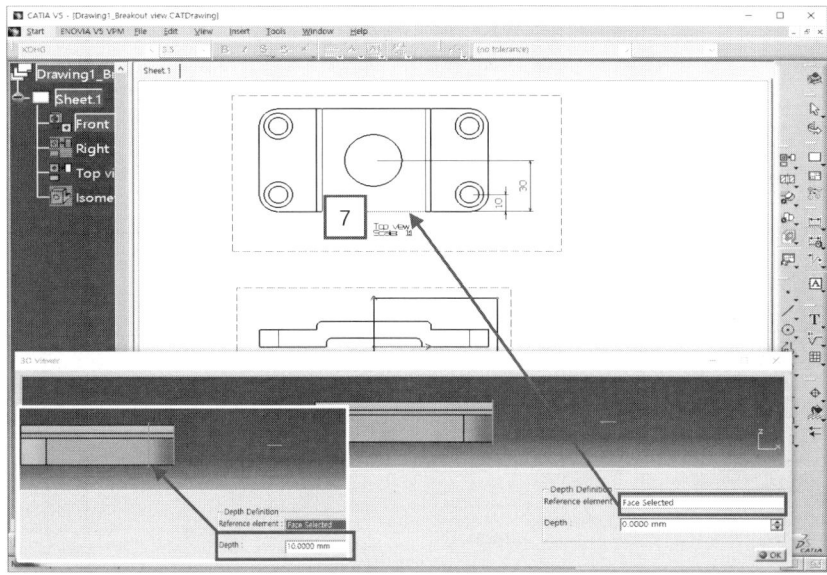

- OK버튼을 클릭하면 앞에서 선택한 영역(2)~(6)에 해당하는 부분단면도가 생성된다.
- Depth Definition 대화상자에서 Depth를 30mm 적용한 경우에 생성되는 부분단면도는 (8)에 나타내었다.

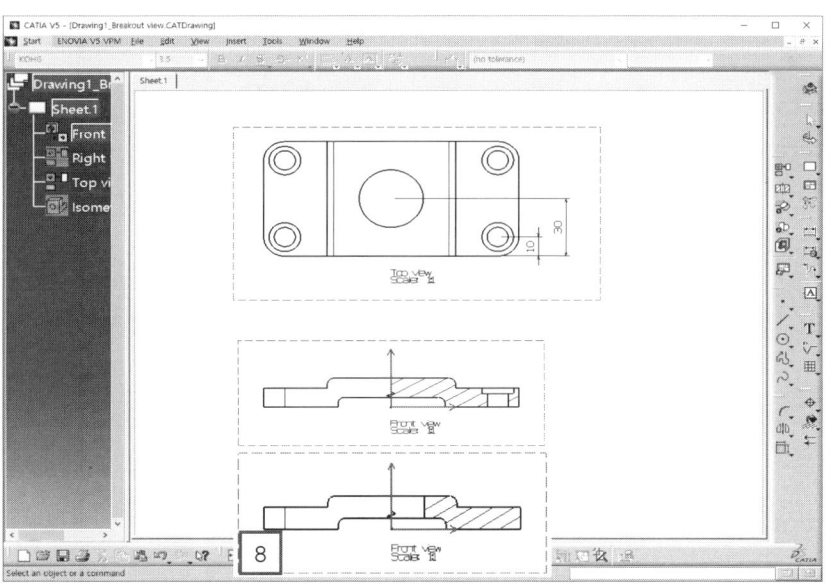

# REFERENCE 쉽게 도면작업하는 방법

1) 지금까지 학습한 Views 도구막대의 기능을 활용하여 투상도가 완성되었다.
2) 2D도면을 완성하기 위해 익숙한 환경인 AutoCAD를 활용할 수 있다.
3) File → Save As...를 선택한 후 파일 형식을 .dwg로 선택하고 저장한다.

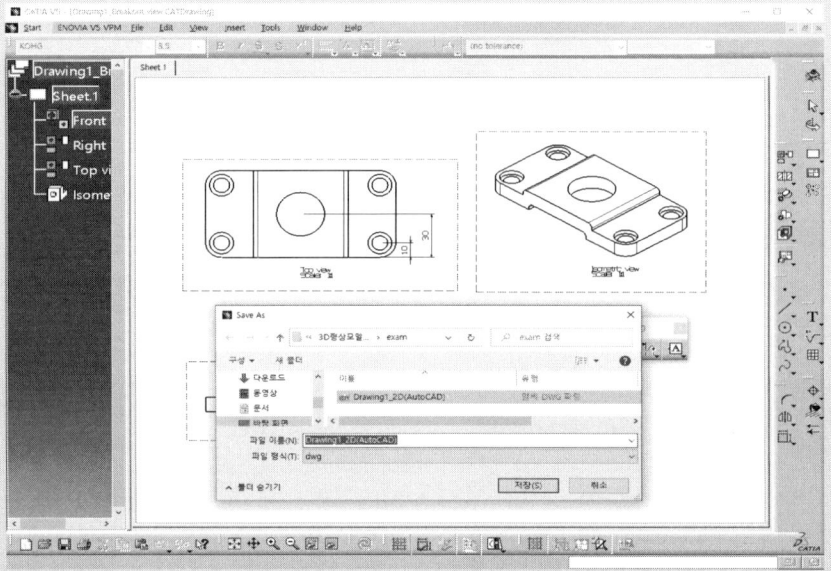

4) AutoCAD를 실행한 후 저장한 파일을 불러와서 도면작업을 진행한다.

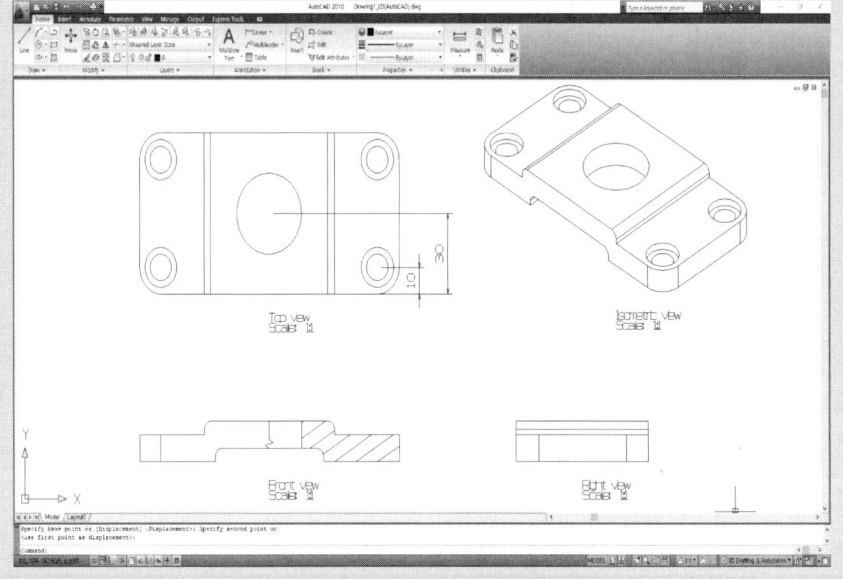

# CHAPTER 02 치수 표현하기

CATIA를 이용한 국가직무능력표준 기계요소설계 직무분야

## 01 치수 적용

❶ [Dimensioning – Dimensions Toolbar] Dimensions : 대부분의 치수(선형, 원, 각도 등)를 적용할 수 있다.

- 치수를 적용할 View를 Active View로 지정한다.
- Dimensions 아이콘 을 클릭(1)하면 Tools Palette 대화상자가 나타난다.
- 지정한 두 지점 사이의 치수 형태를 수평, 수직, 대각선 등으로 지정할 수 있으며 Projected Dimension 으로 선택한 후 선형 치수를 적용해 본다.
- 120mm 치수는 연속하여 (2)~(4) 위치, 10mm 치수는 연속 (2)와 (5) 위치를 클릭하여 적용할 수 있으며 다른 치수도 생성한다.

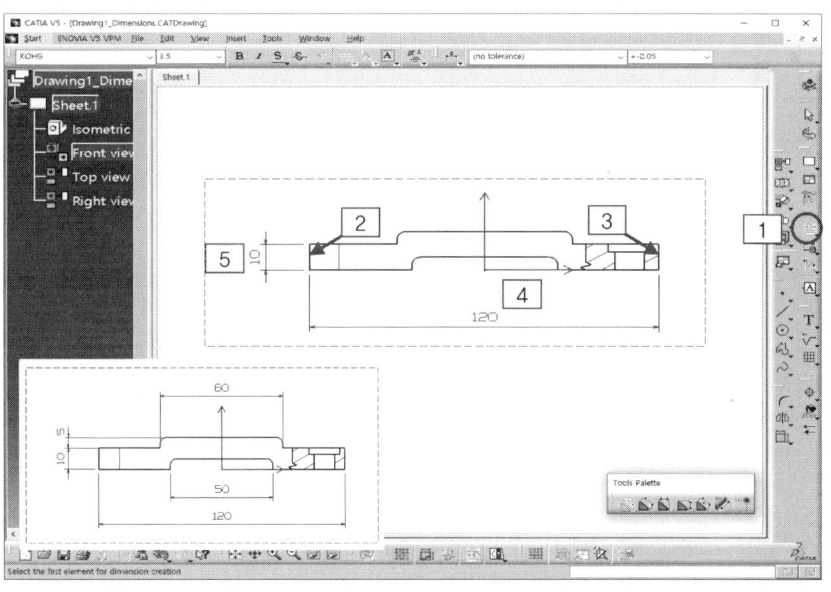

- Arc에 치수를 적용하기 위해 Dimensions 아이콘을 클릭한다.
- Arc를 선택하면 기본적으로 직경(∅)치수가 적용되지만, 반경(R)치수로 변경하고자 할 경우에는 Arc를 선택한 후 마우스 오른쪽 버튼을 클릭한다.
- Radius Center를 선택하고 임의 위치를 클릭하면 반경치수가 적용된다.

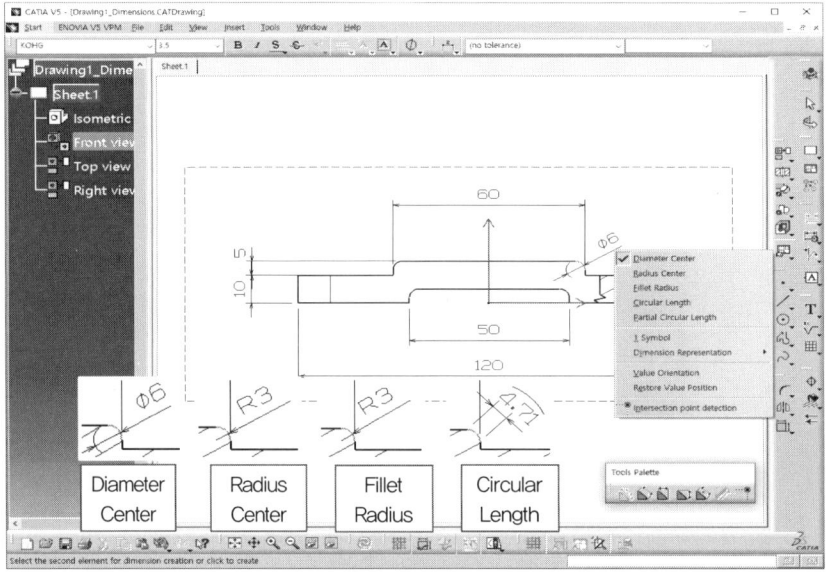

- Counterbore 구멍에 치수를 적용하기 위해 Dimensions 아이콘을 클릭한다.
- Hole에 치수를 적용(6)한 후 4개의 구멍이 존재하므로 치수 앞에 "4 -"를 표시하기 위해 치수를 선택한 후 마우스 오른쪽 버튼을 클릭한다.
- Properties를 선택하면 대화상자가 나오는데, 여기에서 선택한 치수를 수정할 수 있다.
- [Dimension Texts] 탭을 선택한 후 Associated Texts 영역에 "4 -"를 입력하고 Apply버튼을 클릭한다.

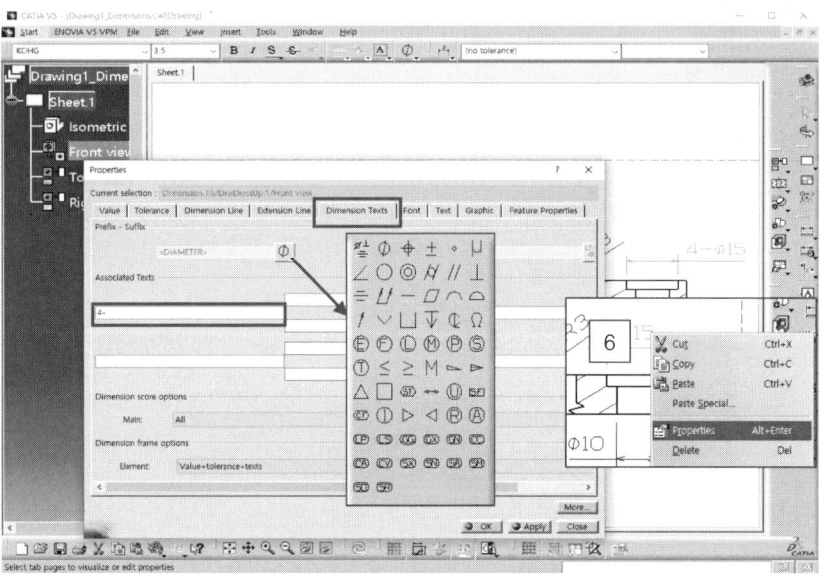

- OK버튼을 클릭하고 필요한 치수는 추가로 적용한다.

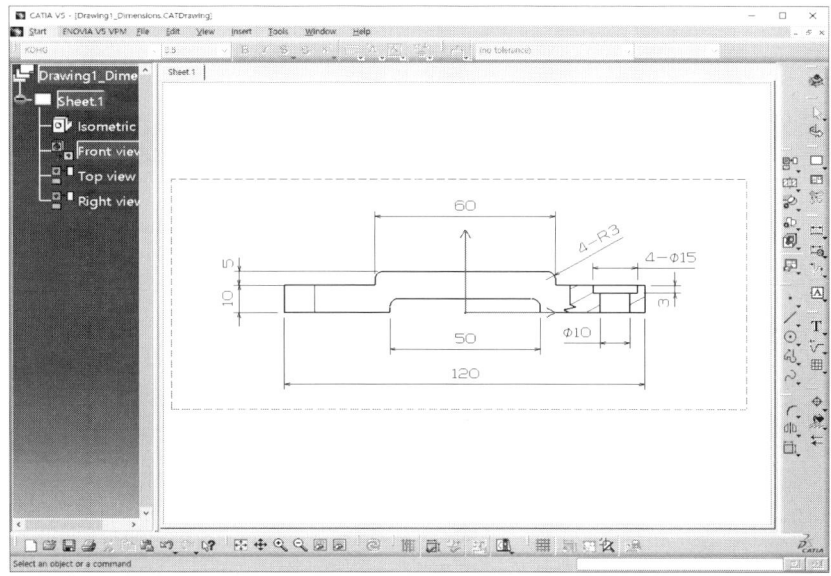

- 절단선의 굵기를 가는선으로 변경하기 위해 절단선을 선택(7)한 후 마우스 오른쪽 버튼을 클릭한다.
- Properties를 선택한 후 Line and Curves의 Thickness에서 0.13mm의 가는 실선을 선택(8)한 후 OK 버튼을 클릭하여 적용(9)한다.

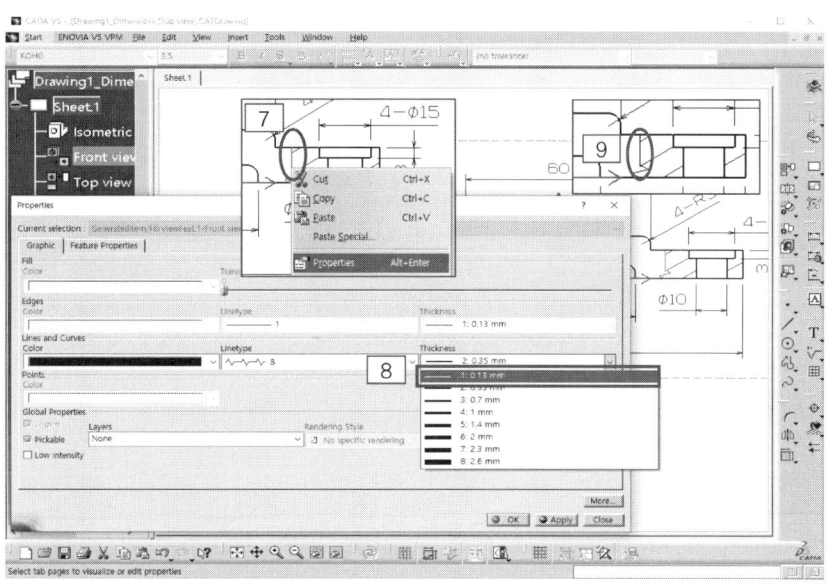

- Top View를 Active View로 변경하기 위해 Top View Frame을 더블클릭한다.
- Dimensions 아이콘 을 클릭하고 아래와 같이 치수를 적용한 후 왼쪽의 원을 선택(10)(11)하면 기본적으로 원의 중심 간 거리(Distance)가 나타난다.
- 치수를 생성하기 전에 마우스 오른쪽 버튼을 클릭한 후 적용 형태를 변경할 수 있다. (적용 결과는 아래 참조)

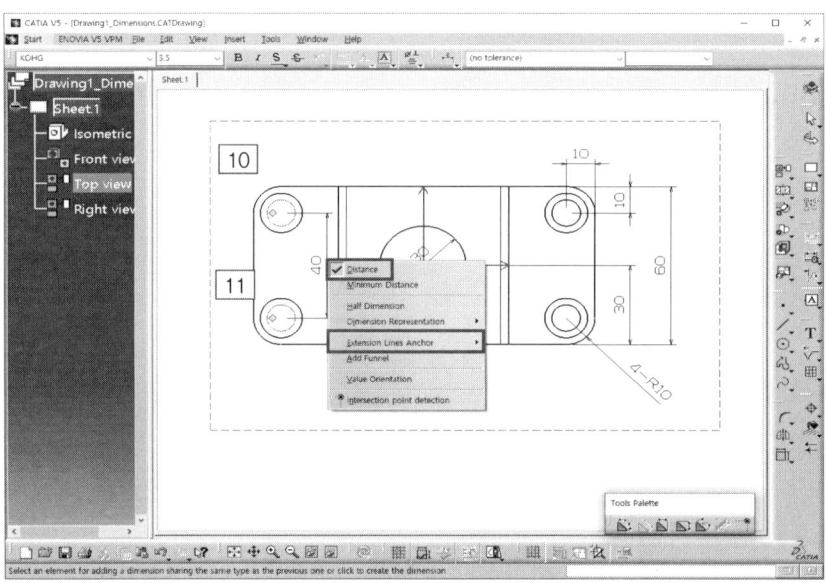

## Distance와 Minimum Distance

| 옵션 | 치수 | 옵션 | 치수 |
|---|---|---|---|
| ✓ Distance / Minimum Distance / Half Dimension / Dimension Representation | 40 | Distance / ✓ Minimum Distance / Half Dimension / Dimension Representation | 30 |
| ✓ Distance / Minimum Distance / ✓ Half Dimension / Dimension Representation | 80 | Distance / ✓ Minimum Distance / ✓ Half Dimension / Dimension Representation | 60 |

## Distance와 Extension Lines Anchor

| First Extension Line ▶ | Second Extension Line ▶ | 적용 치수 |
|---|---|---|
| Anchor 1 | Anchor 1 | 40 |
| Anchor 1 | Anchor 2 | 35 |
| Anchor 1 | Anchor 3 | 30 |
| Anchor 2 | Anchor 1 | 45 |
| Anchor 2 | Anchor 2 | 40 |
| Anchor 2 | Anchor 3 | 35 |
| Anchor 3 | Anchor 1 | 50 |
| Anchor 3 | Anchor 2 | 45 |
| Anchor 3 | Anchor 3 | 40 |

- 각도를 생성할 요소가 있다면 Dimensions 아이콘을 클릭하고 적용할 두 요소를 연속으로 선택 (12)(13)한다.
- Distance 치수가 보인다면 마우스 오른쪽 버튼을 클릭 후 Angle을 선택하여 각도를 생성한다.

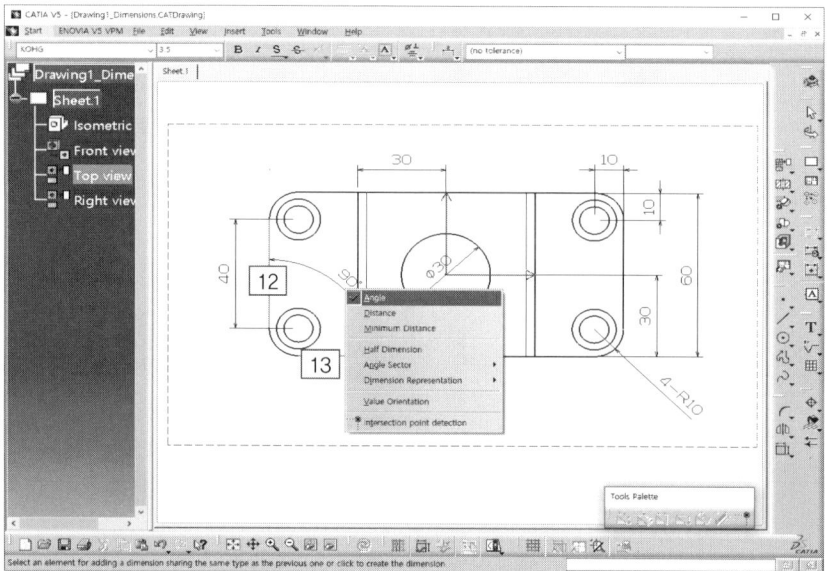

❷ [Dimensioning – Dimension Edition Toolbar] Re-route Dimensions    : 생성된 치수의 기준을 변경하여 치수를 수정한다.

- Re-route Dimensions 아이콘을 클릭(1)한 후 기준을 변경할 치수(30)를 선택(2)한다.
- 치수 기준점을 클릭(3)한 후 연장할 새로운 요소를 선택(4)하면 기존의 치수(30mm)가 변경(60mm) 된 것을 확인(5)할 수 있다.

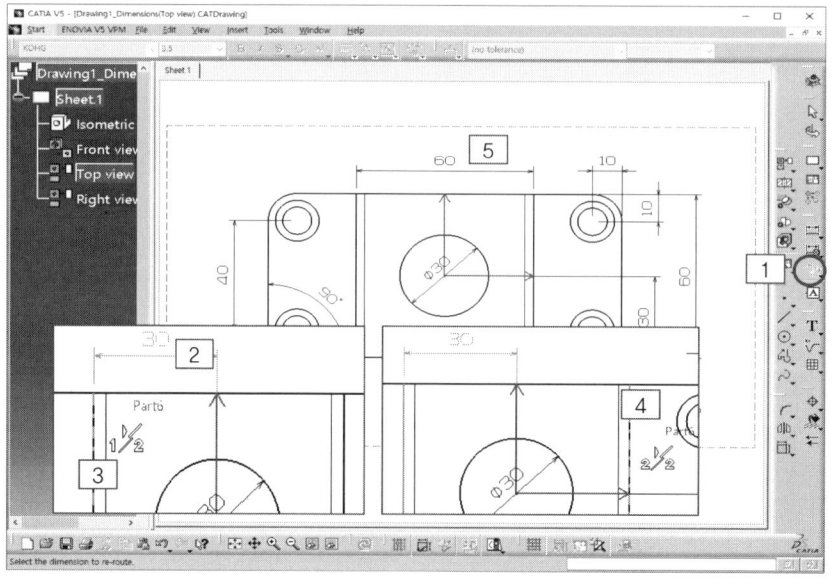

❸ [Dimensioning-Dimension Edition Toolbar] Create Interruption(s) : 치수선과 교차된 치수 보조선을 끊는다.

- Create Interruption(s) 아이콘 을 클릭(1)한다.
- 치수선과 교차된 치수를 선택(2)한 후 자르고자 하는 영역을 연속 선택(3)(4)하면 치수선과 교차된 치수보조선이 제거된다.

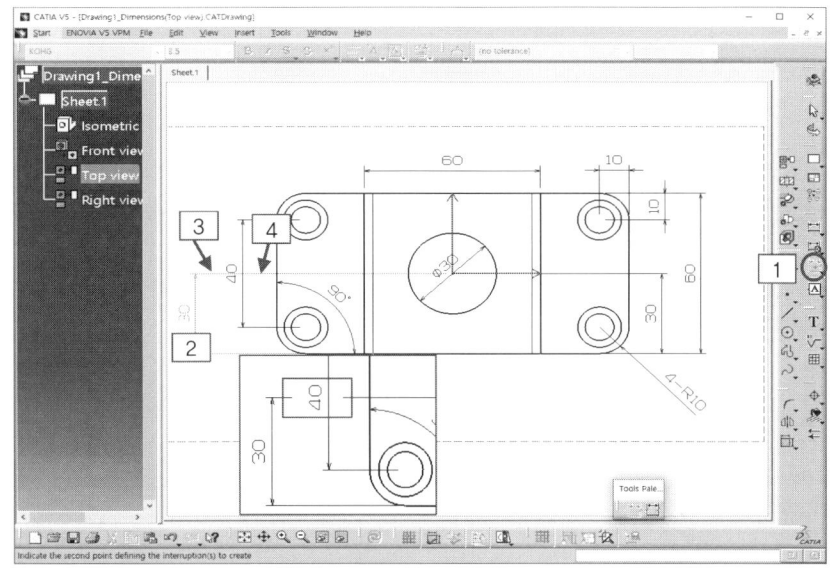

❹ [Dimensioning-Dimension Edition Toolbar] Remove Interruption(s) : Create Interruption(s) 로 끊어진 교차된 치수보조선을 복원시킨다.

- Remove Interruption(s) 아이콘 을 클릭(1)한다.
- 치수보조선이 끊어진 치수선을 선택(2)한 후 복원시킬 치수보조선을 선택(3)하면 치수보조선이 원래대로 복원(4)된다.

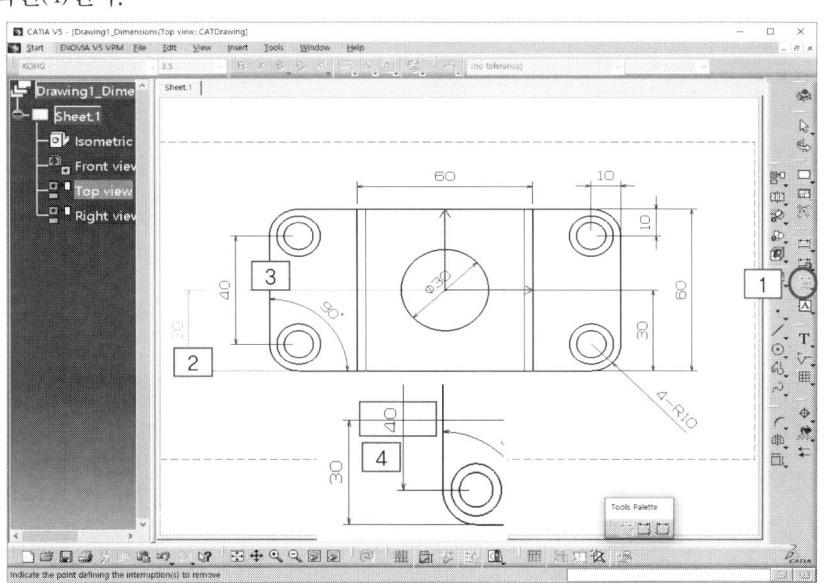

❺ [Dimensioning – Dimension Edition Toolbar] Create/Modify Clipping : 생성된 치수 일부분만 남기고 제거한다.

- Create/Modify Clipping 아이콘 을 클릭(1)한다.
- 일부분을 제거할 치수를 선택(2)한 후 남기고자 하는 영역을 클릭(3)(4)하면 치수선이 한쪽만 남는다.

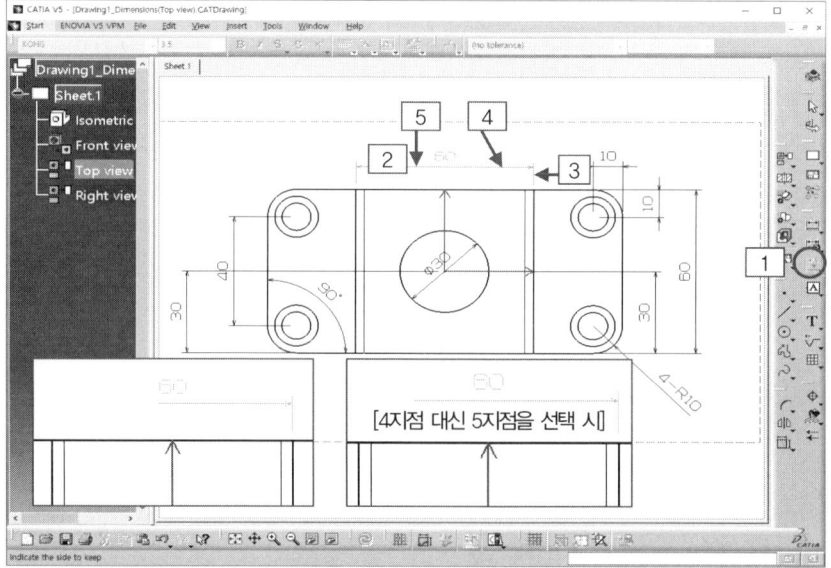

❻ [Dimensioning – Dimension Edition Toolbar] Remove Clipping : Create/Modify Clipping으로 치수를 원래 치수로 복원시킨다.

- Remove Clipping 아이콘 을 클릭(1)한다.
- Create/Modify Clipping으로 일부만 남겨진 치수선을 클릭(2)하면 원래 치수선이 복원(3)된다.

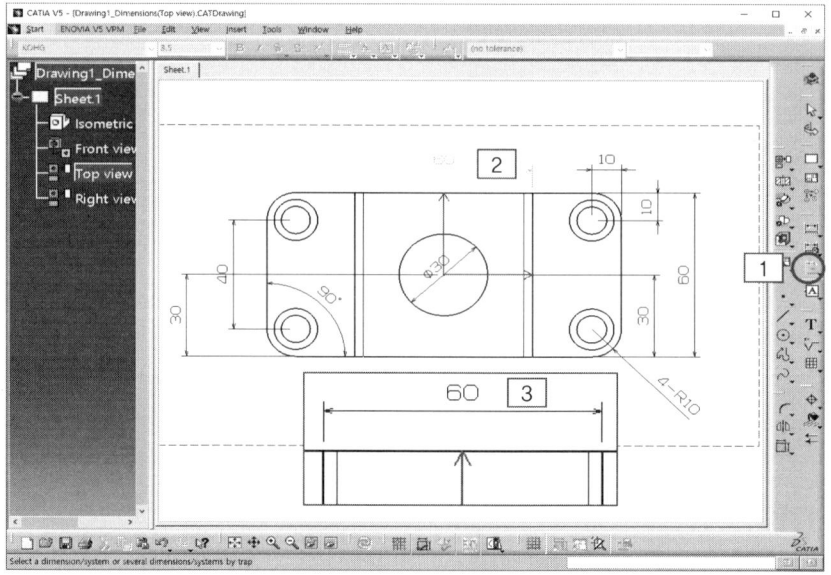

❼ **치수공차 적용** : Dimension을 이용하여 생성한 치수에 치수공차를 적용해 본다.
- 치수공차를 적용할 치수를 선택(1)하고 마우스 오른쪽 버튼을 클릭한 후 Properties를 선택한다.
- Properties 대화상자에서 Tolerance 탭을 선택(2)하면 일반치수(no tolerance)가 적용된 것을 볼 수 있다.
- Main Value에서 적용할 치수공차 형식(±0.01 또는 H/h 등)을 선택하면 선택된 형식에 따라 공차값을 입력할 수 있도록 아래 영역이 활성화된다.
- 활성화된 영역(Upper/Lower value, First value/Second value)에 치수공차값을 입력한 후 Apply버튼을 클릭하면 선택한 치수에 공차값이 적용(3)된 것을 확인할 수 있다.

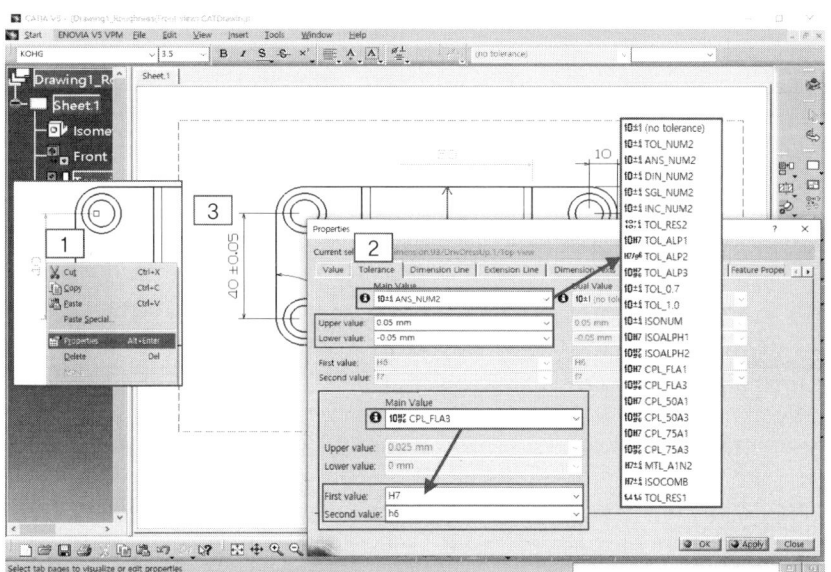

CHAPTER

# 03 기하공차와 표면거칠기 표현하기

CATIA를 이용한 국가직무능력표준 기계요소설계 직무분야

## 01 데이텀 적용

❶ [Dimensioning – Tolerance Toolbar] Datum Feature A : 데이텀을 생성한다.

- Datum Feature 아이콘 A 을 클릭(1)한다.
- 데이텀을 적용할 요소를 선택(2)하고 데이텀을 위치시킬 영역을 클릭(3)한다.
- Datum Feature 대화상자에서 데이텀을 입력(A)하고 OK버튼을 클릭하면 Datum이 생성된다.

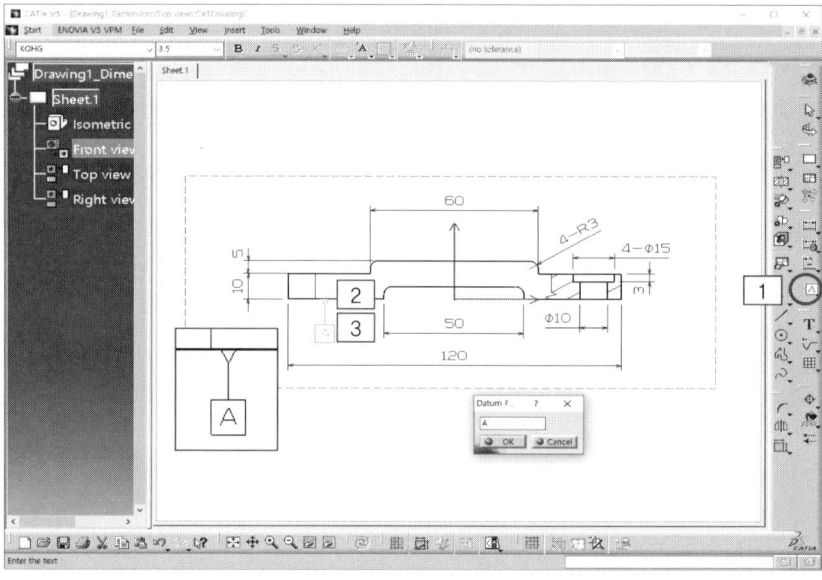

- 생성된 Datum을 선택하면 역삼각형에 노란색 마름모가 나타나는데, 마름모 위에 마우스 포인터를 놓고(4) 오른쪽 버튼을 클릭한다.
- Symbol Shape → Filled Triangle을 선택하여 속이 찬 역삼각형으로 바꾼다.

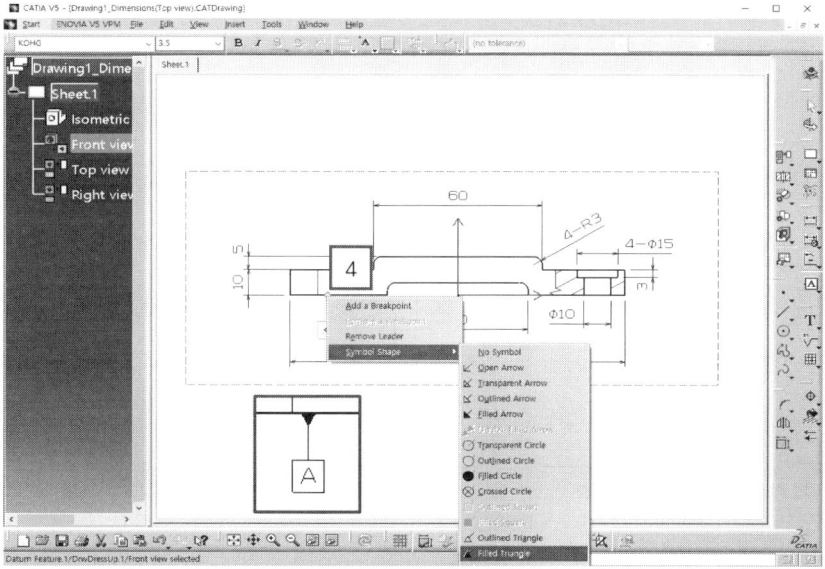

## 02 기하공차 적용

❶ [Dimensioning – Tolerance Toolbar] Geometrical Tolerance 🔲 : 기하공차를 생성한다.

- Geometrical Tolerance 아이콘 🔲 을 클릭(1)한다.
- 기하공차를 적용할 요소(2)를 선택한 후 임의 점을 클릭(3)하면 Geometrical Tolerance 대화상자가 나타난다.
- Tolerance 영역에서 적용할 기하공차 종류(평행도공차)와 기하공차값(0.05), Reference 영역에는 데이텀(A)을 각각 입력하고 OK버튼을 클릭하면 기하공차가 생성(4)된다.

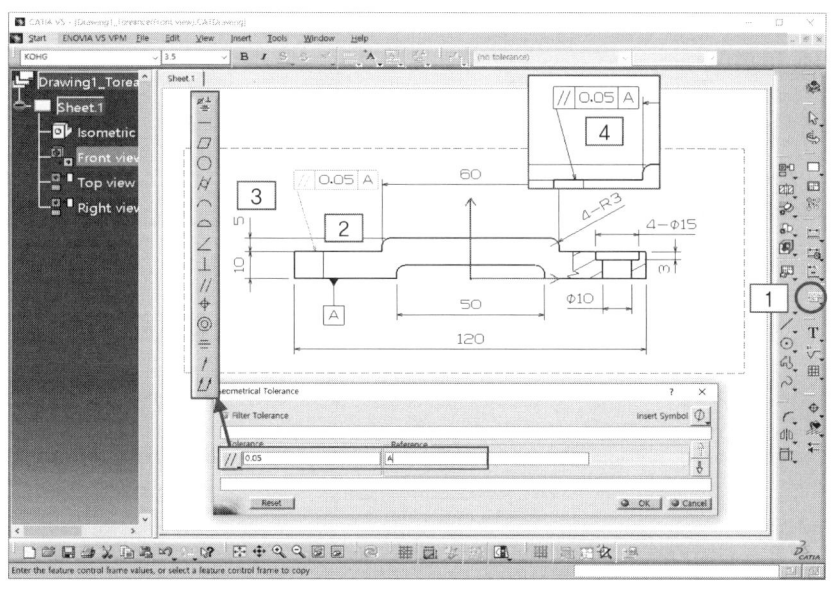

- 생성된 기하공차의 형태를 변형시키기 위해 기하공차를 선택하면 기하공차 위쪽에 화살표가 나타나는데, 이 화살표를 오른쪽으로 드래그(5)하여 이동시킨다.
- 기하공차 앞쪽에 있는 흰색 점(6)과 화살표 위의 마름모(7)를 드래그하여 직각으로 수정한 후 Drafting의 기하공차를 적용할 요소의 임의 위치를 클릭하여 생성한다.

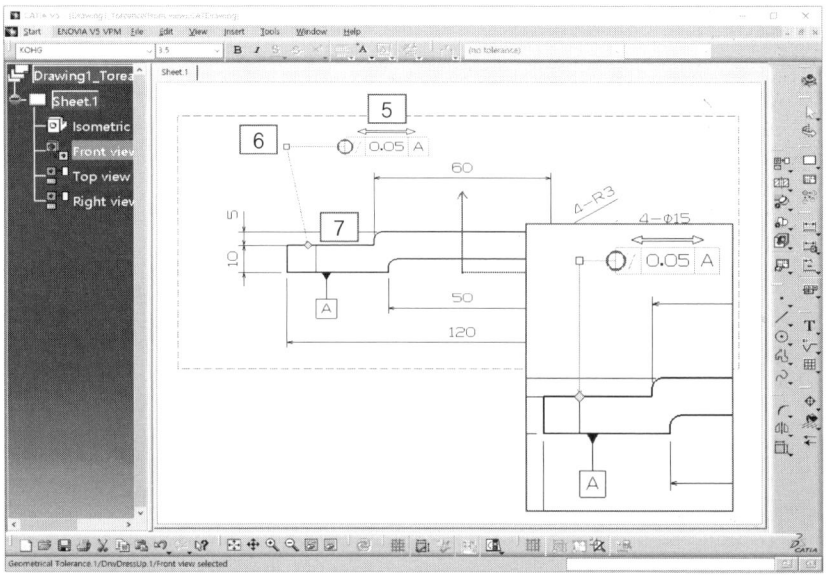

- Geometrical Tolerance 아이콘 을 클릭한 후 기하공차를 적용할 요소를 선택(8)한다.
- 먼저 진직도(-) 공차를 적용한 후 같은 위치에 또 다른 기하공차를 적용하기 위해 Next Line 을 클릭한다.
- 아래와 같이 직각도공차와 공차값(0.05), 데이텀(A), 부가공차(M)를 차례로 적용하고 OK버튼을 클릭한다.

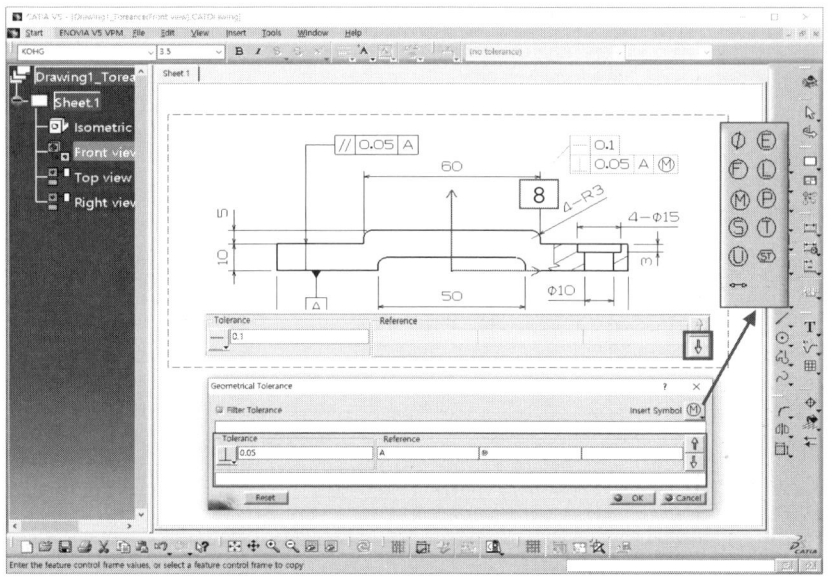

- 생성된 기하공차의 형태를 변형하기 위해 기하공차를 선택한다.
- 위치와 화살표 형상 등을 드래그하거나 해당 위치에서 마우스 오른쪽 버튼을 클릭(9)하여 수정한다.

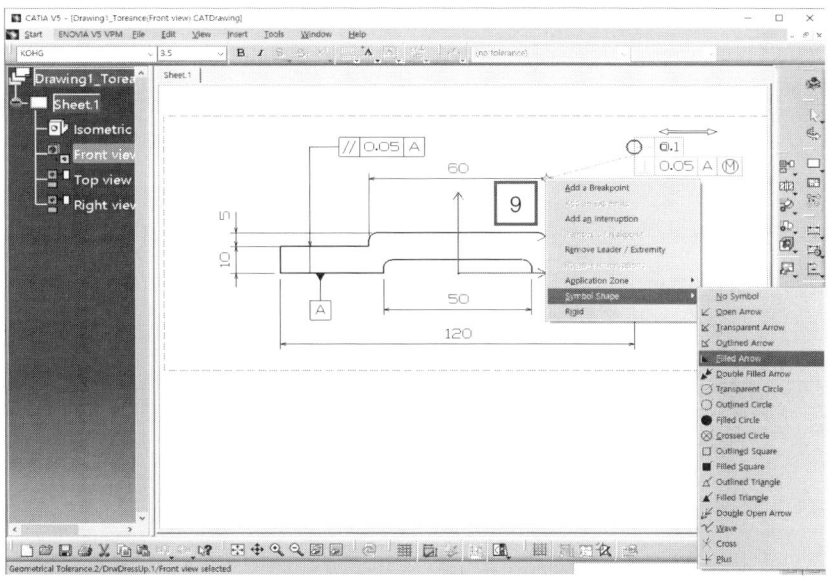

- 기하공차의 지시선을 수평하게 이동하기 위해 마우스로 선택한 후 이동시키면 미세하게 움직이지 않는다.
- 이 경우에는 Shift를 누른 상태에서 드래그하면 미세하게 움직이게 되어 수평하게 이동시킬 수 있다.

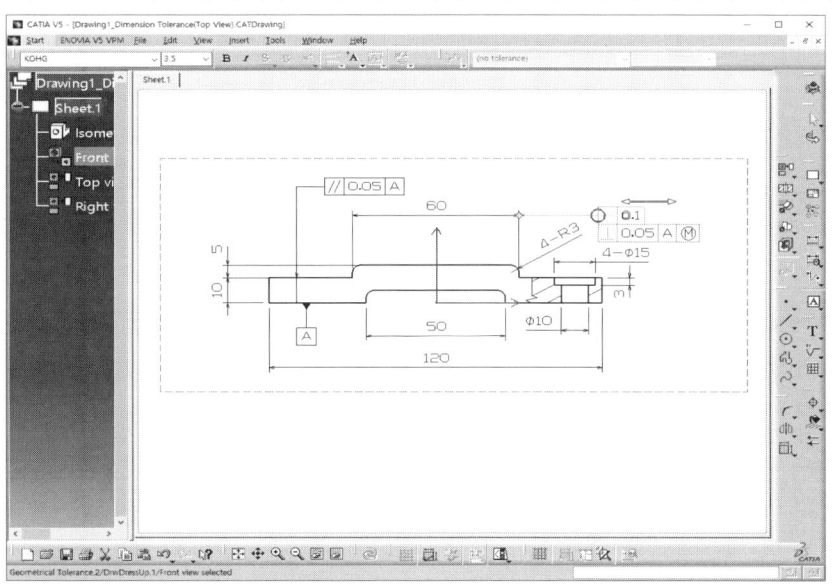

- 또한 Breakpoint를 추가하여 기하공차의 지시선을 변형할 수 있으며, 지시선을 선택한 후 마름모 (10)에 마우스 포인터를 위치시킨 다음 마우스 오른쪽 버튼을 클릭한다.

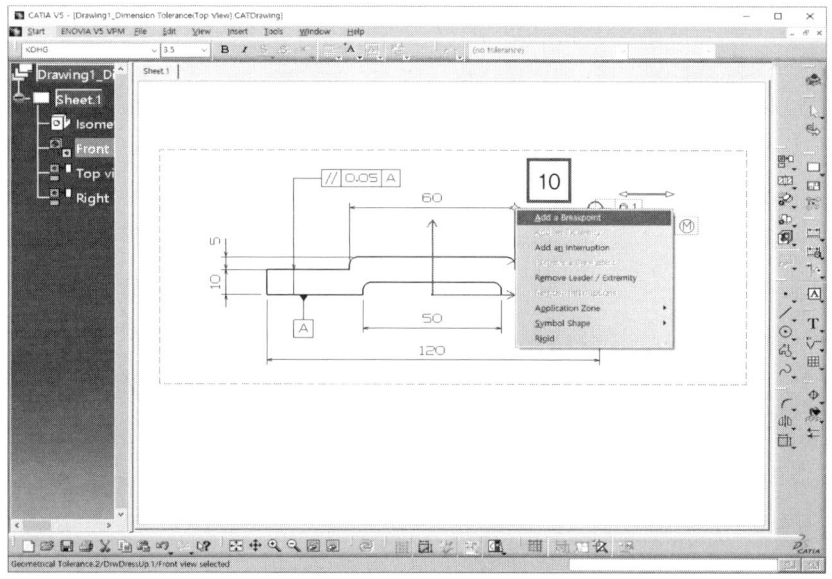

- Add a Breakpoint를 선택하여 필요한 만큼 지시선에 조절점을 추가한다. (여기에서는 2개를 추가)
- 기하공차를 위치시키고자 하는 곳으로 드래그하여 이동(11)시킨다.
- Shift를 누른 상태에서 지시선에 생성된 마름모를 선택하여 드래그하면 수평 또는 수직 상태로 변경 (12)되어 아래와 같이 기하공차 지시선을 수정할 수 있다.

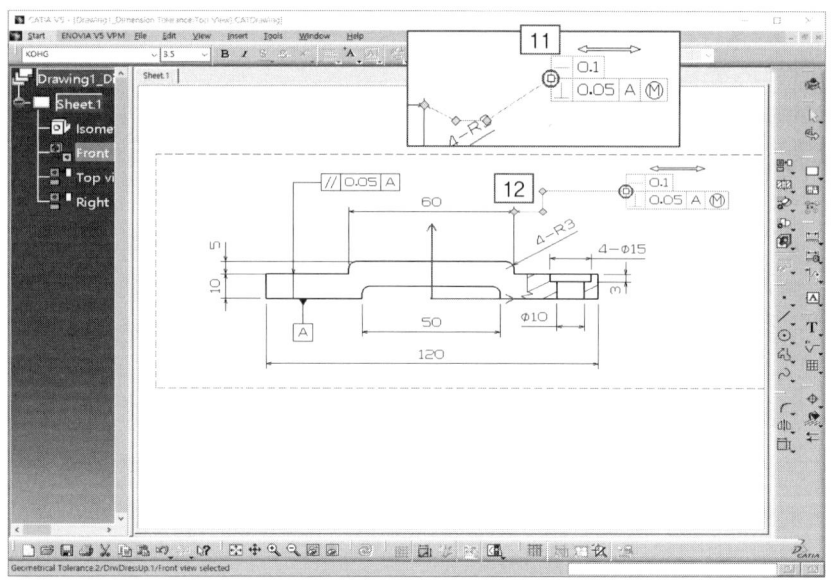

- 추가한 Breakpoint를 제거할 때는 마름모를 선택(13)한 후 마우스 오른쪽 버튼을 클릭하여 Remove a Breakpoint를 선택(14)한다.

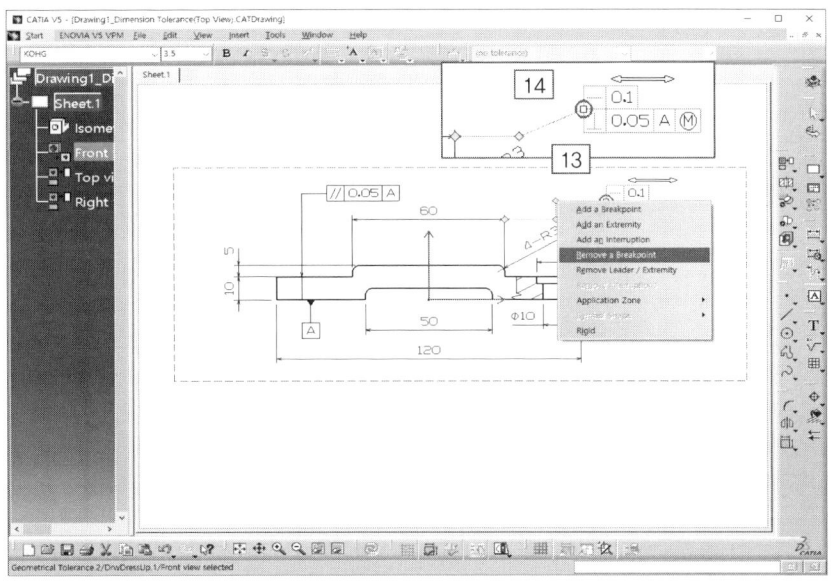

## 03 표면거칠기 적용

❶ [Annotations – Symbols Toolbar] Roughness Symbol : 표면거칠기를 생성한다.

- Roughness Symbol 아이콘 을 클릭(1)한다.
- 표면거칠기를 표시할 위치를 선택(2)하면 Roughness Symbol 대화상자가 나타난다.
- 먼저, 적용할 거칠기 종류(Rt, Rmax, Rp…)를 선택(3)한 후 거칠기 표현 조건에 맞도록 아래를 참고하여 선택하고 OK버튼을 클릭한다.
- 거칠기 종류를 선택하지 않고 문자(w, x, y, z)를 입력할 때는 거칠기 기호 옆 빈 영역에(4) 입력한다.

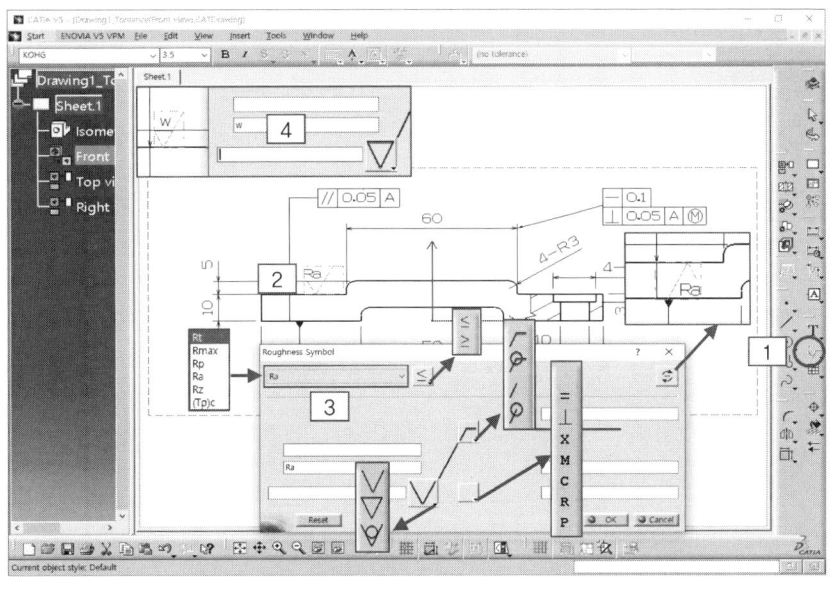

• 추가할 거칠기가 있다면 위와 같은 방법으로 적용해 준다.

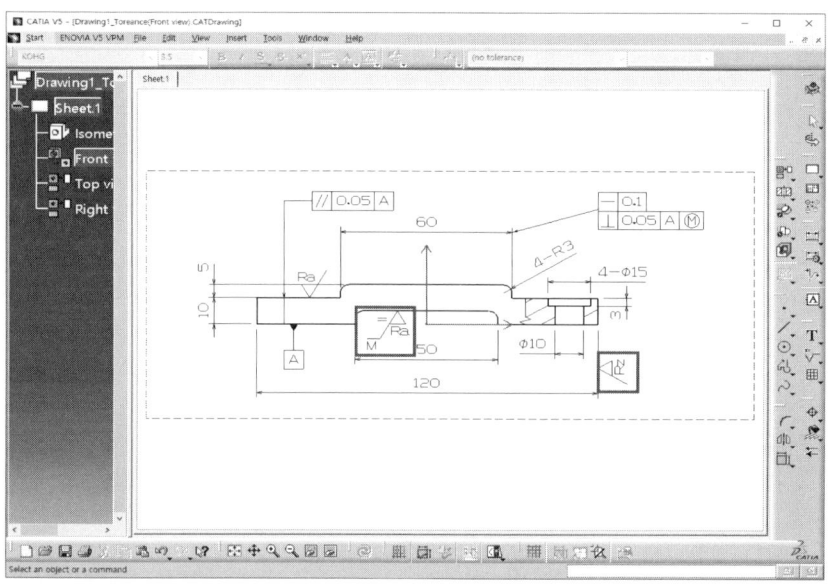

❷ [Annotations – Symbols Toolbar] Weld : 용접 형상을 생성한다.

• Weld 아이콘 을 클릭(1)한다.
• 용접이 적용될 모서리를 차례로 선택(2)(3)하고 Welding 대화상자에서 용접 Thickness를 입력한다.
• 용접 모양을 선택한 후 OK버튼을 클릭한다.

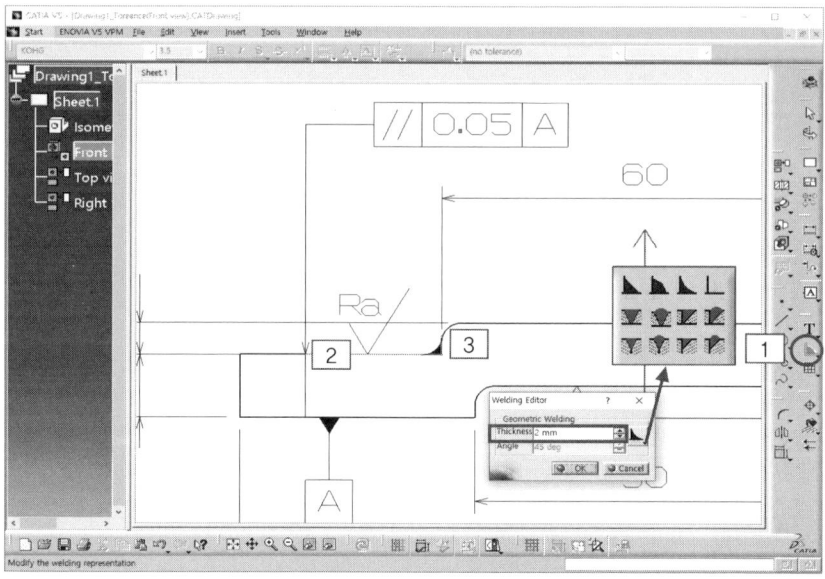

❸ [Annotations – Text Toolbar] Text **T** : Text를 입력한다.

- 먼저, Text를 적용하기 전에 새로운 View를 생성한다.
- Drawing 도구막대의 New View 아이콘 을 선택(1)하고 임의 점을 클릭(2)한다.
- 새로운 View Frame이 생성되는데, 이 View는 기존에 생성된 투상도 View와는 연관되지 않고 독립적으로 존재한다.

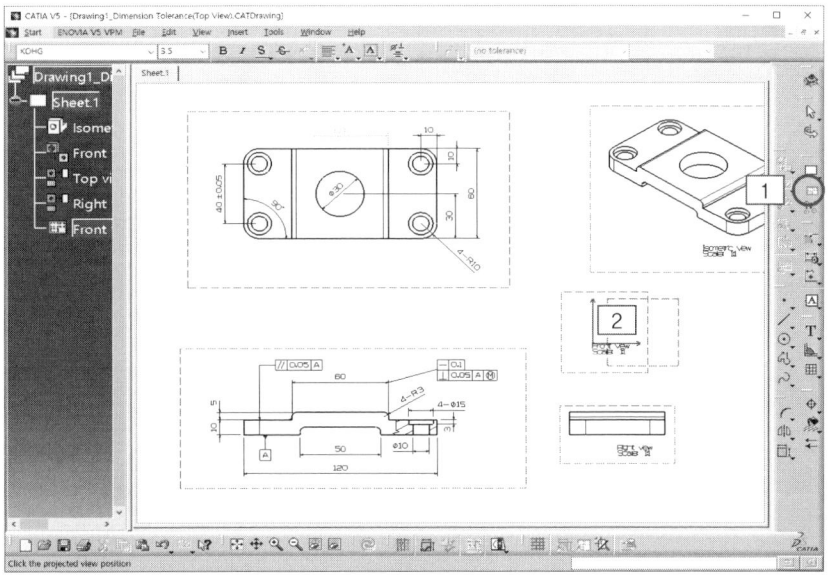

- Text 아이콘 **T** 을 클릭(3)하고 Text가 위치할 곳(앞에서 생성한 New View)을 선택한다.
- Text Editor 대화상자가 나타나면 Text Properties 도구막대에서 치수 크기(4)를 선택한다.
- 적용하고자 하는 Text를 대화상자의 빈칸에 입력하고 OK버튼을 클릭하면 Text가 생성(5)된다.

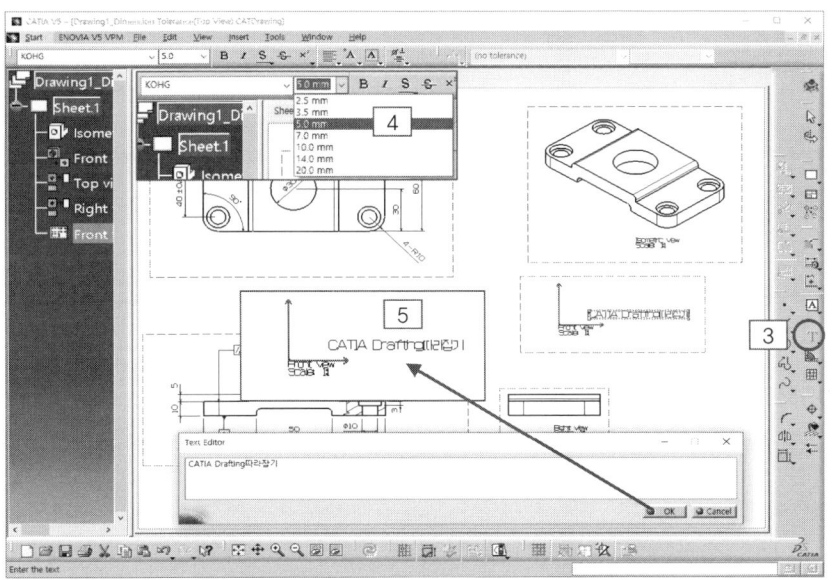

* 이렇게 새로운 View를 생성하고 그 View에 Text 등을 입력하면 기존의 View와 연관되어 있지 않기 때문에 임의의 위치로 이동시킬 수 있다.

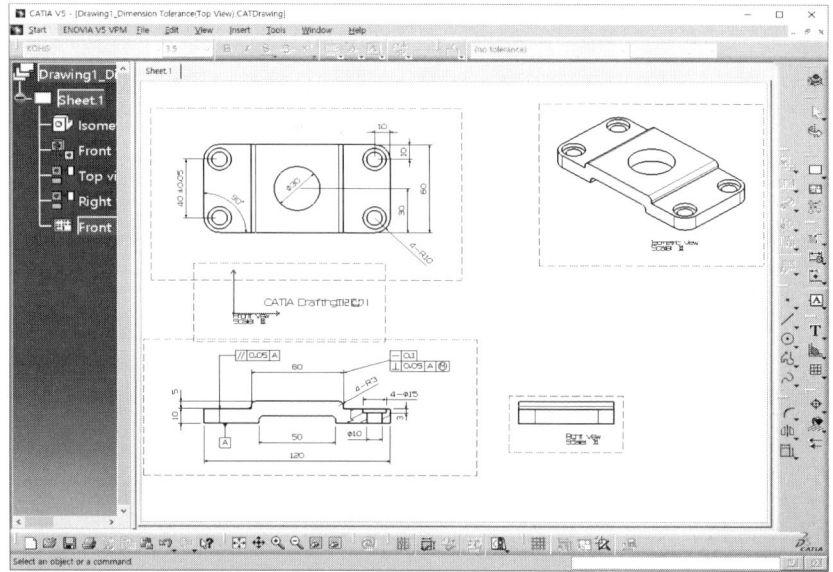

* 하지만, 새롭게 View를 생성하지 않고 Text를 입력한다면 아래와 같이 Active View에 Text가 존재하게 된다.

* Text 아이콘 T 을 클릭하고 Text를 생성할 빈 공간의 위치를 선택(6)하면 Active View Frame의 영역이 확대되면서 Text가 입력된다.

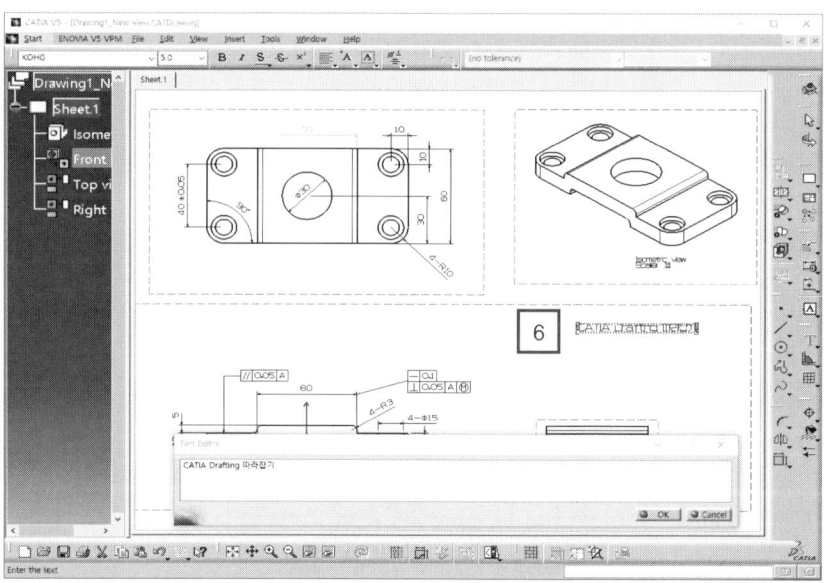

- Text만 별도로 이동할 수 없어서 도면작업을 하는 데, 불편이 따르게 된다.

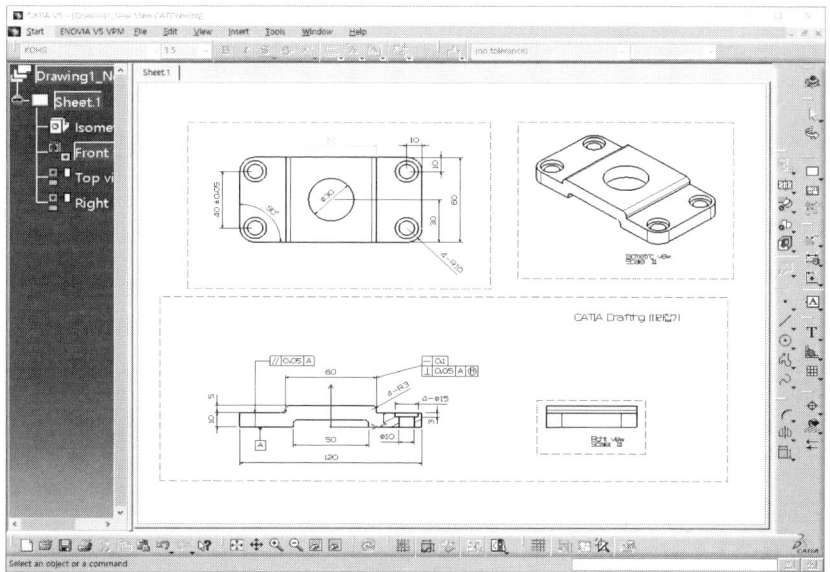

❹ [Annotations – Text Toolbar] Text with Leader : 지시선과 Text를 입력한다.

- Text with Leader 아이콘 을 클릭(1)한 후 지시선을 생성할 요소를 선택(2)한다.
- Text Editor 대화상자에 지시선에 기입할 Text를 입력하며 특수문자 등은 Text Properties 도구막대를 이용(3)한다.
- OK버튼을 클릭한다.

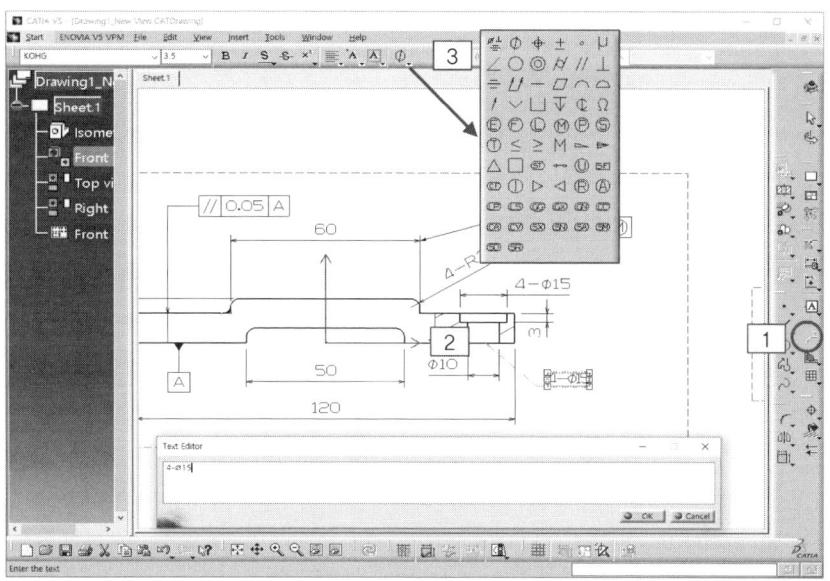

❺ [Annotations – Text Toolbar] Ballon ⑥ : 부품번호를 생성한다.

- New View 아이콘 을 클릭(1)한 후 View를 삽입시킬 위치를 클릭하여 새로운 View를 생성(2)한다.
- Ballon 아이콘 ⑥ 을 클릭(3)하고 생성한 View 영역을 클릭(4)한 후 마우스를 드래그하여 임의의 위치에 클릭(5)한 다음 Ballon을 생성한다.

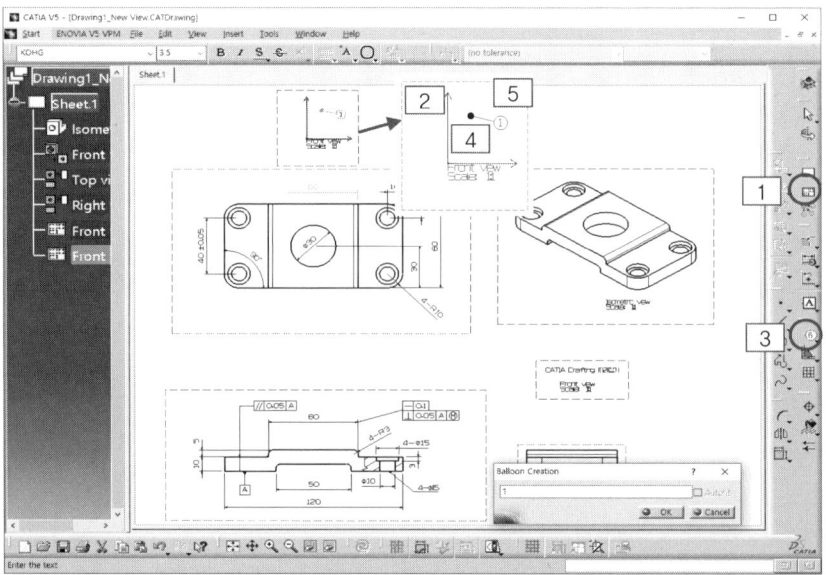

- 생성한 Ballon을 선택하면 검정색 원에 마름모가 나타나며, 마름모 위에 마우스 포인터를 위치시키고 오른쪽 버튼을 클릭(6)한다.
- Symbol Shape → Remove Leader/Extremity를 선택하여 선과 점을 제거한다.
- 생성한 부품번호를 클릭(7)한 후 Text Properties 대화상자에서 크기(8)를 선택하여 변경(9)한다.

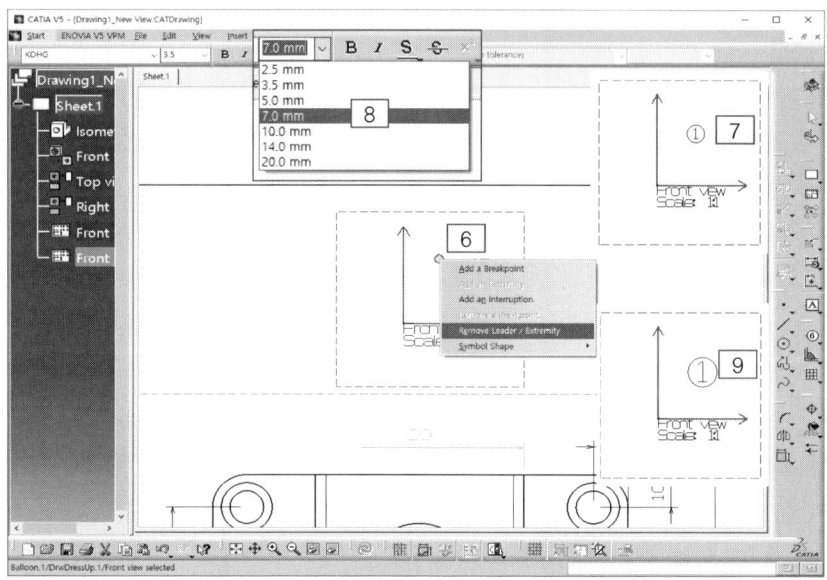

- 부품번호와 표면거칠기를 함께 생성해 본다.
- Roughness Symbol 아이콘 을 클릭한 후 표면거칠기를 표시할 위치를 선택(10)하면 Roughness Symbol 대화상자가 나타난다.
- 거칠기에 w를 입력하고 Text Properties 대화상자에서 크기를 선택(11)한 후 OK버튼을 클릭한다.

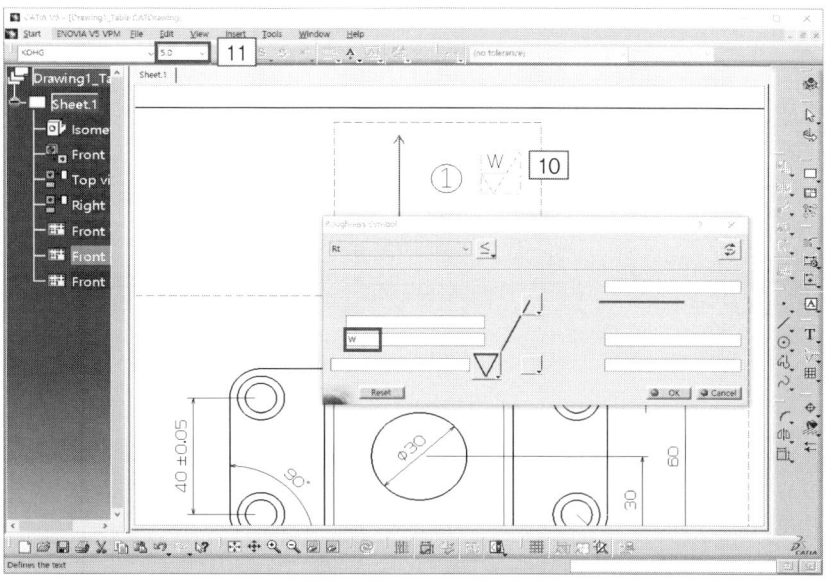

- 부품에 적용할 거칠기를 추가로 표시(y)하고 Text 아이콘 을 선택한 후 New View영역을 클릭 (12)한다.
- 대화상자에 괄호 ( , )를 입력하고 OK버튼을 클릭한 후 위치를 조정하여 개별 주서를 완성(13)한다.

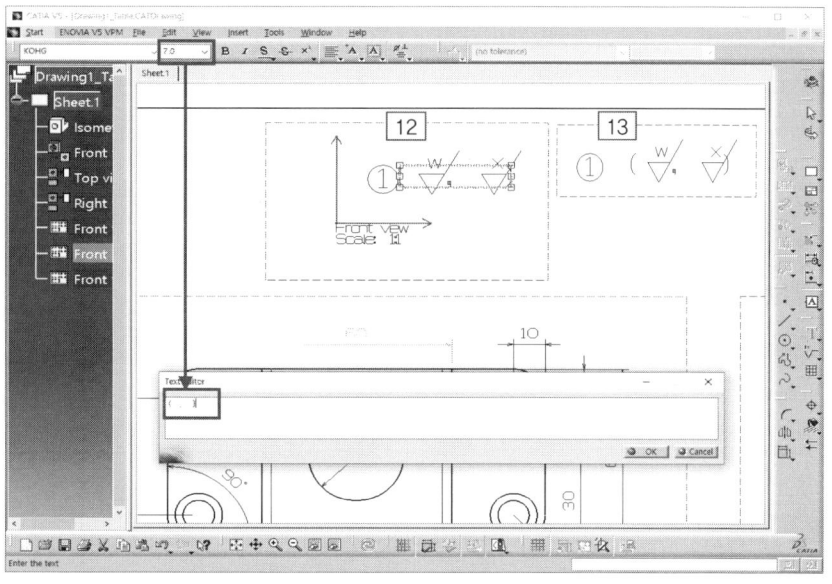

❻ [Annotations-Text Toolbar] Datum Target ⊖ : 데이텀표적을 생성한다.

- Datum Target 아이콘 ⊖을 클릭(1)한다.
- 데이텀표적을 생성할 요소(2)를 선택한 후 위치를 클릭(3)한다.
- Datum Target Creation 대화상자에 내용을 입력한 후 OK버튼을 클릭한다.

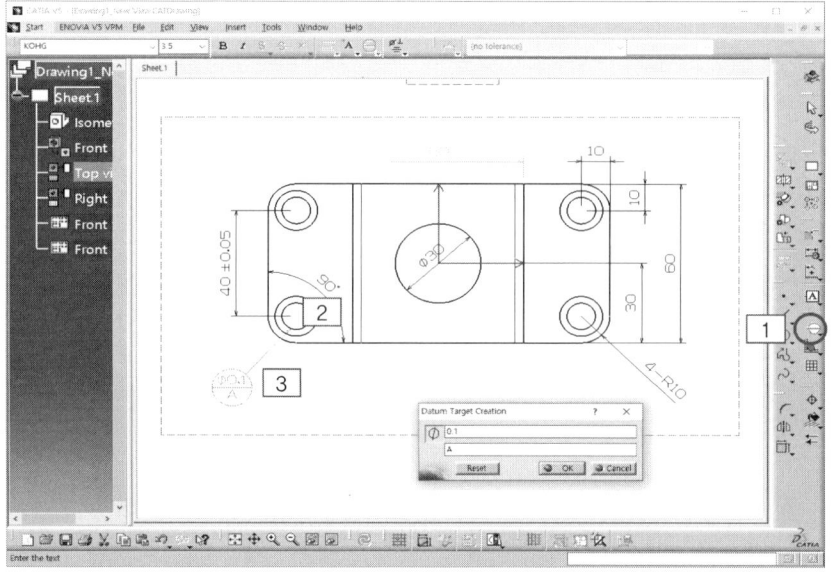

❼ [Annotations-Text Toolbar] Table ⊞ : Table을 생성한다.

- New View 아이콘 ⊞을 이용하여 새로운 View를 생성(1)한다.
- Table 아이콘 ⊞을 클릭(2)한 후 Table Editor 대화상자에서 행(5개)과 열(2개)의 개수를 입력하고 OK버튼을 클릭한다.
- 표가 위치할 View를 클릭(3)하면 Table이 생성된다.

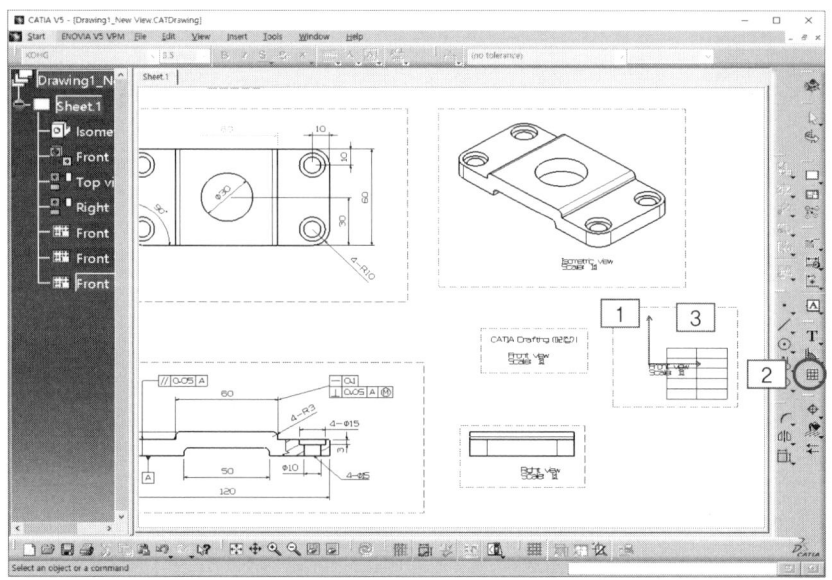

- 생성한 Table을 편집하기 위해서는 Table을 더블클릭한다.
- 행과 열의 크기를 변경하고자 할 때는 행과 열을 선택(4)한 후 마우스 오른쪽 버튼을 클릭한다.
- Size → Set Size를 선택하여 나타나는 대화상자의 Column width에 치수를 입력하고 Apply버튼을 클릭하여 적용한다.
- OK버튼을 클릭하여 대화상자를 닫는다.

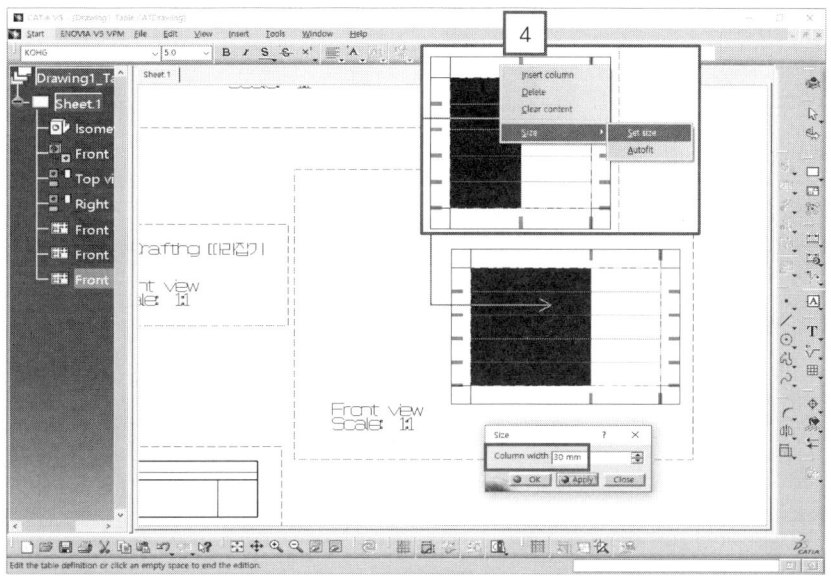

- 셀을 합치고자 할 때는 합칠 셀을 마우스로 드래그한 후 마우스 오른쪽 버튼을 클릭한다.
- Merge를 선택하면 선택한 셀이 하나로 합쳐진다.

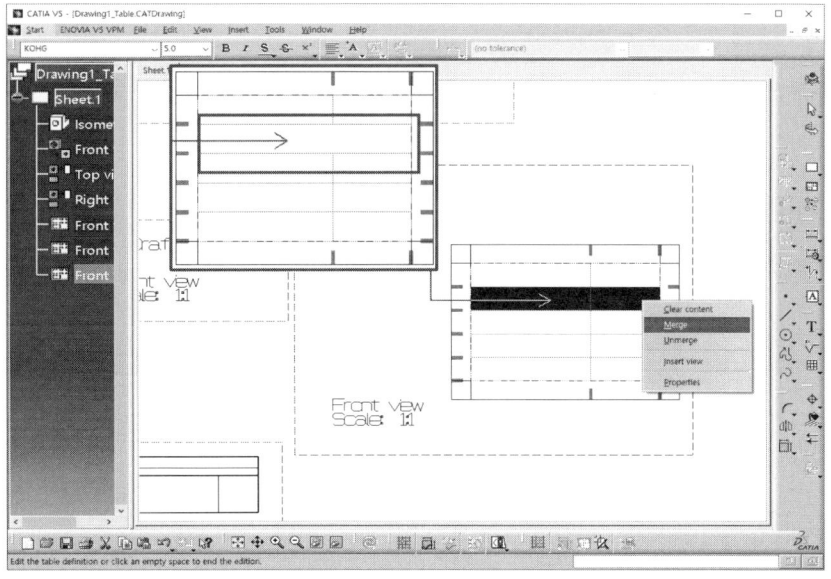

- 합칠 셀을 원래대로 복원시키기 위해서는 Merge를 적용한 셀을 마우스로 선택한 후 마우스 오른쪽 버튼을 클릭하여 Unmerge를 선택한다.
- Table의 행과 열을 원하는 크기로 변경한다.

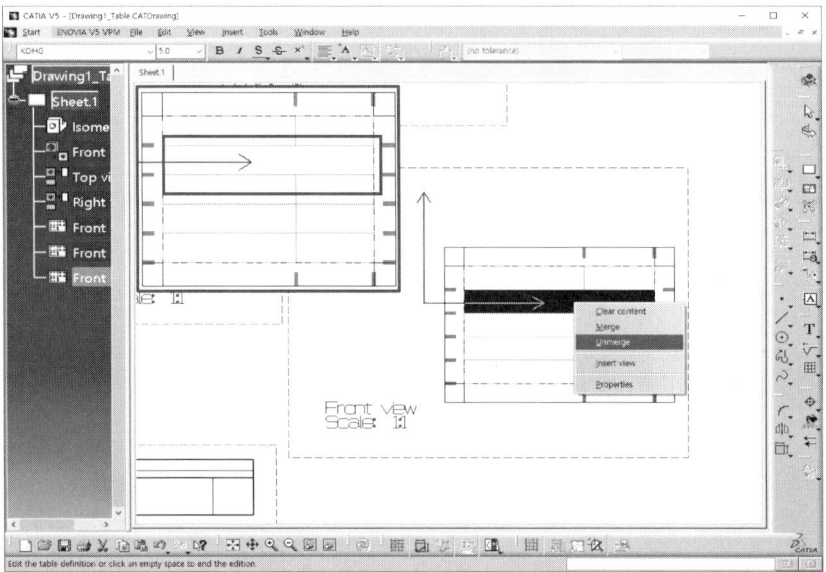

- 셀에 Text를 입력하기 위해서는 문자를 입력할 셀(5)을 선택한 후 더블클릭한다.
- Text Editor 대화상자가 나타나면 문자를 입력(CATIA V5)하고 OK버튼을 클릭하여 입력한다.
- 셀에 입력된 문자를 원하는 형태로 수정하기 위해서는 Text Properties 도구막대에서 문자 크기 (7.0mm), 가로방향 정렬(가운데), Anchor Point(가운데 중앙)를 지정한다.

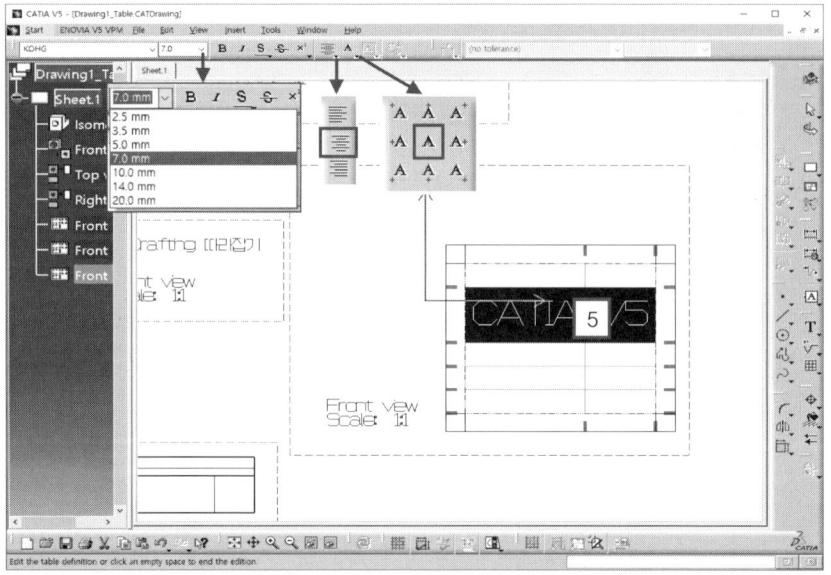

- 특수문자나 Frame 등을 적용하고자 할 때는 문자가 입력된 셀을 더블클릭한다.
- Text Editor 대화상자에서 문자를 드래그하여 선택한 후 Text Properties 도구막대에서 Frame을 선택하면 적용된다.

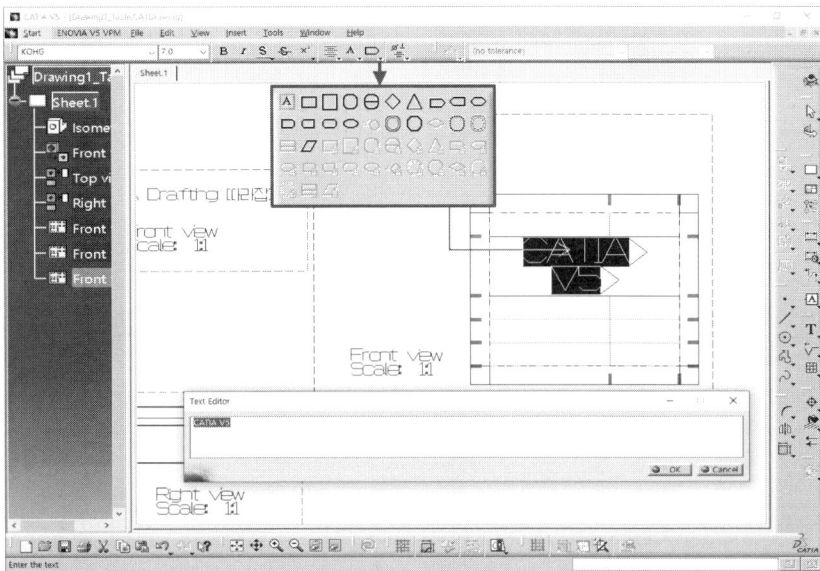

- 특수문자를 입력하고 싶을 때는 Text Editor 대화상자에서 특수문자를 입력할 위치를 마우스로 클릭한 후 Text Properties 도구막대에서 원하는 특수문자를 선택하면 입력된다.

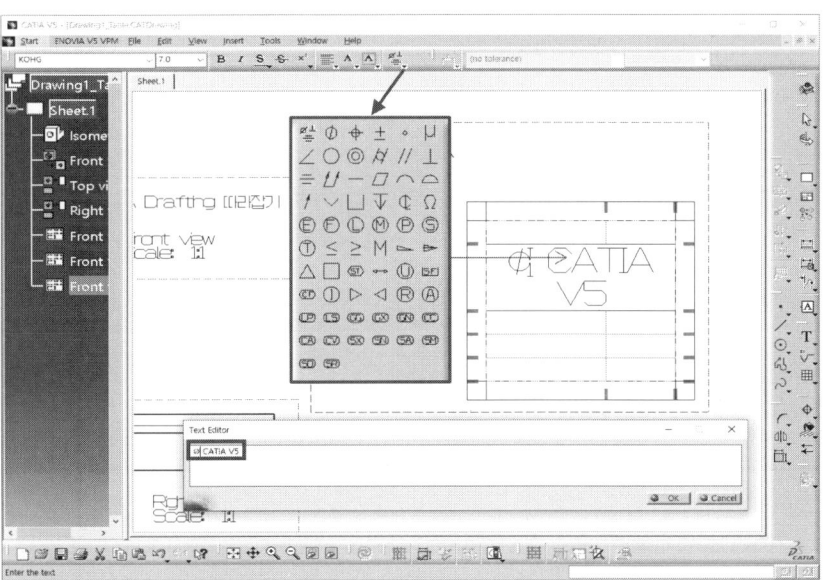

## 04 표제란 적용

**❶ Background 영역 설정**

- 도면의 윤곽선과 표제란 등을 생성하기 위해 Background로 전환한다.
- Edit → Sheet Background를 선택한다.
- 앞에서 도면 View와 치수 등을 생성한 영역이 어둡게 바뀌면서 Working View에서 생성한 요소가 선택이나 편집을 할 수 없게 바뀐다.
- CATIA에서 기본적으로 제공한 형식을 적용하고 수정할 수 있다.

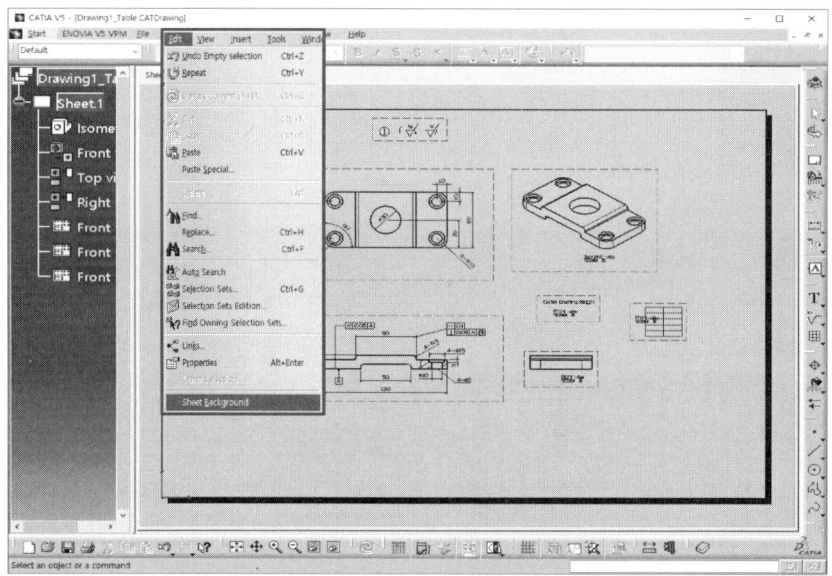

- 기본 형식을 적용하기 위해 Drawing – Frame and Title Black 아이콘 □을 클릭(1)한다.
- Manage Frame And Title Block 대화상자가 나타나면 Style of Title Block과 Action에서 기본 형식을 선택(2)한 후 Apply버튼을 클릭하면 Drafting 영역에 해당 형식이 적용된 것을 확인할 수 있다.
- OK버튼을 클릭하여 Frame을 생성한다.
- 다른 형식으로 변경하기 위해서는 Frame and Title Block 아이콘을 클릭하고 Action에서 Delete를 선택(3)하여 제거한 후 다른 형식을 적용하면 된다.

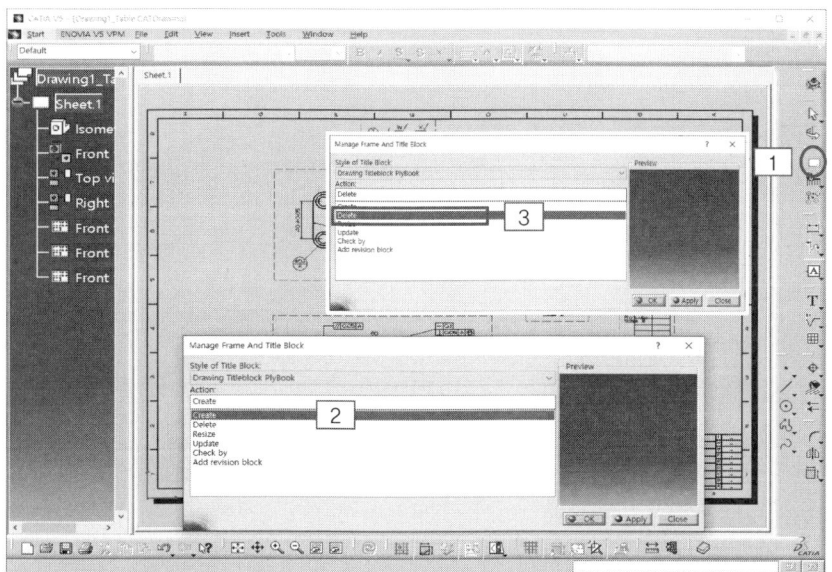

- 기본적으로 제공한 형식이 아닌 설계자가 표제란을 만들고 싶을 때는 윤곽선과 중심선을 제외한 요소는 선택하여 삭제한다.

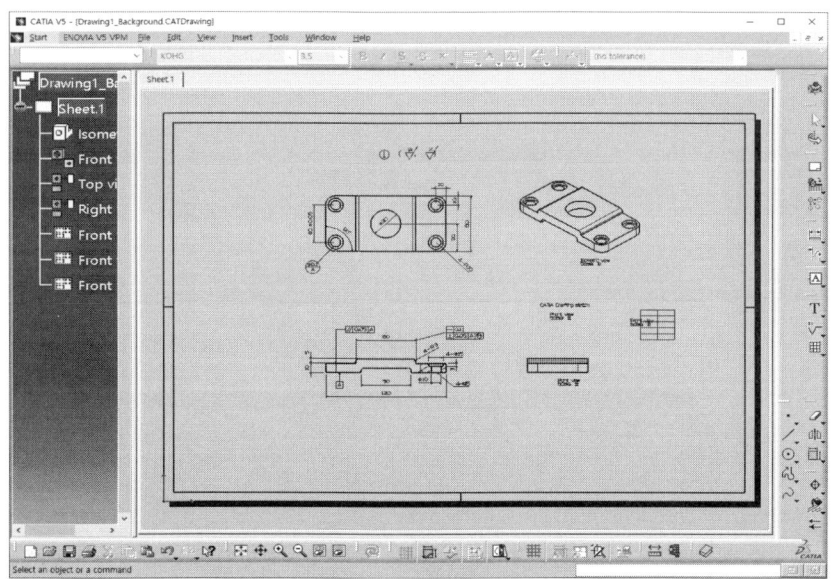

* 표제란을 생성하기 위해 Table 아이콘 ⊞을 클릭(4)한 후 행(4개)과 열(6개)의 개수를 입력한 다음 OK버튼을 클릭한다.
* 표가 위치할 지점을 클릭(5)하면 아래와 같이 표가 삽입된다.

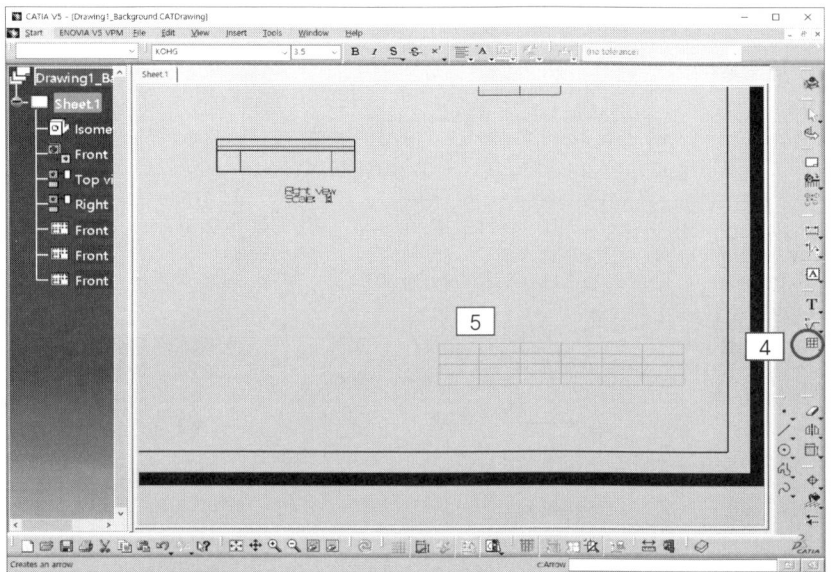

* 표의 크기를 수정하기 위해 표를 더블클릭하고 표제란 형식에 맞도록 셀을 변경한다.
* 합치고자 하는 셀을 마우스로 드래그하여 선택한 후 마우스 오른쪽 버튼을 클릭하여 Merge를 선택한 다음 원하는 형식으로 수정한다.

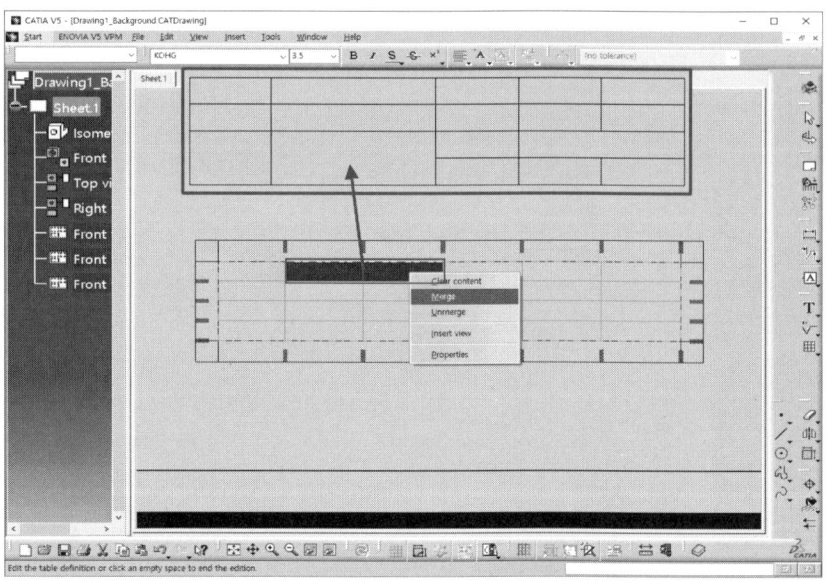

- 크기를 설정하고자 하는 Column이나 Row에 마우스 포인터를 위치(6)시킨 후 마우스 오른쪽 버튼을 클릭한다.
- Size → Set Size를 선택하면 Size 대화상자가 나타나며, 크기를 입력하고 OK버튼을 클릭하여 적용한다.

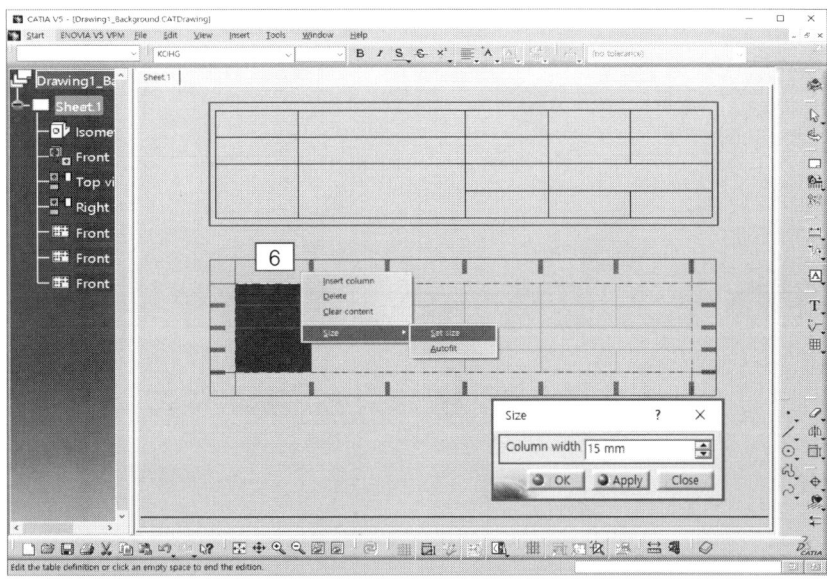

- Text를 입력하기 위해서 입력하고자 하는 셀을 더블클릭하면 Text Editor 대화상자가 나타난다.
- Text Properties 대화상자에서 글자 크기(5.0)를 선택하고 Text(도명)를 입력한 후 OK버튼을 클릭한다.

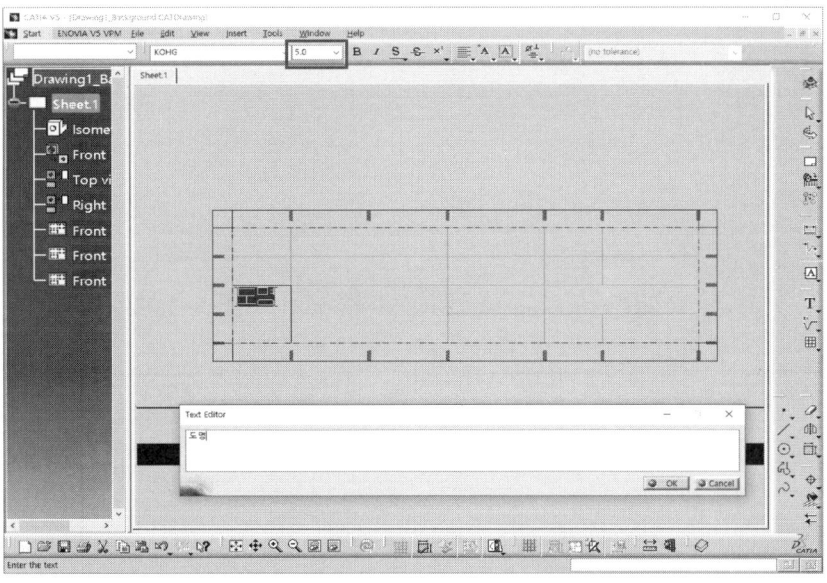

- Text를 정렬하기 위해 셀을 선택한 후 Text Properties에서 가운데 정렬(≡), Anchor Point(A)를 선택하여 Text를 셀의 상하좌우 중심에 위치시키도록 한다.

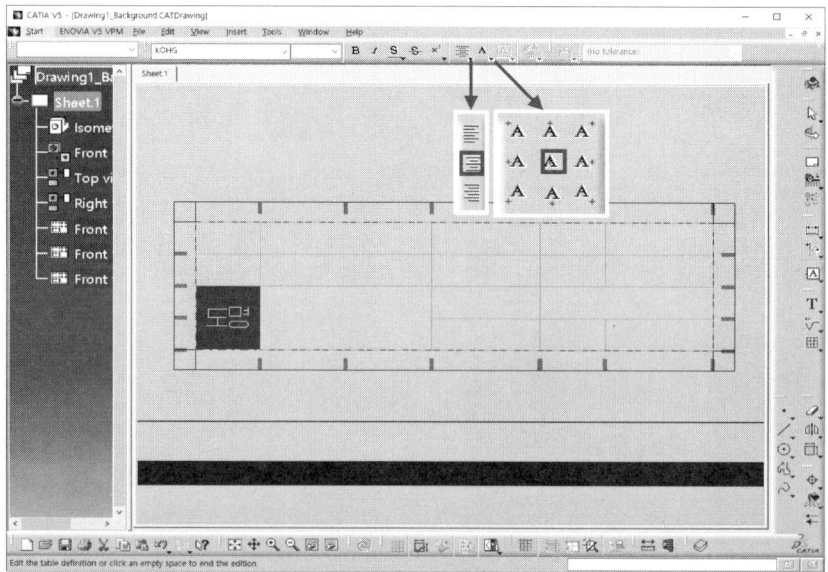

- 같은 방법으로 표제란의 Text를 입력하고 정렬한다.

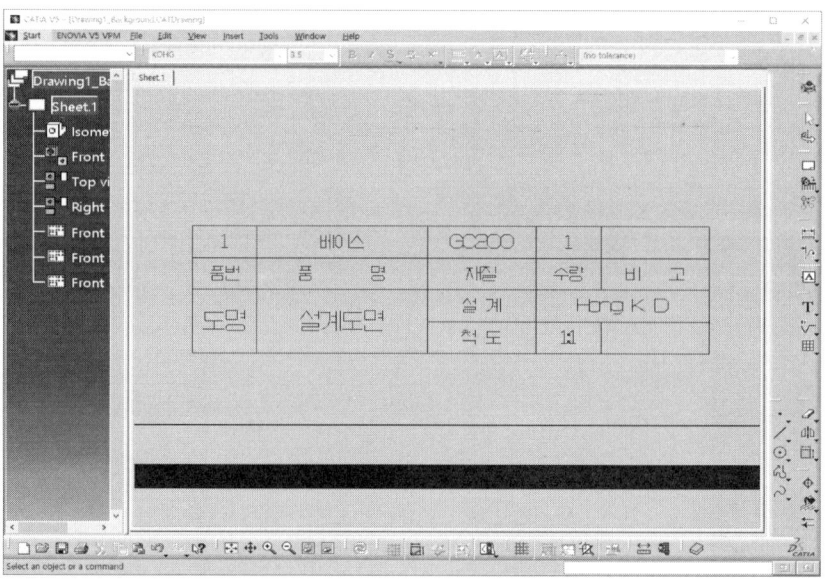

- 행(row)이나 열(column)을 추가로 삽입하고 싶을 때는 행(7)이나 열(8)을 선택한 후 마우스 오른쪽 버튼을 클릭한 후 Insert row 또는 Insert column을 선택한다.
- 이때 삽입되는 위치는 선택한 행의 위쪽, 선택한 열의 왼쪽에 새로운 행과 열이 추가된다.

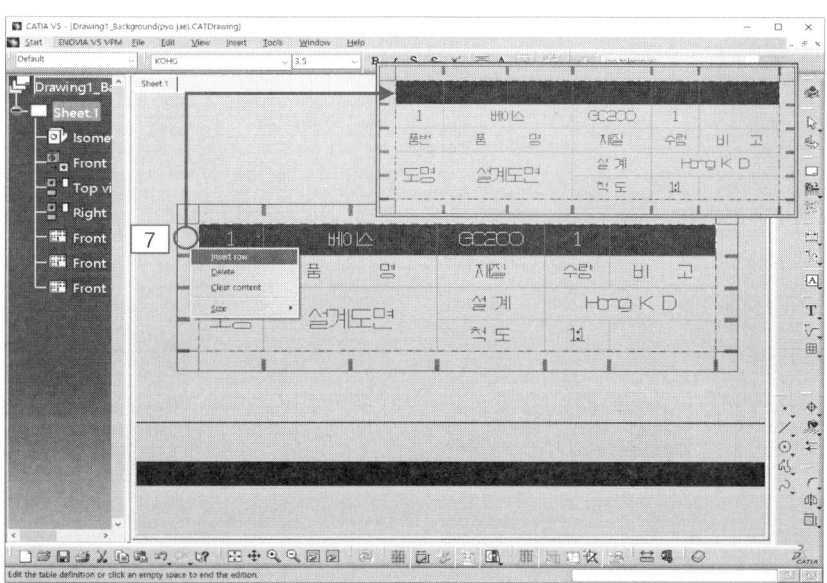

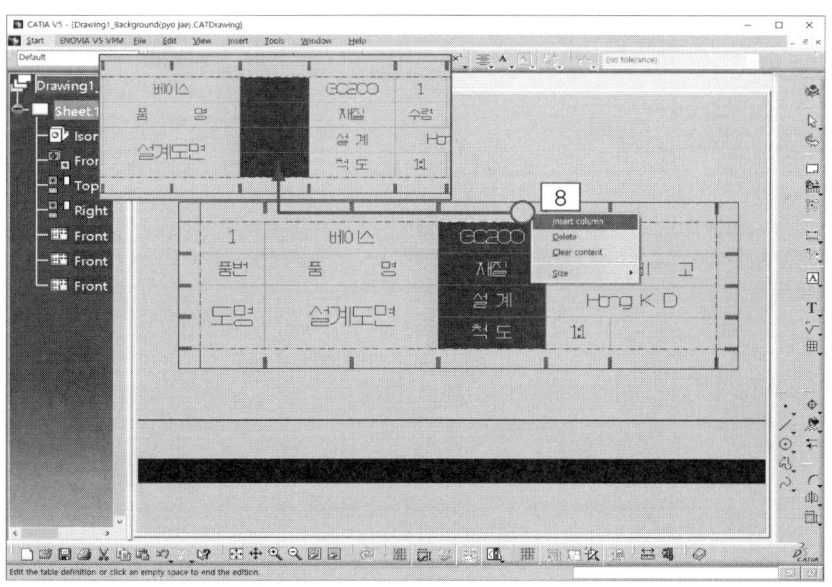

- 표제란 작성이 완성되었으면 윤곽선과 일치시킨다.
- Shift를 누른 상태에서 작성한 표제란을 드래그시켜 모서리를 일치(9)시킨다.

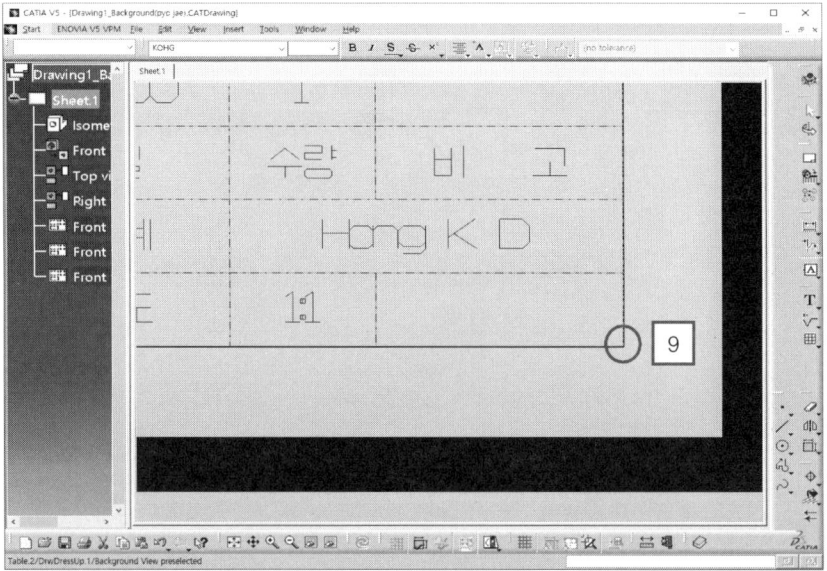

- Background 영역에서 편집이 끝나면 Edit → Working Views를 선택한다.

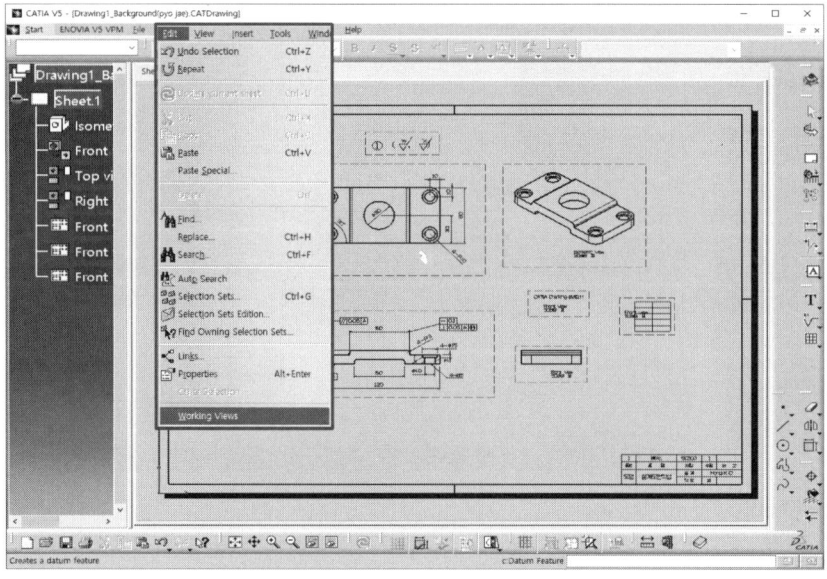

- Working Views 영역에서는 치수 편집이 가능하고 Background 영역에서 생성한 Frame은 선택하거나 편집할 수 없다.

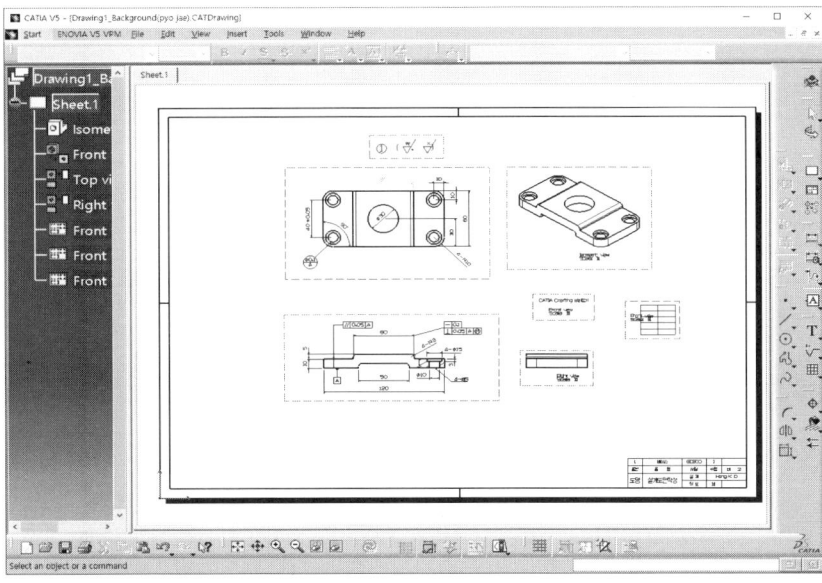

- 생성한 View의 Frame을 모두 숨기기 위해 Tree에서 Ctrl키를 누른 상태로 모든 View를 선택한 후 마우스 오른쪽 버튼을 클릭하여 Properties를 선택한다.
- [View] 탭의 Visualization and Behavior의 Display View Frame의 체크를 해제한다.
- Apply버튼을 클릭하면 Drafting 영역에 생성된 View Frame이 모두 제거된 것을 확인할 수 있다.

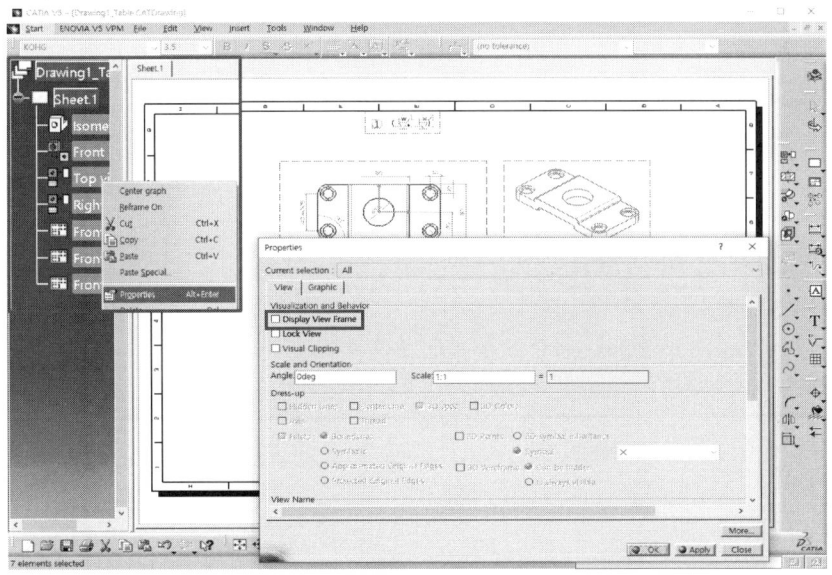

• OK버튼을 클릭하여 적용한다.

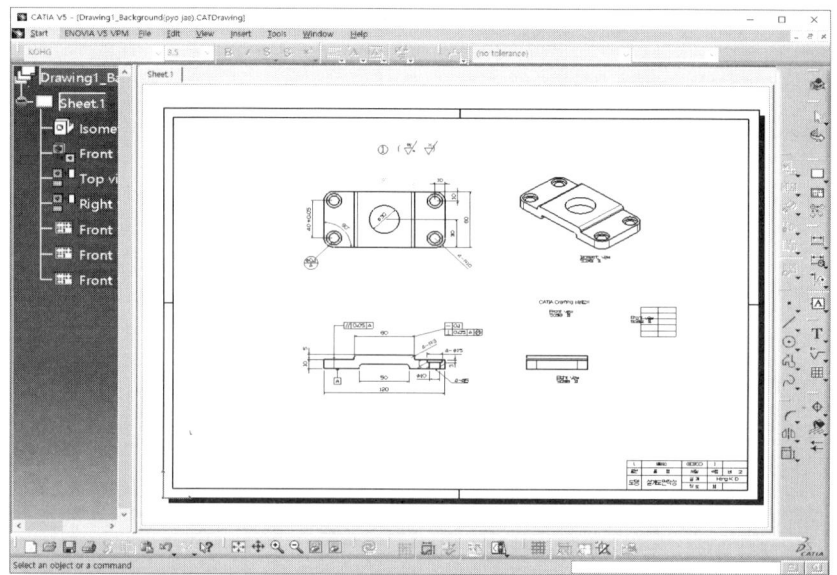

# CHAPTER 04 저장 및 출력하기

CATIA를 이용한 국가직무능력표준 기계요소설계 직무분야

## 01 저장하기

❶ 도면 작성이 완료되면 CATIA 도면 파일로 저장한다.

- File → Save As…를 선택한다.
- 파일 이름을 입력하고 CATIA 파일 형식인 CATDrawing을 선택한 후 저장한다.
- 확장자가 CATDrawing으로 저장한 파일은 CATIA에서 불러올 수 있고 편집할 수도 있다.

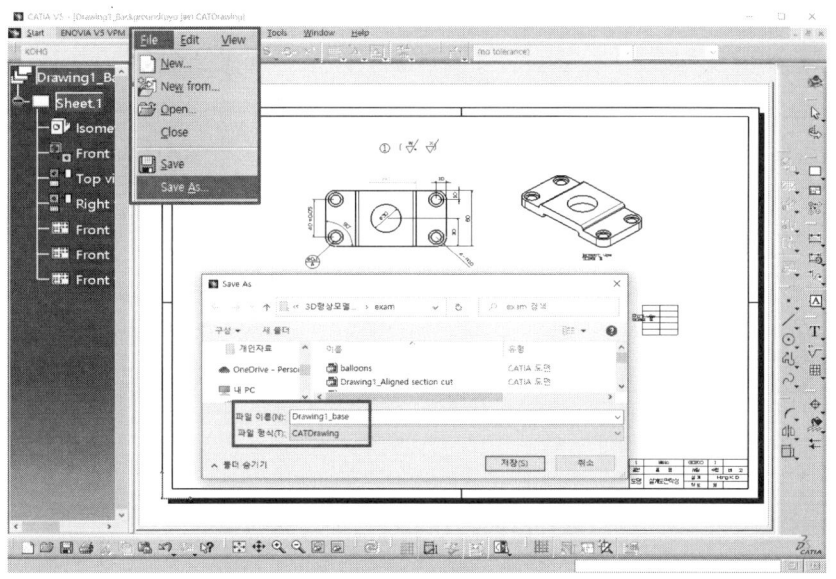

❷ 도면을 AutoCAD도면 파일 형식으로 저장해 본다.

- File → Save As…를 선택한다.
- 파일 이름을 입력하고 파일 형식을 dwg로 선택한 후 저장한다.

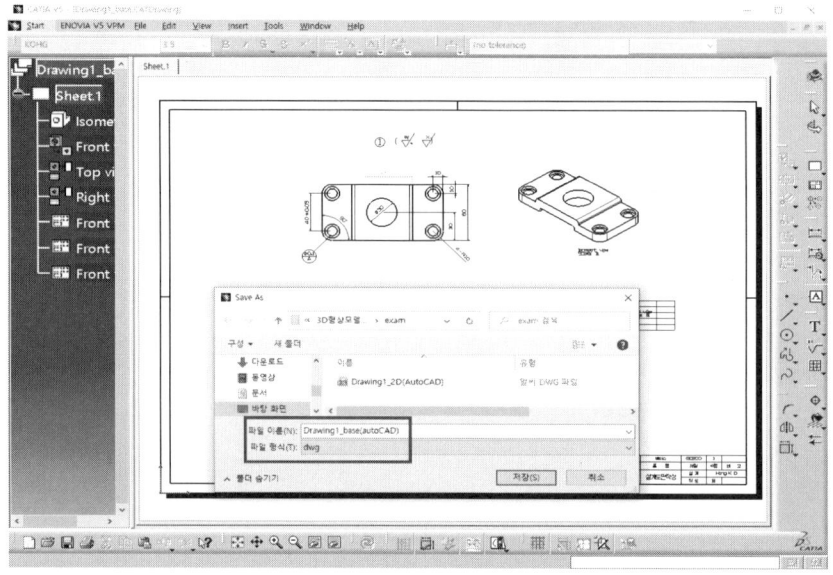

- *.dwg 파일 형식으로 저장한 파일은 AutoCAD에서 불러와서 Z(oom) – A(ll)을 연속 입력하여 화면에 최대화시킨다.
- 익숙한 AutoCAD에서 편집할 수 있다.

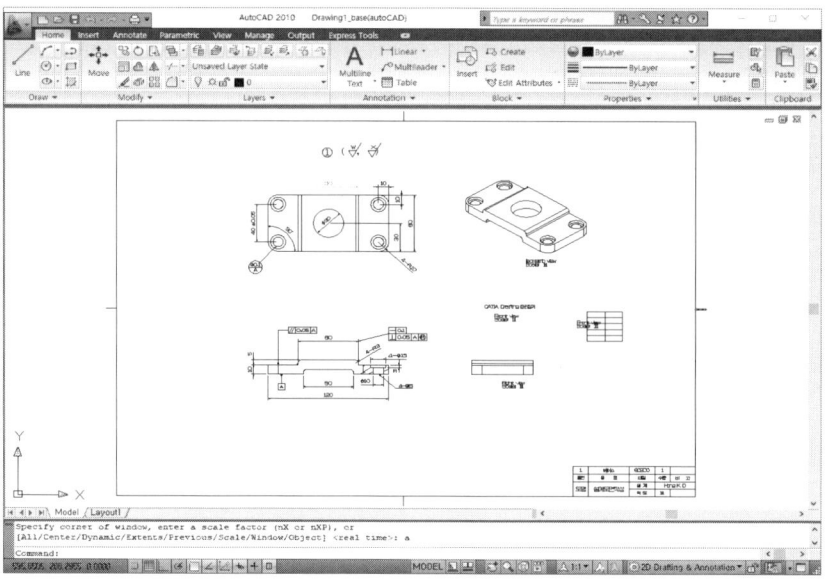

## 02 출력하기

❶ 작성된 도면을 출력한다.

- File → Print를 선택한다.
- Position and Size 영역에서 Rotation: 90과 Fit in page를 선택하여 도면을 용지에 최대로 출력이 되도록 설정한다.

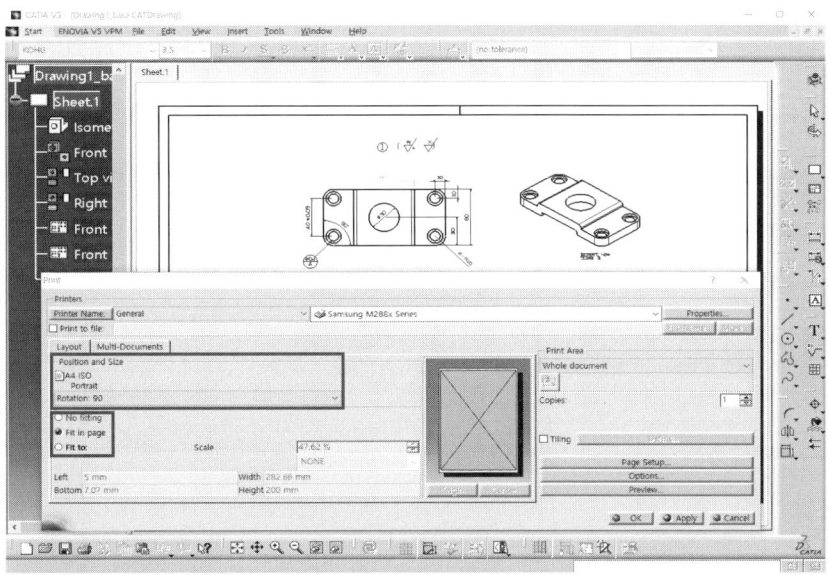

- Page Setup… 버튼을 클릭하여 출력 용지를 변경할 수 있으며 Options에서 Color를 지정할 수 있다.

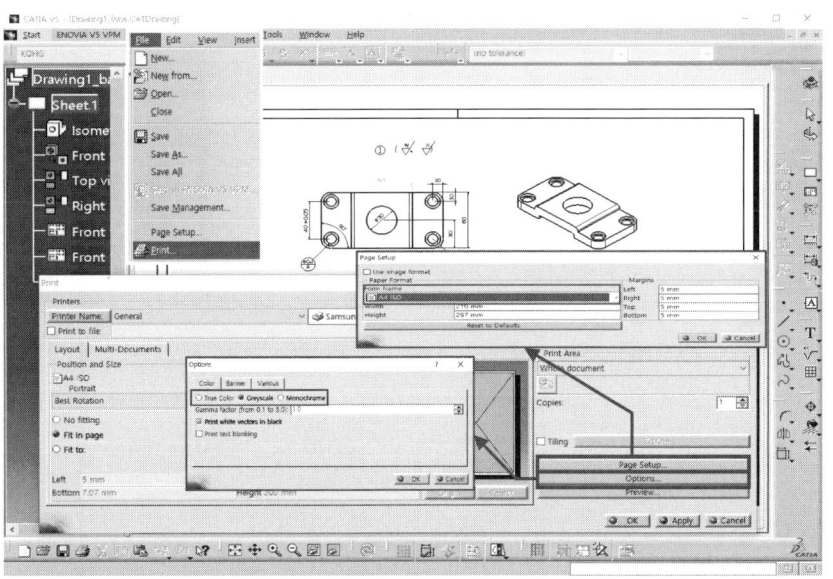

● Print Area에서 도면 전체 출력(Whole document), 화면에 보이는 영역 출력(Display), 선택 영역만 출력(Selection)을 지정할 수 있다.

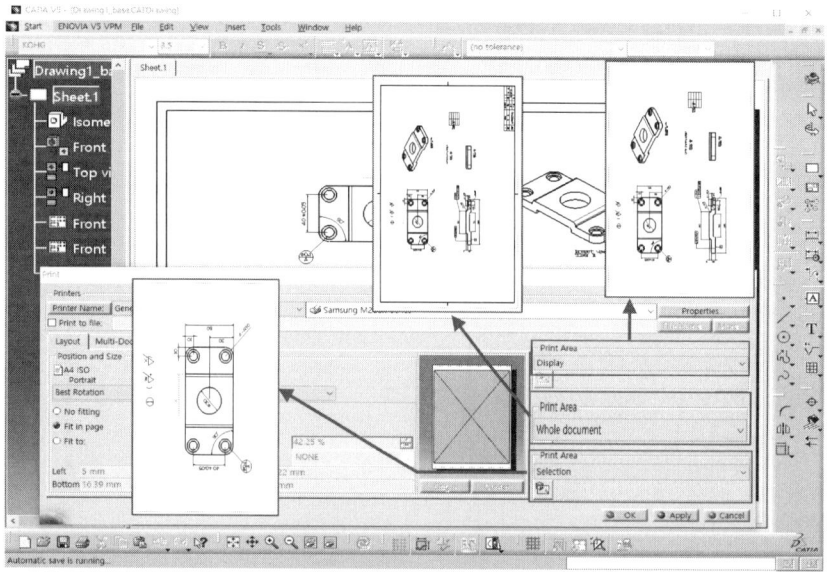

● Print 대화상자에서 출력 정보를 모두 지정한 후에 Print 하기 전에 Preview…를 눌러 미리보기 한다.
● 출력하고자 하는 수량을 입력한 후 OK버튼을 클릭하여 도면을 용지에 출력한다.

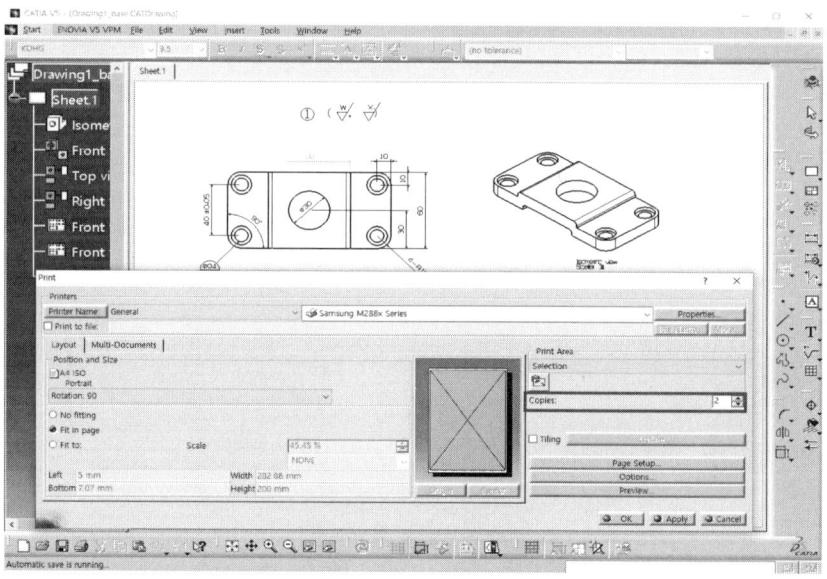

# CHAPTER 05 도면실습 예제

CATIA를 이용한 국가직무능력표준 기계요소설계 직무분야

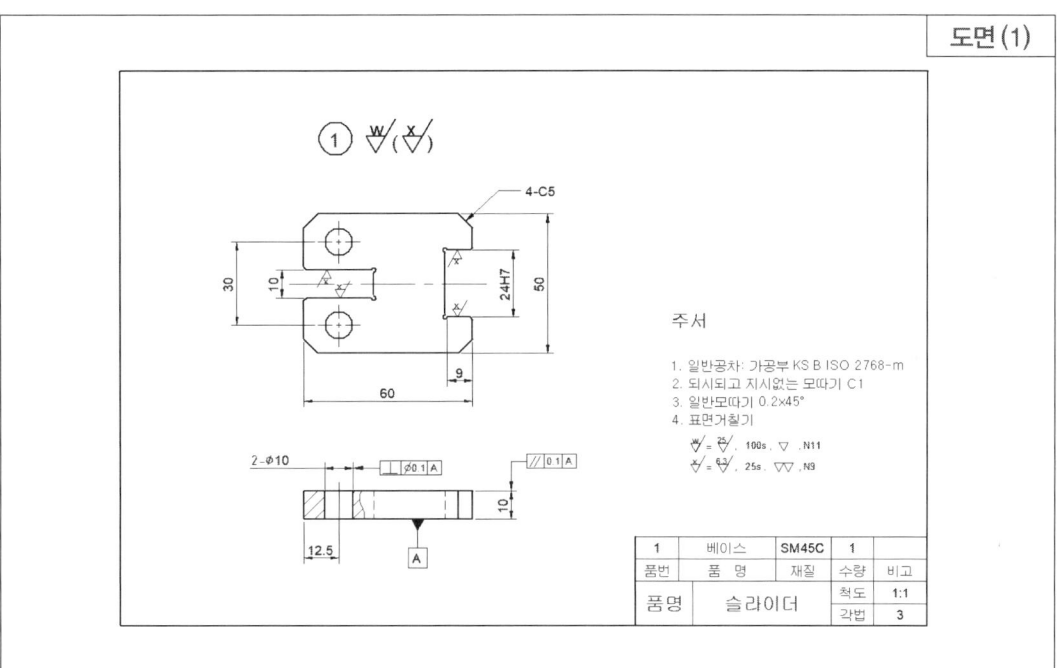

도면(1)

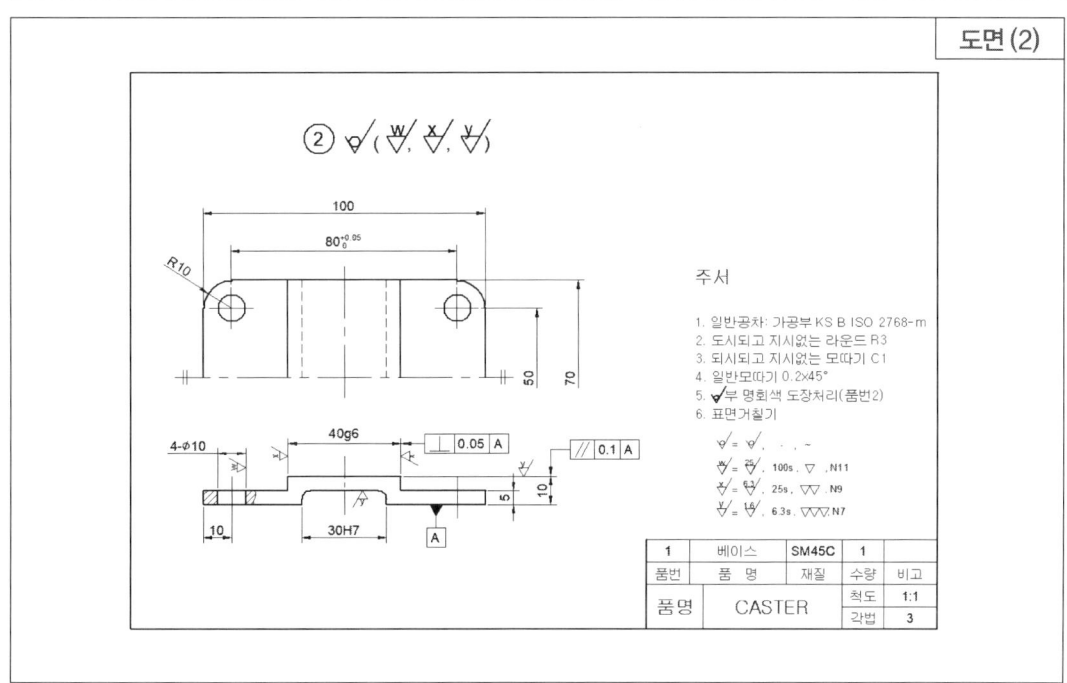

도면(2)

MEMO

MEMO

MEMO

# MEMO

MEMO

## 저자약력

### 박 한 주

- 한국폴리텍대학 교수(공학박사)
- 기계가공기능장
- 국가직무능력표준(NCS) 개발
- NCS기반 학습모듈 집필
- 과정평가형자격 기준 개발

(문의사항 : baradol@kopo.ac.kr)

---

CATIA를 이용한 국가직무능력표준 기계요소설계 직무분야

# 3D 형상모델링작업
# 형상모델링검토

**발행일** | 2017년  3월 20일  초판발행
　　　　　 2022년 10월  5일  1차 개정

**저 자** | 박한주
**발행인** | 정용수
**발행처** | 예문사

**주 소** | 경기도 파주시 직지길 460(출판도시) 도서출판 예문사
**T E L** | 031) 955-0550
**F A X** | 031) 955-0660
**등록번호** | 11-76호

- 이 책의 어느 부분도 저작권자나 발행인의 승인 없이 무단 복제하여 이용할 수 없습니다.
- 파본 및 낙장은 구입하신 서점에서 교환하여 드립니다.
- 예문사 홈페이지 http : //www.yeamoonsa.com

정가 : 18,000원

ISBN 978-89-274-4840-2　13550